Photoshop CS5 基础与技能教程

（第 2 版）

刘上冰　梁毅娟　主　编

郑治武　舒　洋　康　华　副主编
曹　芳　符彦姝

北京理工大学出版社
BEIJING INSTITUTE OF TECHNOLOGY PRESS

内容简介

本书内容对 Photoshop 软件的使用与操作进行了较为全面的讲解，讲解内容与不同应用领域的基本知识相结合，以项目案例为导向，从工作的流程出发，运用大类项目案例对软件操作进行了系统的阐述。

本书可作为图形图像处理类课程的教材使用，也可供 Photoshop 爱好者阅读和参考。

图书在版编目（CIP）数据

Photoshop CS5 基础与技能教程/刘上冰，梁毅娟主编. —2 版. —北京：北京理工大学出版社，2016. 5（2020.1 重印）

ISBN 978-7-5682-2349-2

Ⅰ. ①P…　Ⅱ. ①刘…　②梁…　Ⅲ. ①图象处理软件-教材　Ⅳ. ①TP391. 41

中国版本图书馆 CIP 数据核字（2016）第 101344 号

出版发行 / 北京理工大学出版社有限责任公司
社　　址 / 北京市海淀区中关村南大街 5 号
邮　　编 / 100081
电　　话 /（010）68914775（总编室）
82562903（教材售后服务热线）
68948351（其他图书服务热线）
网　　址 / http：//www.bitpress.com.cn
经　　销 / 全国各地新华书店
印　　刷 / 三河市华骏印务包装有限公司
开　　本 / 787 毫米×1092 毫米　1/16
印　　张 / 21.25
字　　数 / 500 千字
版　　次 / 2016 年 5 月第 2 版　2020 年 1 月第 4 次印刷
定　　价 / 55.00 元

责任编辑 / 钟　博
文案编辑 / 钟　博
责任校对 / 周瑞红
责任印制 / 李志强

前　　言

随着计算机软硬件技术的发展与普及，运用计算机进行图形图像处理、版式编排、艺术设计、图像绘制等已经成为主流，Photoshop 以其强大的图像图形处理功能及友好的界面、相对简单的操作而被广泛运用到现代设计的图形图像处理、版式、广告、包装、影视、网络、动画等领域的制作中，因此受到了众多使用者的欢迎。

本书内容对 Photoshop 软件的使用与操作进行了较为全面的讲解。讲解的内容与不同应用领域的基本知识相结合，以项目案例为导向，从工作的流程出发，运用大量项目案例对软件操作进行了系统的阐述。

本书基于项目式教学理念，所有教学案例经过精挑细选，具有较强的代表性，同时这些项目案例包含了当前最为流行的创意与技术。本书不仅可以作为高职高专、本科相关专业的实训课程教材，也适合企业员工入职培训与爱好者与从业者自我学习提升。

本书由湖南软件职业学院现代设计系主任刘上冰、广西电力职业技术学院梁毅娟主编、主审，其中第 1，4，5，12 章由梁毅娟、北京吉利学院曹芳、湖南软件职业学院舒洋编写，第 2，3，6 章由湖南软件职业学院郑治武、何小波编写，第 7、13 章由湖南软件职业学院俞新洲、苏煌、彭云编写，第 8，9，10，11 章由刘上冰和海南大学符彦姝编写。

本书在编写过程中得到了湖南软件职业学院与广西电力职业技术学院等单位的大力支持与帮助，在此表示衷心的感谢。

由于时间仓促，编者水平有限，书中难免有不妥之处，请读者谅解，并提出宝贵意见。编者的联系邮箱为 603440498@qq.com。

前　言

目　　录

第 1 章　Photoshop 概述

要点、难点分析

要点：

① Photoshop 概述与现有版本

② Photoshop 的应用领域与主要功能特色

③ Photoshop 及其他平面图形软件的区别与结合

难点：

Photoshop 及其他平面图形软件的区别与结合

难度：★★

技能目标

① 了解 Photoshop 及其现有版本

② 了解 Photoshop 的应用领域与主要功能特色

③ 掌握位图与矢量的区别与结合

1.1　Photoshop 概述与现有版本

1.1.1　概述

Photoshop 是 Adobe 公司旗下最为出名的图像处理软件之一。

Adobe 公司成立于 1982 年，是美国最大的个人电脑软件公司之一。

1.1.2　版本历史

经过 Thomas 和其他 Adobe 工程师的努力，Photoshop 版本 1.0.7 于 1990 年 2 月正式发行。John Knoll 也参与了一些插件的开发。第一个版本只有一个 800 KB 的软盘（Mac）。

在 20 世纪 90 年代初，美国的印刷工业发生了比较大的变化，印前（Pre-Press）电脑化开始普及。Photoshop 在版本 2.0 增加的 CYMK 功能使印刷厂开始把分色任务交给用户，一个新的行业——桌上印刷（Desk Top Publishing，DTP）由此产生。

Photoshop 2.0 的重要新功能包括支持 Adobe 的矢量编辑软件 Illustrator 文件、Duotones 以及笔工具（Pen tool）。最低内存需求从 2 MB 增加到 4 MB，这对提高软件的稳定性有非常大的影响。从这个版本开始，Adobe 内部开始使用代号，2.0 的代号是 Fast Eddy，在 1991 年 6 月正式发行。

对于下一个版本，Adobe 决定开发支持 Windows 的版本，代号为 Brimstone，而 Mac 版本为 Merlin。奇怪的是正式版本编号为 2.5，这和普通软件发行序号常规不同，因为小数点后的数字通常留给修改升级。这个版本增加了 Palettes 和 16–bit 文件支持。2.5 版本的主要特性通常被公认为支持 Windows。

此时 Photoshop 在 Mac 版本的主要竞争对手是 Fractal Design 的 ColorStudio，而 Windows 上面是 Aldus 的 PhotoStyler。Photoshop 从一开始就远远超过 ColorStudio，而 Windows 版本则需经过一段时间的改进后才赶上对手。

3.0 版本的重要新功能是 Layer，Mac 版本在 1994 年 9 月发行，而 Windows 版本在 11 月发行。尽管当时有另外一个软件 Live Picture 也支持 Layer 的概念，而且业界当时也有传言说 Photoshop 工程师抄袭了 Live Picture 的概念。实际上 Thomas 很早就开始研究 Layer 的概念了。

4.0 版本主要改进了用户界面。Adobe 在此时决定把 Photoshop 的用户界面和其他 Adobe 产品统一化，此外程序使用流程也有所改变。一些老用户对此有抵触，甚至一些用户到在线网站上面抗议。但经过一段时间的使用以后他们还是接受了新改变。

Adobe 这时意识到 Photoshop 的重要性，它决定把 Photoshop 的版权买断，Knoll 兄弟为此赚了多少钱无法得知，但一定不少。

5.0 版本引入了历史（History）的概念，这和一般的 Undo 不同，在当时引起业界的欢呼。色彩管理也是 5.0 版本的一个新功能，尽管当时引起一些争议，此后被证明这是 Photoshop 历史上的一个重大改进。5.0 版本在 1998 年 5 月正式发行。一年之后 Adobe 又一次发行了 X.5 版本。这次是 5.5 版本，主要增加了支持 Web 的功能且包含 Image Ready 2.0。

在 2000 年 9 月发行的 6.0 版本主要改进了与其他 Adobe 工具交换的流畅性，但真正的重大改进要等到 7.0 版本，这是 2002 年 3 月的事。

在此之前，Photoshop 处理的图片绝大部分还是来自扫描，实际上 Photoshop 的大部分功能基本与从 20 世纪 90 年代末开始流行的数码相机没有什么关系。7.0 版本增加了 Healing Brush 等图片修改工具，还有一些基本的数码相机功能，如 EXIF 数据、文件浏览器等。

Photoshop 在享受了巨大商业成功之后，在 21 世纪开始才开始感到威胁，特别是来自专门处理数码相机原始文件的软件，包括各厂家提供的软件和其他竞争对手如 Phase One（Capture One）的威胁。已经退居二线的 Thomas Knoll 亲自带领一个小组开发了 PS RAW（7.0）插件。

在其后的发展历程中 Photoshop 8.0 的官方版本号是 CS，9.0 的版本号则变成了 CS2、10.0 的版本号则变成 CS3。

CS 是 Adobe Creative Suite 一套软件中后面 2 个单词的缩写，代表“创作集合”，是一个统一的设计环境，将全新版本的 Adobe Photoshop® CS2、Illustrator® CS2、InDesign® CS2、GoLive®CS2 和 Acrobat® 7.0 Professional 软件与新的 Version Cue® CS2、Adobe Bridge 和 Adobe Stock Photos 相结合。

1.1.3 最新版本

Adobe Photoshop CS6 号称是 Adobe 公司历史上规模最大的一次产品升级，是集图像扫描、编辑修改、图像制作、广告创意，图像输入与输出于一体的图形图像处理软件，深受广大平面设计人员和电脑美术爱好者的喜爱。Adobe Photoshop CS6 是最先进和最流行的应用方案，目前旨在对艺术作品的图像或数码照片进行编辑和操作。

其主要功能如下：

（1）非破损编辑：使用新的智能滤镜（使用它可以可视化不同的图像效果）和智能对象（使用它可以缩放、旋转和变形格栅化图形和矢量图形），以非破损方式编辑，所有这一切都不会更改原始像素数据。

（2）丰富的绘画和绘图工具组：使用各种专业级的、完全可自定义的绘画设置、艺术画笔和绘图工具，创建或修改图像。

（3）使用“动画”调板轻松创建动画：使用新的“动画”调板从一系列图像（如时间系列数据）中创建一个动画，并将它导出为多种格式，包括 QuickTime、MPEG–4、Adobe Flash® 和 Video（FLV）。

（4）3D 复合和纹理编辑：轻松呈现丰富的 3D 内容并将其合并到 2D 复合图像中，甚至在 Photoshop Extended 内直接编辑 3D 模型上现有的纹理并立即看到结果。Photoshop Extended 支持常见的 3D 交换格式，包括 3DS、OBJ、U3D、KMZ 和 COLLADA，因此用户可以导入、查看大多数 3D 模型并与其交互。

（5）精确的选择工具可用于进行详细的编辑：体验各种工具以进行详细的编辑，包括用于进行快速选择的新工具。用户可松散地在要选择的图像区域上绘图，而“快速选择”工具会自动完成选择，然后用户可使用“调整边缘”工具预览并微调以获得更加简洁的结果。

（6）具有 3D 支持的增强的消失点：使用增强的消失点在多个表面（甚至那些以非 90°连接的表面）上按透视编辑，这使用户能够按透视测量，围绕多个平面折回图形、图像和文本以及将 2D 平面输出为 3D 模型。

（7）2D 和 3D 测量工具：可使用新的测量工具从图像提取量化信息，轻松校准或设置图像的缩放比例，然后使用任意的 Photoshop Extended 选择工具来定义和计算距离、周长、面积和其他测量数据。也可在一个测量日志中记录数据点并将数据（包括直方图数据）导出到一个电子表格中以进一步分析。

（8）高级复合：通过自动对齐基于相似内容的多个 Photoshop 图层或图像，创建更加准确的复合图像。自动对齐图层命令快速分析详细信息并移动、旋转或变形图层以完美地对齐它们，而自动混合图层命令混合颜色和阴影来创建平滑的、可编辑的结果。

（9）使用 Adobe Bridge CS3 的更快、更加灵活的资源管理：使用下一代 Adobe Bridge CS3 软件，可更加有效地组织和管理图像，该软件现在提供增强的性能、一个更易于搜索的“滤镜”面板、在单一缩略图下组合多个图像的能力、放大镜工具、脱机图像浏览等。

（10）更好的原始图像处理：使用 Photoshop Camera Raw 插件可以更快的速度和出色的转换质量处理原始图像。该插件现在增加了对 JPEG 和 TIFF 格式的支持。新工具包括 Fill Light 和 Dust Busting。它与 Adobe Photoshop Lightroom™软件兼容并支持超过 150 种相机型号。

（11）第三方解决方案与资源：用户可从存在已久的由有经验的 Photoshop 开发人员、作者和培训人员组成的社区那里，获得丰富的附加资源（包括软件插件、书籍和培训）。

1.2 Photoshop 的应用领域与主要功能特色

1.2.1 应用领域

Photoshop 的应用领域为图像、图形、文字、视频、出版等方面。

1.2.2 功能特色

从功能上看，Photoshop 可分为图像编辑、图像合成、校色调色及特效制作部分。图像编辑是图像处理的基础，用户可以对图像作各种变换如放大、缩小、旋转、倾斜、镜像、透视等，也可进行复制，去除斑点，修补、修饰图像的残损等操作。这在婚纱摄影、人像处理制作中有非常大的用场，即去除人像上不满意的部分，进行美化加工，得到让人非常满意的效果。

图像合成则是将几幅图像通过图层操作、工具应用合成完整的、传达明确意义的图像，这是美术设计的必经之路。Photoshop 提供的绘图工具让外来图像与创意很好地融合，从而使合成的图像天衣无缝。

校色调色是 Photoshop 中深具威力的功能之一，用户可方便快捷地对图像的颜色进行明暗、色偏的调整和校正，也可在不同颜色间进行切换以满足图像在不同领域如网页设计、印刷、多媒体等方面的应用需要。

特效制作在 Photoshop 中主要由滤镜、通道及工具综合应用完成，包括图像的特效创意和特效字的制作。油画、浮雕、石膏画、素描等常用的传统美术技巧都可由 Photoshop 特效完成。而各种特效字的制作更是很多美术设计师热衷于 Photoshop 的原因。

1.3 Photoshop 与其他矢量图形软件的区别与结合

计算机图形主要分为两类：位图图像和矢量图形，Photoshop 支持的常用格式是位图图像。要了解 Photoshop 与其他矢量图形软件的区别就必须了解位图图像和矢量图形的区别。其实软件的区别的核心也就是其所产生的图片的差异。

位图图像在技术上称为栅格图像，它由网格上的点组成，这些点称为像素。在处理位图图像时，用户所编辑的是像素，而不是对象或形状。位图图像是连续色调图像（如照片或数字绘画）最常用的电子媒介，因为它们可以表现阴影和颜色的细微层次。

在屏幕上缩放位图图像时，它们可能会丢失细节，因为位图图像与分辨率有关，它们包含固定数量的像素，每个像素都分配有特定的位置和颜色值。如果在打印位图图像时采用的分辨率过低，位图图像可能会呈锯齿状，因为此时增加了每个像素的大小不同放大级别的位图图像示例如图 1–1 所示。

矢量图形由经过精确定义的直线和曲线组成，这些直线和曲线称为向量。这意味着用户可以移动线条、调整线条的大小或者更改线条的颜色，而不会降低图形的品质。

矢量图形与分辨率无关，也就是说，用户可以将它们缩放到任意尺寸，可以按任意分辨率打印，而不会丢失细节或降低清晰度。因此，矢量图形最适合表现醒目的图形。这种

图 1–1　不同放大级别的位图图像示例

图形（例如徽标）在缩放到不同大小时必须保持线条清晰。不同放大级别的矢量图形示例如图 1–2 所示。

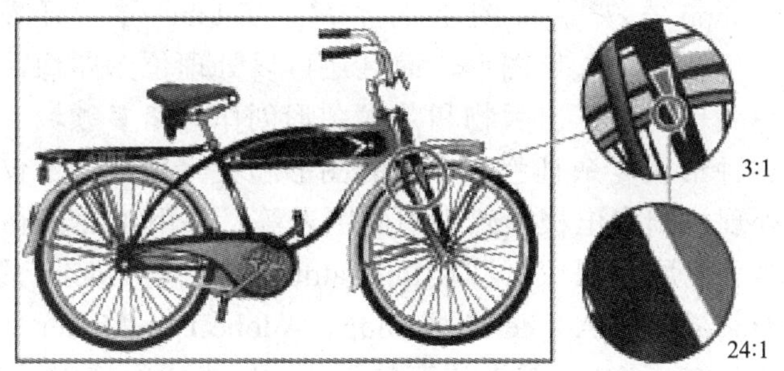

图 1–2　不同放大级别的矢量图形示例

在 Photoshop 和 ImageReady 中使用这两种类型的图形。此外，Photoshop 文件既可以包含位图，又可以包含矢量数据。了解两类图形间的差异，对创建、编辑和导入图片很有帮助。

1.4　其他常用平面设计软件介绍

在实际工作中，设计师常常会使用多种设计方式来创造图像画面。如果他们不了解一些常用的平面设计软件的功能与作用，就不可能在设计时有针对性地选择软件来对画面中的各项元素进行合理的处理。因此，对一些常用的平面设计软件的主要功能与作用的了解，可以大大节省平面设计师的工作时间，同时也有利于设计出丰富多彩的画面效果。

1. FreeHand

FreeHand 是 Macromedia 公司推出的一个基于矢量绘图的著名软件，它具有强大的图形设计、排版和绘图功能。它操作简单、使用便捷，是平面设计师常用的图形软件之一。

Freehand 原来仅仅应用于 Macintosh 平台，后来被移植到 Windows 平台上。使用 FreeHand 能够画出纯线条的美术作品和光滑的工艺图。它使用 PostScript 语言对线条、形状和填充插图进行定义。一般常用在建筑物设计图，产品设计或其他精密线条绘图、商业图形、图表等领域。FreeHand MX 2004 为该软件的最新版本。

2. CorelDRAW

由 Corel 公司出品的 CorelDRAW 也是世界一流的平面矢量张力软件。该软件具有强大的数据交换能力，不仅可以直接编辑、修改多种格式的图形图像文件和其他文字软件的格式文件，而且还可以导入其他图形图像处理软件处理过的图片，引入 Internet 对象和超文本，编辑修改后还可以多种格式将对象导出或另存为其他格式的文件，直接发送到 Internet 上。

最近推出的 CorelDRAW12 还集成了 CorelPHOTO-PAINT12、CorelCAPTURE 12 和 CorelTRACE 12 等软件。它既是一个大型的矢量图形制作软件，也是一个大型的软件包。CorelDRAW 的操作比以前的版本更加简便，图形图像的编辑处理功能更加强大，工作界面更加简洁。

3. Illustrator

为了弥补 Photoshop 在矢量绘图上的不足，Adobe 公司开发了图形处理软件 Illustrator。该软件不仅能处理矢量图形，而且还可以处理位图图像，被广泛应用于平面广告设计、网页图形制作、电子出版物和艺术图形创作等诸多领域。用户可以利用它快速、精确地绘制出各种形状复杂且色彩丰富的图形和文字效果。不仅如此，它还能够进行简单的文字排版处理，制作出极具感染力的图表等。使用 Illustrator 和 Web 功能，可以很轻松地设计出精美的网页图像。同时 Illustrator 还提供与 Adobe 的其他应用软件协调一致的工作环境，如其界面与 Adobe Photoshop、Adobe PageMaker 的工作界面一致。在新版本的 Illustrator CS 中，该软件又在原有的图像功能上大幅增强了 Web 性能、3D 样式效果和打印功能，同时还加强了与其他图形图像软件及应用程序间的结合能力。因此，无论是媒体设计师还是网页设计师，Illustrator CS 都提供了完美的新功能，可以帮助用户把工作做得更快、更好。

4. PageMaker

PageMaker 是 Adobe 公司出品的跨平台的专业页面设计软件。在平面设计领域中 PageMaker 是专业人士首选的组版软件，并深得设计师们的广泛赞许。这主要是因为 PageMaker 不但拥有强大的图文处理功能，而且还能达到印刷行业对页面品质的严格要求。高质量的输出是桌面印刷软件所必须具备的特性。专业排版软件不但要能够调入和使用常用的文字和图像格式，更重要的是还要能够生成分辨率在 1 200 dpi 以上的页面或者生成 100 dpi 以上的半色调加网图分色片。PageMaker 是第一个能够胜任桌面印刷的排版软件。它使用 PostScript 页面描述语言，可以较完美地描述图形，生成高质量的输出文件。

在众多平面设计软件中，用户可按其各自功能和特长来进行分类，选择使用。

在矢量图形制作方面，推荐使用 Illustrator、CorelDRAW、FreeHand，而在图像画面处理和图像效果渲染方面当数 Photoshop 最强。桌面印刷排版当然首选 PageMaker 软件。其他软件也有各自的特点，这就要看设计师如何灵活应用了。

课后练习

1. 用自己的话说明 Photoshop 不同版本的特点和优势。

2. Photoshop 的应用领域与主要功能特色是什么？

3. 打开“素材/第一章/练习”，分别用 Photoshop 和 Illustrator 打开位图（如图 1–3 所示），矢量图（如图 1–4 所示），然后将两图逐步放大，观察两个图的变化，并将其差别记录下来。

图 1–3　位图

图 1–4　矢量图

第 2 章　Photoshop 界面和基本工具介绍

要点、难点分析

要点：

① 对 Photoshop 界面和基本工具进行初步了解，为后续学习奠定一定的基础

② 熟悉界面和基本工具的使用方法，以及相应的操作快捷键

难点：

Photoshop 基本工具的使用

难度：★★★

技能目标

① 熟悉 Photoshop 操作界面

② 掌握 Photoshop 工具的使用方法

2.1　Photoshop 界面介绍

Photoshop 的界面主要由标题栏、菜单栏、工具选项栏、工具箱、图像窗口、控制面板、状态栏、操作面板部分组成，如图 2–1 所示。

图 2–1　Photoshop 的工作界面

1. 标题栏

标题栏位于工作界面的最顶部。用鼠标双击可以将缩小的界面最大化；当界面已经是最大化时双击鼠标左键则将其还原至原来的大小。在标题栏的右上角有 3 个按钮，分别是“最小化”“最大化”和“关闭”按钮，通过它们可对窗口进行相应的操作。

2. 菜单栏

菜单栏共包含 11 个主菜单，每个主菜单还包含各种相应的操作命令供用户选择使用。为了方便用户的操作，各主菜单下的很多子菜单右边都有相应的快捷键显示，用户可以直接通过快捷键来实现相应操作，从而提高工作效率。表 2–1 列举了常用菜单栏的命令说明。

表 2–1　常用菜单栏的命令说明

菜单	命　令	功　能
文件	新建	创建一个新文件
	打开	打开本机中已有的文件
	关闭	关闭当前正在操作的文件
	存储	命名、保存文件或直接保存文件的编辑、修改到原文件
	存储为	将当前的工作文件重新命名并进行存盘，在存盘的过程中可以将文件保存为其他格式，存盘后工作文件自动转换为“另存为”的文件，原文件自动关闭，且不保存修改操作
	打印	通过打印设备输出 Photoshop 中的图形
	退出	退出并关闭 Photoshop 程序
编辑	还原	还原更改至状态改变前
	前进一步	恢复当前撤销的操作
	后退一步	返回上一步操作
	渐隐	对进行填充的对象进行消退颜色操作，进行不透明度和模式的设置
	剪切	将选择的对象移动到剪贴板中
	拷贝	为选择的对象创建一个副本，并放置到剪贴板中
	粘贴	将剪贴板中的对象移动到当前工作文件中
	填充	对图层或图层上的对象使用不同的内容、混合模式进行填充
	描边	对图层或图层上的对象进行描边
	自由变换	对对象进行缩放、旋转等自由变换
	变换	使用所提供的下级命令对对象进行缩放、旋转、扭曲等操作
	定义画笔预设	预设置画笔的样式
	定义图案	定义图案样式
	首选项	该命令包含一系列预置设定命令，可以通过这些命令对 Photoshop 进行预置设定，使其发挥强大的功能

续表

菜单	命　令	功　能
图像	模式	使用下级命令对图像颜色模式进行转换
	调整	使用下级命令对图像颜色进行调整
	复制	复制当前对象为新的副本在新的文件中显示
	应用图像	对原图像中的一个或多个通道进行编辑运算，然后将编辑后的效果应用于目标图像，从而创造出多种合成效果
	计算	对一个或多个图像中的若干个通道进行合成计算，以不同的方式进行混合，得到新图像或新通道
	图像大小	查看、改变图像像素的大小/文档的大小
	画布大小	查看、改变画布的大小
	图像旋转	旋转画布的角度
	裁切	确定选区后，用裁切命令对图像进行裁切
图层	新建	使用下级命令可新建图层等
	复制图层	对当前图层进行复制，产生一个当前图层的副本
	删除	激活所要删除的图层，用该命令进行删除
	图层样式	通过该命令改变图层的样式，使图层产生投影、发光等效果
	新填充图层	一种带蒙版的图层，其内容可以为纯色、渐变色或图案
	新调整图层	可以将色阶等效果单独放在一个图层中，而不改变原图像
	图层蒙版	显示、隐藏、应用与删除图层蒙版
	矢量蒙版	显示、隐藏、应用与删除矢量蒙版
	创建剪贴蒙版	根据剪贴板的内容创建图层蒙版
	栅格化	对文字、形状、填充内容等进行栅格化处理
	排列	调整图层的位置
	向下合并	将当前激活图层和它的下一层进行合并
	合并可见图层	将所有可见图层进行合并
文字	面板	可以弹出字符面板、段落面板、字符样式面板和段落样式面板
	取消锯齿	设置文字是犀利、锐利、浑厚还是平滑
	取向	控制文字出现的方向是水平还是垂直
	Opentype	设置文字为 Opentype 字体
	创建工作路径	根据文字创建路径
	转换为形状	将文字转换为形状
	栅格化文字图层	将文字图层转换为图像
	文字变形	对文字进行变形调整

续表

菜单	命　令	功　能
选择	全部	将图像全部选中
	取消选择	取消已选取的区域
	重新选择	恢复上一步进行的选择操作
	反向	将当前范围反转
	色彩范围	对图像中的相似颜色进行选取，并对图像作相应处理
	修改	以四种不同的方式修改选区
	扩大选取	在现有选区的基础上，将所有符合“魔棒”选项中指定的容差范围的相邻像素添加到现有选区中
	选取相似	在现有选取的基础上，将所有符合容差范围的像素（不一定相邻）添加到现有选区中
	变换选区	利用该命令可以对选区进行缩放和旋转的操作
	载入选区	将所有存储的选区载入当前图像中，如果通道控制面板中有多个 Alpha 通道，可自由选择所要载入的对象
滤镜	上次滤镜操作	使图像重复上一次所使用的滤镜
	滤镜库	打开“滤镜库”面板，在该面板中可以方便地调用各种滤镜
	自适应广角	校正广角镜头畸变，找回由于拍摄时相机倾斜或仰俯丢失的平面
	镜头校正	修饰使用镜头广角端拍摄给画面四周带来的严重暗角
	消失点	构建一种平面的空间模型，让平面变换更加精确，主要应用于消除多余图像、空间平面变换、复杂几何贴图等场合
	液化	使图像产生各种各样的图像扭曲变形效果
	图案生成器	快速地将选区的图像范围生成平铺图案效果
	像素化	使图像产生分块，呈现出一种由单元格组成的效果
	扭曲	使图像产生多种样式的扭曲变形效果
	杂色	使图像按照一定的方式混合入杂点，制作着色像素图案的纹理
	模糊	使图像产生模糊效果
	渲染	改变图像的光感效果，可以模拟在图像场景中放置不同的灯光，产生不同的光源效果、夜景等
	视频	是 Photoshop 的外部接口命令，用来从摄像机输入图像或将图像输出到录像带上
	锐化	将图像中相邻像素点之间的对比增加，使图像更加清晰
	风格化	使图像产生各种印象派及其他风格的画面效果
	其他	可以设定和创建用户需要的特殊效果滤镜
	Digimarc	将作品加上标记，对作品进行保护
3D	从 3D 文件新建图层	通过“打开”对话框将选定的 3D 文件新建为当前文件图层
	导出 3D 图层	通过“存储为”对话框将 3D 对象导出为 3D 格式的文件
	从所选图层新建3D凸出	以所选图层为基准，创建 3D 模型
	从所选路径新建3D凸出	以路径中的图像为基准，创建 3D 模型

续表

菜单	命　令	功　能
3D	从图层新建网格	基于当前图层新建网格
	添加约束的光源	对 3D 对象添加地光源效果
	显示/隐藏多边形	隐藏 3D 对象中封闭的多边形，显示未封闭对象
	将对象紧贴地面	执行该命令可以将 3D 对象紧贴到地平面
	拆分凸出	通过该命令将 3D 对象进行拆分
	合并 3D 图层	合并当前 3D 图层
	从图层新建拼贴绘画	将图像创建为有拼贴画效果的 3D 对象
	绘画衰减	通过“3D 绘画衰减”对话框定义 3D 绘画效果的衰减程度
	在目标纹理上绘画	在 3D 对象的纹理上进行绘画
	重新参数化 UV	对 3D 对象重新参数化后，当前应用的贴图将发生变化
	创建绘图叠加	创建 3D 对象的绘图叠加方式
	选择可绘画区域	将可绘画 3D 区域作为选区载入
	从 3D 图层生成工作路径	基于当前创建的 3D 图像生成工作路径
	使用当前画笔素描	对 3D 对象的效果使用画笔进行素描效果
	渲染	对 3D 对象的渲染参数进行重新设置，改变渲染效果
视图	放大	使图像显示比例放大
	缩小	使图像显示比例缩小
	按屏幕大小缩放	使图像以画布窗口大小显示
	实际像素	使图像以 100%比例显示
	打印尺寸	使图像以实际的打印尺寸显示
	屏幕显示	以 3 种不同的模式显示图像
	显示额外内容	在画布中显示其他额外的内容
	显示	在画布窗口中选择显示的对象
	标尺	可在画布窗口内的上边和左边显示标尺
	锁定参考线	可锁定参考线，锁定的参考线不能移动
	清除参考线	可清除所有参考线
	新参考线	新建参考线并进行新参考线取向与位置设定
	锁定切片	对切片进行锁定
	清除切片	清除划分好的切片
窗口	排列	在 Photoshop 中对所有打开的窗口进行排列
	工作区	对工作区进行存储、删除和调板位置的复位
	导航器	打开或关闭导航器窗口
	工具	打开或关闭工具箱面板

续表

菜单	命　令	功　能
窗口	历史记录	打开或关闭历史记录面板
	图层	打开或关闭图层面板
	选项	打开或关闭工具选项栏
	颜色	打开或关闭颜色面板
	状态栏	打开或显示状态栏
帮助	Photoshop 帮助	可查找关于软件、工具等的使用说明

3. 工具选项栏

工具选项栏会根据用户选择的工具而变化，通常每种工具的参数各不相同，要查看工具的参数，用户可用鼠标单击选中工具，在工具选项栏处即可显示相关的参数信息，图 2–2 所示的是选择画笔工具时显示的工具选项栏。

图 2–2　工具选项栏

4. 工具箱

工具箱中存放着用于创建和编辑图像的 40 多种工具，如图 2–3 所示。可通过单击工具图标或按快捷键来使用工具。如果图标的右下角带有一个小三角形，则表示该工具包含一个工具组，用鼠标按住该键不放或用鼠标右键单击该工具即可弹出工具组，如图 2–4 所示。若在工具按钮上停留片刻，则会出现该工具提示信息。提示信息括号里的字母表示该工具的快捷键，如图 2–5 所示。例如按下键盘上的 H 键，即选取抓手工具。

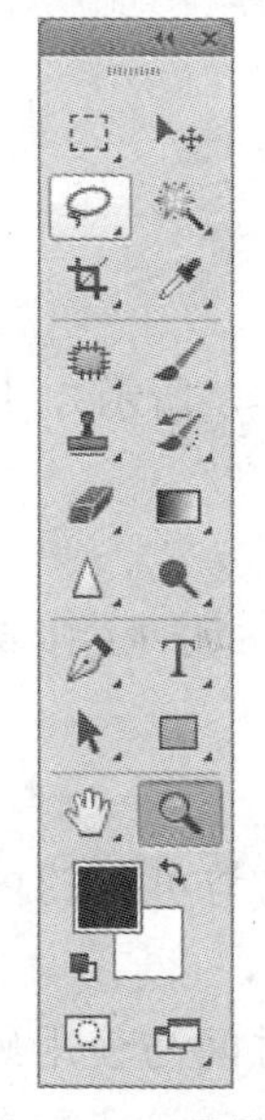

图 2–3　工具箱

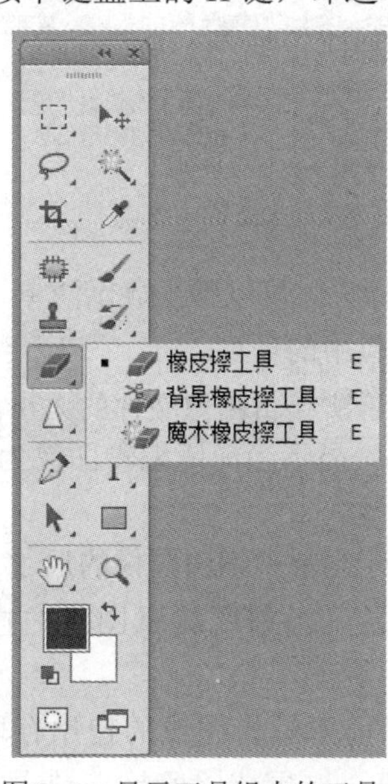

图 2–4　显示工具组内的工具

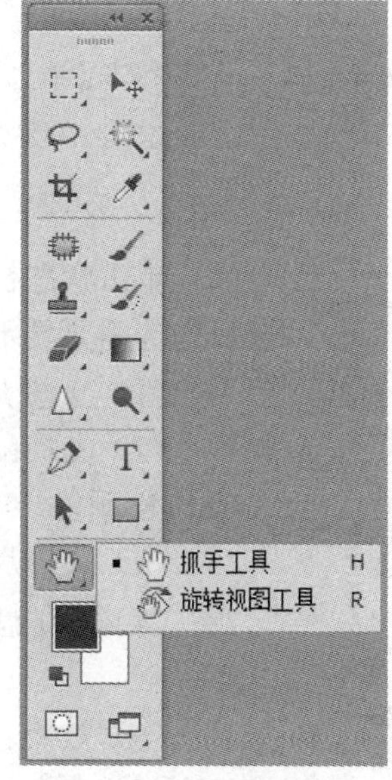

图 2–5　工具快捷键

5. 图像窗口

图像窗口用于显示已经打开或创建的图像，更重要的是可以在该窗口中对图像进行编辑和处理。窗口的标题栏从左到右分别显示的是控制窗口、图像文件名、图像格式、窗口显示比例、图层名称、颜色模式，如图 2–6 所示。

图 2–6　图像窗口

6. 状态栏

状态栏主要用于显示当前打开图像的各种信息，或在选中工具后提示用户的相关操作信息，如图 2–7 所示。

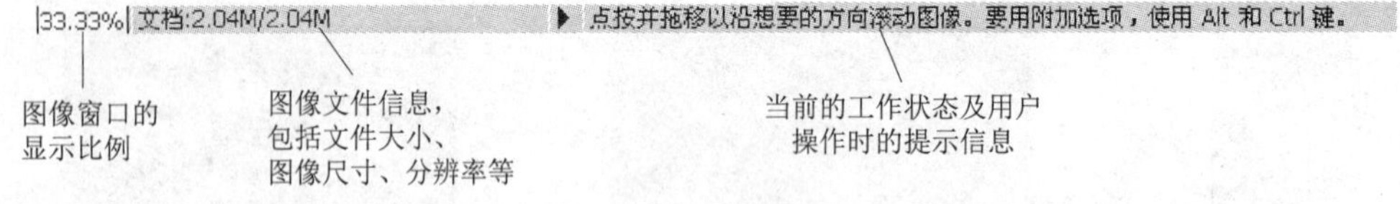

图 2–7　状态栏

Adobe Drive
✓ 文档大小
文档配置文件
文档尺寸
测量比例
暂存盘大小
效率
计时
当前工具
32 位曝光
存储进度

图 2–8　显示清单

单击状态栏上的▶标记，可以弹出显示清单（如图 2–8 所示），用户可以勾选需要显示在状态栏中的项目。

（1）文档大小：显示所编辑图像文件的大小。

（2）文档配置文件：显示当前所编辑图像为何模式，如 RGB 颜色、CMYK 颜色、Lab 颜色等。

（3）文档尺寸：显示当前所编辑图像的尺寸。

（4）暂存盘大小：显示当前所编辑图像的挂网情况与可用的内存大小。

（5）效率：显示当前所编辑图像的使用存取内存时间与使用硬盘上的虚拟内存时间的比值。如果该比值越来越小，就表示应该多配置一点内存给 Photoshop。可以关掉几张暂时不处理的图像，或关闭其他应用程序，以释放内存空间。

（6）计时：显示用户完成最后一个操作所花费的时间。

（7）当前工具：显示当前正在使用的工具的名称。

单击状态栏左侧，弹出打印预览窗口，该窗口将显示图像尺寸和打印纸尺寸的关系。其中两条对角线的矩形区域表示图像区域，灰色图像窗口内为打印纸张的大小。而按住 Alt 键再单击状态栏左侧，则弹出显示图像宽度、图像高度、通道数目、分辨率等信息的下拉菜单，如图 2–9 所示。

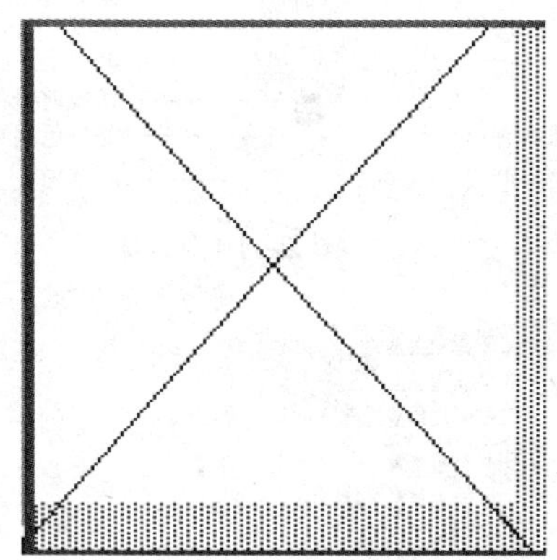

宽度:1024 像素(36.12 厘米)
高度:1443 像素(50.91 厘米)
通道:3(RGB 颜色)
分辨率:72 像素/英寸①

图 2–9　打印预览窗口和信息菜单

7. 面板

面板帮助用户监视和修改图像，在默认情况下，面板以组合的方式堆叠在一起。在默认情况下打开的主要有图 2–10 所示的几个面板，若要打开其他隐藏的面板，有以下两种方法：

（1）在打开的面板组中，用鼠标单击所选面板的标签。

（2）在“窗口”菜单栏下选择需要显示的面板项。

要控制显示或隐藏面板组也可使用下列两种方法：

（1）反复按 Tab 键，可以控制显示或隐藏面板组及工具箱。

（2）反复按“Shift+Tab”组合键，可以控制显示或隐藏面板组。

每个面板组右上角都有一个三角图标，单击它可以打开面板菜单，从而调整面板选项。通过拖曳面板组右下角的边框，可以改变面板组的大小。

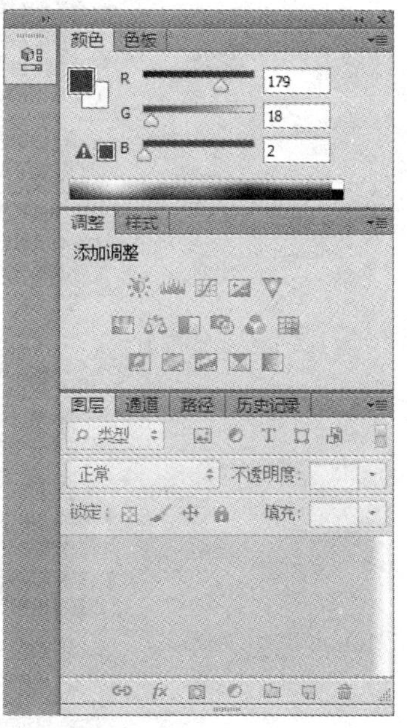

图 2–10　面板

① 1 英寸=0.025 4 米。

2.2　Photoshop 的基本工具及其使用方法

在介绍了 Photoshop 的工作界面后，接下来详细介绍 Photoshop 的工具栏。工具栏是 Photoshop 的核心组件之一，其集齐了创建各种图形和制作各种效果的常用工具，要学好 Photoshop，就必须掌握工具的使用方法和技巧。对于每组工具中包含的同类型工具的使用方法，本书将一一进行讲解。工具栏如图 2–11 所示，展开工具组后的各个工具如图 2–12 所示。工具栏中工具的图标及功能介绍见表 2–2。

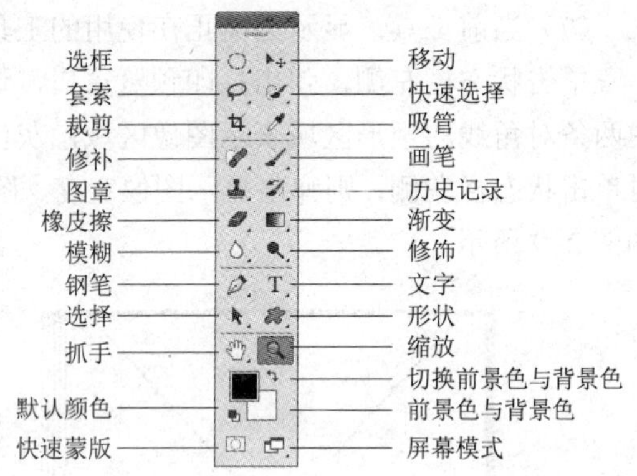

图 2–11　工具栏

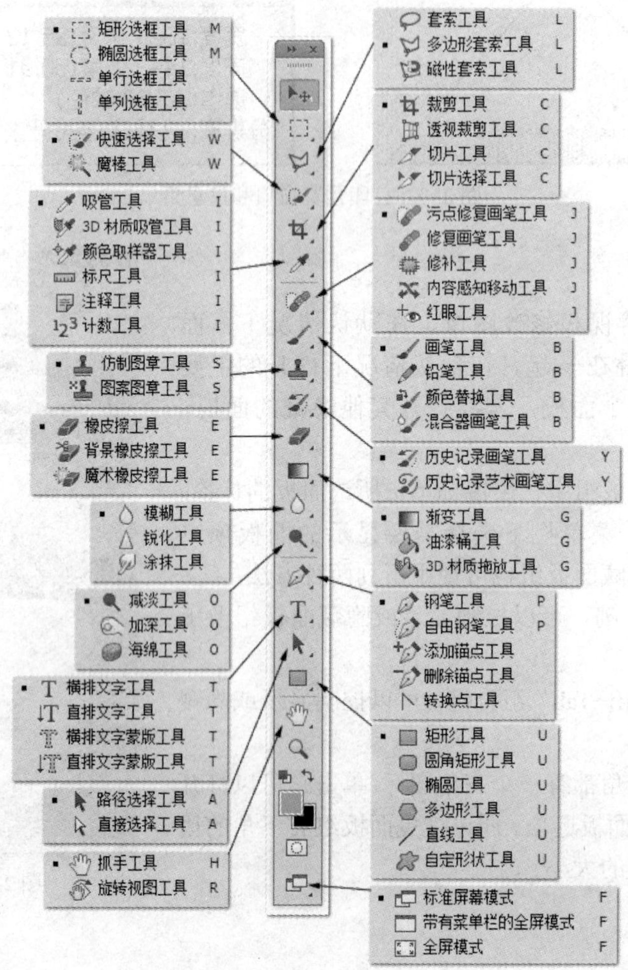

图 2–12　工具栏展开

表 2-2 工具栏中的工具及其功能介绍

移动工具	用于移动选取区域内的图像
选框工具 矩形选框工具 M 椭圆选框工具 M 单行选框工具 单列选框工具	矩形选框工具：选取规则范围的图像时最常用的工具，可以选定一个一定长宽比的矩形范围
	椭圆选框工具：用于选取圆形或椭圆形选区。若选取范围为正方形（或正圆），可以在选择矩形选框（或椭圆）工具，拖动鼠标的同时按住 shift 键
	单行、单列选框工具：用于对齐图像或描边
	选框工具的选项如下： 羽化：0像素 消除锯齿 样式：正常 宽度： 高度： 调整边缘... （1） 主要对选区范围进行设置，从左到右依次为新选区，选、添加到选区、从选区中减去、与选区交叉 新选区：可选取新的范围，通常此项为默认状态 添加到选区：选择该按钮可以合并新选区和旧选区为一个选取范围 从选区中减去：分为两种情况，若新选区和旧选区无重叠部分，则选区无变化；若两者有重叠部分，则新生成的选区将减去两区域中重叠的部分 与选区交叉：产生一个包含新选区的重叠区域的选区 （2） 羽化：0像素 消除锯齿 “羽化”：设置该功能会在选取范围的边缘产生渐变的柔和效果，取值范围为 0 像素～250 像素 消除锯齿：选中该项后，对选区范围内的图像作处理时，可使边缘较为平滑（只有椭圆选框工具具有消除锯齿的选择） （3） 样式：正常 宽度： 高度： “样式”：该选项用来设置矩形、椭圆选取范围的长宽比，有三个选项——正常、固定长宽比、固定大小
	使用技巧： 按住“Alt”键拖动鼠标，将以鼠标开始点为中心进行选择 按住“Shift”键拖动鼠标进行选取，可以将选择区域增加到原来的选区 按住“Alt”键在原来选区拖动鼠标，可从原来选区减去选择区域 按住“Shift+Alt”组合键进行选取，可将新选区与原来的选区的相交区域作为最终选择得到的选区 按住“Ctrl+Alt”组合键拖动一个选区，可以把该选区的图像拷贝到新的位置 按住空格键，鼠标将变成抓手工具，这时可以用它来移动图像
套索工具 套索工具 L 多边形套索工具 L 磁性套索工具 L	套索工具：自由手绘选取工具，用户只需按住鼠标左键拖动鼠标，沿着需要选取的范围边缘绘制，鼠标松开，选区自动闭合
	多边形套索工具：用于在图像上绘制任意形状的多边形选取区域
	磁性套索工具：主要用于精确图像的选取，根据选取范围在指定宽度内的不同像素值的对比来确定选区
	磁性套索工具的选项如下（与选框工具相同的参数不再重复） 宽度：10像素 对比度：10% 频率：57 “宽度”：拖动鼠标时指定探测的边缘宽度，值的范围为 0～40，值越小检测越精确 “对比度”：所输入的数值决定绘制路径时搜索边缘的对比度值，值的范围为 0%～100%，值越大选取范围越精确 “频率”：设置鼠标拖动时同时放置的定点数，值的范围为 0～100，值越大边缘产生的定点数越多 “钢笔压力”：只在系统安装了绘图板后才起作用，用于设置绘图笔的钢笔压力

续表

<table>
<tr><td rowspan="2">魔棒工具/快速选择工具
快速选择工具 W
魔棒工具 W</td><td>快速选择工具：通过调整画笔的笔触、硬度和间距等参数而快速通过单击或拖动创建选区
其选项栏的相关参数如下：
30 对所有图层取样 自动增强
依次是新选区、添加选区、减去选区；没有选区时，默认的选择方式是新建；选区建立后，自动改为“添加到选区”；按住 Alt 键，选择方式变为“从选区减去”
对所有图层取样：当图像中含有多个图层时，选中此项将对所有可见图层的图像起作用，没有选中此项时，只对当前图层起作用
自动增强：可减少选区边界的粗糙度和块效应（一般应勾选此项）</td></tr>
<tr><td>魔棒工具：对相同或相近颜色的区域进行选取
其选项栏的相关参数如下：
取样大小：取样点 容差：5 消除锯齿 连续 对所有图层取样
“容差”：确定选取时颜色比较的容差值，单位为像素，值的范围为 0～255，值越小，选取范围的颜色越接近，相应的选取范围也越小
“连续”：选中此项，则只检测单击处邻近区域，如果不选中此项，在容差范围内的像素检测会遍及整幅图片
用于所有图层：选中此项，对所有图层均起作用，即可以选取所有层中相近的颜色区域</td></tr>
<tr><td rowspan="2">裁切工具
裁剪工具 C
透视裁剪工具 C
切片工具 C
切片选择工具 C</td><td>裁剪工具：可将选中区域以外的图像裁切，并可以根据需要在切除时重设图像的大小和图像的分辨率
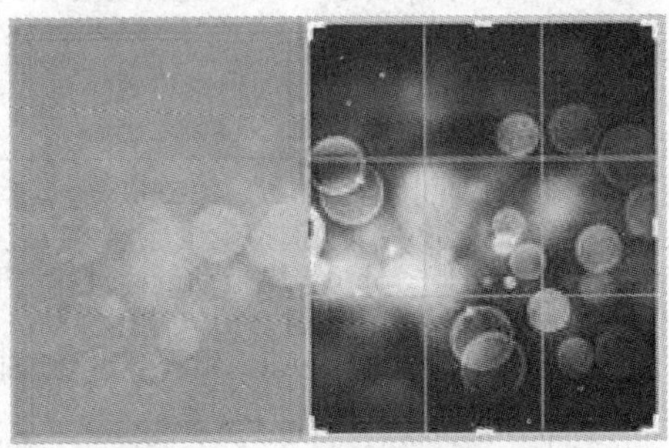
在确定选择区域后，双击鼠标就可以切除其他部分，得到最终裁切效果：
</td></tr>
<tr><td>透视裁剪工具：在裁剪的同时方便地矫正图像的透视错误，即对倾斜的图片进行矫正，可以纠正由相机或者摄影机角度问题造成的畸变</td></tr>
</table>

续表

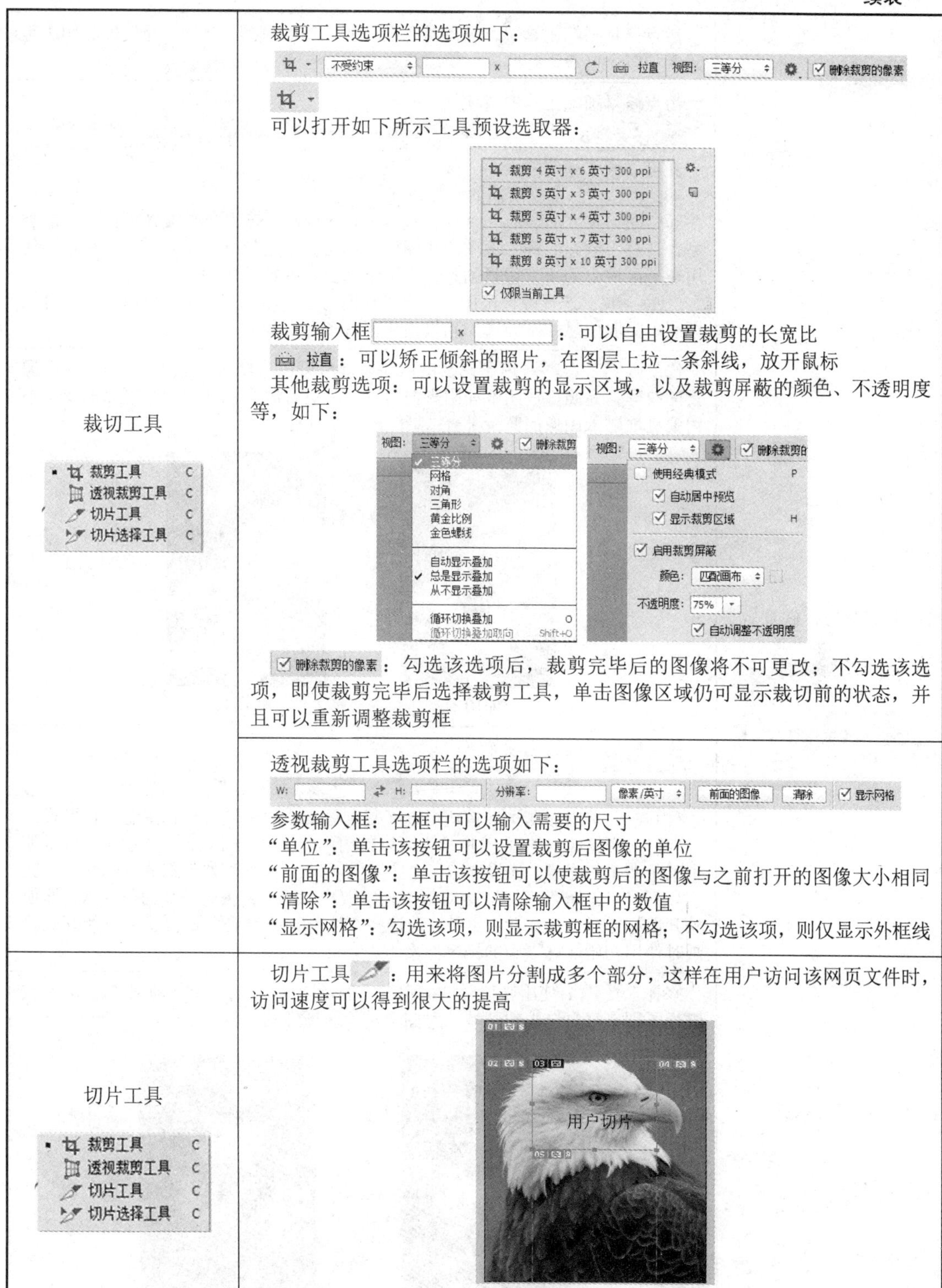

裁切工具 裁剪工具 C 透视裁剪工具 C 切片工具 C 切片选择工具 C	裁剪工具选项栏的选项如下： 不受约束　x　拉直　视图：三等分　删除裁剪的像素 可以打开如下所示工具预设选取器： 裁剪 4 英寸 x 6 英寸 300 ppi 裁剪 5 英寸 x 3 英寸 300 ppi 裁剪 5 英寸 x 4 英寸 300 ppi 裁剪 5 英寸 x 7 英寸 300 ppi 裁剪 8 英寸 x 10 英寸 300 ppi 仅限当前工具 裁剪输入框　x　：可以自由设置裁剪的长宽比 拉直：可以矫正倾斜的照片，在图层上拉一条斜线，放开鼠标 其他裁剪选项：可以设置裁剪的显示区域，以及裁剪屏蔽的颜色、不透明度等，如下： 视图：三等分　删除裁剪 三等分　网格　对角　三角形　黄金比例　金色螺线 自动显示叠加　总是显示叠加　从不显示叠加 循环切换叠加 O　循环切换叠加取向 Shift+O 视图：三等分　删除裁剪的 使用经典模式 P　自动居中预览　显示裁剪区域 H 启用裁剪屏蔽　颜色：匹配画布　不透明度：75%　自动调整不透明度 删除裁剪的像素：勾选该选项后，裁剪完毕后的图像将不可更改；不勾选该选项，即使裁剪完毕后选择裁剪工具，单击图像区域仍可显示裁切前的状态，并且可以重新调整裁剪框
	透视裁剪工具选项栏的选项如下： W：　H：　分辨率：　像素/英寸　前面的图像　清除　显示网格 参数输入框：在框中可以输入需要的尺寸 “单位”：单击该按钮可以设置裁剪后图像的单位 “前面的图像”：单击该按钮可以使裁剪后的图像与之前打开的图像大小相同 “清除”：单击该按钮可以清除输入框中的数值 “显示网格”：勾选该项，则显示裁剪框的网格；不勾选该项，则仅显示外框线
切片工具 裁剪工具 C 透视裁剪工具 C 切片工具 C 切片选择工具 C	切片工具：用来将图片分割成多个部分，这样在用户访问该网页文件时，访问速度可以得到很大的提高 01　02　03　04　05 用户切片
	切片选择工具：用于编辑切片和调整切片的次序，并可以为切片添加超级链接

续表

图像修改、修复 污点修复画笔工具 修复画笔工具 修补工具 内容感知移动工具 红眼工具	污点修复画笔工具：自动将需要修复区域的纹理、光照、透明度和阴影等元素与图像自身进行匹配，快速修复污点
	污点修复画笔工具的选项如下： 19 模式：正常 类型：近似匹配 创建纹理 内容识别 对所有图层取样 19 其可以调整画笔的大小、硬度等 模式：正常：选择所需的修复模式 类型：近似匹配 创建纹理 内容识别：设置 Photoshop CS6 画笔修复图像区域后的类型，选择“创建纹理”选项，在图像上单击并拖动鼠标，这时该工具将自动使用覆盖区域中的所有像素创建一个用于修复该区域的纹理 对所有图层取样：选择取样范围，勾选“对所有图层取样”选项，可以从所有可见图层中提取信息；不勾选，则只能从现有图层中取样
	修复画笔工具：用于修复图像的瑕疵，可以结合 Alt 键使用。将“源”像素的纹理、光照、透明度和阴影与目标区域进行融合，从而使修复后的像素不留痕迹地融入图像的其余部分  使用前  使用后
	修复画笔工具的选项如下： 模式：正常 源：取样 图案： 对齐 “模式”：单击右侧扩展按钮可选择复制像素或填充图案与底图的混合模式 “源”：修复像素的源。“取样”可以使用当前图像的像素，而“图案”可以使用某个图案的像素，如果选取了“图案”，则从“图案”弹出式调板中选择图案 “对齐”：选择“对齐”，会对像素连续取样，而不会丢失当前的取样点，即使松开鼠标键时也是如此；如果取消选择“对齐”，则会在每次停止并重新开始绘画时使用初始取样点中的样本像素
	修补工具：使用其他区域或图案中的像素的纹理、光照和阴影与目标区域进行区别来修复选中的区域，对图像进行区域性的修复  使用前  使用后

续表

<table>
<tr><td rowspan="4">图像修改、修复
▪ 污点修复画笔工具　J
修复画笔工具　J
修补工具　J
内容感知移动工具　J
红眼工具　J</td><td>修补工具的选项如下：
修补：正常　⊙源　○目标　□透明　使用图案
“源”：在图像中拖移以选择想要修复的区域，并在选项栏中选择“源”
“目标”：在图像中拖移，选择要从中取样的区域，并在选项栏中选择“目标”</td></tr>
<tr><td>内容感知移动工具：通过此工具，可以选择图像场景中的某个物体，然后将其移动到图像的中的任何位置，经过 Photoshop CS6 的计算，完成极其真实的合成效果</td></tr>
<tr><td>红眼工具：专门用来消除人物眼睛因灯光或闪光灯照射后瞳孔产生的红点、白点等反射光点
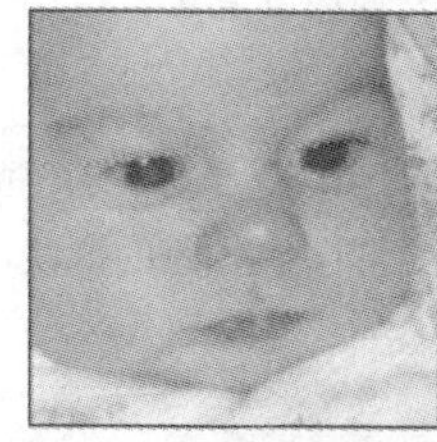 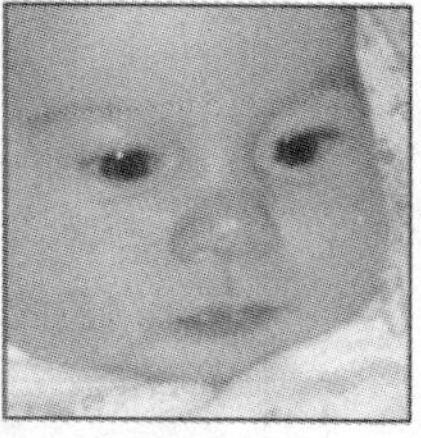
使用前　使用后</td></tr>
<tr><td>红眼工具的选项如下：
瞳孔大小：50%　变暗量：50%
“瞳孔大小”：此选项用于设置修复瞳孔范围的大小
“变暗量”：此选项用于设置修复范围的颜色的亮度</td></tr>
<tr><td rowspan="2">画笔工具
▪ 画笔工具　B
铅笔工具　B
颜色替换工具　B
混合器画笔工具　B</td><td>画笔工具：绘制比较柔和的线条，类似毛笔画出的线条，该工具一般用于绘制特定图形</td></tr>
<tr><td>画笔工具的选项如下：
26　模式：正常　不透明度：100%　流量：100%
切换画笔面板：可以弹出画笔和画笔预设面板，相关介绍如下：
“画笔预设”：铅笔工具、画笔工具都可使用“画笔预设”，用户使用“画笔预设”可以绘制出各种各样的图形
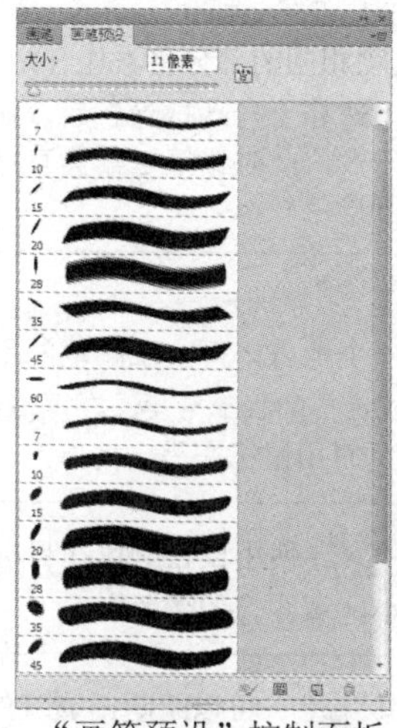 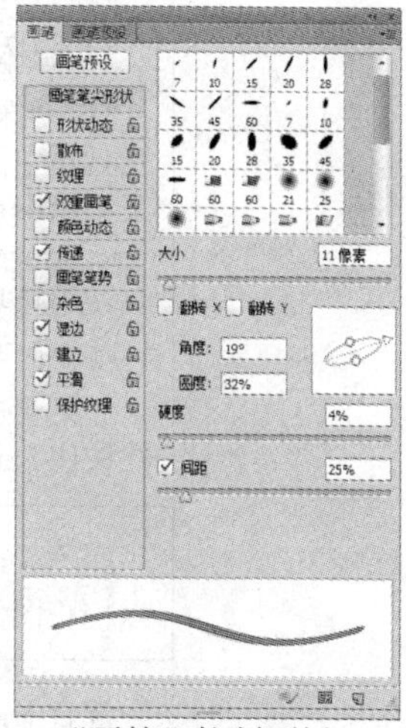
“画笔预设”控制面板　“画笔”控制面板</td></tr>
</table>

续表

画笔工具 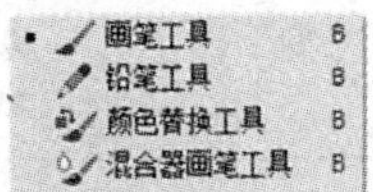 	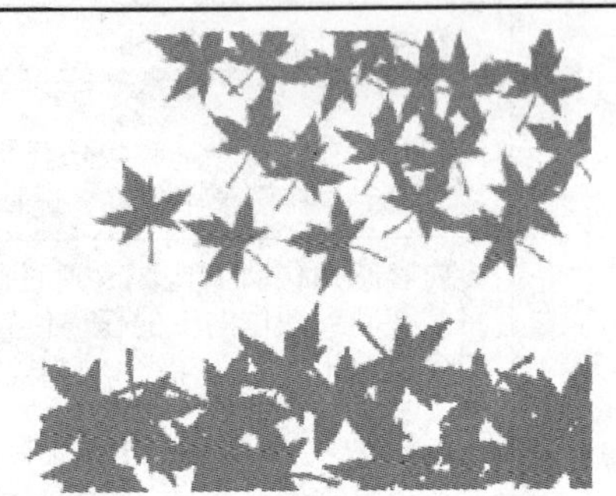 图中上面部分使用画笔工具绘制，下面部分使用铅笔工具绘制 不透明度：100%　流量：100% “不透明度”：用于设置画笔颜色的透明度，取值为 0%～100% 流量：用于设置图像颜色的深浅，根据选框内颜色流量百分比确定描绘出的笔画颜色减淡或加深 模式：正常 ：在“模式”后面的弹出式菜单中可选择不同的混合模式，即画笔的色彩与下面图像的混合模式，可根据需要从中选取一种着色模式 不透明度：100% ：可设定画笔的“不透明度”，该选项用于设置 Photoshop CS6 画笔颜色的透明程度，取值在 0%～100%，取值越大，画笔颜色的不透明度越高，取 0%时，画笔是透明的，按下小键盘中的数字键可以调整工具的不透明度：按下 1 时，不透明度为 10%；按下 5 时，不透明度为 50%；按下 0 时，不透明度会恢复为 100% “绘图板压力控制不透明度”：覆盖 Photoshop CS6 画笔面板设置 流量：100% ：此选项设置与不透明度有些类似，指画笔颜色的喷出浓度，这里的不同之处在于不透明度是指整体颜色的浓度，而喷出量是指画笔颜色的浓度
	铅笔工具：绘制的线条棱角分明，一般用于绘制硬边的线条
	铅笔工具的选项如下： 模式：正常　不透明度：100%　自动抹除 （与画笔工具选项相同的部分将不作介绍） “自动抹除”：当选择“自动抹除”后，在绘制时，如果绘制起点处的颜色和工具箱中前景色一致，此时铅笔工具具有橡皮的功能，会将前景色擦除而填充工具箱中设置的背景色
	使用技巧： 如果画笔停在一个地方，可实现画笔的不断叠加，其颜色会不断加深 如果要画水平或垂直的画笔效果，在图像编辑区域单击鼠标，确定起点，然后在按住 Shift 键的同时用鼠标在另一处单击，两个单击点之间就会形成一条直线
	颜色替换工具：使用校正颜色在目标颜色上的绘制，从而替换目标颜色，以校正图像中较小区域图像的颜色
	混合器画笔工具：可以绘制出逼真的手绘效果，是较为专业的绘画工具

续表

画笔工具 ▪ 画笔工具 B 铅笔工具 B 颜色替换工具 B 混合器画笔工具 B	混合器画笔工具的选项如下： 其显示前景色颜色，点击右侧三角可以载入画笔、清理画笔、只载入纯色 每次描边后载入画笔、每次描边后清理 Photoshop CS6 画笔：“每次描边后载入画笔”和“每次描边后清理画笔”两个按钮，控制了每一笔涂抹结束后对画笔是否更新和清理，类似于画家在绘画一笔过后决定是否将画笔在水中清洗 “混合画笔组合” 干燥，浅描 ：提供多种为用户提前设定的画笔组合类型，包括干燥、湿润、潮湿和非常潮湿等。在“有用的混合画笔组合”下拉列表中，有为用户预先设置好的混合画笔，当用户选择某一种混合画笔时，右边的四个选择数值会自动改变为预设值 潮湿: 0% ：“潮湿”设置从画布拾取的油彩量，就像给颜料加水，设置的值越大，画在画布上的色彩越淡 载入: 5% ：“载入”设置画笔上的油彩量 “混合” 混合: ：用于设置 Photoshop CS6 多种颜色的混合，当“潮湿”为 0%时，该选项不能用
图章工具 ▪ 仿制图章工具 S 图案图章工具 S	仿制图章工具：按住 Alt 键，在图像中的某一处单击获得“源”，然后根据鼠标涂抹的移动将所获得的“源”图像复制到新的位置  使用前  使用后
	图案图章工具：将图案预设中的图案复制到当前图案中
	图章工具的选项如下： “画笔”：在下拉列表中可选择任意一种画笔样式并可对选择的画笔进行编辑 “模式”：设置复制生成图像与底图的混合模式，还可设置其不透明度、扩散速度和喷枪效果 “对齐”：选择该选项，则在一次拖拉中只能复制产生一个源图像 “用于所有图层”：对所有可见图层都起作用
历史画笔 ▪ 历史记录画笔工具 Y 历史记录艺术画笔工具 Y	历史记录画笔工具：用于对图像的编辑和修改，它可以和“历史记录”面板结合使用。历史记录画笔工具使用类似画笔工具的笔刷修改或恢复“历史记录”面板中记载有效操作步骤的效果
	历史记录艺术画笔：它与历史记录画笔工具的原理相同，只不过在修改和恢复图像时使用了各种艺术笔刷和风格 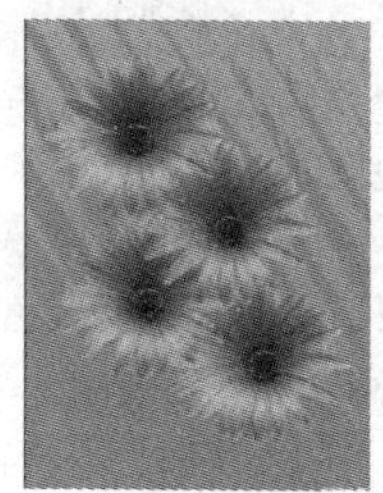 原图  使用仿制图章工具

续表

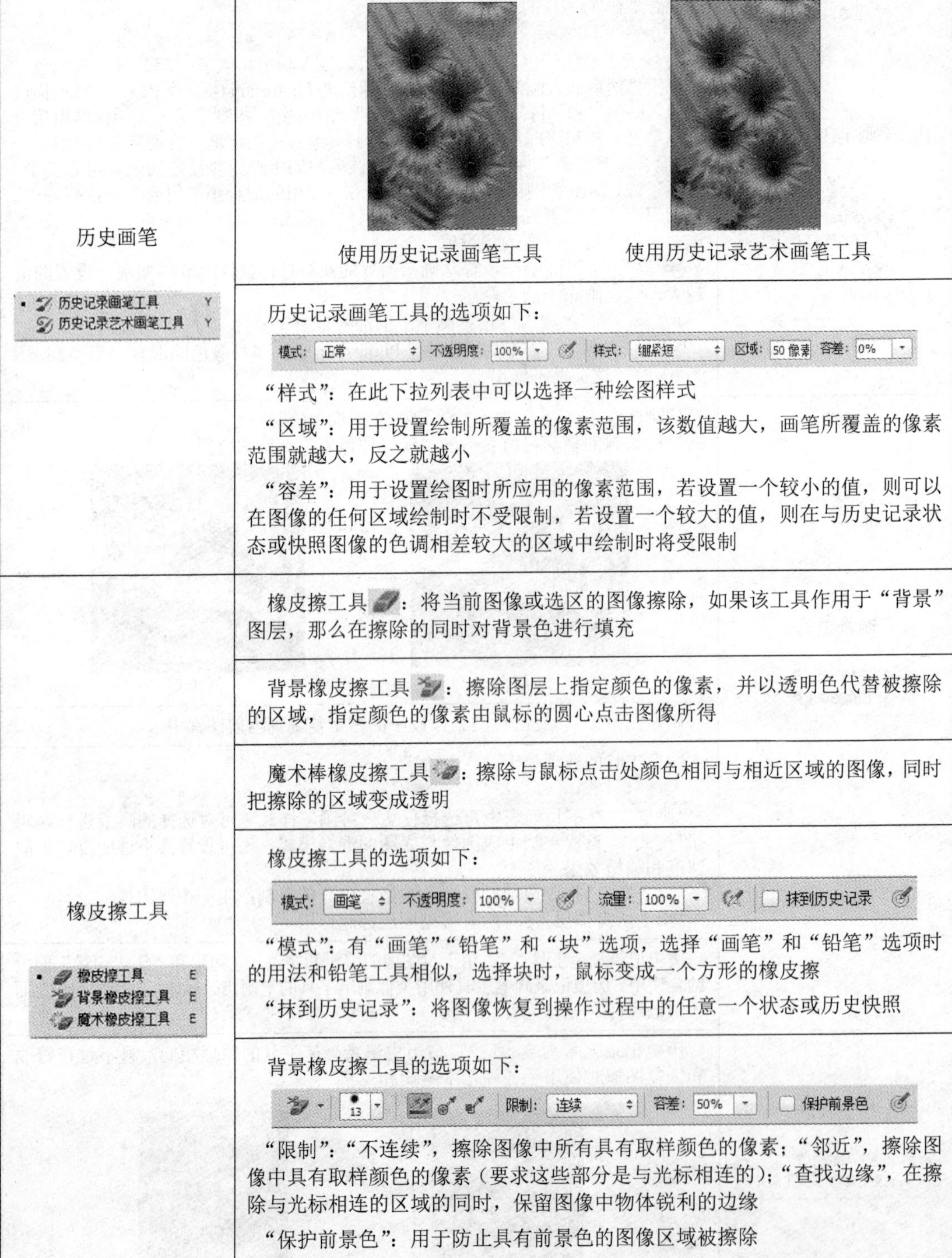

历史画笔 ▪ 历史记录画笔工具 Y 历史记录艺术画笔工具 Y	使用历史记录画笔工具　　使用历史记录艺术画笔工具
	历史记录画笔工具的选项如下： 模式：正常　不透明度：100%　样式：绷紧短　区域：50 像素　容差：0% “样式”：在此下拉列表中可以选择一种绘图样式 “区域”：用于设置绘制所覆盖的像素范围，该数值越大，画笔所覆盖的像素范围就越大，反之就越小 “容差”：用于设置绘图时所应用的像素范围，若设置一个较小的值，则可以在图像的任何区域绘制时不受限制，若设置一个较大的值，则在与历史记录状态或快照图像的色调相差较大的区域中绘制时将受限制
橡皮擦工具 ▪ 橡皮擦工具 E 背景橡皮擦工具 E 魔术橡皮擦工具 E	橡皮擦工具：将当前图像或选区的图像擦除，如果该工具作用于“背景”图层，那么在擦除的同时对背景色进行填充
	背景橡皮擦工具：擦除图层上指定颜色的像素，并以透明色代替被擦除的区域，指定颜色的像素由鼠标的圆心点击图像所得
	魔术棒橡皮擦工具：擦除与鼠标点击处颜色相同与相近区域的图像，同时把擦除的区域变成透明
	橡皮擦工具的选项如下： 模式：画笔　不透明度：100%　流量：100%　抹到历史记录 “模式”：有“画笔”“铅笔”和“块”选项，选择“画笔”和“铅笔”选项时的用法和铅笔工具相似，选择块时，鼠标变成一个方形的橡皮擦 “抹到历史记录”：将图像恢复到操作过程中的任意一个状态或历史快照
	背景橡皮擦工具的选项如下： 13　限制：连续　容差：50%　保护前景色 “限制”：“不连续”，擦除图像中所有具有取样颜色的像素；“邻近”，擦除图像中具有取样颜色的像素（要求这些部分是与光标相连的）；“查找边缘”，在擦除与光标相连的区域的同时，保留图像中物体锐利的边缘 “保护前景色”：用于防止具有前景色的图像区域被擦除 “取样”：“连续”，擦除图层中彼此相连但颜色不同的部分；“一次”，只对单击鼠标时光标下的图像颜色取样，可擦除图像中具有相似颜色的部分；“背景色板”，将背景色作为取样颜色，可擦除图像中背景色相似或相同的颜色区域

续表

<table>
<tr><td rowspan="3">填充工具
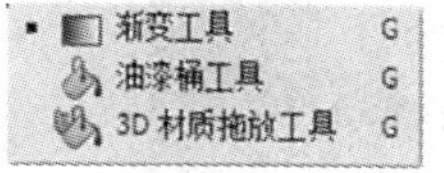</td><td>渐变工具：使用多种颜色的逐渐混合进行填充，用户可以从渐变预设中选择渐变颜色，也可自己设定渐变颜色</td></tr>
<tr><td>油漆桶工具：用于将某一种颜色或图案填充到图像或选择区域内，填充时只对鼠标单击处图像颜色相近区域进行填充</td></tr>
<tr><td>渐变工具的选项如下：

其用于选择不同的颜色渐变模式，单击右侧按钮打开下拉列表框，其中有 15 种颜色渐变模式供用户选择，单击该图标，打开“渐变编辑器”，在“渐变编辑器”中可实现自定义的渐变模式设置
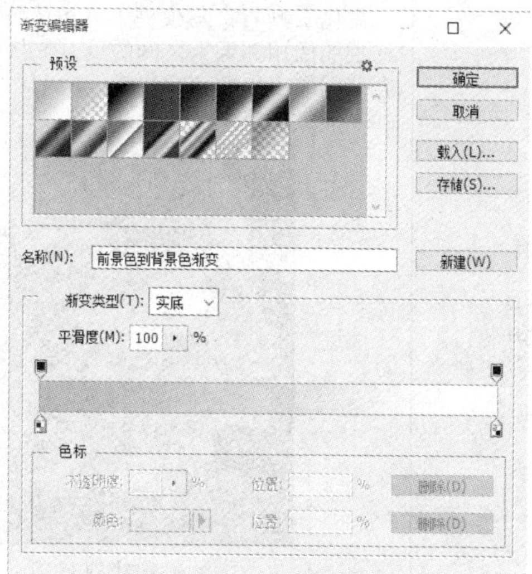
：选择各种渐变模式
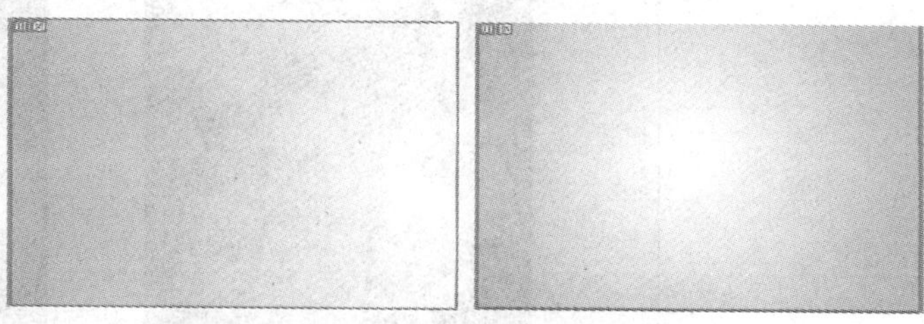
“反色”：产生的渐变颜色与设置的颜色渐变顺序反向
“仿色”：用递色法来表示中间色调，使颜色渐变更加平滑
“透明区域”：产生不同颜色段的透明效果，在需要使用透明蒙版时选择此选项</td></tr>
</table>

续表

<table>
<tr>
<td rowspan="3">渲染工具
模糊工具
锐化工具
涂抹工具</td>
<td>模糊工具：使图像产生模糊的效果，降低图像相邻像素之间的对比度，使图像的边界区域变得柔和

模糊前

模糊后</td>
</tr>
<tr>
<td>锐化工具：与模糊工具相反，它能使图像产生清晰的效果，其原理是通过增大图像相邻像素之间的反差，从而使图像看起来更加清晰，过度使用该工具会使图像产生的严重失真

锐化前

锐化后</td>
</tr>
<tr>
<td>涂抹工具：模拟手指涂抹时的油墨效果，它将鼠标起始处的像素颜色提取出来，再将其与鼠标拖过的地方的颜色融合，从而达到混合油墨的效果

涂抹前

涂抹后</td>
</tr>
</table>

续表

渲染工具 模糊工具 锐化工具 涂抹工具	模糊工具的选项如下： 模式：正常　强度：50%　对所有图层取样 “强度”：设置模糊工具着色的力度，其取值为 0%～100%
	涂抹工具的选项如下： 模式：正常　强度：50%　对所有图层取样　手指绘画 “手指绘画”：选择该项，每次拖动鼠标绘制的时候就会使用工具箱中的前景色
颜色调和工具 减淡工具 O 加深工具 O 海绵工具 O	减淡工具：改变图像特定区域的曝光度使图像变亮 减淡前　减淡后
	加深工具：改变图像特定区域的曝光度，使图像变暗 加深前　加深后
	海绵工具：增加或者减少图像的饱和度 使用前　去色效果　加色效果

续表

颜色调和工具 ▪ 减淡工具 O 加深工具 O 海绵工具 O	减淡工具的选项如下： 范围：中间调 曝光度：50% 保护色调 “范围”：设置加深的作用范围，在其下拉列表中可选择“暗调”“中间调”和“高光” “曝光度”：设置图像加深的程度，输入的数值越大，对图像减淡的效果越明显
	海绵工具的选项如下： 模式：降... 流量：50% 自然饱和度 “模式”：“去色”，降低图像颜色的饱和度；“加色”，增加图像颜色的饱和度 “流量”：设置去色或加色的程度，另外也可选择喷枪效果
路径选择工具 ▪ 路径选择工具 A 直接选择工具 A	路径选择工具：选择路径和移动路径
	直接选择工具：选择路径段，并可以利用它拖动端点对路径进行变形
钢笔工具 ▪ 钢笔工具 P 自由钢笔工具 P 添加锚点工具 删除锚点工具 转换点工具	钢笔工具：直接在图像上单击鼠标左键，即可建立新的锚点来连接线段形成路径  （用钢笔工具沿着海螺的外形单击鼠标，形成路径）
	自由钢笔工具：按住鼠标左键拖动，系统根据拖动的路径自动产生锚点 
	添加锚点工具：在当前路径上增加锚点，从而可以对锚点所在线段进行曲线调整  （调整锚点，使着产生的路径与海螺外形更贴近）

续表

<table>
<tr>
<td rowspan="3">钢笔工具
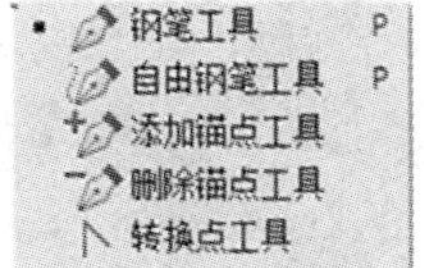</td>
<td>删除锚点工具：在当前路径上删除锚点，从而将该锚点两侧的线段拉直

（删除海螺右上角的锚点，两锚点间线段变成直线）</td>
</tr>
<tr>
<td>转换点工具：实现曲线锚点与直线锚点间的相互转换

（将直线锚点转换为曲线锚点）</td>
</tr>
<tr>
<td>钢笔工具的选项如下：
路径 建立： 选区... 蒙版 形状 自动添加/删除 对齐边缘
“选择工具模式” 路径 ：包括“形状”“路径”和“像素”三种模式：
“形状”：在图像文件中绘制具有前景色填充的形状图层，另在“图层”面板中将自动生成包括图层图样和剪切路径的形状图层，“图层”面板中，左侧为“图层图样”，右侧为“剪切路径”，双击“图层图样”可修改路径图形的填充颜色

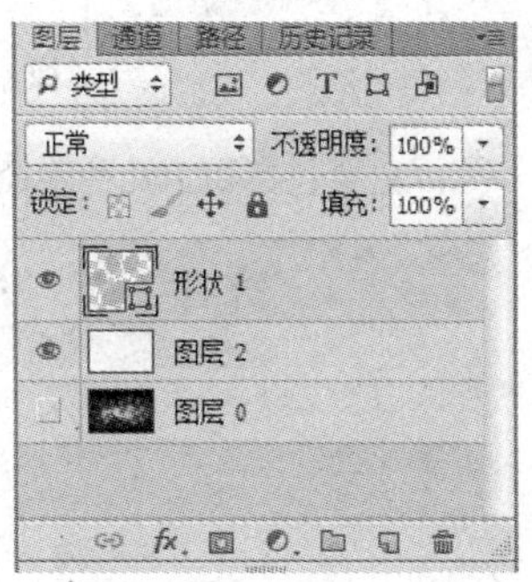
绘制形状</td>
</tr>
</table>

续表

<table>
<tr>
<td>

钢笔工具

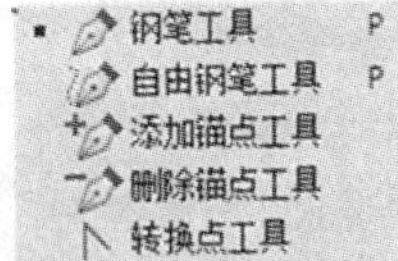

</td>
<td>
“路径”：只绘制具有路径的形状

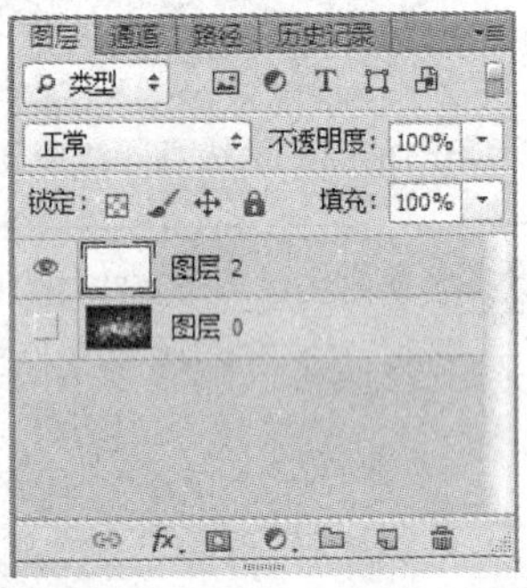

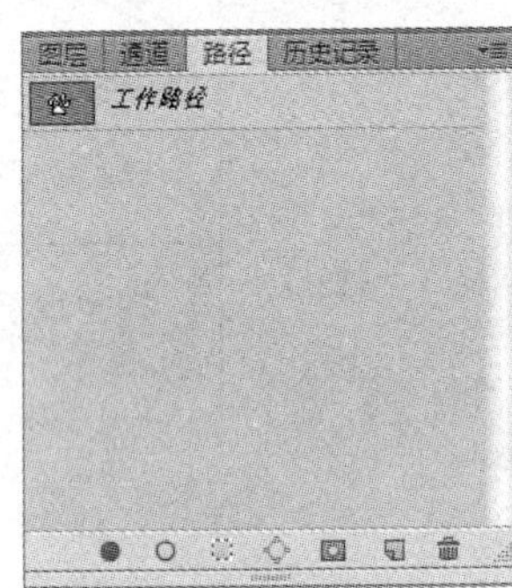

绘制路径

“像素”：在图像文件中绘制具有前景色填充的图像图层

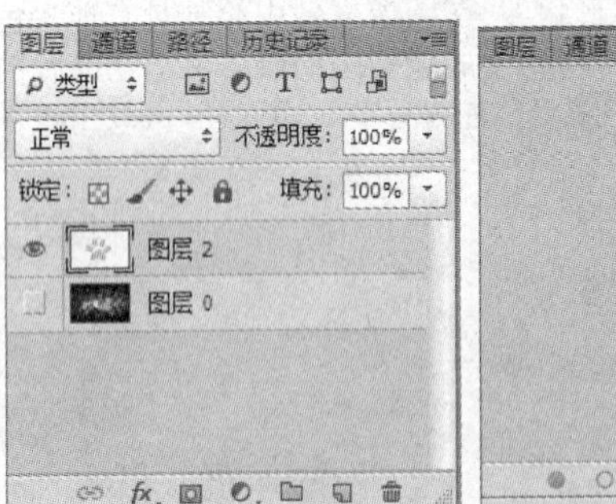

绘制像素

“路径操作” □：主要包括如下几种路径运算方式：

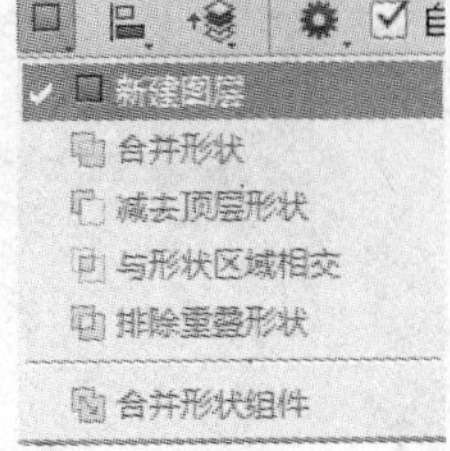

</td>
</tr>
</table>

续表

<table>
<tr><td rowspan="3">钢笔工具
钢笔工具 P
自由钢笔工具 P
添加锚点工具
删除锚点工具
转换点工具</td><td>“合并形状”，新添加路径与原路径覆盖的面积，在填充时将全部被填充；“减去顶层形状”，填充路径时，新添加路径的面积将从原路径中减去再填充；“与形状区域相交”，填充路径时，新添加路径与原路径重叠的部分将被填充；“排除重叠形状”，填充路径时，新添加的路径与原路径不重叠的部分将被填充
“路径对齐方式”：将选择的路径进行对齐
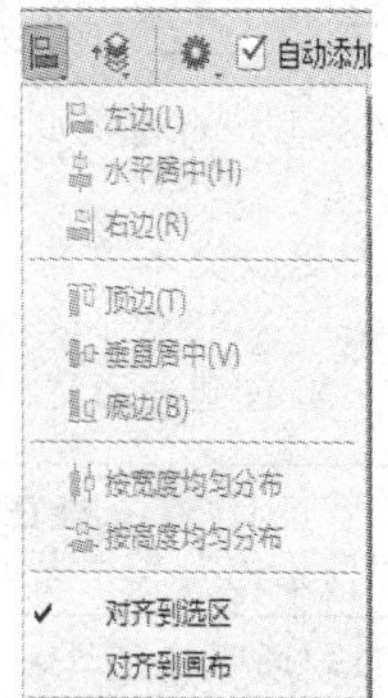

“路径排列方式”：控制选择的路径的排列层次
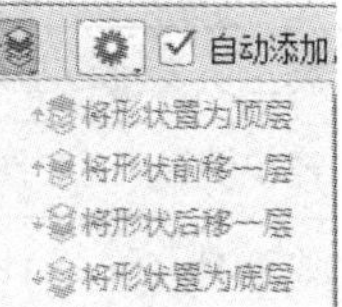

“自动添加和删除” 自动添加/删除：勾选该项，钢笔工具具有了【添加锚点工具】和【删除锚点工具】的功能</td></tr>
<tr><td>自由钢笔工具的选项如下：
磁性的 对齐边缘
“磁性的”：选中“磁性的”复选框，图像中的鼠标显示为“磁性钢笔”形态，此时自由钢笔工具与磁性套索工具应用方法相似，可以沿图像边界绘制工作路径</td></tr>
<tr><td>使用技巧：
使用转换点工具时，按住 Alt 键，将光标移动到锚点处按住鼠标并拖曳，可以将锚点的一端进行调整；按住 Ctrl 键将光标移动到锚点位置，按住鼠标并拖曳，可以将当前选择的锚点移动位置；按住 Shift 键调整节点，可以确保锚点按 45° 角的倍数进行调整</td></tr>
<tr><td rowspan="6">矢量图形工具
矩形工具 U
圆角矩形工具 U
椭圆工具 U
多边形工具 U
直线工具 U
自定形状工具 U</td><td>矩形工具：在图像文件中绘制矩形图形</td></tr>
<tr><td>圆角矩形工具：在图像文件中绘制具有圆角的矩形，当“半径”数值为 0 时，绘制出的是矩形</td></tr>
<tr><td>椭圆工具：在图像文件中绘制椭圆图形</td></tr>
<tr><td>多边形工具：在图像文件中绘制正多边形或星行</td></tr>
<tr><td>直线工具：绘制直线或带有箭头的线段</td></tr>
<tr><td>自定形状工具：在图像文件中绘制出各类不规则的图形和自定义的图案</td></tr>
</table>

续表

<table>
<tr><td rowspan="5">文本工具 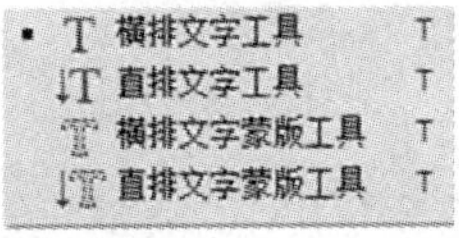
▪ T 横排文字工具 T
↓T 直排文字工具 T
T 横排文字蒙版工具 T
↓T 直排文字蒙版工具 T</td><td>横排文字工具T：在图像文件中创建水平文字，并在“图层”控制面板中建立新的文字图层</td></tr>
<tr><td>直排文字工具↓T：在图像文件中创建垂直文字，并在“图层”控制面板中建立新的文字图层</td></tr>
<tr><td>横排文字蒙版工具T：可以在图像文件中创建水平文字形状的选择区域</td></tr>
<tr><td>直排文字蒙版工具↓T：可以在图像文件中创建垂直文字形状的选择区域</td></tr>
<tr><td>文本工具的选项如下： 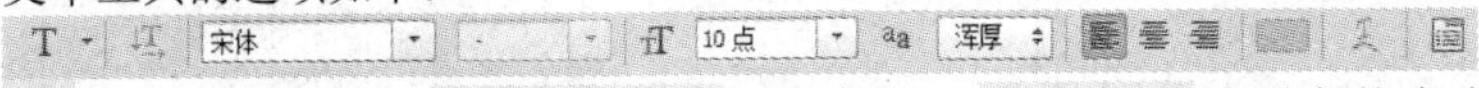
T 宋体 10点 aa 浑厚
↓T 更改文本方向； 经典繁叠黑 设置字体； T 200点 设置字体大小； aa 平滑 设置消除锯齿的方法； 设置段落对齐方式； 设置文本颜色； 创建变形文本； 切换字符段落调板</td></tr>
<tr><td rowspan="6">辅助工具 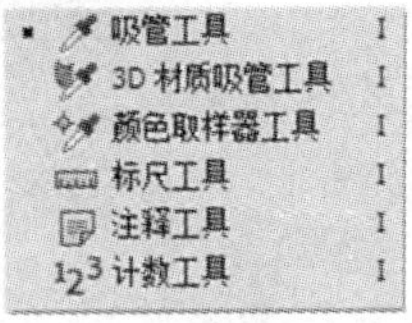
▪ 吸管工具 I
3D 材质吸管工具 I
颜色取样器工具 I
标尺工具 I
注释工具 I
计数工具 I</td><td>吸管工具：能在拾色器、色板和图像中选取颜色并使用所选取的颜色作为“前景色”或“背景色”</td></tr>
<tr><td>3D 材质吸管工具：吸取 3D 材质纹理以及查看和编辑 3D 材质纹理</td></tr>
<tr><td>颜色取样器工具：用来显示某一点颜色的数值</td></tr>
<tr><td>标尺工具：显示图像中两个点的位置和距离等信息</td></tr>
<tr><td>注释工具：在图像中添加文本注释</td></tr>
<tr><td>计数工具$1_2{}^3$：统计图像中对象的个数，并将这些数目显示在选项栏的视图中</td></tr>
<tr><td rowspan="2">抓手工具/旋转视图工具 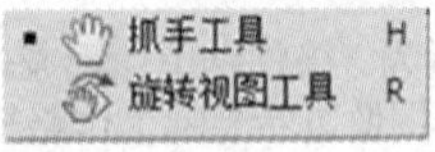
▪ 抓手工具 H
旋转视图工具 R</td><td>抓手工具：图像无法完全显示在窗口时移动图像，使未显示部分移到显示区域中</td></tr>
<tr><td>旋转视图工具：控制画布显示的方向
旋转视图工具的选项如下： 
旋转角度：0° 复位视图 旋转所有窗口
旋转角度：0° ：可直接输入角度值，以达到精确旋转 Photoshop 视图的目的
：在按钮上按住鼠标左键移动鼠标，也可以旋转 Photoshop CS6 视图图像。
旋转所有窗口：默认是不勾选此项；勾选此选项后对一个窗口图像进行旋转操作时，其他 Photoshop 窗口图像也一起旋转</td></tr>
<tr><td>缩放工具</td><td>用于放大和缩小图像在图像窗口中的显示</td></tr>
<tr><td rowspan="3">控制工具 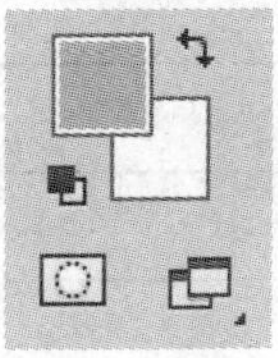</td><td>色彩控制：前面的色框为“前景色”，后面的色框为“背景色”；右上角的双向箭头可交换“前景色”与“背景色”，左下角的黑白色块用于恢复默认的“前景色”与“背景色”</td></tr>
<tr><td>以快速蒙版模式进行编辑：在 Photoshop 图像文件中有两种编辑模式，正常情况下图像文件都是处于标准模式，点击按钮，进入快速蒙版模式，在快速蒙版模式下，用户所作的图像修改都转换化选区</td></tr>
<tr><td>更改屏幕模式：切换整个编辑器的屏幕显示模式 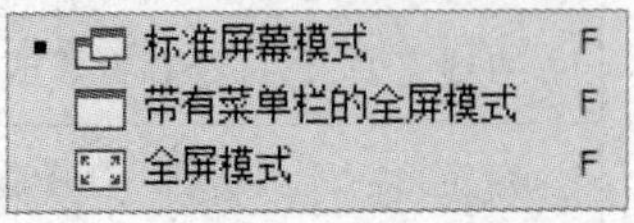
▪ 标准屏幕模式 F
带有菜单栏的全屏模式 F
全屏模式 F</td></tr>
</table>

2.3　Photoshop 快捷键

下面列出 Photoshop 中常用的快捷键，它们给 Photoshop 的使用带来方便。

（1）工具箱快捷键（多种工具共用一个快捷键的可同时按 Shift 键加此快捷键的选取），见表 2–3。

表 2–3　工具快捷键

操　作	快捷键	操　作	快捷键
矩形、椭圆选框工具	M	裁剪工具	C
移动工具	V	套索、多边形套索、磁性套索工具	L
魔棒工具	W	喷枪工具	J
画笔工具	B	橡皮图章、图案图章	S
历史记录画笔工具	Y	橡皮擦工具	E
铅笔、直线工具	N	模糊、锐化、涂抹工具	R
减淡、加深、海绵工具	O	钢笔、自由钢笔、磁性钢笔	P
添加锚点工具	+	删除锚点工具	–
直接选取工具	A	文字、文字蒙版、直排文字、直排文字蒙版	T
度量工具	U	直线渐变、径向渐变、对称渐变、角度渐变、菱形渐变	G
油漆桶工具	K	吸管、颜色取样器	I
抓手工具	H	缩放工具	Z
默认前景色和背景色	D	切换前景色和背景色	X
切换标准模式和快速蒙版模式	Q	标准屏幕模式、带有菜单栏的全屏模式、全屏模式	F
临时使用移动工具	Ctrl	临时使用吸色工具	Alt
临时使用抓手工具	Space	打开工具选项面板	Enter
快速输入工具选项（当前工具选项面板中至少有一个可调节数字）	0～9	循环选择画笔	[或]
选择第一个画笔	Shift+[	选择最后一个画笔	Shift+]
建立新渐变（在“渐变编辑器”中）	Ctrl+N	—	—

（2）文件操作快捷键见表 2–4。

表 2–4 文件操作快捷键

操　作	快捷键	操　作	快捷键
帮助	F1	剪切	F2
拷贝	F3	粘贴	F4
隐藏/显示画笔面板	F5	隐藏/显示颜色面板	F6
隐藏/显示图层面板	F7	隐藏/显示信息面板	F8
隐藏/显示动作面板	F9	恢复	F12
填充	Shift+F5	羽化	Shift+F6
选择→反选	Shift+F7	隐藏选定区域	Ctrl+H
取消选定区域	Ctrl+D	关闭文件	Ctrl+W
退出 Photoshop	Ctrl+Q	取消操作	Esc
新建图形文件	Ctrl+N	用默认设置创建新文件	Ctrl+Alt+N
打开已有的图像	Ctrl+O	打开为	Ctrl+Alt+O
关闭当前图像	Ctrl+W	保存当前图像	Ctrl+S
另存为	Ctrl+Shift+S	存储副本	Ctrl+Alt+S
页面设置	Ctrl+Shift+P	打印	Ctrl+P
打开“预置”对话框	Ctrl+K	显示最后一次显示的“预置”对话框	Alt+Ctrl+K
设置“常规”选项（在“预置”对话框中）	Ctrl+1	设置“存储文件”（在“预置”对话框中）	Ctrl+2
设置“显示和光标”（在“预置”对话框中）	Ctrl+3	设置“透明区域与色域”（在“预置”对话框中）	Ctrl+4
设置“单位与标尺”（在“预置”对话框中）	Ctrl+5	设置“参考线与网格”（在“预置”对话框中）	Ctrl+6
外发光效果（在“效果”对话框中）	Ctrl+3	内发光效果（在“效果”对话框中）	Ctrl+4
斜面和浮雕效果（在“效果”对话框中）	Ctrl+5	应用当前所选效果并使参数可调（在“效果”对话框中）	A

（3）按 Tab 键可以显示或隐藏工具箱和调色板，按“Shift+Tab”组合键可以显示或隐藏除工具以外的其他面板。

（4）按住 Shift 键用绘画工具在画面点击就可以在每两点间画出直线，按住鼠标拖动便可画出水平线或垂直线。

（5）使用其他工具时，按住 Ctrl 键可切换到移动工具的功能（除了选择抓手工具时），按住空格键可切换到抓手工具的功能。

（6）同时按住 Alt 键和 Ctrl 键，再按“+”或“-”键可让画框与画面同时缩放。

（7）使用其他工具时，按 Ctrl 键和空格键可切换到放大工具放大图像显示比例，按“Alt+Ctrl+Space”快捷键可切换到缩小工具缩小图像显示比例。

（8）在抓手工具上双击鼠标可以使图像匹配窗口的大小显示。

（9）按住 Alt 键双击 Photoshop 底板相当于“以...格式打开”。

（10）按住 Shift 键双击 Photoshop 底板相当于“保存”。

（11）按住 Ctrl 键双击 Photoshop 底板相当于“新建”。

（12）按住 Alt 键点击工具盒中带小点的工具可循环选择隐藏的工具。

（13）按“Ctrl+Alt+0”组合键或在缩放工具上双击鼠标可使图像文件以 1:1 比例显示。

（14）在各种设置框内，只要按住 Alt 键，cancel 键会变成键 reset 键，按 reset 键便可恢复默认设置。

（15）按“Shift+Backspace”组合键可直接调用“填充”对话框。

（16）按“Alt+Backspace（Delete）”组合键可将前景色填入选取框；按“Ctrl+Backspace（Delete）”组合键可将背景色填入选取框。

（17）同时按住“Ctrl+Alt”组合键移动可马上复制到新的图层并可同时移动物体。

（18）在用裁切工具裁切图片并调整裁切点时按住 Ctrl 键便不会贴近画面边缘。

（19）若要在一个宏中的某一命令后新增一条命令，可以先选中该命令，然后单击调色板上的“开始录制”图标，选择要增加的命令，再单击“停止录制”图标即可。

（20）在“图层”“通道”“路径”面板上，按 Alt 键单击，按单击这些面板底部的工具图标时，对于有对话的工具可调出相应的对话框来更改设置。

（21）在使用滤镜→渲染滤镜→光照效果滤镜时，若要在对话框内复制光源，先按住 Alt 键再拖动光源即可实现复制。

（22）调用“曲线”对话框时，按住 Alt 键于格线内单击鼠标可以增加网格线，提高曲线精度。

（23）若要在两窗口间拖放拷贝，在拖动过程中按住 Shift 键，图像拖动到目的窗口后会自动居中。

（24）按住 Shift 选择区域时可在原区域上增加新的区域；按住 Alt 选择区域时，可在原区域上减去新选区域，同时按住 Shift 键和 Alt 键选择区域时，可取得与原选择区域相交的部分。

（25）移动图层和选取框时，按住 Shift 键可作水平、垂直或 45° 角的移动，按键盘上的方向键，可作每次 1 像素的移动，按住 Shift 键加键盘上的方向键可作每次 10 像素的移动。

（26）使用笔形工具制作路径时按住 Shift 键可以强制路径或方向线成水平、垂直或成 45° 角；按住 Ctrl 键可暂时切换到路径选取工具；按住 Alt 键，将笔形光标在黑色的节点上单击，可以改变方向线的方向，使曲线可以转折；按 Alt 键用路径选取工具单击路径，会选取整个路径，要同时选取多个路径可按住 Shift，然后逐个单击；用路径选取工具时按住“Ctrl+Alt 键”移近路径会切换到加节点与减节点的笔型工具。

（27）在使用选取工具时，按 Shift 键拖动鼠标可以在原选取框外增加选取范围；同时按“Shift+Alt”组合键拖动鼠标，可以选取与原选取框重叠的范围（交集）。

（28）“Ctrl+Delete”组合键为加填前景颜色，“Ctrl/Shift+Delete”组合键为加填背景颜色。

（29）空格键加 Ctrl（注意顺序）键为快速调出放大镜，再加 Alt 键变成缩小镜。

（30）若要将图像用于网面，可将图像模式设置为索引色彩模式，其有文件小，传输快的优点，如果再选择“gif 输出”，可以设置透明的效果，并将文件保存成 gif 格式。

（31）使用滤镜→渲染滤镜→云彩滤镜时，先按住 Alt 键可增加云彩的反差，先按住 Shift 键则降低反差。

（32）双击放大镜可使画面以 100%的比例显示。

（33）按“Ctrl+R”组合键出现标尺，在标尺拉出辅助线时按住就可以准确地让辅助线贴近刻度。

（34）在使用自由变形功能时，按 Ctrl 键并拖动某一控制点可以进行随意变形的调整，按“Shift+Ctrl”组合键并拖动某一控制点可以时行倾斜调整；按 Alt 键并拖动某一控制点可以进行对称调整；按“Shift+Ctrl+Alt”组合键并拖动某一控制点可以进行透视效果的调整。

（35）在 Photoshop5.0 以上版本中用鼠标右键点击文字，在“图层”中选“效果”，可快速做出随字体改变的阴影及光芒效果。

（36）在安装 Photoshop 的时候在“select country”中选择“all other countries”；在“select components”中选择 cmap files。这样安装完后，Photoshop 就可以正常使用中文了。

（37）在使用滤镜→渲染滤镜→云彩滤镜时，若要产生更多明显的纹理图案，可先按住 Alt 键再执行该命令。

（38）大部分工具在使用时按 Caps Lock 键可使工具图标与精确“十”字线相互切换。

（39）按 F 键可把 Photoshop 面板的显示模式顺序替换为：标准显示→带菜单的全屏显示→全屏显示。

（40）想从中心开始画选框可按住 Alt 键拖动。

（41）按住“Shift+Tab”组合键可以显示或隐藏除工具 箱外的其他调色板。

课后练习

1. 选择题

（1）同时隐藏工具栏和浮动调板，按（　　）键，仅隐藏浮动调板，而不隐藏工具栏，按（　　）键。

A. Tab、Ctrl+Tab　　B. Tab、Shift+Tab

C. Ctrl+Tab、Tab　　D. Tab、Alt+Tab

（2）魔棒工具是一种完全根据图像（　　）进行选择的工具。

A. 已有选择区域　　B. 通道　　C. 颜色　　D. 图层

（3）要在图像窗口中显示标尺，可以按下（　　）组合键。

A. Ctrl+T　　B. Ctrl+R　　C. Ctrl+F　　D. Ctrl+E

（4）使用矩形选框工具创建要保留的选区，然后执行菜单栏中的（　　）命令，即可将选区内的图像裁切下来，去除选区的图像。

A.“编辑”→“剪切”　　B.“图像”→“裁切”

C.“图像”→“画布大小”　　D.“图像”→“色彩范围”

（5）通过执行菜单栏中的“图层”→“新建”命令，可以新建（　　）。

A. 普通层　　B. 背景层　　C. 文字层　　D. 图层组

2. 操作题

（1）制作台球，效果如图 2–13 所示。在制作过程中主要用到标尺与参考线等辅助工具、填充前景色与背景色的方法、设置亮度/对比度以及羽化选区设置等技巧。

（2）制作贺卡，效果如图 2–14 所示。在制作过程中利用导入素材、自由变换操作、反选操作、套索工具以及横排文字工具等知识。

图 2–13　台球效果图

图 2–14　贺卡效果图

第3章　图片处理与图层

要点、难点分析

要点：

① 位图的常用格式及其应用领域

② Photoshop 中抠图的几种常用方式

③ 图像色彩的调整

④ Photoshop 内置滤镜的使用

⑤ 图层的样式及通道、蒙版的运用

⑥ 图像合成案例操作

难度：★★★

技能目标

① 位图格式的基本知识

② 熟练运用 Photoshop 抠取图像

③ 熟练运用 Photoshop 调整图像的色彩

④ 熟练运用 Photoshop 制作图片特效

⑤ 熟练运用 Photoshop 合成图像

3.1　位图图像的常用格式的特点及其主要应用领域

图像格式是指计算机中存储图像文件的方式与压缩方法。位图图像也叫作栅格图像，Photoshop 以及其他的绘图软件一般都使用位图图像。在处理位图图像时，编辑的是像素而不是对象或者形状，也就是说，编辑的是图像中的每一个点。不同的图像处理程序也有各自的内部格式，如 PSD 格式是 PhotoShop 本身的格式，由于内部格式带有软件的特定信息，如图层与通道等，其他图形软件一般不可以打开它，虽然它占用字节量，但在 PhotoShop 中存储速度很快。在存储图片的时候要针对不同的程序和使用目的来选择需要的格式。

图像世界中不同的格式各自以不同的方式来表示图形信息，下面介绍几种常用的图像文件格式及其特点。

1. PSD 格式

PSD 格式是 Photoshop 特有的图像文件格式，支持 Photoshop 中所有的颜色模式。PSD 文件其实是 Photoshop 进行平面设计的一张“草稿图”，它包含各种图层、通道、遮罩等设计的样稿，以便下次打开文件时可以修改上一次的设计。而且在 Photoshop 所支持的各种图像格式中，PSD 格式的存取速度比其他格式快很多。因此，在编辑图像的过程中，通常将文件保存为 PSD 格式，以便重新读取图像中的图层和通道信息。

另外，用 PSD 格式保存图像时，图像没有经过压缩。所以，当图层较多时，其会占用很大的硬盘空间。图像制作完成后，除了将其保存为通用的格式外，最好再存储一个 PSD 格式的文件备份，直到确认不需要在 Photoshop 中再次编辑该图像时为止。

2. BMP 格式

BMP 是英文 Bitmap（位图）的简写，它是 Windows 操作系统中的标准图像文件格式，被多种 Windows 应用程序所支持。随着 Windows 操作系统的流行与丰富的 Windows 应用程序的开发，BMP 格式理所当然地被广泛应用。BMP 格式支持 RGB、索引色、灰度和位图色彩模式，但不支持 Alpha 通道。彩色图像存储为 BMP 格式时，每一个像素所占的位数可以是 1 位、4 位、8 位或者 32 位，相对应的颜色数也是从黑白一直到真彩色。

这种格式的特点是包含的图像信息较丰富，几乎不进行压缩，但由此导致了它与生俱来的缺点——占用磁盘空间过大。所以，目前 BMP 格式在单机上比较流行。

3. JPEG 格式

这一种较常用的有损压缩方案，常用来压缩存储批量图片（压缩比达 20），它用有损压缩方式去除冗余的图像和色彩数据，在获取极高的压缩率的同时能展现丰富生动的图像，换句话说，就是可以用最少的磁盘空间得到较好的图像质量。由于 JPEG 格式的压缩算法是采用平衡像素之间的亮度色彩来压缩的，因而更有利于表现带有渐变色彩且没有清晰轮廓的图像。同时 JPEG 还是一种很灵活的格式，具有调节图像质量的功能，允许用户用不同的压缩比例对这种文件压缩。

由于 JPEG 格式优异的品质和杰出的表现，它的应用也非常广泛，特别是在网络和光盘读物上。目前各类浏览器均支持 JPEG 这种图像格式，因为 JPEG 格式的文件尺寸较小，下载速度快，使得网页有可能以较短的下载时间提供大量美观的图像。JPEG 格式顺理成章地成为网络上最受欢迎的图像格式。

将图像保存为 JPEG 格式时，可以指明图像的品质和压缩级别。Photoshop 中设置了 12 个压缩级别，在“品质”文本框中输入数值或拖动下方的三角形滑块可以改变保存的图像的品质和压缩程度。参数设置为 12 时，图像的品质最佳，但压缩量最小，如图 3–1 所示。

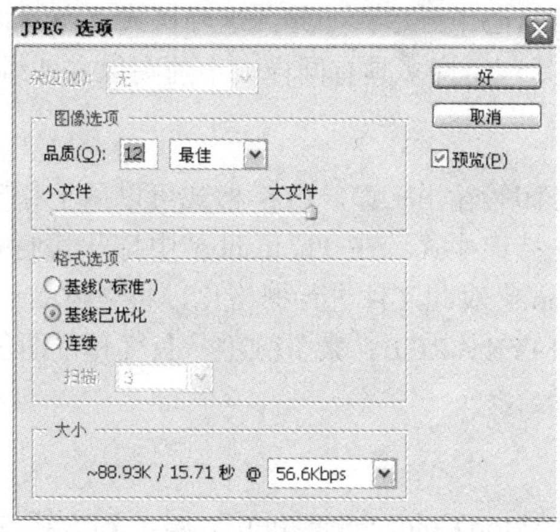

图 3–1 “JPEG 选项”对话框

尽管它是一种主流格式，但压缩后的图像颜色品质较低，所以在计算机制版工艺中，要求输出高质量图像时不使用 JPEG 格式而选择 EPS 格式或 TIF 格式，特别是在以 JPG 格式进行图形编辑时，不要经常进行保存操作。

4. TIFF 格式

TIFF 格式的英文全称是“Tagged Image File Format”，由 Aldus 公司开发，是一种可压缩的图像格式，其应用非常广泛，几乎被所有绘画、图像编辑和页面排版应用程序所支持。它由 Aldus 公司和微软公司联合开发，最初是出于跨平台存储扫描图像的需要而设计的。它的特点是图像格式复杂、存储信息多。正因为它存储的图像细微层次的信息非常多，图像的质量也得以提高，故而非常有利于原稿的复制。

TIFF 格式常常用于在应用程序之间和计算机平台之间交换文件，它支持带 Alpha 通道的 CMYK、RGB 和灰度颜色模式，支持不带 Alpha 通道的 Lab、索引色和位图颜色模式，支持 LZW 压缩。

在将图像保存为 TIFF 格式时，通常可以选择保存为 IBM PC 兼容计算机可读的格式或者 Macintosh 计算机可读的格式，并且可以指定压缩算法。其中 LZW 压缩方式不会降低图像的品质，被称为“无损压缩”，但并非所有软件及输出设备都能够支持这种压缩方式，因此选用的时候必须要小心。

5. GIF 格式

GIF 是英文“Graphics Interchange Format”（图形交换格式）的缩写。GIF 格式的特点是压缩比高，占用磁盘空间较少，所以这种图像格式迅速得到了广泛的应用。随着技术的发展，GIF 格式可以同时存储若干幅静止图像进而形成连续的动画，这使之成为支持 2D 动画为数不多的格式之一（称为 GIF89a），而在 GIF89a 图像中可指定透明区域，使图像具有非同一般的显示效果。目前 Internet 上大量采用的彩色动画文件多为这种格式的文件。

此外，考虑到网络传输中的实际情况，GIF 格式还增加了渐显方式，也就是说，在图像传输过程中，用户可以先看到图像的大致轮廓，然后随着传输过程的继续而逐步看清图像中的细节部分，从而适应了用户的“从朦胧到清楚”的观赏心理。

GIF 格式只能保存最大 8 位色深的数码图像，所以它最多只能用 256 色来表现物体，对于色彩复杂的物体它就力不从心了。尽管如此，这种格式仍在网络上广泛应用，这和 GIF 格式图像文件小、下载速度快、可用许多具有同样大小的图像文件组成动画等优势是分不开的。

6. EPS 格式

这种格式用于排版、打印等输出工作。EPS 格式可以用于存储矢量图形，几乎所有的矢量绘制和页面排版软件都支持该格式。在 Photoshop 中打开其他应用程序创建的包含矢量图形的 EPS 文件时，Photoshop 会对此文件进行栅格化，将矢量图形转换为位图图像。

EPS 格式支持 Lab、CMYK、RGB、索引颜色、灰度和位图色彩模式，不支持 Alpha 通道，但该格式支持剪贴路径。

7. DCS 格式

DCS 的英文全名是“Desktop Color Separation”，属于 EPS 格式的一种扩展，在 Photoshop 中文件可以存储为这种格式。图像文件存储为 DCS 格式后，会有 5 个文件出现，其中包括

CMYK 各版以及用于预视的 72 dpi 图像文件，即所谓“Master file”。

DCS 格式的最大优点是输出比较快，因为图像文件已分成四色的文件，在输出分色菲林时，图像输出时间最高可缩短 75%，所以适合于大图像的分色输出。

DCS 的另一个优点是制作速度比较快，其实 DCS 格式是 OPI（Open Prepress Interface）工作流程概念的一个重要部分，OPI 是指制作时置入低解析度的图像，到输出时才连接高解析度图像，这样便可令制作速度加快。这种工作流程概念尤其适合一些多图像的书刊或大尺寸包装盒的制作，所以 DCS 格式只是与 OPI 概念相似，降低解析度图像置入文档，到输出时，输出设备便会连接高解析度图像。

所有的常用软件都能支持 DCS 格式。由于 5 个文件才合成一个图像，所以要注意 5 个文件的名称一定要一致，只是在原名称之后加 C、M、Y、K 标记，不能改动任何一个的名称。

8. PCX 格式

PCX 格式是 ZSOFT 公司在开发图像处理软件 Paintbrush 时开发的一种格式，其存储格式为 1～24 位，它是经过压缩的格式，占用磁盘空间较少。由于该格式出现的时间较长，并且具有压缩及全彩色的能力，所以 PCX 格式现在仍十分流行。

9. PNG 格式

PNG 格式是 20 世纪 90 年代中期被开发的图像文件存储格式，其目的是替代 GIF 格式和 TIFF 格式，同时增加一些 GIF 格式所不具备的特性。PNG 格式用来存储灰度图像时，灰度图像的深度可多达 16 位，存储彩色图像时，彩色图像的深度可多达 48 位，并且还可存储多达 16 位的α通道数据。PNG 格式使用从 LZ77 派生的无损数据压缩算法。

PNG 格式是目前保证最不失真的格式，它汲取了 GIF 格式和 JPG 格式的优点，存储形式丰富，兼有 GIF 格式和 JPG 格式的色彩模式。它的另一个特点能把图像文件压缩到极限以利于网络传输，但又能保留所有与图像品质有关的信息。PNG 格式是采用无损压缩方式来减小文件的大小，这一点与牺牲图像品质以换取高压缩率的 JPG 格式有所不同。它的第三个特点是显示速度很快，只需下载 1/64 的图像信息就可以显示出低分辨率的预览图像。PNG 格式同样支持透明图像的制作，透明图像在制作网页图像的时候很有用，可以把图像背景设为透明，用网页本身的颜色信息来代替设为透明的色彩，这样可让图像和网页背景很和谐地融合在一起。

PNG 格式的缺点是不支持动画应用效果，如果在这方面能有所加强，它简直就可以完全替代 GIF 格式和 JPEG 格式了。Macromedia 公司的 Fireworks 软件的默认格式就是 PNG。现在，越来越多的软件开始支持这一格式，而且该格式在网络上也越来越流行。

3.2　图片背景处理

在 Photoshop 中，对图像的编辑操作有很多方法，在实施这些操作之前，有一个基本的前提，就是在图像中选出操作的对象，将对象从图片背景当中抠取出来。这个过程称为“抠图”。抠图是编辑图像的首要条件，只有当图像区域被选择后，才可以对图像进行区域性编辑而不影响其他区域。

在 Photoshop 中，抠图的方法很多，最简单的做法是用魔术棒工具将背景当中相近颜色的区域选出来删掉，然后用橡皮擦工具仔细擦去背景中剩余的部分。除了使用魔术棒工具之外，还可以通过其他的选择工具以及颜色范围、快速蒙版、钢笔路径、抽出滤镜、外挂滤镜等工具来选取图像。

下面就对这几种抠图方式进行讲解。

3.2.1　选区抠图

选区在图像编辑中的作用非常重要，当需要对图像的局部进行编辑时，就应该将其局部选取，这样才可以对图像的局部进行处理而不影响图像的其他部分。除此之外，选取图像在图像合成中也起到了不可忽视的作用。例如，从一幅图像中选取图像的某一部分，将其调入其他图像中，和其他图像进行合成，组成新的图像。可见，选取图像是进行图像编辑不可缺少的重要手段。

在 Photoshop 中，常用的选择工具分为两类：规则的选择工具和不规则的选择工具。规则的选择工具包括矩形选框工具、椭圆选框工具、单行选框工具和单列选框工具。顾名思义，它们产生的选区都是规则的图形。不规则的选择工具包含套索工具、多边形套索工具、磁性套索工具。套索工具用于产生任意不规则选区，多边形套索工具用于产生具有一定规则的多边形选区。套索工具组里的磁性套索工具用来制作边缘比较清晰，且与背景颜色相差比较大的图片的选区，在使用的时候应注意其属性栏的设置，如图 3–2 所示。

图 3–2　磁性套索工具

各选项介绍如下：

（1）选区加减的设置：作选区的时候，使用 “新选区” 命令较多。

（2）“羽化” 选项：取值范围为 0～250，可羽化选区的边缘，数值越大，羽化的边缘越大。

（3）“消除锯齿” 功能是让选区更平滑。

（4）“宽度” 的取值范围为 1～256，可设置一个像素宽度，一般使用默认值 10。

（5）“边对比度” 的取值范围为 1～100，它可以设置 “磁性套索” 工具检测边缘图像灵敏度。如果选取的图像与周围图像间的颜色对比度较强，那么就应设置一个较高的百分数值。反之，输入一个较低的百分数值。

（6）“频率” 的取值范围为 0～100，它用来设置在选取关键点时创建的速率。数值越大，速率越快，关键点就越多。当图的边缘较复杂时，需要较多的关键点来确定边缘的准确性，可采用较大的频率值，一般使用默认值 57。

另外，魔术棒工具也可以看作一种不规则选择工具。它可以通过设置容差值的大小来设置所抠图的范围，“容差” 的取值范围为 0～255，数值越大，选择的范围也就越大。

下面用一个实例来讲解选择工具的使用方法。

实例：运用套索工具和魔术棒工具抠取图像

（1）在 Photoshop 中打开瀑布图片和小鸭子图片，选择 “魔术棒工具”，设容差值为 10，如图 3–3 所示。然后在小鸭子图片的空白处单击，此时会形成一个对白色进行选取的区域，如图 3–4 所示。

容差: 10 ☑消除锯齿 ☑连续的 □用于所有图层

图 3–3 魔术棒工具的属性设置

（2）执行“选择”→“反选”命令（快捷键“Ctrl+Shift+I”）进行反选，这个时候选中的就是小鸭子了，如图 3–5 所示。用鼠标切换到“移动工具”，移动鸭子到瀑布图上，如图 3–6 所示。

图 3–4 选取白色区域

图 3–5 选取小鸭子

图 3–6 移动选区效果

（3）打开山丘图片，如图 3–7 所示。选择“多边形套索工具”，将图中的蓝天部分选取，如图 3–8 所示。使用“移动工具”将选区拖动到瀑布上方，如图 3–9 所示。（当然，此处也可以运用“磁性套索工具”。）

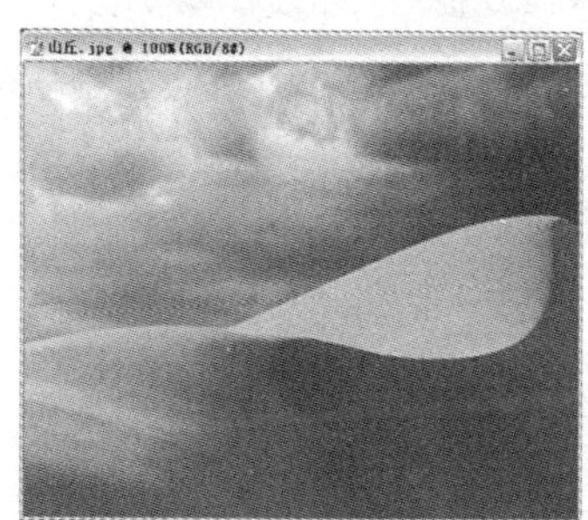

图 3–7 山丘图片

图 3–8 选取蓝天部分

图 3–9 移动选区效果

（4）选中小鸭子图层，然后执行“编辑”→“自由变换”命令（快捷键“Ctrl+T”）进行自由变形，调整小鸭子的大小和位置，并使用同样的方法调整蓝天图层，如图 3–10 所示。

图 3–10 调整图层的大小

（5）选择“橡皮擦工具”，并按照图 3–11 所示的参数进行设定，在蓝天图层上进行涂抹，得到如图 3–12 所示的效果。需要注意的是，在涂抹的过程中，需不断对橡皮擦工具的参数进行更改，以得到更好的效果。

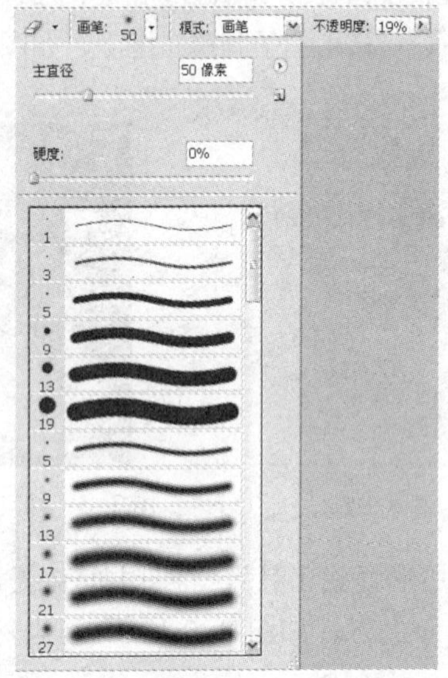

图 3–11 “橡皮擦工具”参数设置

图 3–12 用橡皮擦工具涂抹后的效果

（6）下面在图像加上一点特效。使用椭圆选择工具选中背景层中的河水部分，如图 3–13 所示。执行“滤镜”→“扭曲”→“水波”命令，弹出图 3–14 所示的对话框，参照图中的数据进行参数设置。

最终效果如图 3–15 所示。

图 3–13 建立椭圆选区

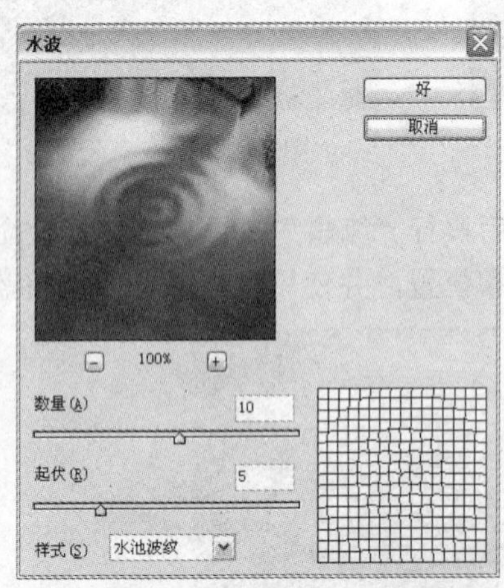

图 3–14 “水波”对话框

图 3–15 最终效果

3.2.2 路径抠图

在 Photoshop 中，使用路径抠图是比较常见的，尤其在印刷制版的设计中。用路径适合抠取轮廓和背景均比较复杂的图像，抠出的图像很精确，边缘也非常平滑，而且在收缩或者变形之后仍能保持平滑效果。

路径是由若干个锚点、线段和曲线构成的矢量线条。在曲线段上每个选择的锚点显示一个或两个方向线，方向线以方向点结束。方向线和点所在的位置决定了该路径的形状和大小，移动这些元素即可改变路径的形状，如图 3–16 所示。

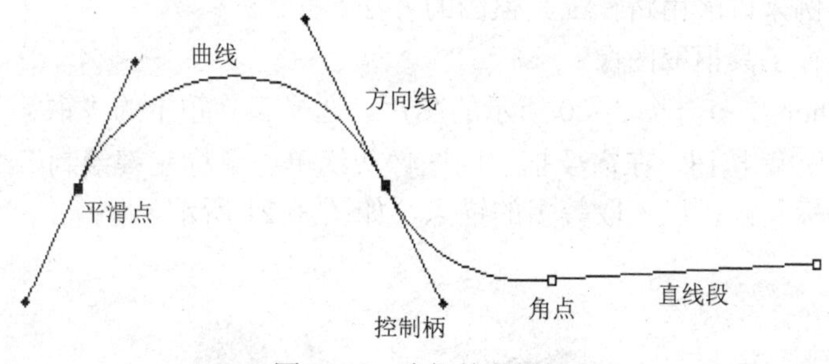

图 3–16　路径的各属性

以下为路径的相关术语的简单介绍：

（1）锚点：在绘制路径时，线段与线段之间由一个锚点连接，锚点本身具有直线或者曲线的属性。其中，直线段两端的锚点称为“角点”，角点没有方向线。曲线段两端光滑连接的两个曲线段锚点称为“平滑点”。

（2）线段：两个锚点之间由线段连接，如果线段两端的锚点都带有直线属性，该线段为直线；如果任意一端的锚点带有曲线属性，该线段为曲线。当改变锚点的属性时，通过该锚点的线段会被影响。

（3）方向线：当选定带有曲线属性的锚点时，锚点的左右两侧会出现方向线，用鼠标拖曳方向线末端的“控制柄”，即可改变曲线段的弯曲程度。

在 Photoshop 的工具箱中，与路径有关的工具分为两类——路径编辑工具和路径选择工具，如图 3–17 和图 3–18 所示。

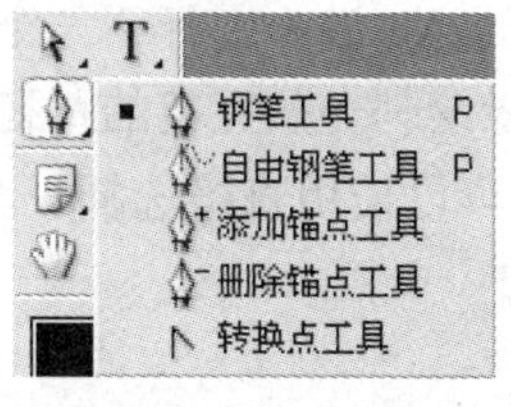

图 3–17　路径编辑工具

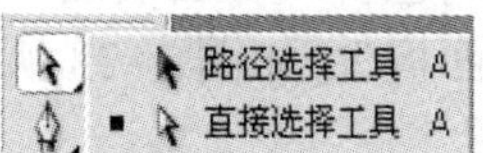

图 3–18　路径选择工具

钢笔工具是勾绘路径的基本工具，而其余的工具能够在钢笔工具绘制路径时给予一定的辅助。在选中“钢笔工具”之后，在工具选项栏有如图 3–19 所示的选项。用户可以选择是绘制一条路径还是一个矢量图形。例如，如果按下“形状图层”按钮，则在绘制路径时创建一个形状图层，并同时产生一个附属于形状图层的临时路径；而按下“路径”按钮，则在路径面板中产生一个工作路径层。

图 3–19　路径选项栏

使用钢笔工具时，在图像中每单击一下鼠标左键将创建一个锚点，而这个锚点将和上一个锚点自动连接。此时，如果按住 Shift 键创建锚点，将强制以 45° 角或 45° 角的整数倍绘制路径；按住 Alt 键，当钢笔工具移动锚点时，将暂时把钢笔工具转换成转换点工具；按住 Ctrl 键，将暂时将钢笔工具转换成选择工具。

下面用一个实例来讲解用路径工具抠图的方法。

实例：运用路径工具抠取图像

（1）在 Photoshop 中打开图 3–20 所示的图片。选择工具箱中的“钢笔工具”在其“属性栏”中单击“路径”按钮，在需要抠取的图像边缘单击鼠标左键绘制一个点，然后沿此图像边缘不断单击鼠标左键，以获取等多的锚点，如图 3–21 所示。

图 3–20　示例图片

图 3–21　绘制路径

需要注意的是，在使用钢笔工具时，如果要绘制的是一条曲线，那么在曲线终点的位置单击鼠标左键时，不要马上松开鼠标，拖拽鼠标拉出一条方向线来。调整控制柄的方向和长度，以使路径与图像边缘重合。为了使当前锚点的方向线不对下一条路径有影响，可以按住 Alt 键，把钢笔工具临时转换成转换点工具，并移动鼠标到当前锚点上单击鼠标左键，将一侧的方向线去掉，此时锚点是一个“角点”，再松开 Alt 键，进行下一个锚点的选取。

（2）移动鼠标，并选取合适的锚点，在人物的边缘绘制一条完整的路径，如图 3–22 所示。如果发觉某些锚点的位置或者曲线的曲度需要改变，可以使用直接选择工具选中锚点进行更改。选择“路径面板”，如图 3–23 所示。

图 3–22　绘制完整路径

图 3–23　路径面板

（3）单击“将路径作为选取载入”按钮，将当前的路径转变为选区。效果如图 3–24 所示。此时人物就从背景当中被选取出来。最终效果如图 3–25 所示。

图 3–24　将路径作为选区载入

图 3–25　最终效果

3.2.3　通道抠图

每个 Photoshop 图像都有一个或多个通道，每个通道中都存储着关于图像中颜色元素的信息。图像中的默认颜色通道数取决于图像的颜色模式。例如，一个 CMYK 图像至少有 4 个通道，分别代表青色、洋红、黄色和黑色信息。可将通道看成印刷过程中的印版，即一个印版对应相应的颜色图层。除这些默认颜色通道外，也可以将称为 Alpha 通道的额外通道添加到图像中，以便将选区作为蒙版存储和编辑，并且可以添加专色通道（如同为印刷添加专色印版）。

在默认状态下，通道控制面板中显示的都是颜色通道，即一个混合通道和相应的颜色通道。单击混合通道将同时显示所有的颜色通道，单击其中的一个颜色通道，将只显示此通道的颜色，如图 3–26 所示。

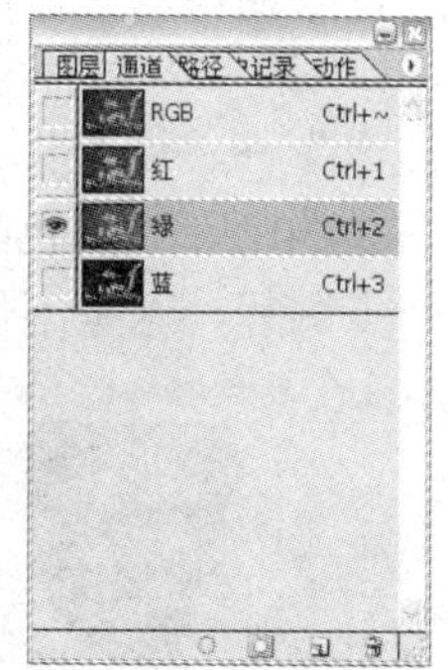

图 3–26　只显示绿色通道的状态

只显示一个颜色通道时图像以黑白显示，如果要显示其应有的色彩，应该选择“编辑”→“预置”→“显示与光标”命令，在弹出的对话框中选中“通道用原色显示”复选框，单击“好”按钮即可。

颜色通道包括各颜色通道和混合通道，其作用是保存图像的颜色信息。每一个颜色通道对应保存图像的一种颜色，例如青色模式中的通道保存图像的青色信息，如果拖动青色通道至通道控制面板下面的“删除通道”按钮上，CMYK 混合通道和青色通道都将被删除，整幅图像中也就没有青色了。

还有种通道叫作 Alpha 通道，Alpha 通道和颜色通道有很大的区别，其主要功能是创建、保存及编辑选区。可以将 Alpha 通道看作一个没有颜色的灰色图像，因为在 Alpha 通道中可以使用从黑到白共 256 种灰度色，其中纯白色代表选区，纯黑色代表非选区。新建的 Alpha 通道通常只有黑色或白色，但当使用一定的方法利用相反的颜色绘图后，就可以得到相应的选区。选区也可以被转换成为 Alpha 通道，从而利用绘图的手段对其进行编辑，产生新的选区。在这里主要学习 Alpha 通道。

下面用一个实例来讲解如何运用 Alpha 通道来抠取图像。

实例：运用 Alpha 通道抠取图像

（1）在 Photoshop 中打开图 3–27 所示的图片。然后打开通道面板，显示出图片的颜色信息，一般来说，一幅 RGB 模式的图片包含 4 个通道，即 RGB 综合通道和红、绿、蓝 3 个单色通道，通道中的图像都以灰度图片显示，如图 3–28 所示。

图 3–27　示例图片

图 3–28　通道面板

（2）分别单击红、绿、蓝 3 个通道，查看在哪个通道下人物主体与背景的对比度最大，然后点击此通道并将其拖拽到“创建新通道”上，新建一个名为“蓝副本”的 Alpha 通道，这里选择蓝通道，如图 3–29 所示。

（3）选择“图像”→“调整”→“色阶”命令（快捷键“Ctrl+L”），增加人物主体与背景的对比度，如图 3–30 所示。“色阶”选项主要用来调整图像的亮度，在后面“图像的色彩处理”部分会进一步讲解，这里不作赘述。

图 3–29　新建“蓝副本”Alpha 通道

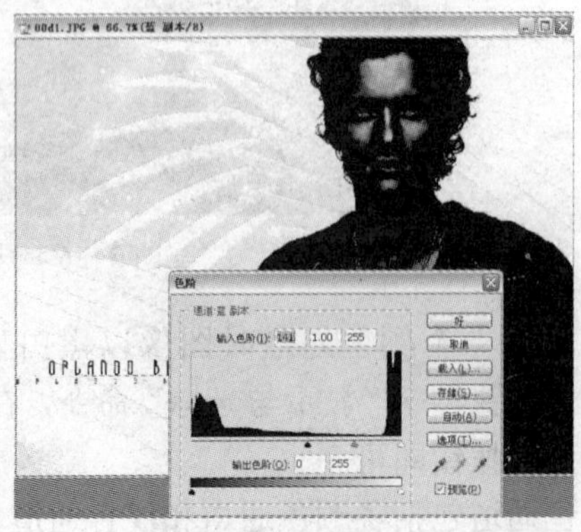

图 3–30　调整色阶

（4）使用画笔工具，前景色选为黑色，将人物中不够黑的地方抹黑，得到图 3–31 所示的效果。背景当中，不够白的地方使用白色的笔刷涂白，得到图 3–32 所示的效果。

图 3–31　用黑色画笔涂抹人物主体

图 3–32　用白色画笔涂抹背景

（5）在通道面板中选择“将通道作为选区载入”按钮，此时通道中会建立一个选区，选择的是图像当中的白色部分，如图 3–33 所示。

（6）在保留选区的情况下，回到图层面板，双击背景图层，将此背景图层转换为普通图层，图层的名称自动改为“图层 0”，并显示出图像原有的颜色信息，如图 3–34 所示。

图 3–33　将通道作为选区载入

图 3–34　将背景层转换为普通图层

（7）执行“选择”→“反选”命令（快捷键 Ctrl+Shift+I），将选区反选，如图 3–35 所示。此时可以利用前面讲的选区的知识直接提取出人物图像。

（8）在这里不利用选区直接提取人物，而使用蒙版。单击图层面板下的“添加图层蒙版”按钮，给图层添加蒙版，将图片从背景中抠取出来，如图 3–36 所示。

图 3–35　反选选区

图 3–36　添加图层蒙版

图 3–37 最终效果

（9）在这一步，就可以将图片拖动到其他图像里了，最终的效果如图 3–37 所示。

这里需要注意的是，添加图层蒙版之后，选区当中的图像是保留下的内容，选区外的图像是隐藏透明的，所以在添加图层蒙版之前，将选区反选一下，此时可以看到图层上多了一个图层蒙版缩略图，其中保留下的内容显示为白色，而抠取的内容显示为黑色。使用添加蒙版的方法的特点是原图层所有的信息能够继续保留下来，而不会被破坏，这是其他的抠图方式无法做到的。

3.2.4 抽出滤镜

在图片的处理过程中，抠取细小的发丝或者其余细节的东西时除了使用通道抠图外，Photoshop 中还有比较简单的抠图方式。这里介绍一下 Photoshop 中的“抽出”命令。

“抽出”是 Photoshop 中内置的一个抠图滤镜，其英文名称叫作“Extract”。“抽出滤镜”对话框为隔离前景对象并抹除它在图层上的背景提供了一种高级方法。即使对象的边缘细微、复杂或无法确定，抽出滤镜也无需太多的操作就可以将其从背景中剪贴，它利用的是图像的色差原理。

实例：运用抽出滤镜抠取图像

（1）在 Photoshop 中打开如图 3–38 所示的图片。

（2）在主菜单中选择“滤镜”→“抽出”（快捷键“Alt+Ctrl+X”），启动对话框，在窗口的左边有工具栏，右边有参数选项，如图 3–39 所示。

图 3–38 示例图片

图 3–39 “抽出”对话框

（3）使用左上角的边缘高光工具，根据发丝边界的清晰程度，在右边的“画笔大小”中选择粗细不同的笔触，勾出人物的轮廓，覆盖全部的边缘，如图 3–40 所示。需要注意的是，画笔在画的过程中不能相交，线条与线条之间的边缘必须是有空隙的。

（4）画好整体轮廓后，使用左边的填充工具，在绿色画笔以内的任何区域点击一下，此时，已用蓝色填充了该区域，一般为默认颜色，如图 3–41 所示。

图 3–40　用边缘高光工具勾出人物的轮廓

图 3–41　用填充工具进行填充

（5）按下“预览”按钮，检查抠图效果。放大图像后发现头发及身体的边缘丢失了部分细节部分，需要修复，如图 3–42 所示。

（6）选取边缘修饰工具，沿着边缘拖动，可以修复图像的边缘，既可以去杂边，同时也可以恢复边界内被误删的区域，如图 3–43 所示。

图 3–42　检查抠图效果

图 3–43　用边缘修饰工具修饰图像边缘

（7）修复完毕后，点“好”按钮完成抠图并返回主程序，这样人物就从背景中被抠取出来，如图 3–44 所示。此时就可以将人物放置到其他的背景图片当中，得到最终的效果，如图 3–45。

图 3–44　抠图效果

图 3–45　最终效果

注释：为了在清除零散边缘时获得最佳效果，请使用“抽出”对话框中的清除或边缘修饰工具，也可以使用工具箱中的“背景橡皮擦”和“历史记录画笔”工具在抽出后进行清除。

3.2.5 KnockOut 插件

KnockOut 2.0 是一个功能强大的专业抠图软件，可以把有细节边缘的图像从背景中“抠”出来，例如羽毛、阴影、头发、烟雾、透明物体等。

KnockOut 2.0 是以插件形式工作的，因此，在安装时一定要把 Destination Folder 设定为 Photoshop 的插件目录，如图 3–46 所示。

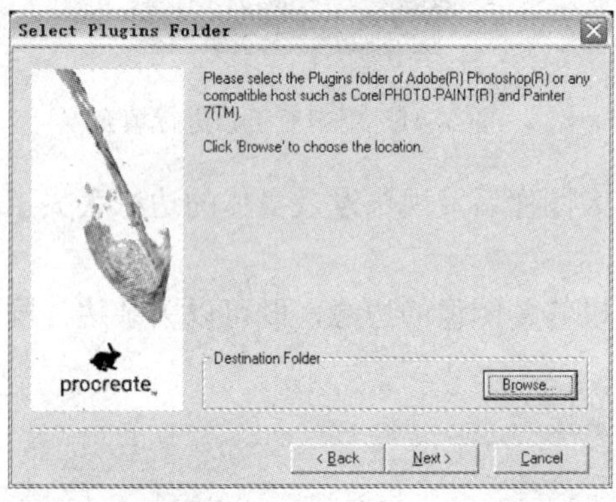

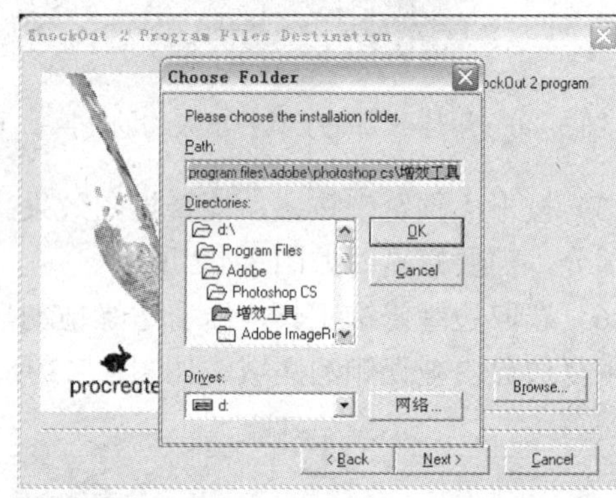

图 3–46　选择目标目录

安装完成后，启动 Photoshop，可以在“滤镜”菜单下找到 KnockOut 2.0，点击即可运行。

实例：运用 KnockOut 2.0 滤镜抠取图像

（1）启动 Photoshop，打开 KnockOut 2.0 目录下的范例图像 dragonfly.tif，如图 3–47 所示。复制背景图层（KnockOut 2.0 不能对背景图层进行操作），如图 3–48 所示。选择“滤镜”→“KnockOut 2.0”→“Load Working Layer…”，启动 KnockOut 2.0，如图 3–49 所示。

图 3–47　示例图片

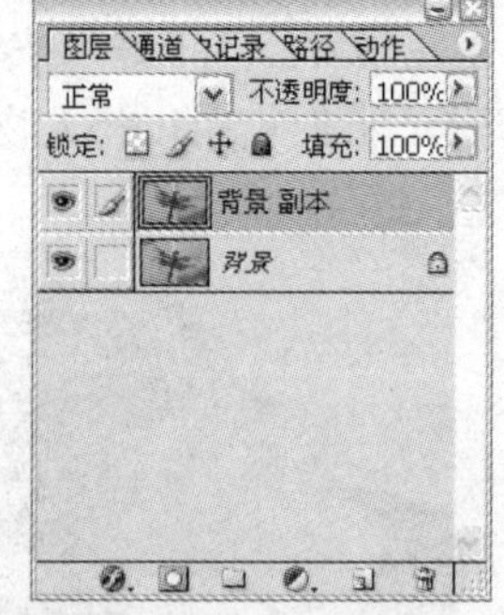

图 3–48　复制背景层

（2）选择“内部选区工具”，把蜻蜓图像中不透明的部分描出一个大概的轮廓，注意不要把背景颜色选进去，哪怕一个像素也可能会影响抠图效果，如图 3–50 所示。为了方便用户勾绘选区，KnockOut 2.0 提供了一个放大镜工具，用户在勾绘选区时按下 L 键即可调出。

（3）选择“外部选区工具”，沿着蜻蜓图像的边缘勾出一个大概的轮廓，不必要求太精确，如图 3–51 所示。

图 3–49　KnockOut 2.0 主界面

图 3–50　用内部选区工具构建选区

图 3–51　用外部选区工具勾出蜻蜓的轮廓

（4）选区勾绘完毕，按下左下角的“Process”按钮，处理抠图。处理完成后，选择不同的背景颜色或者图像，用于衬托前景图像，便于检查抠图有无缺陷。效果如图 3–52 所示。

（5）最后，选择“File”菜单下的“Apply”，可以输出抠图到 Photoshop 中，抠图工作完成。其在 Photoshop 中的效果如图 3–53 所示。

图 3–52　抠图效果

图 3–53　最终效果

一般来说，矢量图及边缘清晰的图用魔术棒工具加上套索工具抠图最简单，选完可以按“羽化”按钮（快捷键“Ctrl+Alt+D”）操作一下。如果需要平滑的边缘，则用钢笔工具抠图，然后转变为选区。稍微复杂一点的可以使用 Photoshop 的“抽出”命令。抠头发可以使用通道制作 Alpha 通道。透明物体及毛发等还可以使用 KnockOut 插件进行抠图。影楼抠人像一般有专门的小插件和录制好的动作。

3.3　图片色彩处理

调整图像色彩是处理图像的最主要的操作。众所周知，学习 Photoshop，就是要学会对图像的处理方法。对图像进行全面的协调整理，使图像的色彩得到一个比较合理的整体效果，这就是学习 Photoshop 的主要内容。本部分介绍色彩调整知识以及图像色彩的处理技法。

3.3.1　色彩的基本概念

要想调整好一幅图像的颜色，首先得具备一定的色彩知识。可能有一部分想学习 Photoshop 的读者，在这之前没有受过专门的色彩知识的培训，这不要紧，只要配合本章讲解的内容，从头学起，就会对色彩知识有一定的认识。随着知识的增多，相信大家会对图像色彩掌握得很好。在学习图像色彩调整之前，先了解一些关于色彩方面的基本知识，这有助于对图像色彩的正确理解，也有助于调整出满意的图像色彩效果。

1. 色彩基础

首先了解色彩的相关术语。正确理解这些术语，在调整图像色彩时会方便很多。

1）色相

通俗地讲，色相就是颜色的相貌，是指色彩的颜色，也就是色彩给人的感觉。例如，人们常说“红花绿草”，“红”和“绿”就是两种不同的颜色。调整图像的色相，其实就是在调整图像的颜色。

2）色调

色调是指各种色彩模式下图像颜色的明暗程度。在 Photoshop 中，颜色色调的取值范围为 0～255，共有 256 种色调。调整图像的色调，其实就是调整颜色的明暗度。

3）对比度

对比度是指颜色间的差异，包括色相对比度和色彩对比度，通过调整颜色的对比度，可以增强图像的层次感。

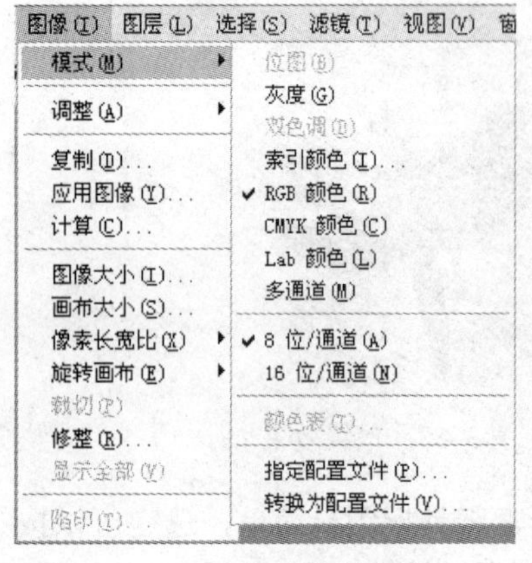

图 3–54　模式转换菜单

4）饱和度

饱和度是指图像颜色的彩度，也就是颜色的深浅度。调整图像的颜色饱和度其实就是调整图像颜色的彩度。

2. 图像的色彩模式与转换

图像的色彩模式是指图像颜色的属性，不同色彩模式的图像，其应用范围和颜色表现手法不同，因此，在进行图像效果处理时，应根据图像的应用范围，改变图像的色彩模式。“图像”→“模式”菜单下有一组命令，这些命令可以对图像的色彩模式进行转换，如图 3–54 所示。

下面详细介绍下色彩模式。

（1）位图：位图是在灰度模式条件下转换的一种图像模式，该模式使用两种颜色值（黑色或白色）之一表示图像。图 3–55 所示是将 RGB 图像转换为位图的效果，在转换时必须先将 RGB 模式转换为“灰度”模式才可以。

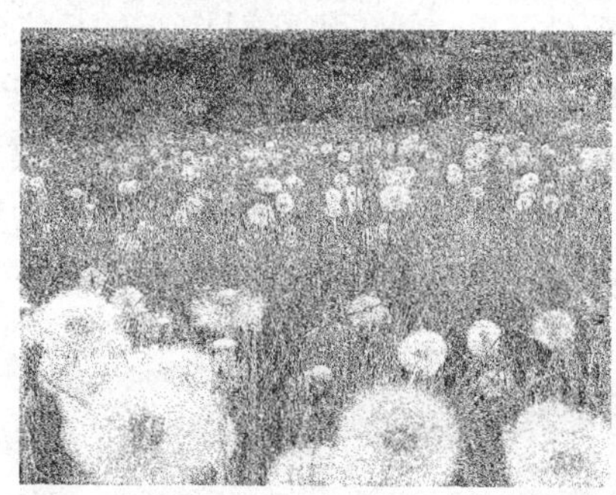

图 3–55　将 RGB 图像转换为位图的效果

（2）灰度：该模式使用多达 256 级的灰度。灰度图像中的每个像素都有一个 0（黑色）～255（白色）之间的亮度值。灰度值也可以用黑色油墨覆盖的百分比来度量（0%等于白色，100%等于黑色）。使用黑白或灰度扫描仪生成的图像通常以“灰度”模式显示，尽管灰度是标准颜色模型，但是其所表示的实际灰色范围仍因打印条件而不同。

位图和彩色图像都可转换为灰度模式。为了将彩色图像转换为高品质的灰度图像，Photoshop 放弃原图像中的所有颜色信息，转换后的像素的灰阶（色度）表示原像素的亮度。图 3–56 所示是将 RGB 图像转换为灰度图像的效果。

图 3–56　将 RGB 图像转换为灰度图像的效果

（3）双色调：该模式通过 2～4 种自定义油墨创建双色调（两种颜色）、三色调（三种颜色）和四色调（四种颜色）的灰度图像。

（4）索引颜色：该模式使用最多 256 种颜色。当转换为索引颜色时，Photoshop 中将构建一个“颜色查找表”，用来存放并索引图像中的颜色。如果原图像中的某种颜色没有出现在该表中，那么程序将选取现有颜色中最接近的一种或使用现有颜色模拟颜色。通过限制调色表，索引颜色可以减小文件的大小，同时保持视觉品质不变，例如，用于多媒体动画应用或 Web 页。在这种模式下只能进行有限的编辑。若要进一步编辑，应临时转换为 RGB 模式。索引模式的图像如图 3–57 所示。

（5）RGB 颜色：Photoshop 的 RGB 模式使用 RGB 模型，为彩色图像中每个像素的 RGB 分量指定一个介于 0（黑色）～255（白色）之间的强度值。例如，亮红色可能 R 值为 246，

G 值为 20，B 值为 50。当所有这 3 个分量的值都相等时，结果是中性灰色；当所有这 3 个分量的值均为 255 时，结果是纯白色；当所有这 3 个分量的值均为 0 时，结果是纯黑色。

RGB 图像通过三种颜色或通道可以在屏幕上重新生成多达 1 670 万种颜色。这三个通道转换为每像素 24（8×3）位的颜色信息（在 16 位通道的图像中，这些通道转换为每像素 48 位的颜色信息，具有再现更多颜色的能力）。新建的 Photoshop 图像的默认模式为 RGB，计算机显示器以 RGB 模式显示颜色。这意味着在非 RGB 模式下不能进行屏幕显示。尽管 RGB 是标准颜色模型，但是其所表示的实际颜色范围仍因应用程序或显示设备而有所不同。Photoshop 中的 RGB 模式随"颜色设置"对话框中指定的工作空间的设置而变化。RGB 图像如图 3–58 所示。

图 3–57　索引模式的图像

图 3–58　RGB 图像

（6）CMYK 颜色：在 Photoshop 中的 CMYK 模式中，为每个像素的每种印刷油墨指定一个百分比值。为最亮（高光）颜色指定的印刷油墨颜色百分比较低，为较暗（暗调）颜色指定的印刷油墨颜色百分比较高。例如，亮红色可能包含 2%青色、93%洋红、90%黄色和 0%黑色。在 CMYK 图像中，当四种分量的值均为 0%时，就会产生纯白色。在准备要用印刷色打印的图像时，应使用 CMYK 模式。将 RGB 图像转换为 CMYK 即产生分色。如果由 RGB 图像开始，最好先编辑，然后再转换为 CMYK 模式。也可以使用 CMYK 模式直接处理从高档系统扫描或导入的 CMYK 图像。尽管 CMYK 是标准颜色模型，但是其准确的颜色范围随印刷和打印条件而变化。CMYK 模式的图像如图 3–59 所示。

（7）Lab 颜色：在 Photoshop 的 Lab 模式中，亮度分量（L）范围是 0～100，a 分量（绿–红轴）和 b 分量（蓝–黄轴）的范围是+120～–120。可以使用 Lab 模式处理 Photo CD 图像，独立编辑图像中的亮度和颜色值，在不同系统之间移动图像并将其打印到 PostScript Level 2 和 Level 3 打印机。要将 Lab 图像打印到其他彩色 PostScript 设备，应首先将其转换为 CMYK 模式。Lab 模式是 Photoshop 在不同颜色模式之间转换时使用的中间颜色模式。Lab 模式的图像如图 3–60 所示。

图 3–59　CMYK 模式的图像

图 3–60　Lab 模式的图像

（8）多通道颜色：该模式的每个通道使用 256 级灰度。多通道图像对于特殊打印非常有用，例如，转换双色调以 ScitexCT 格式打印。下列原则使用于将图像转换为多通道模式的过程中：

① 原图像中的通道在转换后的图像中成为专色通道。

② 将颜色图像转换为多通道模式时，新的灰度信息基于每个通道中像素的颜色值。

③ 将 CMYK 图像转换为多通道模式可以创建青色、洋红、黄色和黑色专色通道。

④ 将 RGB 图像转换为多通道模式可以创建青色、洋红和黄色通道，如图 3–61 所示。

⑤ 从 RGB、CMYK 或 Lab 图像中删除通道，可以自动将图像转换为多通道模式。

如果要输出多通道图像，请以 Photoshop DCS 2.0 格式存储图像。

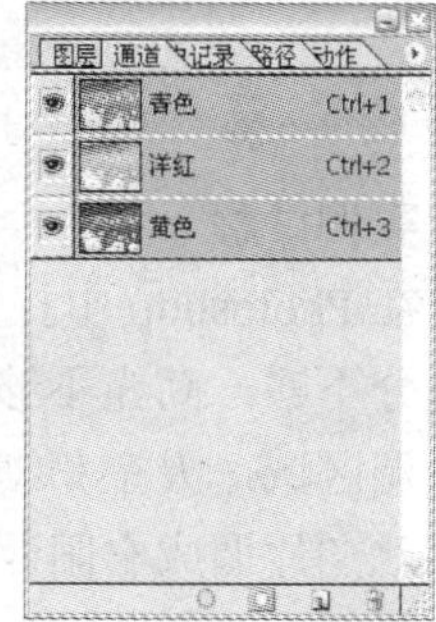

图 3–61　将 RGB 图像转换为多通道模式

3. 图片色彩处理

在平面设计软件中，Photoshop 的图像调整功能是首屈一指的，目前还没有任何一个软件能与其媲美。关于图像调整的命令如图 3–62 所示。

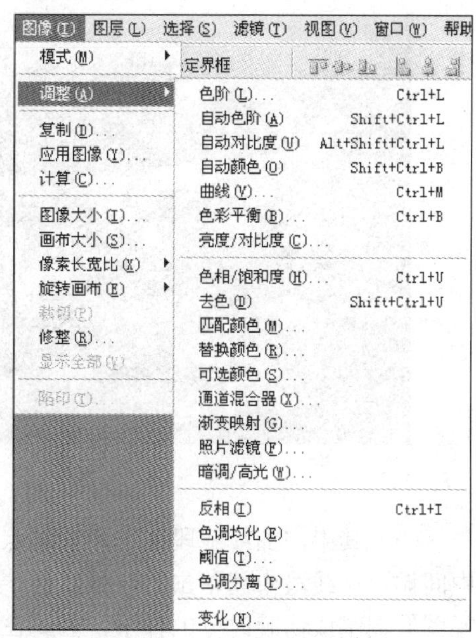

图 3–62　关于图像调整的命令

综合应用这些图像调整命令，可以对图像的对比度进行调整、可以改变图像中像素值的分布、可以调整图像的色彩平衡度、可以在一定精度范围内调整色调，也可以对图像中的特定颜色进行修改。

下面分别对这些命令加以说明。

1）曲线

Photoshop 虽然提供了众多色彩调整工具，但实际上最为基础、最为常用的是曲线。其他工具如“亮度/对比度”“色阶”等，都是由此派生出来的。因此理解了曲线就能对其他很多色彩调整命令触类旁通。

使用“曲线”命令，可以精确调整图像的明亮对比度，它以曲线的形式调整 0～255 之间的任何一个像素点，通过对曲线形状的编辑可以产生各种颜色效果。单击菜单栏中的“图像”→“调整”

→“曲线”命令（快捷键“Ctrl+M”），弹出“曲线”对话框，如图 3–63 所示。

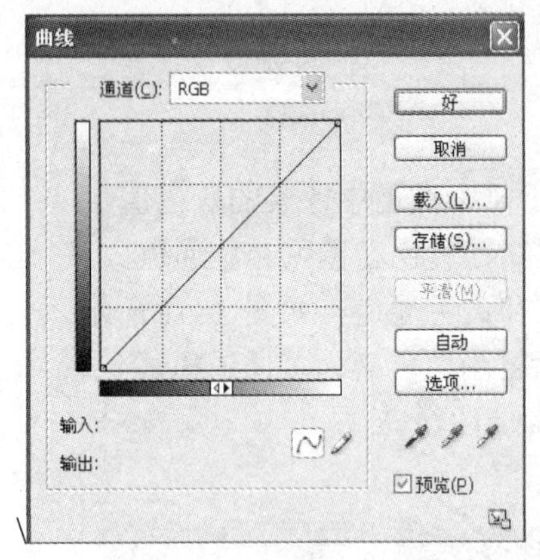

图 3–63 “曲线”对话框

其中的“通道”选项用来选择不同的颜色通道进行色彩校正。

在曲线图中，水平轴表示像素原来的亮度值，与下方的“输入”值相对应；垂直轴表示调整后的亮度值，与下方的“输出”值相对应。

将鼠标移动到曲线窗口中，在曲线上单击，可以添加一个调节点，拖拽该调节点，可以调整图像中该范围内的亮度值。在曲线上最多可以添加 14 个点。

用鼠标拖曳某个调节点至曲线图以外，删除该点，但是曲线的两个端点不允许删除。

实例讲解

在 Photoshop 中打开图 3–64 所示的图片，由于这是数码相机拍摄的图片，因此图像的层次区分不够，高光不够亮，暗调不够暗。通过对图像亮度的观察，可以发现，近处的山体属于暗调区域，天空和湖水中反光的地方属于高光区域，远处的山体和湖水属于中间调。现在要将此图片调成夕阳西下的情景，提高图片中的色彩层次。

（1）执行“图像”→“调整”→“曲线”命令（快捷键“Ctrl+M”），将会弹出如图 3–65 所示的对话框，其中有一条呈 45° 的线段，这就是所谓的曲线。注意最上方有个“通道”选项，默认情况下为 RGB 通道。

图 3–64 示例图片

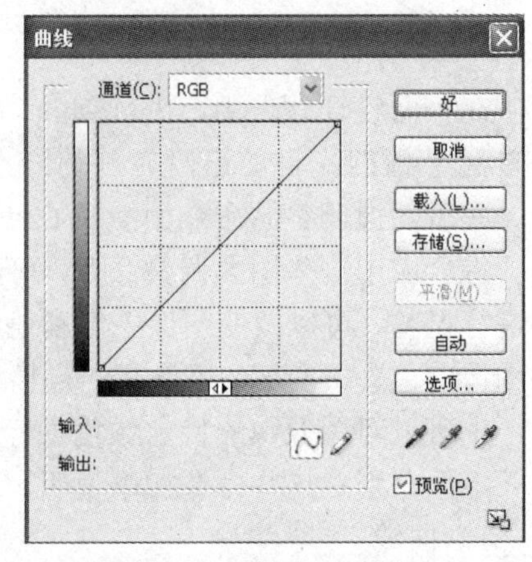

图 3–65 “曲线”对话框

（2）其中，曲线线段左下角的端点代表暗调，右上角的端点代表高光，中间的过度代表中间调。在线段中间单击的时候，会产生一个控制点，然后可以进行上下移动，由于要将整幅图像调整成傍晚时分的样子，因此在中间调的部分单击产生一个控制点，然后向下移动，画面的整体亮度降低，如图 3–66 所示。

（3）傍晚时分的天空应该是金黄色的，天空属于高光部分，而金黄色是由红色加上黄色混合而成的。在“通道”下拉列表中，选择“红”，在高光部分单击鼠标左键选取最右边的端点，向左移动，对应“输入”文本框中的数值为 222 时停止移动，这表明原本“红”通道内亮度级别为 222 之后的所有像素点全部提升到 255 的亮度级别，高光区域偏红。但是在提升高光区域的亮度的同时，中间调的亮度也跟着提升了，湖水和远山也跟着偏红，因此需要回复到原来的颜色状态。在曲线中间的位置单击鼠标左键，产生一个控制点，向下移动到中间点的位置，如图 3–67 所示。

图 3–66　调整整体亮度

（4）同样的原理，选择“蓝”通道，将高光区域的端点向下移动，对应“输出”文本框中的数值为 158，由于高光区域蓝色降低，由此显示出蓝色的相反色黄色。

由于中间调的部分亮度也跟着降低，画面偏黄，因此要将中间调的亮度恢复到原来的状态，相关调整如图 3–68 所示。

图 3–67　“红”通道的亮度

图 3–68　调整“蓝”通道的亮度

（5）调整完之后，最终效果如图 3–69 所示。

图 3–69 最终效果

2）色阶

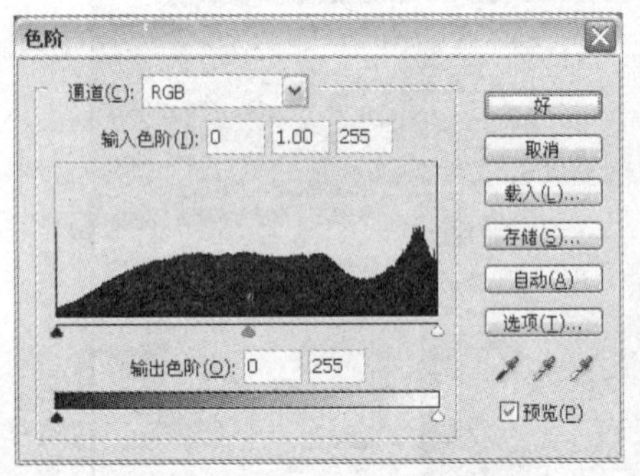

图 3–70 “色阶”对话框

色阶主要用于调节图像的明度。用色阶来调节明度，图形的对比度、饱和度损失比较小，而且色阶调整可以通过输入数字，对明度进行精确的设定。色阶属于曲线的一个分支功能。

启动 Photoshop，打开一幅图像，在主菜单中选择“图像”→“调整”→“色阶”命令（快捷键“Ctrl+L”），调出“色阶”对话框，如图 3–70 所示。

（1）通道：选择要进行色彩校正的颜色通道。

（2）输入色阶：三个数值框分别对应着明暗分布图下的三个“△”形滑块，通过它们可以调整图像的暗调、中间调和高光区的亮度，可以直接在数值框中输入数值，也可以拖动三角滑块进行颜色亮度的调整。

（3）输出色阶：两个数值框分别对应亮度渐变条下的两个滑块，通过它们可以调整图像中颜色的亮度值。

（4）“色阶”对话框的右侧有三个吸管，分别为黑色吸管、灰色吸管和白色吸管，使用其中任何一个吸管在图像中单击，都将改变“输入色阶”的值，用这种方法可以改变图像的色彩范围。

使用色阶调整的示例如图 3–71 所示。

3）色相/饱和度

“色相/饱和度”命令是以色相、饱和度和明度为基础，对图像进行色彩校正。它既可以作用于综合通道，也可以作用于单一的通道，还可以为图像染色。而且它还可以通过给像素指定新的色相和饱和度，实现给灰度图上色彩的功能，因此它是一种最常用的图像色彩矫正命令。单击菜单栏中的“图像”→“调整”→“色相/饱和度”命令（快捷键“Ctrl+U”），弹出“色相/饱和度”对话框，如图 3–72 所示。

图 3–71　使用色阶调整的示例

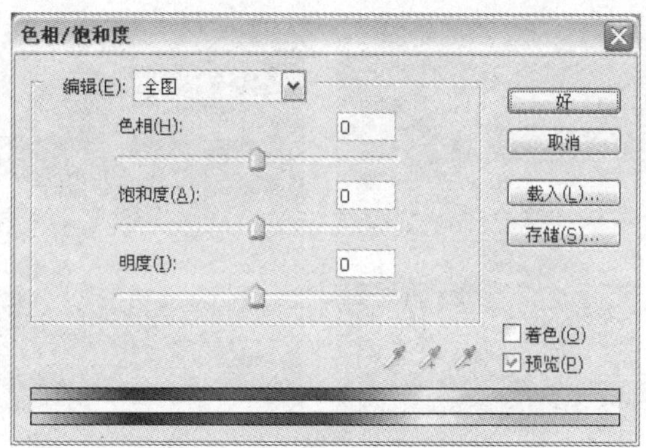

图 3–72　“色相/饱和度”对话框

在“编辑”下拉列表框中选择需要调整的颜色，分别调整“色相”（范围：–180～180）、“饱和度”（范围：–180～180）和“明度”（范围：–100～100）的值，可以达到色彩校正的目的，如图 3–73 所示。勾选“着色”选项，可以为灰度图进行着色。

图 3–73　使用“色相/饱和度”命令调整颜色

4）色彩平衡

“色彩平衡”命令会在彩色图像中改变颜色的混合，从而使整体图像的色彩平衡。虽然“曲线”命令也可以实现此功能，但“色彩平衡”命令使用起来更方便、更快捷。由于它只能对图像进行一般化的色彩校正，所以是一种不常用的调色命令。单击菜单栏中的“图像”→“调

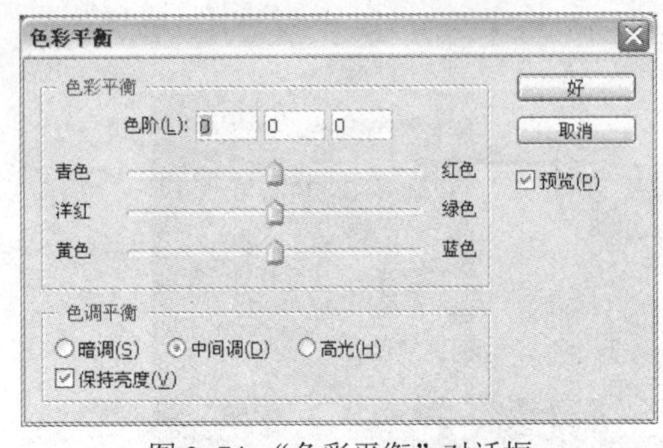

图 3–74 “色彩平衡”对话框

整”→“色彩平衡”命令（快捷键“Ctrl+B”），打开“色彩平衡”对话框，如图 3–74 所示。

“色阶”数值框与其下方的三个“△”形滑块相对应，用于调整图像的色彩，当滑块靠左边时，颜色接近 CMYK 颜色模式，反之，颜色接近 RGB 模式。

“暗调”“中间调”和“高光”三个选项用于控制不同的色调范围，在进行图像色彩调整时，应首先调整图像的暗调区域，再调整中间调区域，最后调整高光区域。勾选“保持亮度”选项，可以保证在调整图像色彩时，图像亮度不受影响。使用“色彩平衡”命令调整图像的示例如图 3–75 所示。

图 3–75　使用“色彩平衡”命令调整图像的示例

5）可选颜色

“可选颜色”命令通过在图像中调节印刷四分色（即 C、M、Y、K）油墨的百分比来校正图像色彩。单击菜单栏中的“图像”→“调整”→“可选颜色”命令，打开“可选颜色”对话框，如图 3–76 所示。

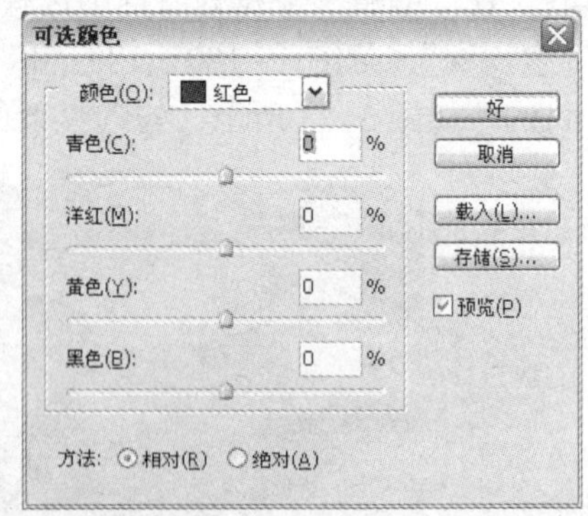

图 3–76 “可选颜色”对话框

在“颜色”下拉列表框中，可以选择所需要编辑的某种颜色。拖动对话框中的“△”形滑块，或直接在数值框中输入相应的数值，可以校正所选择的颜色。在“方法”选项组中，“相对”表示按照相对百分比调整颜色；“绝对”表示按照绝对百分比调整颜色。

使用“可选颜色”命令调整图像的示例如图 3–77 所示。

6）替换颜色

使用“替换颜色”命令，可以很轻松地将图像中较复杂的颜色使用其他颜色替换。该命令相当于“颜色范围”命令与“色相/饱和度”命令的合成。实际上，它的操作结果与先使用“颜色范围”命令选择颜色区域后，再使用“色相/饱和度”命令进行色彩校正是完全一样的，只不过它的操作灵活性更强。

图 3–77　使用“可选颜色”命令调整图像的示例

单击菜单栏中的“图像”→“调整”→“替换颜色”命令，弹出“替换颜色”对话框，如图 3–78 所示。

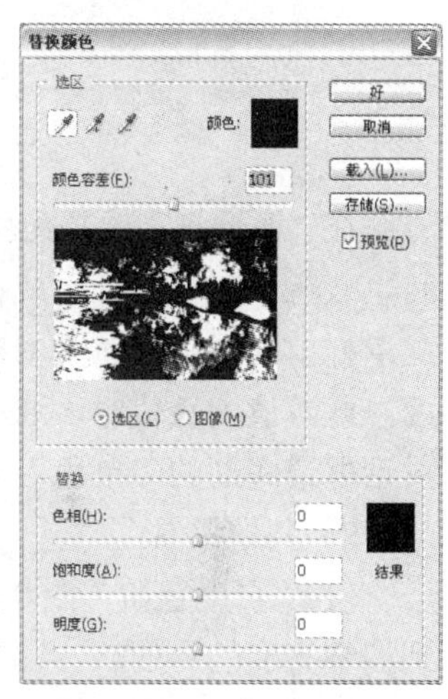

图 3–78　“替换颜色”对话框

其使用方法如下：

选择三个吸管工具，在图像中需要调整的颜色区域内单击可以选择颜色范围。

（1）颜色容差：设置选择颜色的容差范围，容差越大，调整的范围越大，反之，调整范围越小。

（2）选区：勾选此项，在其预览窗口中，可以看到被选择的颜色以高亮白色显示，未被选择的颜色以黑色显示，这样有利于观察所要调整的图像范围。

（3）图像：勾选此项，在预览窗口中只能看到原图像，这有利于观察图像的选择范围。

（4）替换：此项用来调整颜色的色相、饱和度以及明度。

使用“替换颜色”命令调整图像的示例如图 3–79 所示。

图 3–79　使用“替换颜色”命令调整图像的示例

7）通道混合器

“通道混合器”命令主要是使用当前颜色通道的混合来修改颜色通道。使用这个命令，可以进行创造性的颜色调整，或者创建高品质的灰度图等。单击菜单栏中的“图像”→“调整”→“通道混合器”命令，弹出“通道混合器”对话框，如图 3–80 所示。

在“通道混合器”对话框中的“输出通道”下拉列表中，可以选择要调整的色彩通道。

若对 RGB 图像作用时，该下拉列表显示红、绿、蓝三原色通道；若对 CMYK 模式图像作用时，则显示青色、洋红、黄色、黑色四个色彩通道，如图 3–81 所示。

图 3–80 “通道混合器”对话框

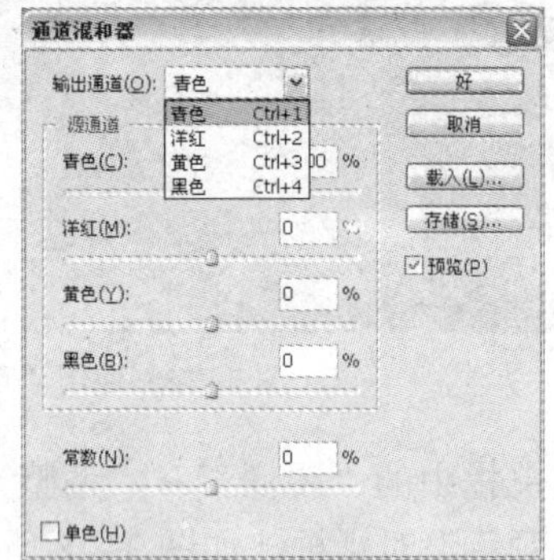

图 3–81 “输出通道”选项

在“源通道”选项组中，可以调整各原色的值。对于 RGB 图像，可调整“红色”“绿色”和“蓝色”三根滑杆，或在文本框中输入数值。在对话框底部还有一根“常数”滑杆，拖动此滑杆上的滑标或在文本框中输入数值（范围：–200～200）可以改变当前指定通道的不透明度。此数值为负值时，通道的颜色偏向黑色；此数值为正值时，通道的颜色偏向白色。选中对话框最底部的“单色”复选框，可以将彩色图像变成灰度图。

8）其他工具

（1）“自动色阶”命令能很方便地对图像中不正常的高光或阴影区域进行初步处理，以达到调整亮度的目的。

（2）“自动对比度”命令可以让系统自动地调整图像亮部和暗部的对比度，将较暗的部分变得更暗，较亮的部分变得更亮。

（3）“自动颜色”命令可以让系统自动地对图像进行颜色的校正。如果图像有偏色或者饱和度过高，均可使用该命令进行自动调整。

（4）“去色”命令的主要作用是去除图像中的饱和色彩，将彩色图像转化为灰度图。

（5）“渐变映射”命令的主要功能是将预设的几种渐变模式作用于图像。

（6）“反相”命令可以将像素的颜色改变为它的互补色，该命令是唯一不损失图像色彩信息的变换命令。

（7）“色调均化”命令会重新分配图像像素的亮度值，以更平均地分配整个图像的亮度色调。

（8）“阀值”命令可以将一幅彩色图像或灰度图转换成只有黑、白两种色调的高对比度黑白图像。

（9）“色调分离”命令可以让用户指定图像中每个通道的亮度值的数目，然后将这些像素映射为最接近的匹配色调。

（10）“照片滤镜”命令类似摄影时给镜头加上有色滤镜，以营造不同的色温需求，比如在白天拍摄出夜晚的效果，把阴天处理成在阳光明媚的场景的效果。

（11）“变化”命令可以让用户很直观地调整色彩平衡、对比度和饱和度。

3.4　图片特效处理

Photoshop 不仅可以对图像进行修复和润饰，还可以在进行图像处理时结合滤镜命令，制作出具有特色的图像制品。Photoshop 中的滤镜来源于摄影中的滤光镜，应用滤镜可以改进图像和产生特殊效果。很多滤镜都被用来添加特殊效果、处理透视或调整作品材质的外观。

在 Photoshop 中，所有的滤镜都按照类别分别放置于“滤镜”菜单中，使用时只需要用鼠标单击“滤镜”菜单中相应的滤镜命令即可。滤镜的使用可以说是一种比较细致的操作，用户首先要得到精确的区域，再在参数设置对话框中设置精确的参数才能达到最好的效果。

在 Photoshop 中，用户还可以使用第三方厂商提供的外挂滤镜程序。外挂滤镜很多，目前比较好而且比较流行的是 KPT（Kai’s Power Tools）、Eye Candy 等。用户安装这些外挂滤镜之后，它们就会显示在“滤镜”菜单中，可以像使用内置滤镜一样使用它们。

3.4.1　Photoshop 内置滤镜介绍

1. “风格化”滤镜组

“风格化”滤镜组通过置换像素、查找和增加图像的对比度，在整幅图像或选择区域中产生一种绘画式或印象派艺术效果。

该滤镜组包括“凸出”“扩散”“拼贴”“曝光过度”“查找边缘”“浮雕效果”“照亮边缘”“等高线”和“风”等滤镜。

“浮雕效果”滤镜主要用来产生浮雕效果，通过将图像的填充色转换为灰色，并用原填充色描画边缘，从而使图像显得凸起或压低，如图 3–82 所示。

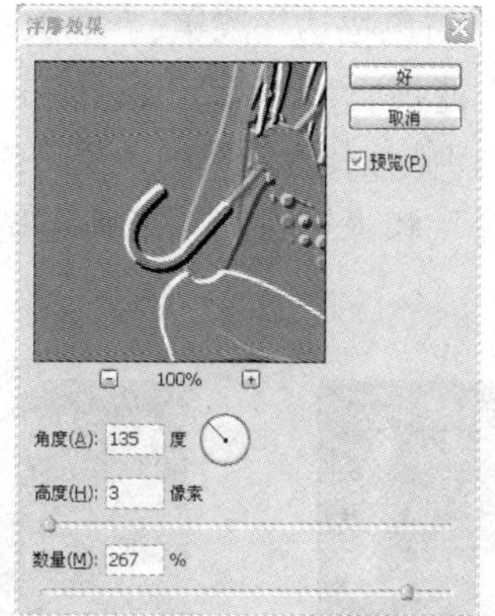

图 3–82　“浮雕效果”滤镜的效果及相关参数设置

“查找边缘”滤镜主要用来搜索颜色像素对比度变化剧烈的边界，将高反差区变成亮色，低反差区变暗，其他区域则介于二者之间；将硬边变为线条，而柔边变粗，形成一个厚实的轮廓，如图 3–83 所示。

图 3–83 “查找边缘”滤镜的效果

“照亮边缘”滤镜能够使图像产生明亮的轮廓线，从而产生一种类似霓虹灯的亮光效果。该滤镜擅长处理带有文字的图像，如图 3–84 所示。

图 3–84 “照亮边缘”滤镜的效果

2. “画笔描边”滤镜组

“画笔描边”滤镜组使用不同的画笔和油墨笔触效果产生绘画式或精美艺术的外观。其中的一些滤镜为图像增加了颗粒、绘画、杂色、边缘细节或纹理，以得到点状化效果。应当注意的是，这组滤镜都不支持 CMYK 模式和 Lab 模式的图像。

该滤镜组包括“喷溅”滤镜、“喷色描边”滤镜、“墨水轮廓”滤镜、“强化的边缘”滤镜、“成角的线条”滤镜、“深色线条”滤镜、“烟灰墨”滤镜和“阴影线”滤镜。

“喷溅”滤镜可以产生在画面上喷洒水后形成的效果，或被雨水淋湿的视觉效果。在其对话框中，可以通过设定“喷色半径”和“平滑度”来确定喷射效果的轻重。其效果和相关参数设置如图 3–85、图 3–86 所示。

图 3–85 “喷溅”滤镜的效果

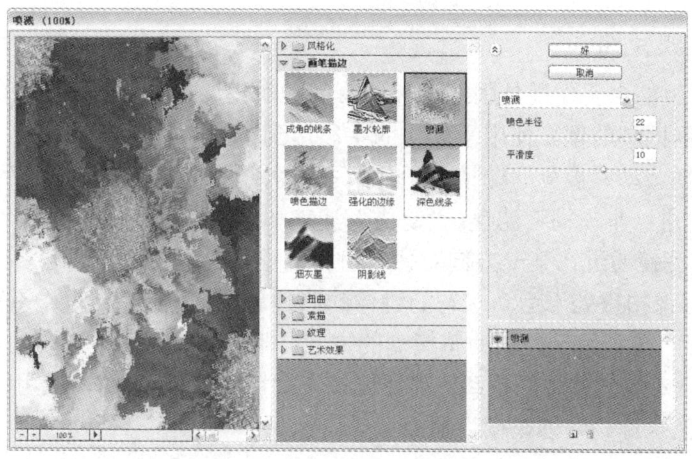

图 3–86 “喷溅”滤镜的相关参数设置

“深色线条”滤镜可在图像中用短的、密的线条绘制与黑色接近的深色区域，用长的、白色的线条绘制图像中颜色较浅的区域，从而产生强烈的黑白对比效果。利用其对话框可以设定亮暗对比“平衡”“黑色强度”“白色强度”。其效果和相关参数设置如图 3–87、图 3–88 所示。

图 3–87 “深色线条”滤镜的效果

图 3–88 “深色线条”滤镜的相关参数设置

3. “模糊”滤镜组

“模糊”滤镜组的主要作用是削弱相邻像素间的对比度，达到柔化图像的效果。它主要通过对颜色变化较强区域的像素使用平均化的手段达到模糊的效果。

该滤镜组包括“动感模糊”滤镜、“平均”滤镜、“径向模糊”滤镜、“模糊”滤镜、“特殊模糊”滤镜、“进一步模糊”滤镜、“镜头”滤镜和“高斯”滤镜。

“动感模糊”滤镜通过在某一方向对像素进行线性位移，从而产生沿某一方向运动的模糊效果，其结果就好像拍摄处于运动状态的物体的照片。该滤镜的对话框中有两个选项：“角度”和“距离”。“角度”选项用于控制动感模糊的方向，即产生往哪一个方向的运动效果；在“距离”编辑框中可设定像素移动的距离。其滤镜效果如图 3–89 所示（在应用时可以使用选区只对车子以外的图像执行“动感模糊”命令）。

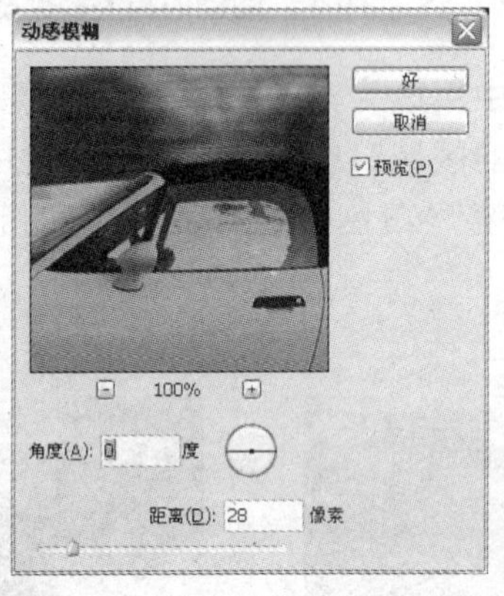

图 3–89 “动感模糊”滤镜的效果

“径向模糊”滤镜能够产生旋转模糊效果，模拟前后移动或旋转相机效果。选择该滤镜时，系统将打开“径向模糊”对话框，如图 3–90 所示。在“径向模糊”对话框中，“数量”选项定义模糊的强度；“模糊方法”有“旋转”和“缩放”两种方式，分别对应产生旋转模糊效果和放射状模糊效果；“品质”选项用于设定“径向模糊”滤镜处理图像的质量；“中心模糊”选项设定模糊中心的位置。

图 3–92 和图 3–93 是对图 3–91 所示素材分别使用“旋转”和“缩放”时产生的效果。

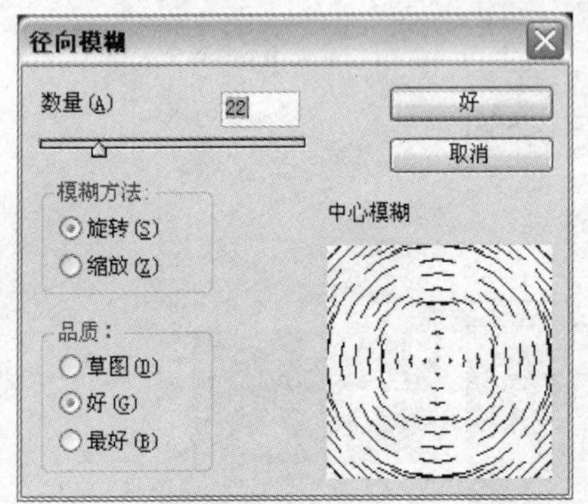

图 3–90 “径向模糊”对话框

图 3–91 素材

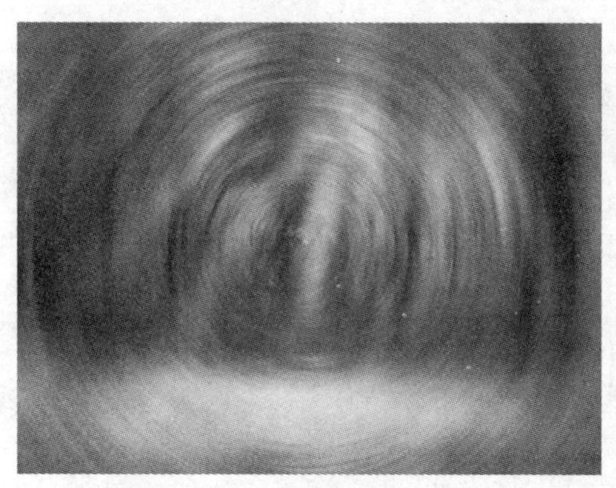

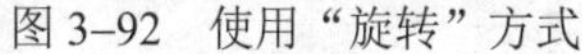

图 3–92　使用“旋转”方式

图 3–93　使用“缩放”方式

4.“扭曲”滤镜组

“扭曲”滤镜组可以对图像进行几何变形或其他变形和创建三维效果。这些扭曲命令如“非正常拉伸”“波纹”等，能产生模拟水波、镜面反射、哈哈镜等效果。

值得注意的是，这些滤镜会占用较多内存，影响计算机的运行速度。

该滤镜组包括“扩散亮光”滤镜、“置换”滤镜、“玻璃”滤镜、“海洋波纹”滤镜、“挤压”滤镜、“极坐标”滤镜、“波纹”滤镜、“切变”滤镜、“球面化”滤镜、“旋转扭曲”滤镜、“波浪”滤镜和“水波”滤镜。

“玻璃”滤镜能够模拟透过玻璃来观看图像的效果，并且能够根据用户所选用的玻璃纹理而产生不同的变形。当应用“块状”纹理时，其效果如图 3–94 所示。

图 3–94　“玻璃”滤镜的效果

“球面化”滤镜可以将整个图像或选取范围内的图像向内或向外挤压，产生一种球面挤压的效果。在其对话框中，“数量”选项用于控制挤压的方向，正值时为向内凹陷，负值时为向外凸出。其效果如图 3–95 所示。

5.“素描”滤镜组

“素描”滤镜组主要用来模拟素描、速写手工和艺术效果。其可以制作出类似手绘的作品，还可以给图像增加纹理，并常用于制作三维效果。许多“素描”滤镜都是使用前景色或背景色作为图像变化的主要颜色。

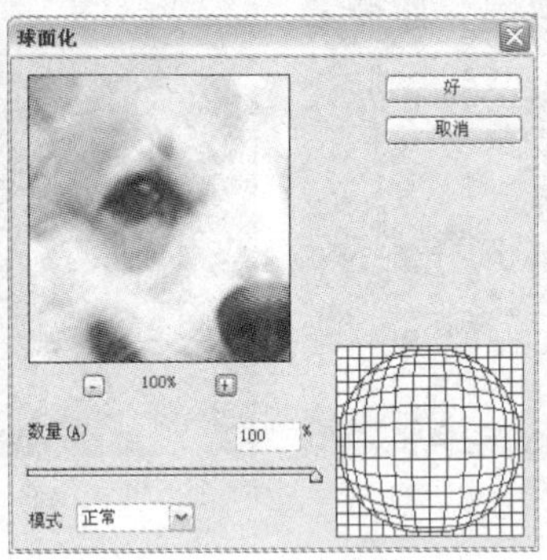

图 3–95 “球面化”滤镜的效果

该滤镜组包括“基底凸现”滤镜、“粉笔和炭笔”滤镜、“炭笔”滤镜、“铬黄”滤镜、“炭精笔”滤镜、“绘图笔”滤镜、“半调图案”滤镜、“便条纸”滤镜、“影印”滤镜、“塑料效果”滤镜、“网状”滤镜、“图章”滤镜、“撕边”滤镜和“水彩画纸”滤镜。

“基底凸现”滤镜能够产生一种粗糙、类似浮雕且用光线照射强调表面变化的效果。其在较暗区域使用前景色，在较亮区域使用背景色。执行完这个命令后，文件图像颜色只存在黑、灰、白三色。其效果如图 3–96 所示。

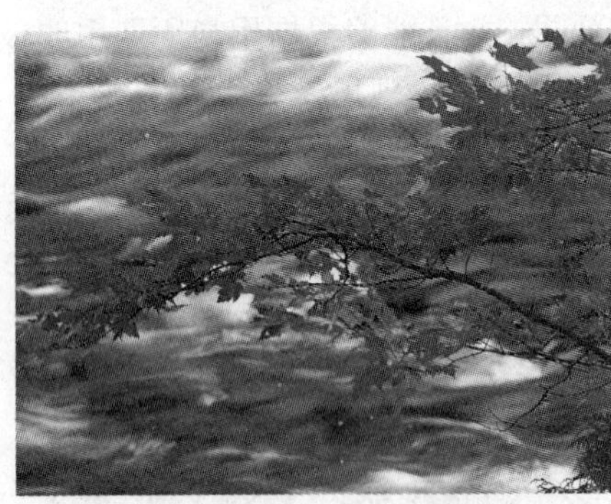

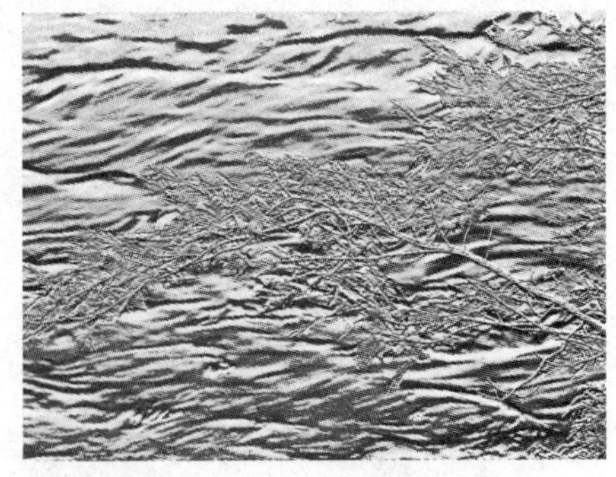

图 3–96 “基底凸现”滤镜的效果

限于篇幅，其他的滤镜就不在此多作介绍，下面只是将不同的滤镜组所完成的不同效果进行简单的介绍。

“纹理”滤镜组：可以制作出多材质肌理，产生类似天然材料的表面效果。

“艺术效果”滤镜组：可以产生出油画、铅笔画、水彩画、粉笔画和水粉画等各种不同的艺术效果。更多的时候用来处理由计算机绘制的图像，隐藏计算机加工图像的痕迹，使它们看起来更贴近人工创作的效果。需注意的是，这组滤镜只能在 RGB 色彩模式和灰度色彩模式下使用。

“渲染”滤镜组：该组滤镜在图像中创建三维形状、云彩图案、折射图案和模拟光线反射，还可以在三维空间中操纵对象、创建三维对象（立方体、球体和圆柱），并对灰度文件创建纹理填充，以制作类似三维的光照效果。

"像素化"滤镜组：该滤镜组主要用来将图像分块或将图像平面化，这类滤镜常常会使原图像面目全非。

"杂色"滤镜组：在该组滤镜中，除了"添加杂色"滤镜用于增加图像中的杂点外，其他滤镜均用于去除图像中的杂点，如用来消除扫描输入的图像中带有的斑点和折痕。

"锐化"滤镜组：通过增强相邻像素间的对比度，来减弱或消除图像的模糊。它可以用来处理由摄影及扫描等原因造成的图像模糊。

"视频"滤镜组：这组滤镜输入 Photoshop 的外部接口程序，用来从摄像机输入图像或将图像输出到录像带上，主要解决与视频图像交互时的系统差异问题。

3.4.2　滤镜实例讲解

经过前面对滤镜库的介绍，相信读者已对滤镜有了一定的了解。下面对这些滤镜的实际应用作一些介绍。

1. 简单水效果

本例中用到的主要滤镜和命令是："分层云彩"滤镜、"高斯模糊"滤镜、"径向模糊"滤镜、"基底凸现"滤镜、"铬黄"滤镜以及"色相/饱和度"命令。

操作步骤如下：

（1）执行"文件"→"新建"命令（快捷键"Ctrl+N"），新建一个图像文件，设置大小为 800×600 像素，色彩模式为 RGB 颜色，背景色为白色。设置前景色的背景色为默认的黑白色（快捷键 D）。

（2）执行"滤镜"→"渲染"→"分层云彩"命令，给图像中增加云状效果，如图 3–97 所示。

（3）执行"滤镜"→"模糊"→"高斯模糊"命令，对图像进行高斯模糊，在图 3–98 所示的对话框中设置半径为 1.0 像素。效果如图 3–99 所示。

图 3–97　云状效果

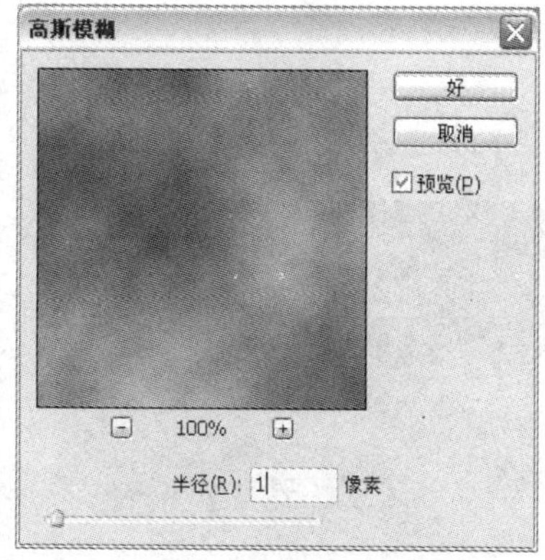

图 3–98　"高斯模糊"对话框

（4）执行"滤镜"→"模糊"→"径向模糊"命令，设置参数如图 3–100 所示，效果如图 3–101 所示。

图 3–99 高斯模糊效果

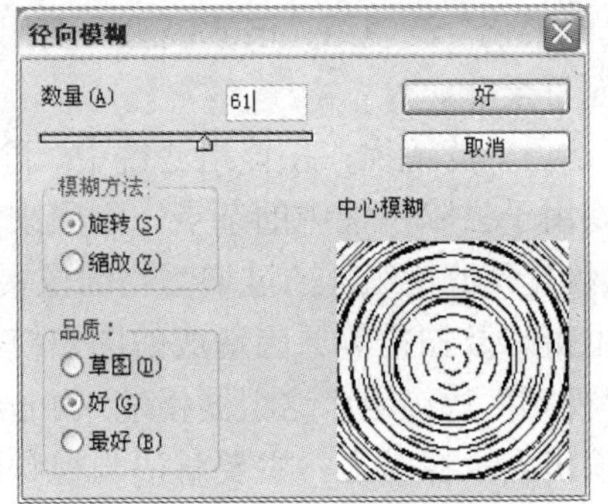

图 3–100 “径向模糊”对话框

（5）执行“滤镜”→“素描”→“基底凸现”命令，显示如图 3–102 所示的对话框，参数设置为：细节：13；平滑度：2；光照：下。效果如图 3–103 所示。

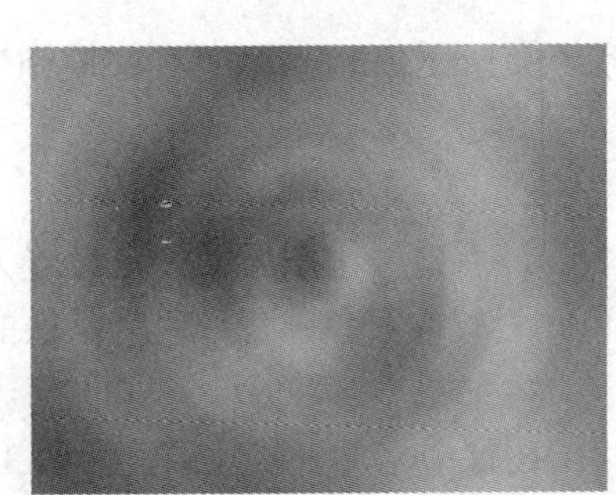

图 3–101 径向模糊效果

图 3–102 “基底凸现”对话框

（6）执行“滤镜”→“素描”→“铬黄”命令，在图 3–104 所示的对话框中进行如下设置：细节：4；平滑度：7。效果如图 3–105 所示。

图 3–103 基底凸现效果

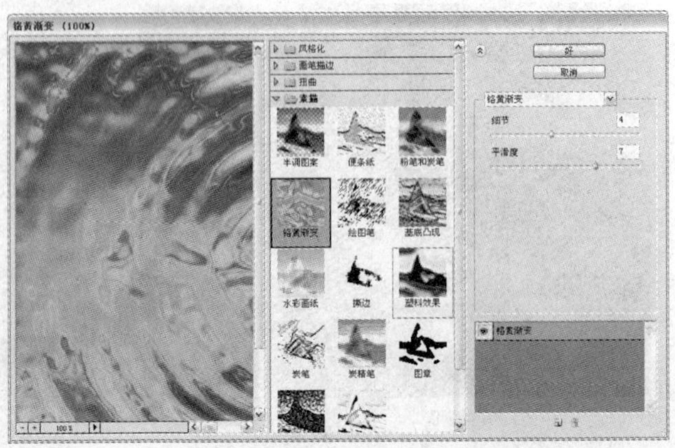

图 3–104 “铬黄”对话框

（7）执行“图像”→“调整”→“色相/饱和度”命令（快捷键“Ctrl+U”），弹出如图 3–106 所示的对话框，单击“着色”按钮，给图像上色。

图 3–105　铬黄效果

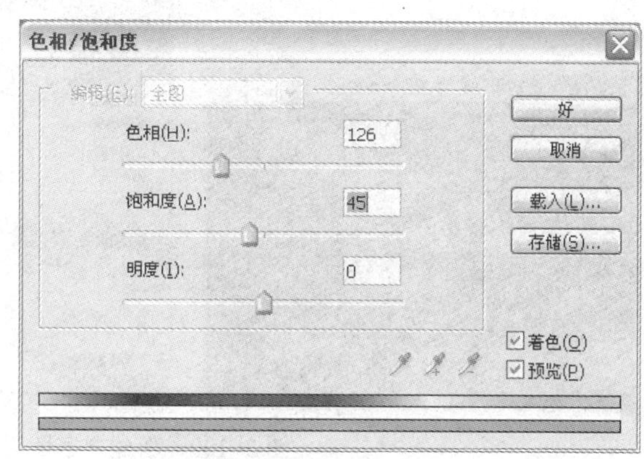

图 3–106　“色相/饱和度”对话框

（8）最终效果如图 3–107 所示。

图 3–107　最终效果

2. 制作冰雪字

本例中用到的主要滤镜和命令是：“添加杂色”滤镜、“高斯模糊”滤镜、“晶格化”滤镜、“风”滤镜以及“渐变映射”命令。

操作步骤如下：

（1）新建一个 400×280 的文件，并将背景填充为黑色，如图 3–108 所示。

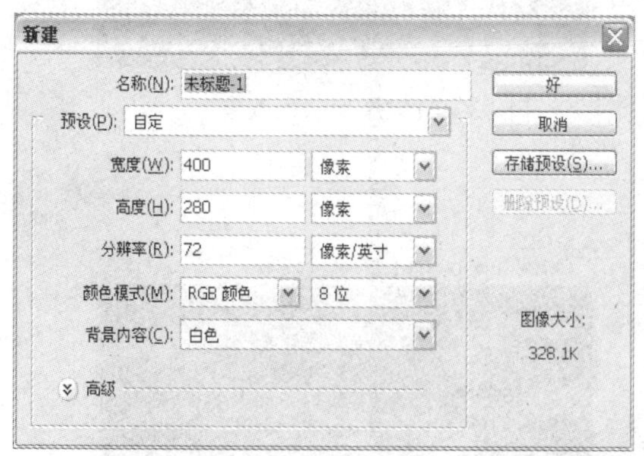

图 3–108　新建文件

（2）新建一个文字层。输入白色的文字“冰雪字”，将字体改为“华文新魏”“斜体”，然后将文字图层栅格化，如图 3–109 所示。

（3）在选中当前“冰雪字”图层的情况下，执行“滤镜”→“杂色”→“添加杂色”命令，弹出“添加杂色”对话框，参数设置如图 3–110 所示，得到图 3–111 所示的结果。

（4）执行“滤镜”→“像素化”→“晶格化”命令，弹出“晶格化”对话框，参数设置如图 3–112 所示，得到图 3–113 所示的结果。

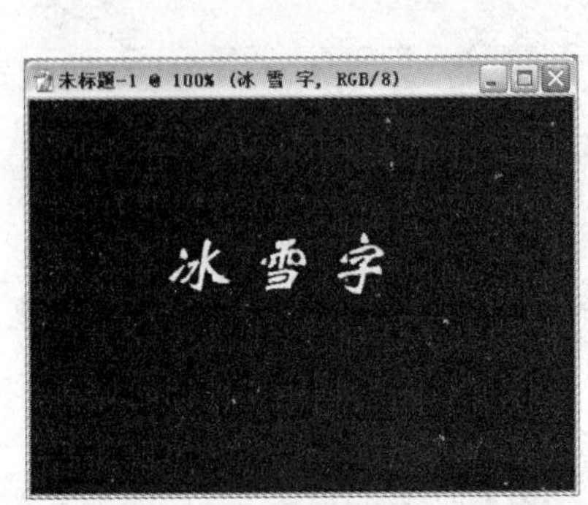

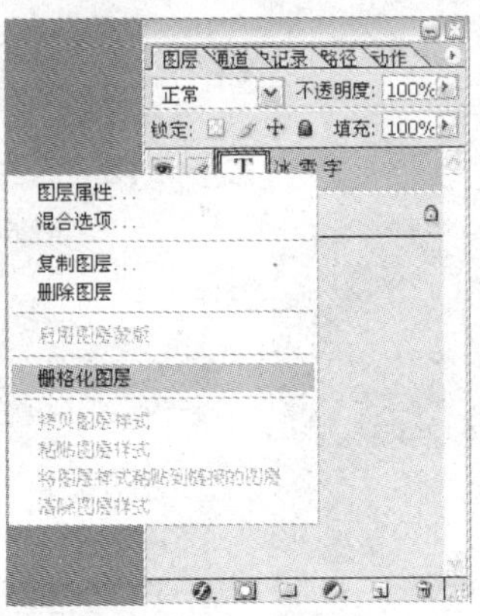

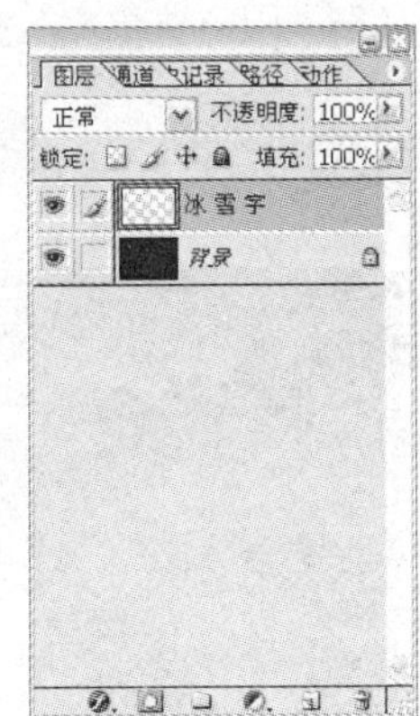

图 3–109 新建文字图层并栅格化

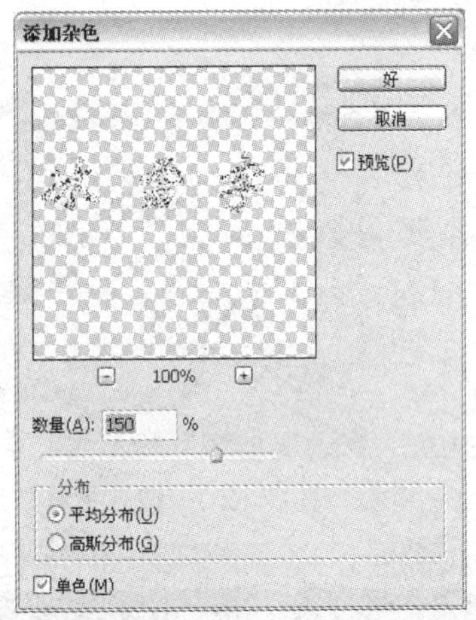

图 3–110 “添加杂色”对话框

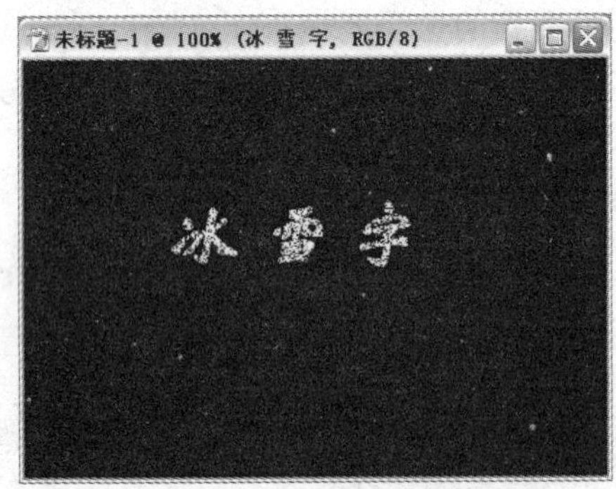

图 3–111 添加杂色效果

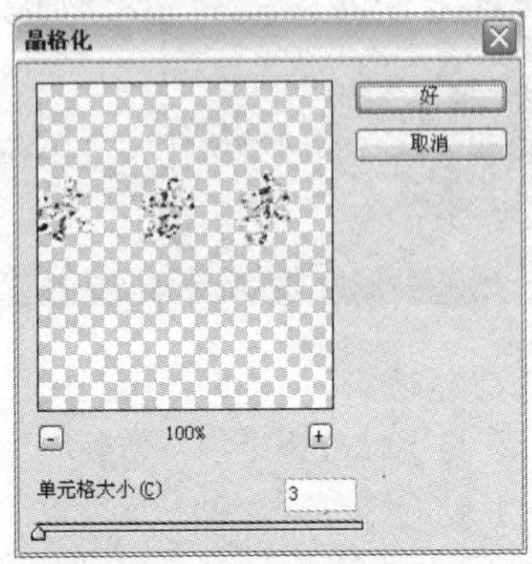

图 3–112 “晶格化”对话框

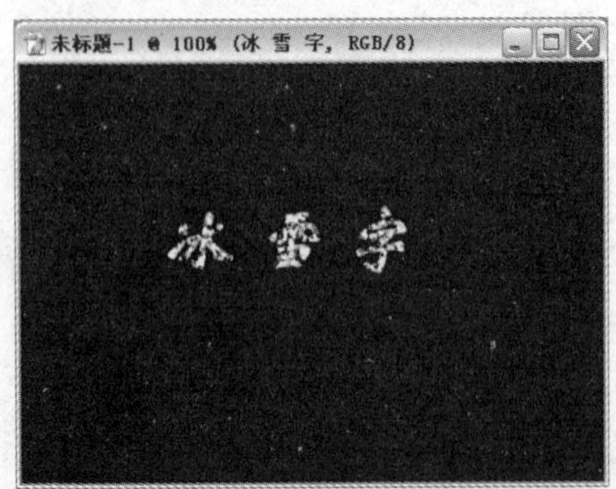

图 3–113 晶格化效果

（5）执行“图像”→“旋转画布”→“90 度（顺时针）”命令，如图 3–114 所示。执行“滤镜”→“模糊”→“高斯模糊”命令，弹出“高斯模糊”对话框，参数设置如图 3–115 所示，得图 3–116 所示的结果。

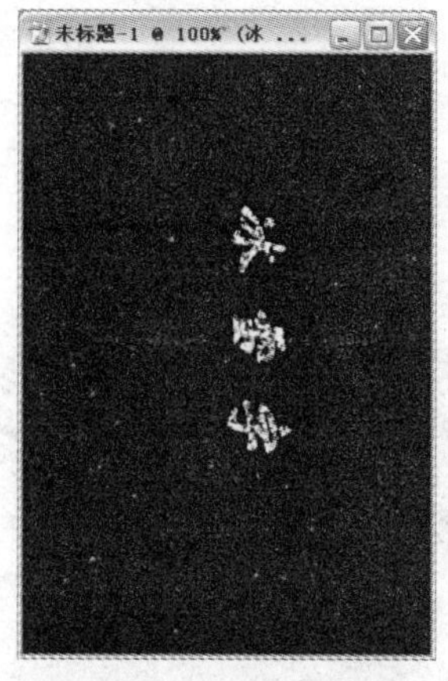

图 3–114　旋转画布效果

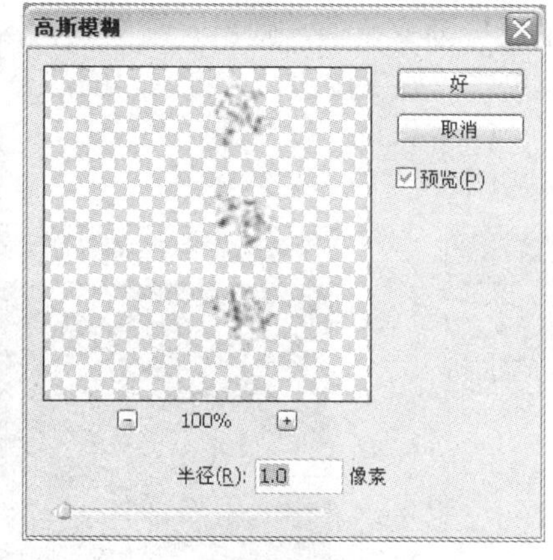

图 3–115　“高斯模糊”对话框

图 3–116　高斯模糊效果

（6）执行“滤镜”→“风格化”→“风”命令，参数设置如图 3–117 所示，并执行“图像”→“旋转画布”→“90 度（逆时针）”命令，将画布旋转回去，如图 3–118 所示。

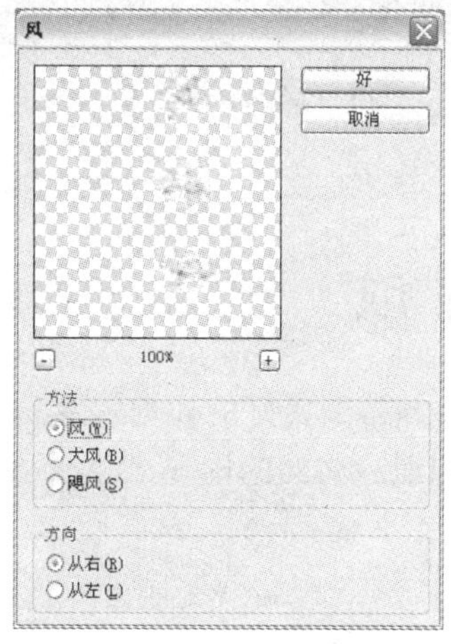

图 3–117　“风”对话框

图 3–118　“风”滤镜的效果

（7）在图层面板中，建立一个“渐变映射”调整层，如图 3–119 所示。此时弹出“渐变映射”对话框，如图 3–120 所示。

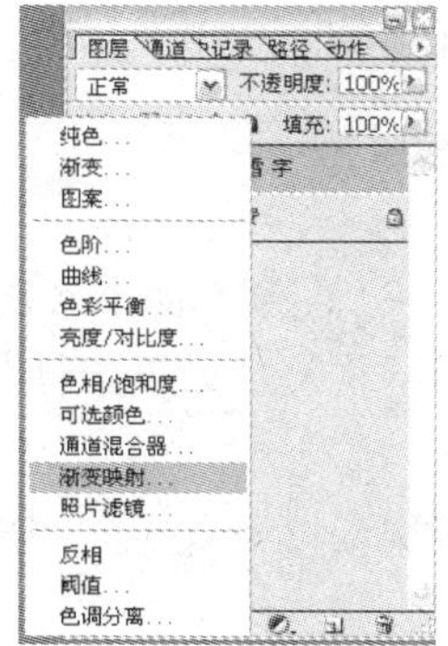

图 3–119　添加“渐变映射”调整层

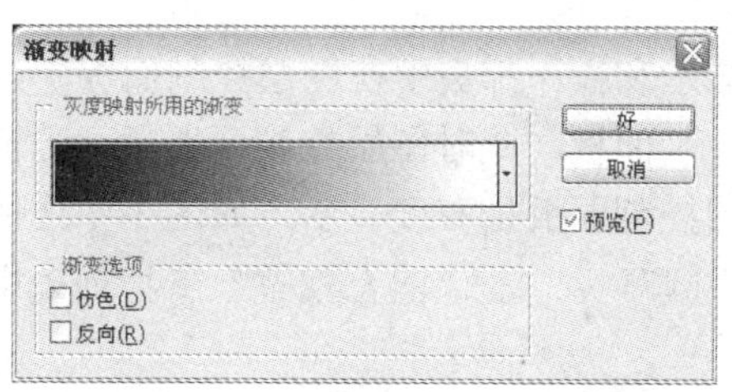

图 3–120　“渐变映射”对话框

（8）双击“点按可编辑渐变”渐变色条，弹出“渐变编辑器”对话框，设置一条从蓝到白的渐变，如图 3–121 所示。单击“好”按钮，并将图层的混合模式改为“正片叠底”，最终效果如图 3–122 所示。

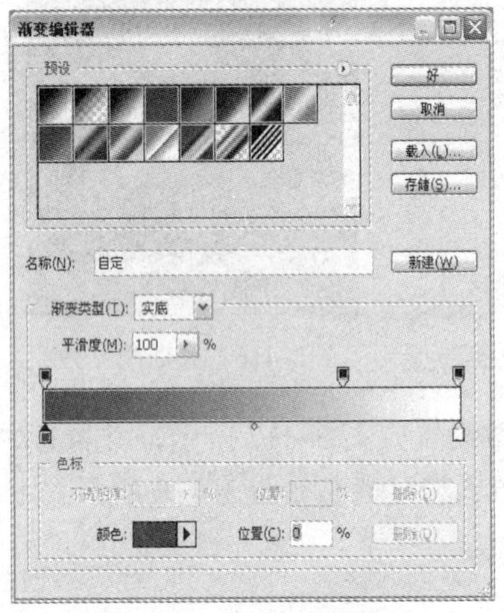

图 3–121　设置渐变颜色

图 3–122　最终效果

3.5　图 片 合 成

图片合成，顾名思义，就是将几张图片组合在一起，并得到良好的视觉效果。在 Photoshop 中，图片合成主要涉及图层、蒙版以及通道等方面的知识。前面的内容已经涉及了这当中的部分概念。在本节，将对这些知识进行进一步的讲解。

3.5.1　图层相关知识

1. 图层的概念

可以把图层看作一张张叠加在一起的透明的纸，可以分别在每张纸上画图。对所画的图有什么地方不满意，可以随时进行擦除、遮盖、修改，而不会影响其他纸上的图像。这种构造就是 Photoshop 图层的基本原理，这也是在计算机图形软件中画图与用手在纸上画图的最大区别。

2. 图层面板

图层显示和操作都集中在图层控制面板中，选择“窗口”→“图层”命令（快捷键 F7），弹出图层控制面板。此时图层控制面板显示当前操作文件的图层状态。如果未打开任何图像文件，图层控制面板呈灰度显示，如图 3–123 所示。

（1）在 正常 “混合模式”下拉列表中可以选择相应选项以设置当前图层的一种混合模式。

（2）在 不透明度: 100% “不透明度”数值框中输入数值可以设置当前图层的不透明度。

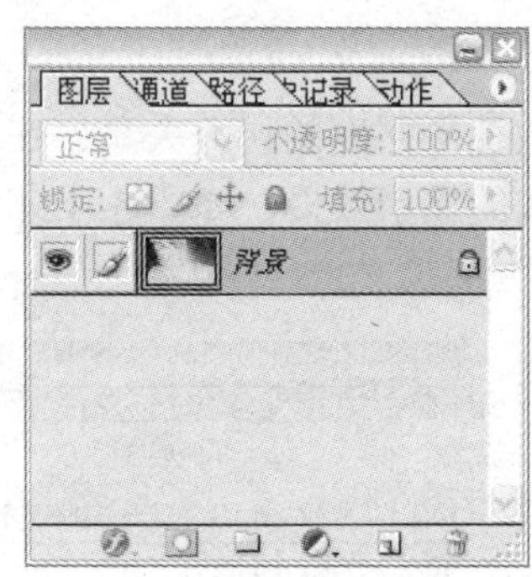

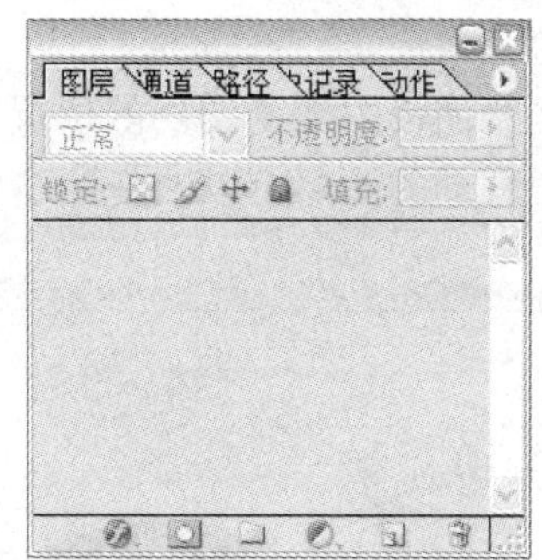

图 3–123　图层面板

（3）单击 锁定: “锁定”中的各个按钮可以锁定图层的透明像素、图像像素、移动位置和所有属性。

（4）在 填充: 100% “填充”数值框中输入数值可以设置在图层中绘制笔画的不透明度。

（5）每一个图层最左侧的眼睛图标，用于标志当前图是否处于显示状态。如果单击此图标使其消失，则可以隐藏图层中的内容，再次单击眼睛图标区域，可再次显示眼睛图标及图层中的图像。

（6）眼睛图标右侧的画笔图标，用于标记当前选择的编辑图层。

（7）单击图层控制面板下面的“添加图层样式”按钮，在弹出的下拉菜单中选择一种样式，可以为当前图层添加相应的样式效果。

（8）单击“添加蒙版”按钮，可以为当前操作图层增加蒙版。

（9）单击“新图层组”按钮，可以创建一个图层组。

（10）单击“调整图层”按钮，可以在当前图层的上面添加一个调整图层。

（11）单击“新建图层”按钮，可以在当前图层的上面创建一个新图层。

（12）单击“删除图层”按钮，可以删除当前选择的图层。

3. 图层的编辑

1）新建图层

在 Photoshop 中创建图层的方法很多，在此重点讲解其中最常用的命令和方法。

（1）所有创建图层的操作方法中，应用最频繁的方法是单击图层控制面板下面的“创建新图层”按钮，直接在当前操作图层的上方创建一个新图层，并按创建的顺序命名为“图层 1”“图层 2”……，依此类推。

（2）若要设置新建图层的属性，可选择“图层”→“新建”→“图层”命令或按 Alt 键单击“创建新图层”按钮，在弹出的新建对话框中进行设置并确认即可。

（3）另外一种常用的创建新图层的方法是通过当前存在的选区创建新图层，即在当前图层存在选择的情况下，执行“图层”→“新建”→“通过拷贝的图层”命令将当前选区中的内容拷贝至一个新图层中。也可以执行“图层”→“新建”→“通过剪切的图层”命令将当前选择区中的内容剪切至一个新图层中。

2）移动图层

对于一幅图像而言，图像内容重叠时的显示效果与图层的位置有密切的关系。上层图层中的图像总是遮盖下一图层中的图像，因此在处理上层图层中的图像时必须考虑到图像将对下层图像起到的遮盖效果。

通过在图层控制面板中改变图层的位置可以改变图层间的层叠关系。在图层控制面板中向上或向下拖动要移动的图层可以改变图层中图像的显示效果，如图 3–124 所示。

（a）

（b）

图 3–124　移动图层操作示例

（a）各图层效果以及在图层面板中的位置；（b）变换图层位置后的效果

3）复制图层

通过复制图层可以复制图层中的图像。在 Photoshop 中，不但可以在同一图像中复制图层，而且还可以在两个图像间相互复制图层。

（1）要在同一图像内复制图层，可以直接将要复制的图层拖至图层控制面板下面的“新建图层”按钮；或选择要复制的图层为当前操作层，然后选择图层控制面板弹出菜单中的“复制图层”命令，并设置弹出对话框中的参数。

（2）若要在图像间复制图层，可用移动工具将要复制的图层拖动至另一个图像文件中。

（3）如果要复制的图层与其他图层有链接关系，则将与之链接所有图层都复制到另一个图像文件中。

4）删除图层

删除图层的方法很简单，先选择要删除的图层为当前操作层，然后选择下述方法中的任意一种即可删除图层：

（1）单击图层控制面板底部的“删除图层”按钮，在弹出的提示框中单击“是”按钮。

（2）执行“图层”→“删除”→“图层”命令，在弹出的提示框中单击“是”按钮。

（3）将图层拖至图层控制面板下面的“删除图层”按钮上。

5）链接图层

在某一个图层被选中的情况下，单击其他图层缩览图左侧的空格，当单击处出现链接图标后，则可以将图层与当前图层链接起来。

链接图层的优点在于，通过链接图层可以同时移动、缩放、复制全部处于链接状态的图层。再次单击链接图标使其消失，可解除图层间的链接关系。

4. 图层样式

图层样式为利用图层处理图像提供了更方便的处理手段。利用图层样式可以在合成图片时添加许多特殊效果，使合成后的图片拥有一定视觉美感。

图层样式的使用非常简单。单击图层面板下方的“添加图层样式”按钮，在弹出的下拉菜单中任选一项，都可弹出图 3–125 所示的对话框，在对话框中可以为当前图层增加多种图层样式。

此时可以选择所要添加的图层样式，如给文字图层添加阴影效果，只需勾选“投影”前面的选框，并设置参数，即可得到图 3–126 所示的阴影效果。

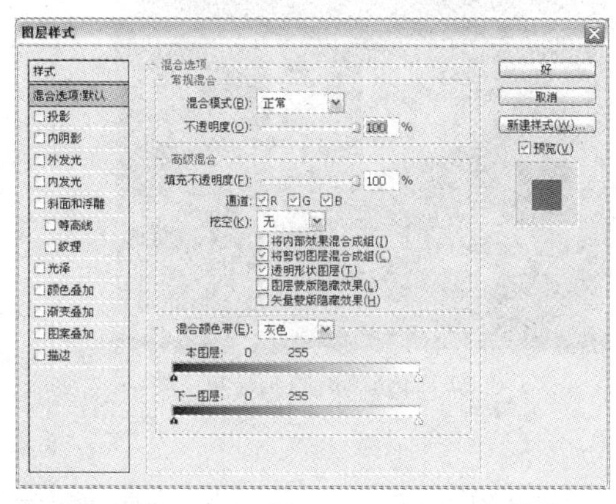

图 3–125 “图层样式”对话框

图 3–126 阴影效果

如果要在同一个图层中应用多个图层样式，则可以在打开“图层样式”对话框后，在对话框左侧的列表中选择要应用的效果。此时，在右侧将显示与图层样式相关的选项设置。

5. 常用图层样式操作

1）阴影效果

对于任何一个平面处理设计师来说，阴影制作是基本功。无论文字、按钮、边框还是一个物体，如果加上一个阴影，会顿生层次感，使图像增色不少。因此，阴影制作在任何时候都非常频繁，不管是在图书封面上，还是在报纸杂志、海报上，人们经常会看到具有阴影效果的文字。

Photoshop 提供了两种阴影效果的制作方法，分别是投影和内阴影。这两种阴影效果的区别在于：投影是在图层对象背后产生阴影，从而产生投影视觉；内阴影则是紧靠在图层内容的边缘内添加阴影，使图层具有凹陷外观。这两种图层样式只是产生的图像效果不同，而其参数选项是一样的，如图 3–127 所示。

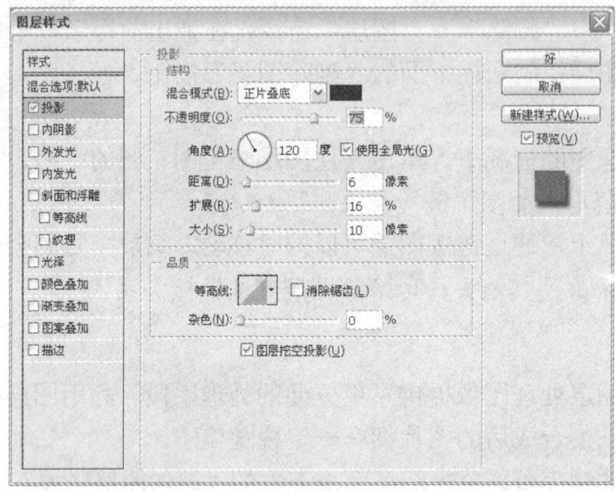

图 3–127 “图层样式”对话框中阴影样式的参数设置

图 3–128 和图 3–129 所示是两种不同的阴影效果。

图 3–128 投影效果

图 3–129 内阴影效果

2）发光效果

在图像制作过程中，人们经常看到文字或物体发光的效果。发光效果在直觉上比阴影更具有计算机色彩，而且制作方法也简单，使用图层样式中的“内发光”和“外发光”命令即可。图 3–130 和图 3–131 所示是分别使用这两种样式的效果。

图 3–130 外发光效果

图 3–131 内发光效果

3）斜面和浮雕效果

执行“斜面和浮雕”命令就可以制作出立体感强的文字。此效果在制作特效字时应用得十分广泛，选项参数如图 3–132 所示，可以对其进行设置得到想要的效果。

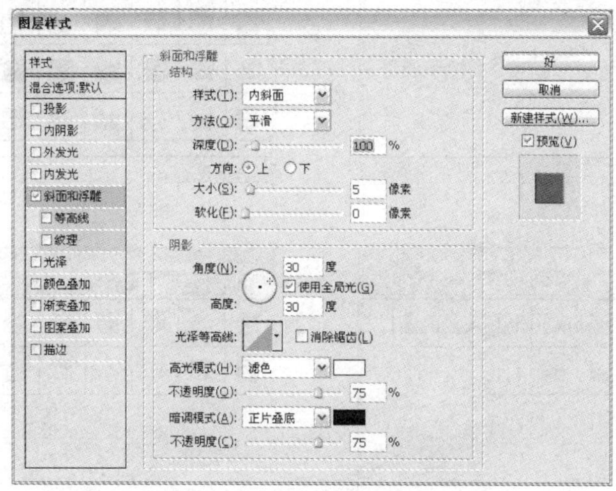

图 3–132　“斜面和浮雕”参数设置

图 3–133 所示是各种应用了不同斜面和浮雕效果的图像。

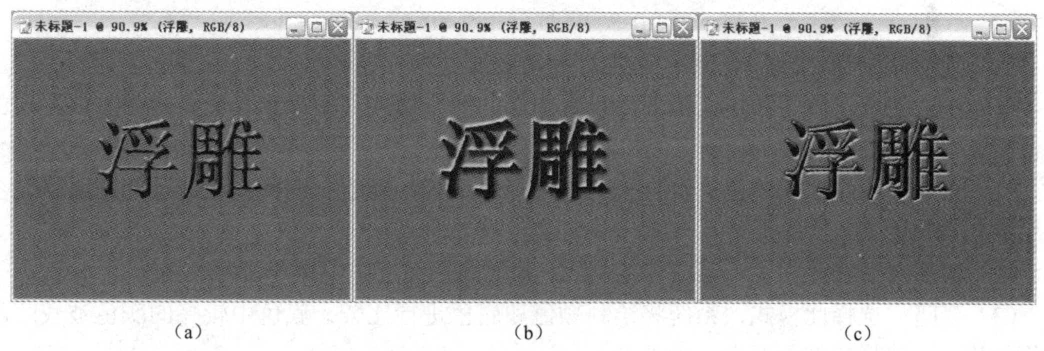

（a）　　　　（b）　　　　（c）

图 3–133　应用不同的斜面和浮雕效果的图像

（a）内斜面效果；（b）外斜面效果；（c）枕状浮雕效果

4）使用“样式”面板

Photoshop 提供了一个“样式”面板。该面板专门用于保存图层样式，在下次使用时，就不必要再次编辑，而可以直接进行应用。下面介绍“样式”面板的使用。

Photoshop 带有大量的已经设置好的图层样式，可以通过“样式”面板弹出命令菜单载入各种样式库，如图 3–134 所示。

只需单击这些样式按钮，就可以直接套用所选样式，这里不再赘述。

6. 图层的混合模式

图层的混合模式，是图像合成时较为重要的功能。通过这项功能可以完成较多的图像合成效果。

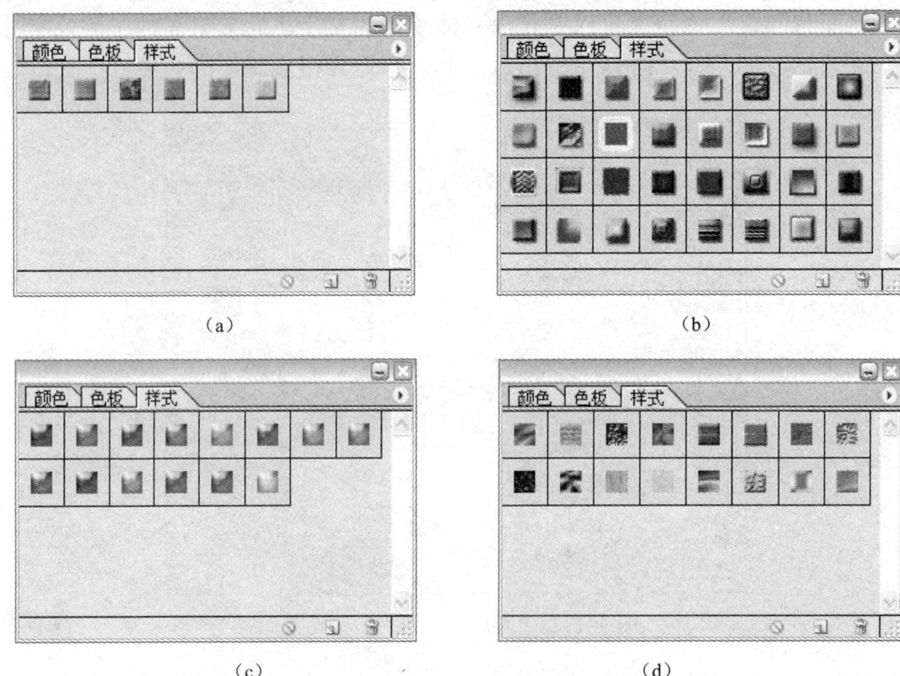

（a）　（b）　（c）　（d）

图 3–134　各种不同的样式库

（a）抽象样式；（b）按钮样式；（c）玻璃样式；（d）纹理样式

混合模式的选项位于图层面板的“设置图层的混合模式”下拉列表中。下面，就图层的混合模式的效果进行详细的讲解。

（1）正常：系统默认的色彩混合模式。选择此模式，新绘制的图案或选定的图层将完全覆盖原来的颜色。

（2）溶解：选择此模式，系统将绘制颜色随机取代底色，以达到溶解效果。

（3）变暗：选择此模式，系统将绘制颜色和底色进行比较，底色中较亮的颜色被较暗的颜色代替，而较暗的颜色不变。

（4）正片叠底：选择此模式，绘制的颜色将和底色相乘，使底色变深。

（5）颜色加深：选择此模式，图像颜色将在原来的基础上加深。

（6）线性加深：选择此模式，绘制的图像将和底色混合后再线性加深，其结果将比通常的原色图像更深。

（7）变亮：此模式与加暗模式相反，在此不再详述。

（8）滤色：选择此模式，系统将绘制的颜色与底色的互补色相乘后再转为互补色，此结果通常比原图像颜色浅。

（9）颜色减淡：选择此模式，系统将像素的亮度提高，以显示绘图颜色。

（10）线性减淡：选择此模式，系统将像素的亮度提高，呈线性混合。

（11）叠加：选择此模式，绘制的颜色将与底色叠加，并保持底色的明暗度。

（12）柔光：选择此模式，可以调整图像的灰度，当绘图颜色少于 50%时，图像变亮，反之则变暗。

（13）强光：选择此模式，当绘图颜色大于 50%灰度时，则以屏幕模式混合，反之，则以叠加模式混合。

（14）亮光：选择此模式，得到漂白和增强亮度的效果，使颜色更鲜艳。

（15）线性光：选择此模式，可以得到线性增亮效果。

（16）点光：选择此模式，可以得到集中光线的增亮效果。

（17）差值：选择此模式，系统将以绘图颜色和底色中较亮的颜色减去较暗的颜色亮度，因此，当绘图颜色为白色时，可以使底色反相，当绘图颜色为黑色时，原图不变。

（18）排除：此模式与差异模式相似。

（19）色相：选择此模式，图像的亮度和彩度由底色决定，但色相由绘图颜色决定。

（20）饱和度：选择此模式，图像的亮度和色相由底色决定，但饱和度由绘图颜色决定。

（21）颜色：选择此模式，图像的明度由底色决定，但色相与饱和度由绘图颜色决定。

（22）亮度：选择此模式，图像的明度由绘图颜色决定，但色相与饱和度由底色决定。

7. 蒙版的概念

通过以上的学习，可知除背景图层以外的其他图层都是透明的。当在图层上绘图后，上方图层中的图像将覆盖下方图层中的图像，没有图像的区域仍将呈透明状态。

蒙版可以帮助人们实现图像的渐隐效果，制作出真实的投影、阴影以及图像合成效果，是编辑图像的重要工具，在很多时候人们都是使用蒙版来合成图片。在 Photoshop 中有两种蒙版，一种是临时性的蒙版，称为“快速蒙版”。快速蒙版主要用来选择图像，通常和“通道”功能结合使用。另一种是“图层蒙版”，图层蒙版主要用来制作一些特殊效果，在当前层中增加图层蒙版后，可以使用黑、白、灰三色对其进行编辑，从而产生图像的透明、不透明和半透明度效果。下面用一个实例讲解图层蒙版的使用方法。

8. 实例讲解

（1）在 Photoshop 中打开图 3–135 所示的图片。

图 3–135　示例素材

（2）将鱼所在的素材拉入海底素材中，在图层面板上单击“添加图层蒙版”按钮，如图 3–136 所示，此时整个蒙版呈现白色。

（3）在工具箱中选择画笔工具，选择默认的前景色和背景色（快捷键 D），在蒙版上进行涂抹。在这里需要注意的是，在涂抹时图层后链接的蒙版必须是框选状态，否则就会涂抹到图层上，如图 3–137 所示。

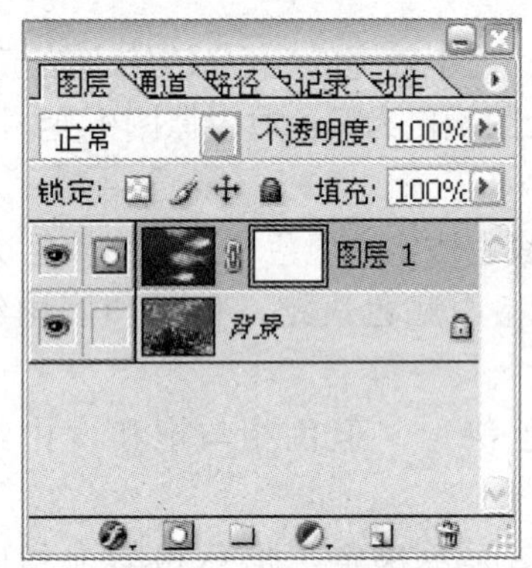

图 3–136　添加图层蒙版

图 3–137　蒙版被选中状态

（4）使用黑色的笔刷在需要抠出的地方进行涂抹，如果不小心涂在鱼的身上，可以换成白色的笔刷在鱼身上涂抹。在鱼身的边缘可以使用边角比较柔和的画笔。最终涂抹后的效果如图 3–138 所示，涂抹后的蒙版可以在通道面板中找到，此时它已经被存储为一个 Alpha 通道，形状如图 3–139 所示。

图 3–138　使用画笔涂抹蒙版的效果

图 3–139　涂抹后的蒙版

由此可以看出，图层蒙版相当于一个透明的保护层，被图层蒙版覆盖的图像区域将不受其他操作的影响，可以对图层蒙版进行编辑。例如，用黑色编辑图层蒙版，图层将显示透明效果；用白色编辑图层蒙版，图层将显示不透明效果；用灰色编辑图层蒙版，图层将显示半透明效果。

在上一个实例中，如果首先有一个选区，那此时添加图层蒙版，直接就可以将鱼抠取出来，选区选择的部分就是蒙版中白色的部分，而未选择的部分显示为黑色，如图 3–140 所示。

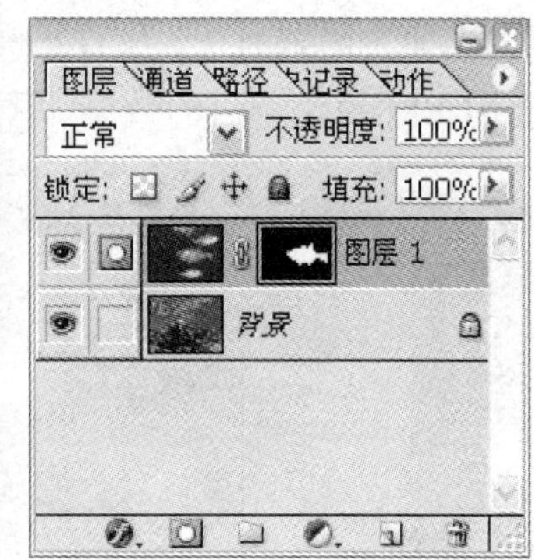

图 3–140　在有选区的情况下添加图层蒙版

3.5.2 图片合成综合实例

本例主要运用蒙版和图层的知识合成图片，图 3–141 所示是最终的效果。

图 3–141　最终效果

（1）打开图 3–142 所示的图片，并将背景层改变为普通图层。为使图片看上去更自然，使用“色阶”调整图像，参数设置如图 3–143 所示。

图 3–142　示例图片

图 3–143　调整色阶

（2）现在为建筑增强对比。执行“滤镜”→“锐化”→“USM 锐化”，调整参数如图 3–144 所示。执行“USM 锐化”后的效果如图 3–145 所示。

图 3–144　“USM 锐化”对话框

图 3–145　锐化后的效果

（3）使用套索工具选取天空，适当羽化一下，这里设为 2 个像素，然后反选，如图 3–146 所示。然后给本图层添加图层蒙版，如图 3–147 所示。

图 3–146　选取天空

图 3–147　添加图层蒙版后的效果

（4）打开图 3–148 所示的天空素材，将其放置到城市图层下面，如图 3–149 所示。

图 3–148　天空素材

图 3–149　放置天空素材到底层

（5）调出“色阶”对话框，针对天空图层适当调整亮度，然后打开“色相/饱和度”对话框，适当降低饱和度，如图 3–150 所示。调整后的效果如图 3–151 所示。

图 3–150 “色相/饱和度”对话框

图 3–151　调整色阶与饱和度后的效果

（6）为使中间建筑上方的白色部分变得透明，使用套索工具对白色的部分进行选取，并设置很小的羽化，如图 3–152 所示。之后按“Ctrl+Shift+J”组合键剪切所选择的部分，此时图层中会建立一个新的图层，并将图像的混合模式改为“正片叠底”，如图 3–153 所示。调整后的效果如图 3–154 所示。

图 3–152　选取白色部分

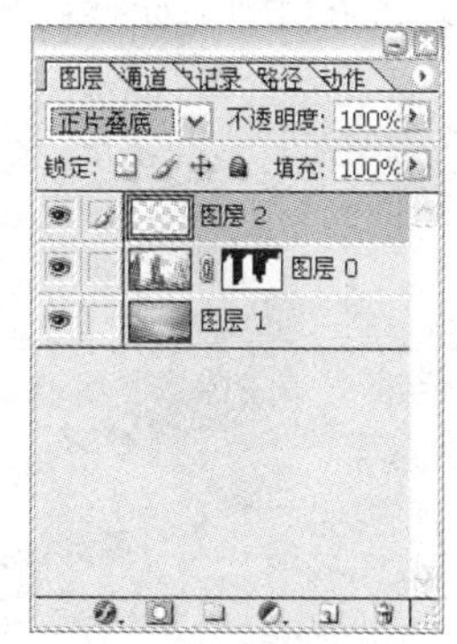

图 3–153　更改图层混合模式

（7）打开水流素材，并使用“抽出”滤镜抠出水流的中间部分，如图 3–155 所示。

图 3–154　混合模式更改

图 3–155 “抽出滤镜”对话框

（8）将抽出的水流放置到建筑的空隙处，并适当调整大小，如图 3–156 所示。为了将建筑后的水流遮住，给本水流图层添加一个图层蒙版，并用黑色的笔刷涂抹应当被遮盖住的地方，效果如图 3–157 所示。在这里尽量将水流的细节表现出来。

图 3–156 加入水流

图 3–157 用画笔涂抹蒙版后的效果

（9）将水流图层复制一层，移动水流图层副本至另一个空隙处，然后水平翻转，使用画笔进行涂抹，得到图 3–158 所示的效果。为了使添加的水流更加自然，可以添加一些阴影。在此水流图层副本上新建一个图层，设置混合模式为“正片叠底”，然后在水流下方的建筑上使用中度灰色柔角画笔涂抹，营造阴影效果，如图 3–159 所示。

图 3–158 添加水流

图 3–159 为水流添加阴影

（10）同样的原理，利用所给的素材，继续在街道的空隙处添加水流，得到最终的效果，如图 3–141 所示。

课后练习

1. 常用的位图格式有哪些？
2. 使用选择工具抠取图 3–160 所示素材中的海豚。
3. 使用钢笔工具抠取图 3–161 中的车。

图 3–160　海豚素材

图 3–161　钢笔工具抠图素材

4. 使用通道与蒙版完成图 3–162 所示的三幅素材的合成，最终效果如图 3–163 所示。

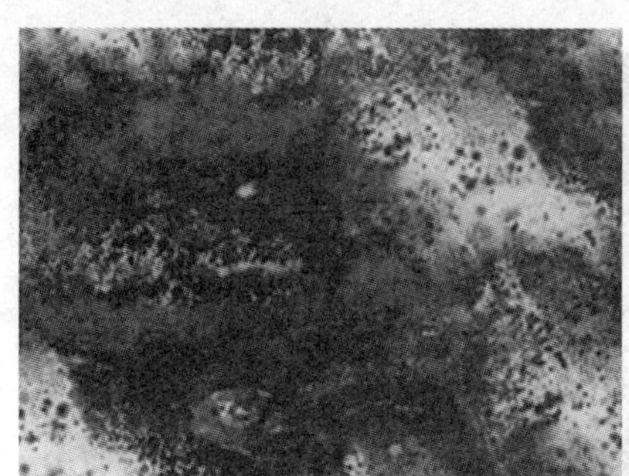

图 3–162　通道蒙版合成素材

图 3–163　最终效果

5. 使用曲线工具将下面的素材由阴天调整为黄昏的效果，如图 3–164 所示（步骤基本与曲线实例一致）。

图 3–164　使用曲线调整前后

6. 运用滤镜完成图 3–165 所示的效果。

图 3–165　最终效果

实验步骤如下：

（1）新建图像，用默认的前景色和背景色制作（执行“滤镜”→“渲染”→“云彩”命令），然后再执行“滤镜”→“渲染”→“分层”→“云彩”命令。

（2）执行“滤镜”→“像素化”→“铜板雕刻”命令，类型选择“中等点”。

（3）将图层复制一层，对其执行“滤镜”→“模糊”→“径向模糊”命令，模糊方法为“缩放”，数量为“100”。

（4）对下面的图层执行“滤镜”→“模糊”→“径向模糊”命令，模糊方法为“旋转”，数量为“50”，并将上面的图层的混合模式改为“变亮”。

（5）将位于上层的图层复制一份，执行“滤镜”→“模糊”→“高斯模糊”命令，半径为 2 个像素，然后将混合模式设为“颜色减淡”。

（6）将所有图层合并，然后复制一层，执行“滤镜”→“模糊”→“高斯模糊”命令，将图层混合模式改为“变亮”。

（7）在最上方的图层建立色相/饱和度调整层，使用着色方式调整。

7. 运用所给的素材合成出图 3–166 所示的效果。

图 3–166　最终效果

实验步骤如下：

（1）将航母运用钢笔工具抠除，放到海底素材中，进行颜色、大小的调整，对颜色的调整主要是执行“图像”→“调整”→“色彩平衡/色阶”命令。调整，试着与海底颜色融合。

（2）建立一个蒙版。使用画笔工具在蒙版上涂抹，将部分船体底部遮盖的岩石擦出来。用降低船的透明度来擦出，这样可以更清楚一点。

（3）为了使颜色更逼真，进入快速蒙版，拉一个渐变（白色到黑色），然后进行色阶调整。

（4）打开素材“破洞”，将其拉入文档，放置于船体前端，使用蒙版取出生硬的边缘和中间部分。使用色阶和色彩平衡调整，使其对比和周围环境融合。

（5）打开素材“零件”，将其拉入素材“破洞”的下方，运用橡皮擦工具将破洞中间的地方进行合理的擦，可以看到零件。

（6）打开素材“潜艇 1”和“潜艇 2”，使用魔术棒抠除潜艇 1，尝试使套索工具将潜艇 2 抠出。之后将两个抠出的潜艇素材拉入图像。

（7）新建一个图层，使用套索工具从放置好的潜艇的头部一直到图像右侧边缘圈出一个选区，填充白色，将不透明度降到 60，然后进行高斯模糊，半径为 10。对潜艇 2 运用同样的方法。

（8）打开素材“气泡”，将其拉入图像，放置于所有图像上方。将图层模式改为“滤色”。图像边缘部分使用橡皮擦工具擦出。

（9）素材“驾驶舱”的明亮的光线现在需要配合海底的幽暗，添加一个色阶调整层，并对其调整。让后运用色彩平衡进行调整，为了效果更好点，可以运用高斯模糊，将其半径设为 1.5。

后续的步骤基本上与上面的步骤类似，运用图像合成的知识进行合成，请读者自己揣摩。

第4章　文字处理与合成

要点、难点分析

要点：

① 文本工具与文本工具选项栏的相关设置

② 点文字与段落文字的输入与属性设置

③ 文字特效制作

难点：

文字特效制作

难度：★★★

技能目标

① 掌握点文字与段落文字的输入与属性设置的方法

② 掌握建立文字蒙版选区的方法

③ 灵活运用相关知识制作文字特效

一件好的艺术作品除了有巧妙的构思、精美的图像外，往往还需要用文字来修饰整体效果或表达作品的含义，文字是艺术品中重要的组成部分，而文本编辑是 Photoshop 中最容易的工作。其操作与文档处理软件（例如 Word）中的字符格式设置基本相同。

Photoshop 中的文字与图像一样，是由像素构成的点阵字，其锐利程度与质量取决于文字的大小和图像的解析度。

4.1　文字的录入与编排

在 Photoshop 中有两种文字输入方式，分别是“点文字”和“段落文字”。“点文字”输入方式是指在图像文件中输入单独的文本行（如标题文本）。“段落文字”一般用于以一个或多个段落的形式输入文字并设置格式。

1. 点文字的输入与属性设置

（1）在工具箱中单击 T. 按钮，在图像窗口中单击鼠标即可输入文字。

（2）在工具选项栏中单击 ▣ 按钮，弹出“字符/段落”属性面板，如图 4-1 所示。在该面板中对文字进行属性设置，确定设置后，点击选项工具栏上的 ✓ 按钮。

2. 段落文字的输入与属性设置

（1）在“工具箱”中单击 T. 按钮，用鼠标沿对角线方向拖移，为文字块定义定界框。

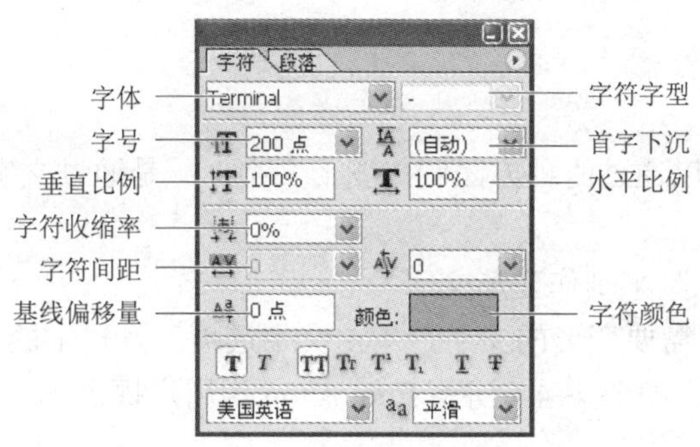

图 4–1　“字符/段落”属性面板中的“字符”选项卡

（2）在“字符/段落”属性面板中设置相应选项。

（3）在文本定界框内输入文本。

（4）在工具选项栏中单击 按钮，弹出“字符/段落”属性面板，选择“段落”选项卡，如图 4–2 所示。在该面板中对文字段落进行属性设置，确定设置后，点击“选项工具栏”上的 ✓ 按钮。

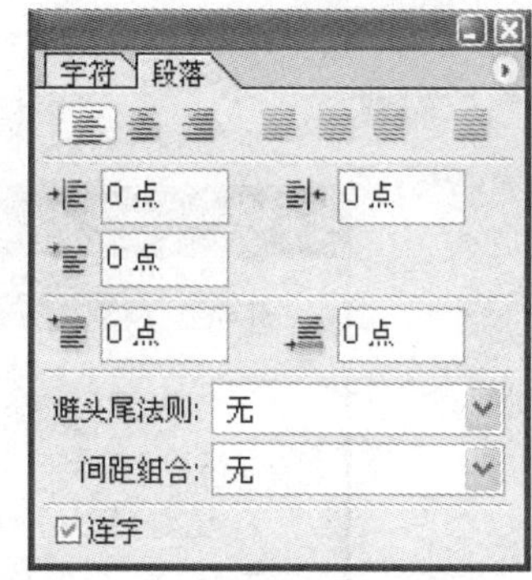

图 4–2　“字符/段落”属性面板中的“段落”选项卡

3. 转换点文本为段落文本

创建点文本或段落文本后，取消“文字工具”选取，再执行“图层”→“文字”→“转换为段落/转换为点文本”命令，即可将点文本与段落文本进行相互转换。

4. 建立文字蒙版选区

在工具箱中选取横排或竖排文字蒙版工具，然后输入文本，就可在图像窗口中建立文字蒙版选区。这仅是一个区域而非单独的图层，实际上就是将用户输入的文本在当前图层中创建为选择区域，与创建的图像选区相同，如图 4–3 所示。

（a）

（b）

图 4–3　建立文字蒙版选区示例

（a）用竖排文字蒙版产生的选区；（b）图层面板中并未增加新的图层

提示：文字蒙版用来创建文字的外形选区，它的横排和竖排方式是与用户的文字选项相关的。

5. 变形文字

在 Photoshop 中可以通过两种方法制作变形文字：一是通过文字变形工具来制作，二是通过路径来制作。

1）应用文字变形工具来制作变形文字

用文字工具 T. 选取需要变形的文字，单击文字选项工具栏上的“变形文本”按钮 ，打开“变形文字”面板，如图 4–4 所示。Photoshop 为用户提供了 15 种文本变形类型，如图 4–5 所示。

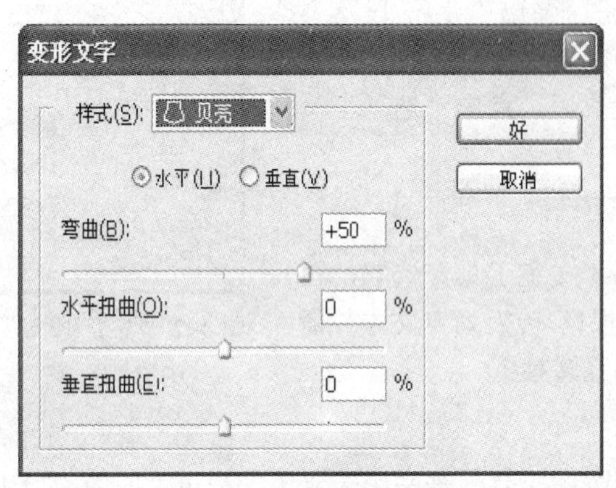

图 4–4 “变形文字”面板

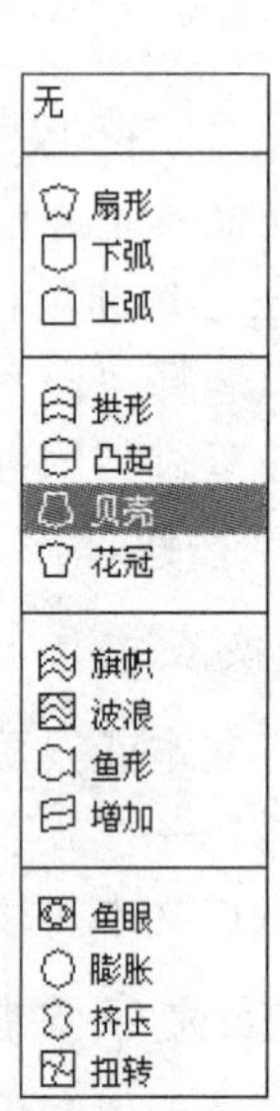

图 4–5 样式列表

在“样式”下拉列表中选取变形文字类型，单击“好”按钮即可，如图 4–6 所示。

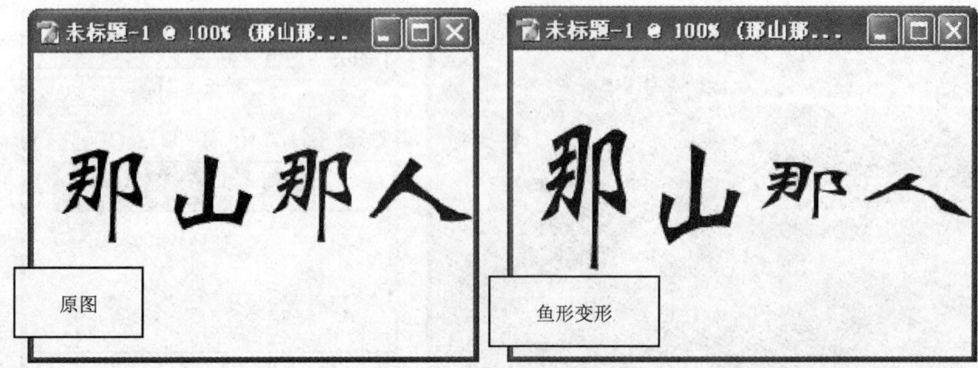

图 4–6 使用“鱼形”变形

小提示：用文字工具 T. 选取需要变形的文字，在点击鼠标时，很容易产生新的文字层，有时还不能方便选择，这时可以在图层面板中根据文字图层对文字内容的显示，确定需要选择的文字图层后，直接双击图层的缩略显示框就可选择所需文字。

2）通过路径来制变形文字

用钢笔工具绘制出路径后，如图 4–7 所示，单击工具箱中的文字工具 T，移动光标到路径上，注意这时光标发生了变化，在路径上输入文字，如图 4–8 所示。

图 4–7　绘制出路径　　图 4–8　输入文字后的效果

用文本工具选中所有文字，如图 4–9 所示，在文本工具选项栏中设置字体和字号，设置好后点击工具栏上的 ✓ 按钮，更改字体、字号后的效果如图 4–10 所示。

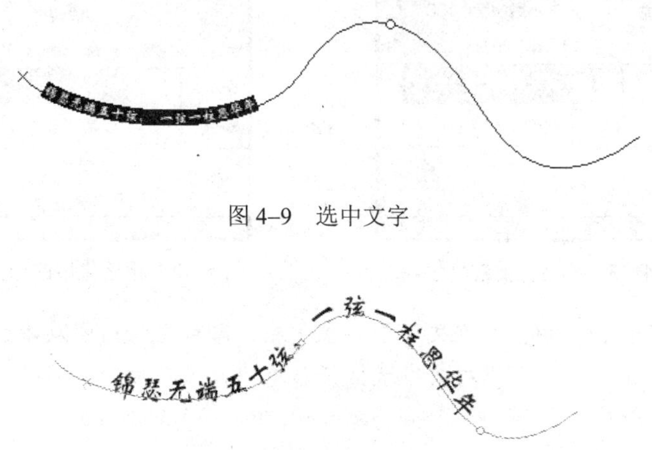

图 4–9　选中文字

图 4–10　更改字体、字号后的效果

这时打开“路径”面板，发现有形状一样的两条路径并存，如图 4–11 所示。出现这样的情况是因为，路径文字的原理是将目标路径复制一条出来，再将文字排列在其上，这时文字与原先绘制的路径已经没有关系了，即使现在删除最初绘制的路径，也不会改变文字的形态。同样，即使现在修改最初绘制的路径形态，也不会改变文字的排列。

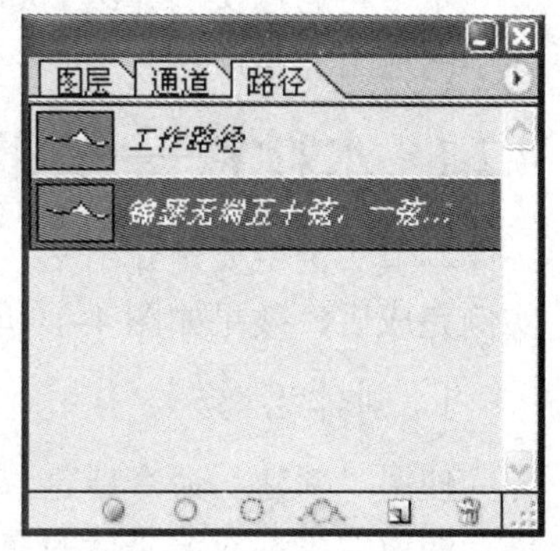

图 4–11　“路径”面板

还有，文字路径是无法在“路径”面板删除的，除非在“图层”面板中删除这个文字层。

如果要修改文字排列的形态，需在“路径”面板先选择文字路径，此时文字的排列路径就会显示出来，再使用路径选择工具或直接选择工具，在稍微偏离文字路径的地方（即

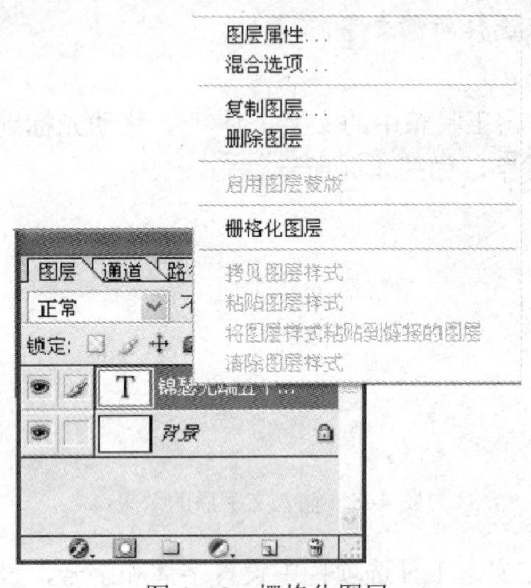

图 4–12　栅格化图层

不会出现起点/终点调整的时候）点击，这时将会看到与普通路径一样的锚点和方向线，然后再使用转换点工具等进行路径形态调整。

文字沿路径显示，可以利用路径选择工具对文字显示的区域进行调整。

最后，将文本栅格化。用鼠标右键点击文字图层，在弹出的右键菜单中选择“栅格化图层”命令，如图 4–12 所示，或者执行“图层”→“栅格化”→“图层/文字”命令，将文字图层直接转换为像素图层，转换后的图层能被用户任意编辑。文字转换为像素图层后，“图层”面板上的缩略图中的文本标记变成为像素图层样式，如图 4–13、图 4–14 所示。

图 4–13　栅格化前的文字图层

图 4–14　栅格化后的像素图层

提示：按住 Ctrl 键，用鼠标在文字图层上单击，即可激活该图层中的文字选区。如果为文字选区新建一个图层，就可以对文字选区任意编辑，编辑后的文字选区直接被转换为像素图层。

4.2 文字特效

本节将通过实例介绍 Photoshop 中的文字特效处理方法。Photoshop 的文字特效处理在设计中的应用非常广泛。

4.2.1　水彩字——宣纸上的水彩字特效

本节实例主要是介绍文字蒙版工具结合滤镜效果和 Photoshop 图层样式的应用方法。本实例完成后，效果如图 4–15 所示。

1. 创作思路

使用“新建”命令新建一个空白文档，在空白文档上用文字蒙版工具创建选区，对选区进行滤镜渲染，对渲染后的文字进行水彩效果处理，同时给文字添加宣纸背景，给宣纸所在图层添加图层样式。

图 4–15　完成效果

2. 知识点

（1）文字蒙版工具的使用；

（2）滤镜效果和图层样式的使用。

3. 操作步骤

1）新建文件

启动 Photoshop，在“文件”菜单中选择“新建”命令，在弹出的对话框中设置具体参数，如图 4–16 所示。设置好后单击“好”按钮。

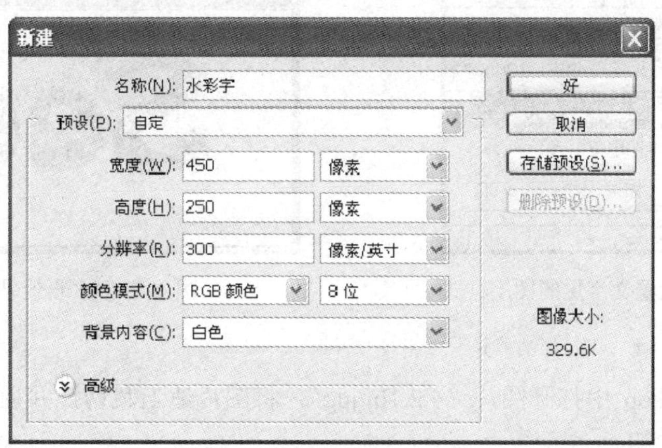

图 4–16　新建空白文档

2）制作水彩字

（1）在图层面板中，在面板的下方单击“创建新的图层”按钮，添加新的图层为图层 1，给图层 1 填充白色，如图 4–17 所示。

图 4–17　添加白色填充的图层 1

（2）在工具栏中按 T 按钮，选择横排文字蒙版工具，选择自己喜欢的字体，并设置它的字号，字号最好要大一些，然后敲入文本“See”，如图 4–18 所示。

（3）执行“选择”→“羽化”命令，羽化半径为 4 px（羽化半径不要太大）。

（4）设置前景色为#1608d8，背景色为#F408F7，执行“滤镜”→“渲染”→“云彩”命令，按“Ctrl+D”组合键取消选择。效果如图 4–19 所示。

图 4–18　文字蒙版创建的选区

图 4–19　执行云彩效果后

（5）执行“滤镜”→“艺术效果”→“水彩”命令，参数如图 4–20 所示。点击“好”按钮确定。

（6）执行“滤镜”→“艺术效果”→“水彩”命令，设置参数为：画笔细节：3；暗调强度：0；纹理：1。效果如图 4–21 所示。

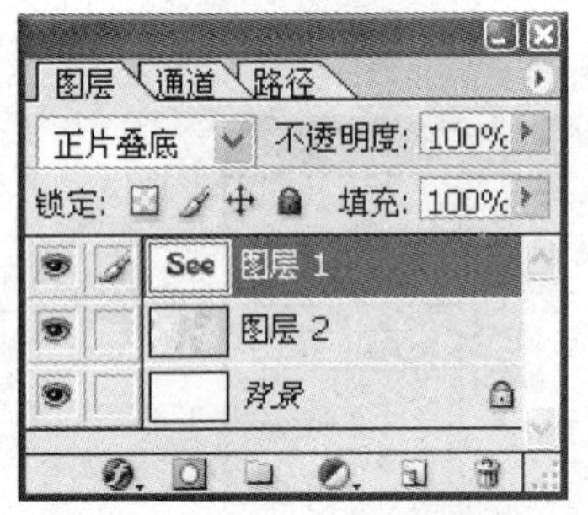

图 4–20　设置文字层的图层样式

图 4–21　水彩效果

3）制作宣纸背景

（1）在 Photoshop 中打开图片“4.2.1bj.jpg”，将图片适当裁切，并调整图片“亮度/对比度”，使图片亮度增加。

（2）将该图片作为背景，把背景移到文字的下面，设置文字层的图层样式为“正片叠底”，如图 4–20 所示。

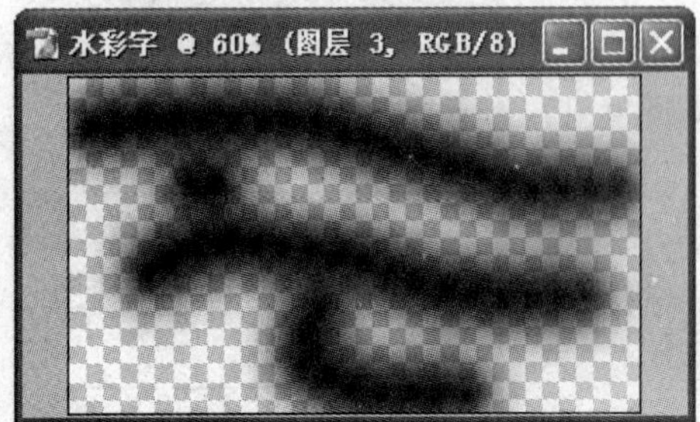

图 4–22　用画笔绘制图案

（3）在文字层下面建立一个新层，然后选择画笔工具，设置画笔主直径为 90 像素，硬度为 0%。将前景色设为“#000000”，然后绘制图 4–22 所示的形状，目的是增加凸起效果，在图层面板中把该图层的填充调整到 0%，双击该层的前“图层缩略图”框，打开“图层样式”对话框，给该层添加“斜面和浮雕样式”，参数设置如图 4–23 所示，效果如图 4–24 所示。

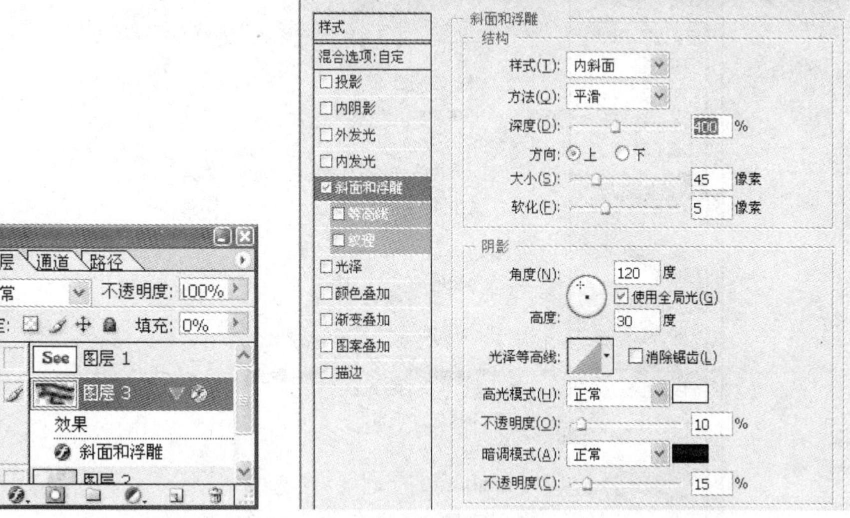

图 4–23 画笔绘制图层与图层样式

4）修饰作品

（1）调整画布大小，如图 4–25 所示。

图 4–24 添加图层样式后的效果

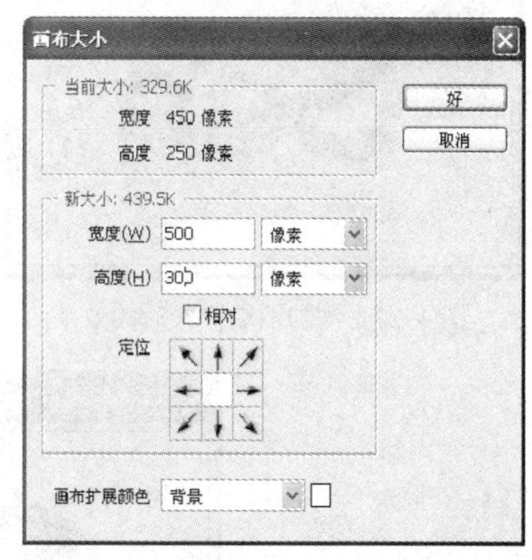

图 4–25 画布大小参数设置

（2）给“宣纸”所在图层添加阴影效果，双击宣纸所在图层前的“图层缩略图”对话框，打开“图层样式”对话框，给该层添加“斜面和浮雕样式”，参数设置如图 4–26 所示。

效果如图 4–27 所示。

（3）使用画笔，设置如前所示，将前景色设置为黑色，在背景层上使用画笔在边缘不同位置点击，绘制出深浅不一的阴影效果，设置深浅不同的阴影效果可通过设置画笔的“不透明度”“流量”的不同的值来实现，如图 4–28、图 4–29 所示。

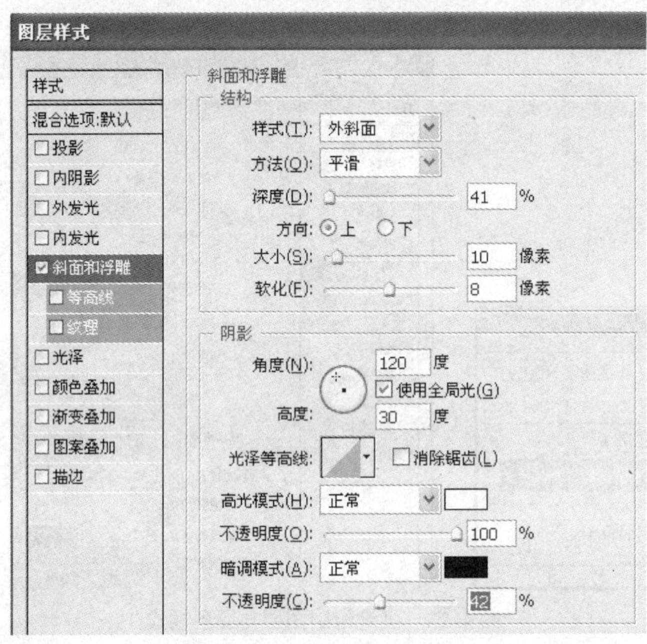

图 4–26　图层样式的参数设置

图 4–27　添加图层样式后的效果

图 4–28　圈内为用画笔工具点击背景层给出的阴影

图 4–29　添加阴影后的最终效果

4.2.2　发光字——利用通道制作炫酷发光特效字

本例主要是介绍通道和滤镜效果的应用，利用相关知识制作发光特效字。本例完成后，效果如图 4–30 所示。

图 4–30　完成效果

1. 创作思路

新增通道，在通道中创建文字选区，复制多个文字通道，利用色阶、滤镜设置形成“魅影”发光效果，最后将通道应用到图像，通过“色相/饱和度”选项给文字着色。

2. 知识点

（1）通道的使用；

（2）图像调整中“色阶”与“色相/饱和度”的使用；

（3）渲染滤镜的使用。

3. 操作步骤

1）新建文件

启动 Photoshop，在“文件”菜单中选择“新建”命令，在弹出的对话框中设置具体参数，如图 4–31 所示。设置好后单击“好”按钮。

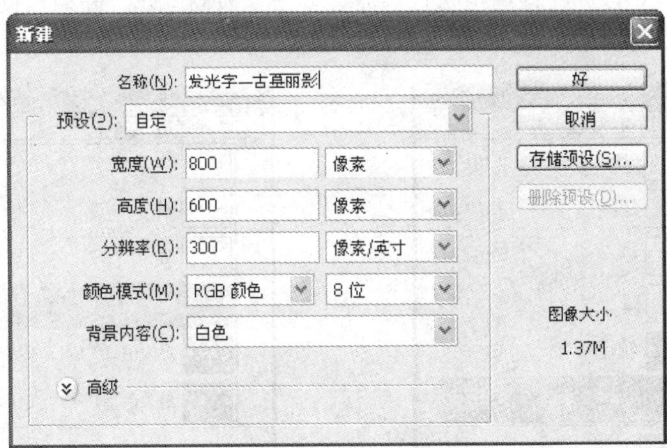

图 4–31　新建空白文档

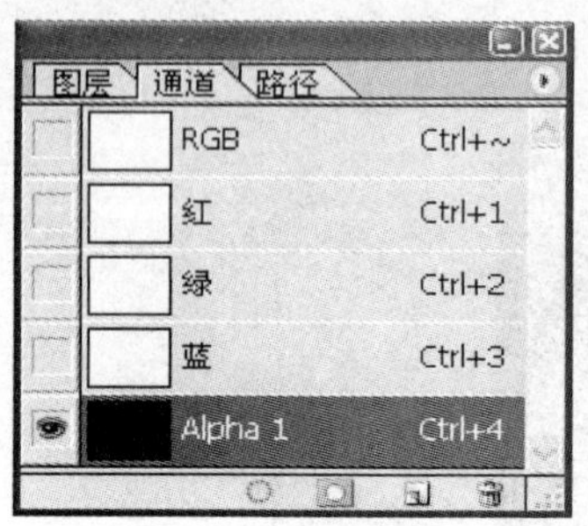

图 4–32　新建通道

2）文字特效制作

（1）打开通道面板，在该面板的下方单击“创建新通道”按钮，新建“Alpha 1”通道，如图 4–32 所示。

（2）选择文本工具，在“Alpha 1”通道中输入“古墓丽影”，如图 4–33 所示。

（3）用鼠标点击拖动“Alpha 1”通道到“创建新通道”按钮上再松开，这时会复制一个“Alpha 1”通道，名称为“Alpha 1 副本”，如图 4–34 所示。

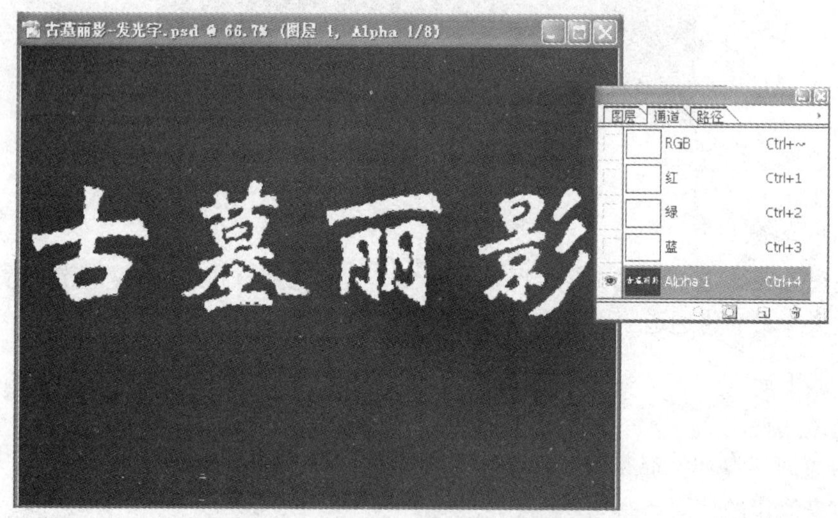

图 4–33　输入文本

（4）对“Alpha 1 副本”通道执行“滤镜”→“其他”→“最大值”命令，半径设置为 3 像素。将“Alpha 1 副本”通道重命名为“最大值”，以便区别，如图 4–35 所示。

（5）用刚才复制“Alpha 1”通道的方法复制“最大值”通道，产生“最大值 副本”通道（如图 4–35 所示），并对该通道执行“滤镜”→“模糊”→“高斯模糊”，模糊半径为 5 像素。效果如图 4–36 所示。

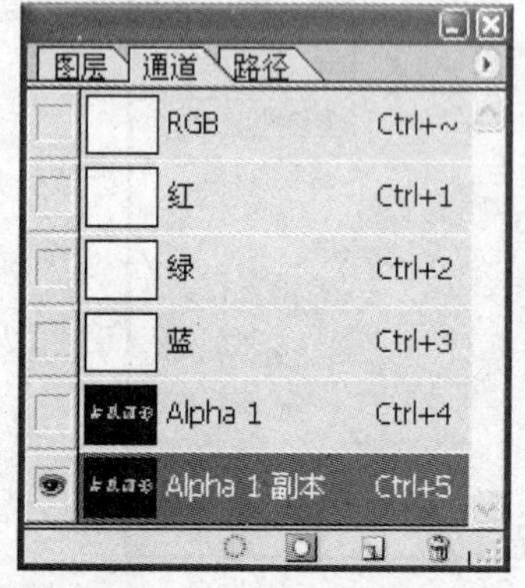

图 4–34　创建“Alpha 1 副本”通道

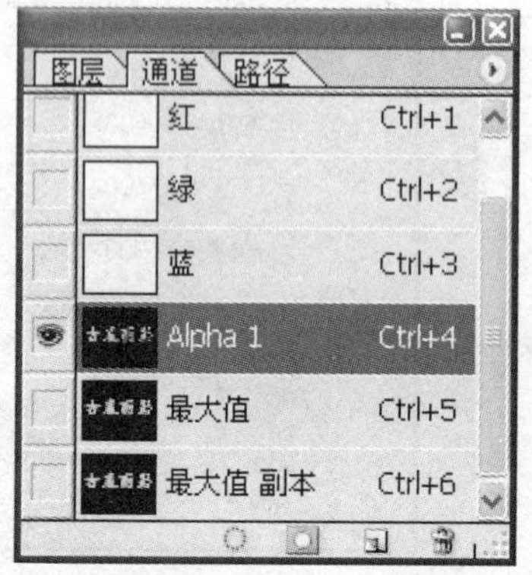

图 4–35　创建“最大值 副本”通道

（6）按“Ctrl+鼠标左键”组合键，单击“最大值”通道，提取它的选区，如图 4–37 所示。

（7）选中“最大值 副本”通道进行操作，按“Ctrl+Shift+I”组合键反选，然后再按“Ctrl+L”组合键打开色阶调整对话框进行图 4–38 所示的色阶调整。

（8）再次复制一个“Alpha 1”通道，对新复制出来的“Alpha 1 副本”通道执行“最小值”→“滤镜”命令，半径为 1 像素。

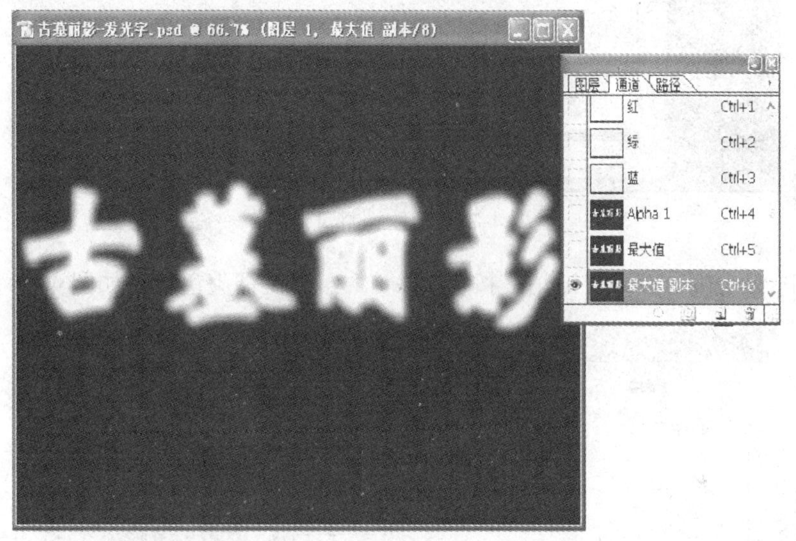

图 4–36　对“最大值 副本”通道实现高斯模糊效果

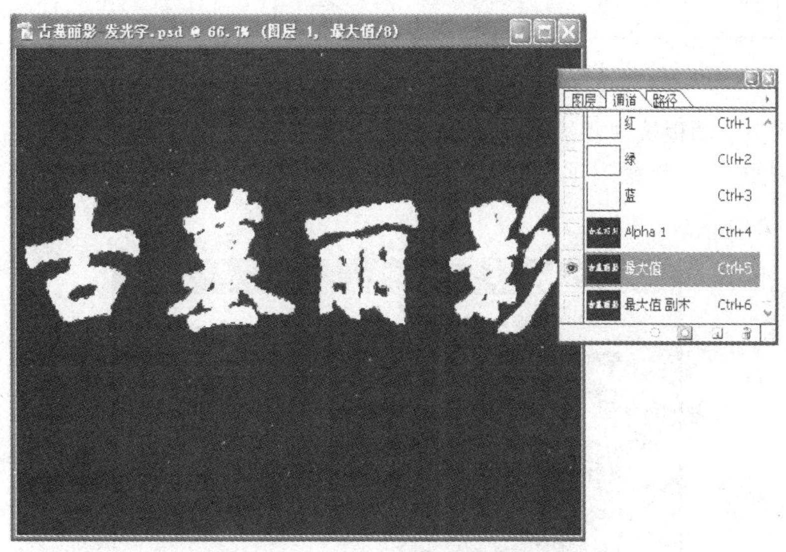

图 4–37　“最大值”通道选区

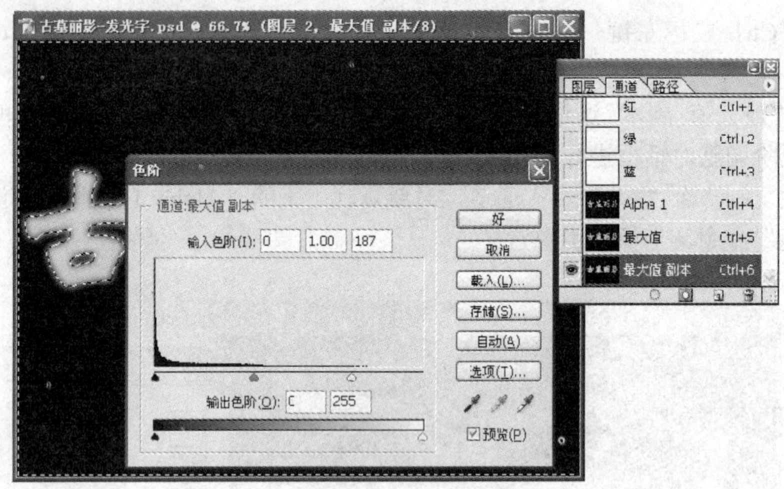

图 4–38　色阶调整对话框

（9）选中“Alpha 1 副本”通道，按“Ctrl+L”组合键调整色阶，如图 4–39 所示。

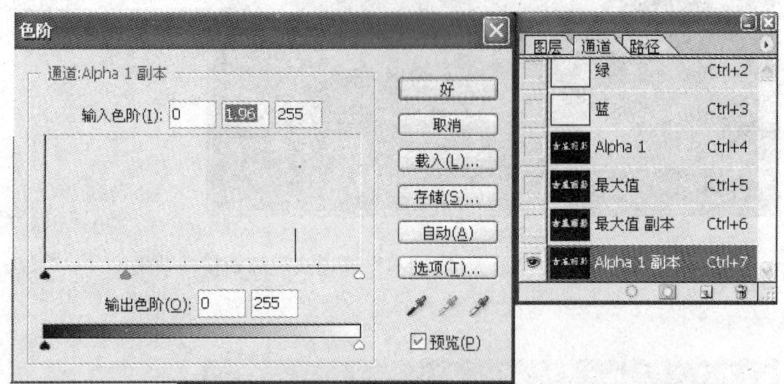

图 4–39　对“Alpha 1 副本”通道进行色阶调整

（10）回到图层面板选中背景图层，然后执行“图像”→“应用图像”命令，在弹出的“应用图像”对话框中将“通道”项设置为“最大值 副本”通道，混合模式为“正片叠底”，如图 4–40 所示。

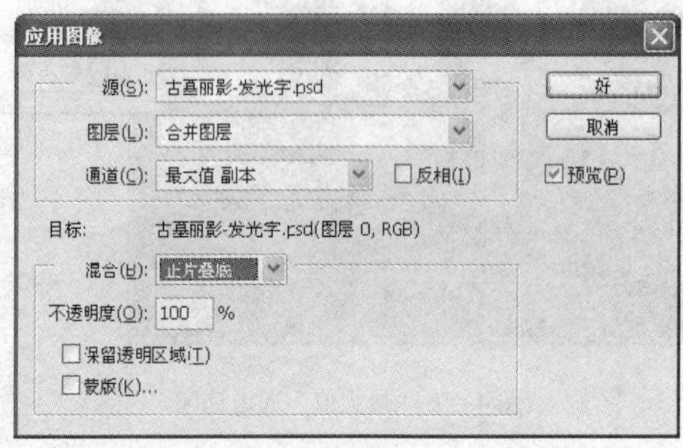

图 4–40　“应用图像”对话框

3）修饰文字

（1）将图层面板中的“背景”图层重命名为“图层 0”，按“Ctrl+U”组合键打开“色相/饱和度”对话框，将“着色”复选框前的对钩打上，然后调整色相，为文字着色，如图 4–41 所示。

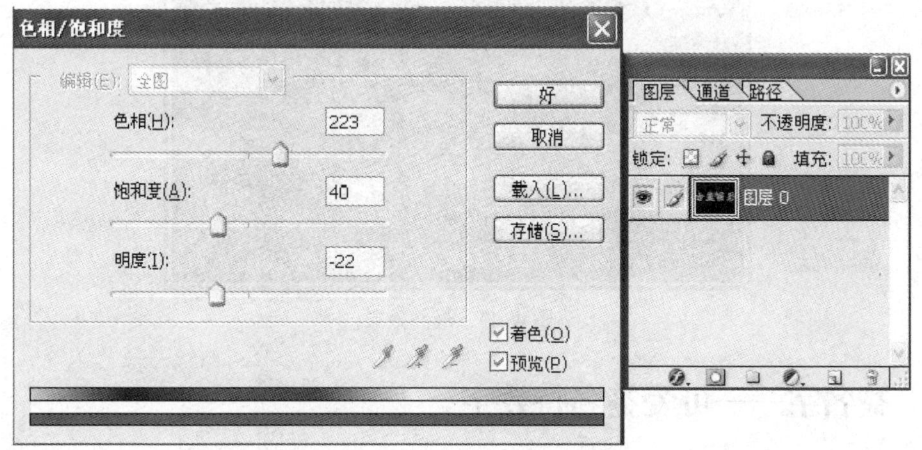

图 4–41　“色相/饱和度”对话框

（2）执行“滤镜”→“渲染”→“光照效果”命令，打开“光照效果”对话框，将“纹理通道”这一项调整为“Alpha 1 副本”，如图 4–42 所示，按下“好”按钮执行操作。

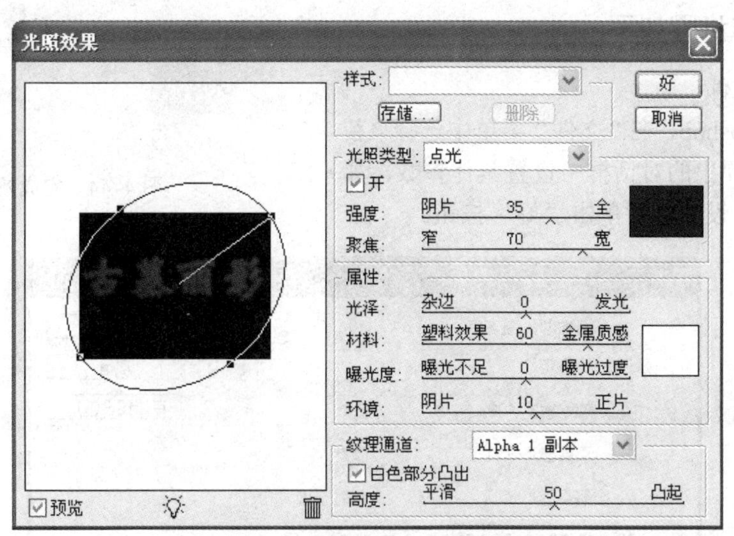

图 4–42　“光照效果“对话框

（3）为了增加美观效果，可以执行“滤镜“→“渲染”→“镜头光晕”命令，镜头亮度为 100%，镜头类型设置为“50～300 毫米变焦”，效果如图 4–43 所示。

图 4–43　最终效果

4.2.3　签名字——可爱签名特效字

本例的完成效果如图 4–44 所示。

图 4–44　完成效果

4.2.3.1　创造思路

4.2.3.2　知识点

4.2.3.3　操作步骤如下

1）创建文件

启动 Photoshop，在“文件”菜单中选择“新建”命令，在弹出的对话框中设置具体参数，如图 4–45 所示。设置好后单击“好”按钮。

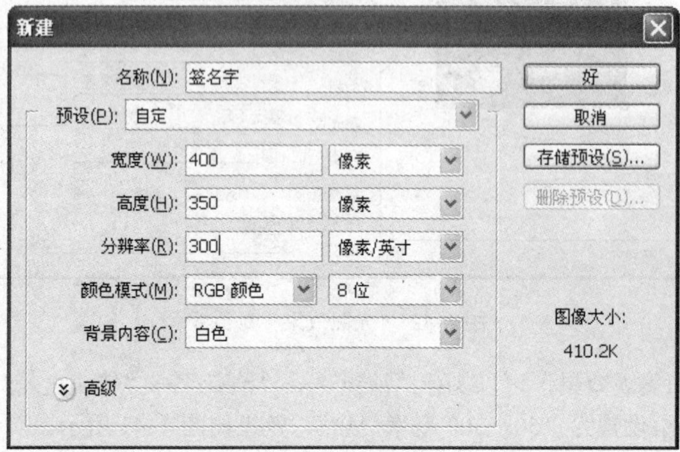

图 4–45　新建空白文档

2）制作签名字特效

（1）点击文本工具，在图像窗口中输入文本，并设置文字的字体、字号，颜色，如图 4–46 所示。

（2）用鼠标右键单击文字图层，在打开的右键菜单中，选择“栅格化图层”。这使文字图层变成普通像素图层，如图 4–47 所示。

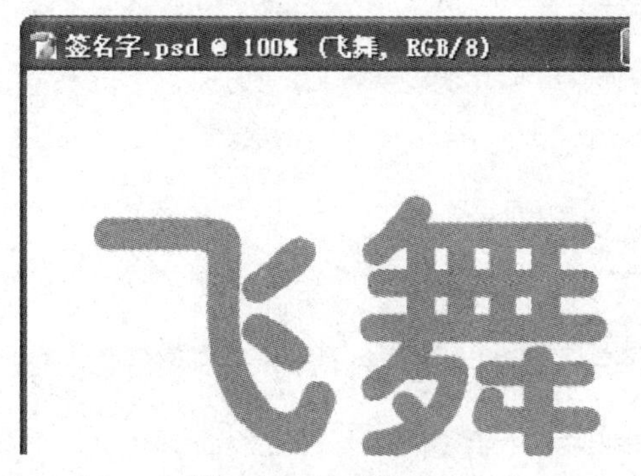

图 4–46　文本输入

图 4–47　栅格化图层后

（3）双击“飞舞”层打开“图层样式”对话框，对该图层进行图层样式设置。“投影”样式设置中“混合模式”正片叠底的颜色与文本颜色相同。“斜面和浮雕”样式设置中“暗调模式”的“正片叠底”的颜色与文本颜色相同，如图 4–48、图 4–49 所示。

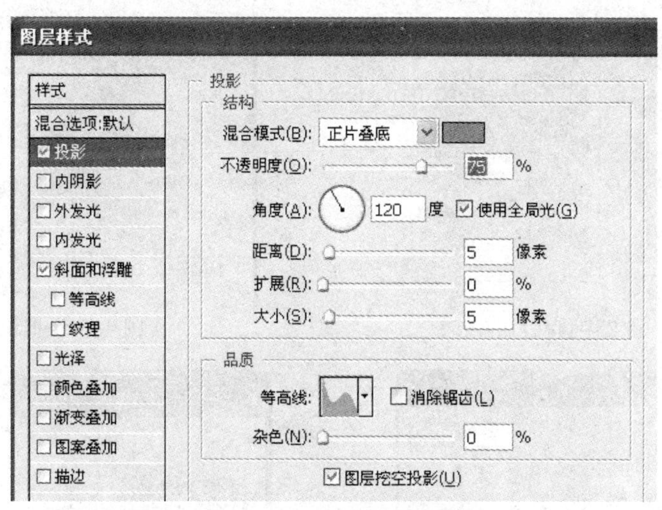

图 4–48　投影样式设置

（4）用选框工具选住一个字，用移动工具把它拖到合适的位置，将两字位置错开，以增加视觉美感，如图 4–50 所示。

（5）用选框工具框出对文字想要加工的地方，如图 4–51 所示，执行“滤镜”→“扭曲”→“旋转扭曲”命令，在“旋转扭曲”对话框中的“角度”选项中进行相应设置，如图 4–52 所示。

（6）用同样的方法设置文本不同位置的扭曲效果，扭曲角度可根据扭曲效果设置。扭曲效果如图 4–53 所示。

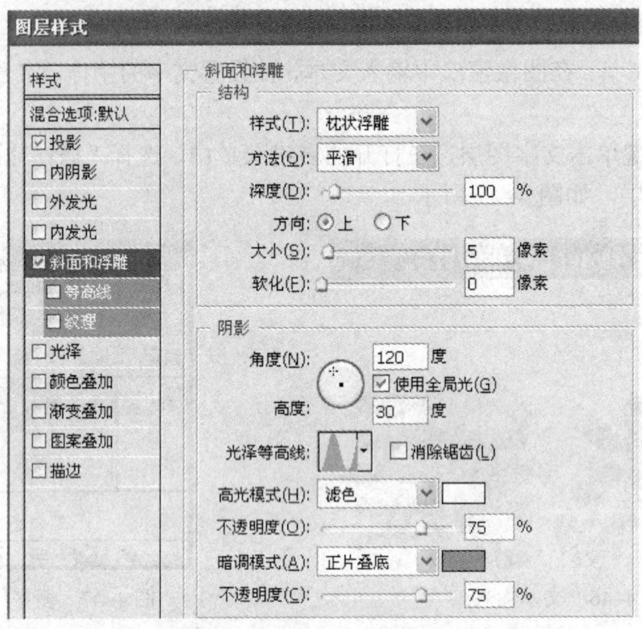

图 4–49　斜面和浮雕样式设置

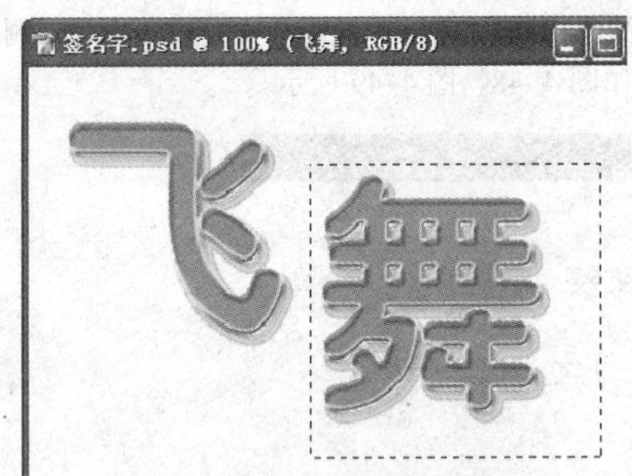

图 4–50　将文字移动后的效果

图 4–51　框住部分

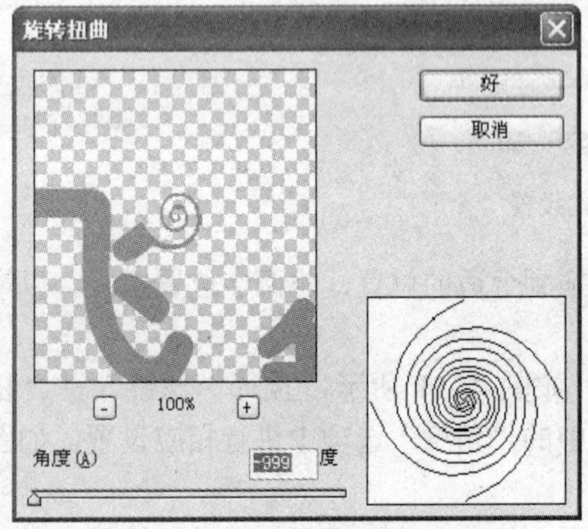

图 4–52　旋转扭曲设置

图 4–53　扭曲效果

3）修饰文字

（1）选择自定义形状工具，工具选项栏的设置如图 4–54 所示，前景色设置与文本颜色一致。用该工具在图像上进行修饰，如图 4–55 所示。

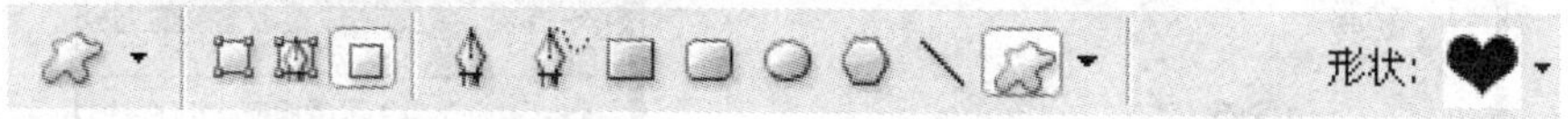

图 4–54　工具选项栏的设置

（2）制作“线条”图案。新建文件如图 4–56 所示。

图 4–55　修饰后的效果

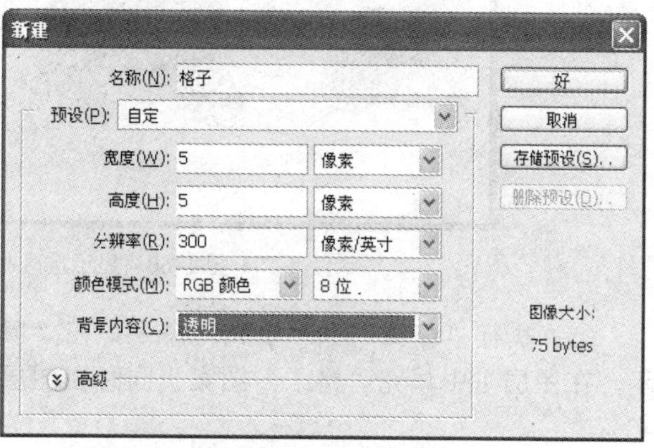

图 4–56　新建空白文档

（3）将新建的图像窗口放大 1 600%，使用铅笔工具设置半径为 1 像素，沿对角线绘制一根白色的线条，如图 4–57 所示。用组合键“Ctrl+A”全选图案，如图 4–58 所示。执行“编辑”→“定义图案”命令，将图案命名为“格子”，如图 4–59 所示。

图 4–57　绘制线条

图 4–58　全选图案

图 4–59　定义图案

（4）回到“签名字”图像文件，按 Ctrl 键同时点击“飞舞”图层，产生该层的选区。在图层面板的右下方点击“创建新的图层”按钮，产生新的图层，如图 4–60 所示。

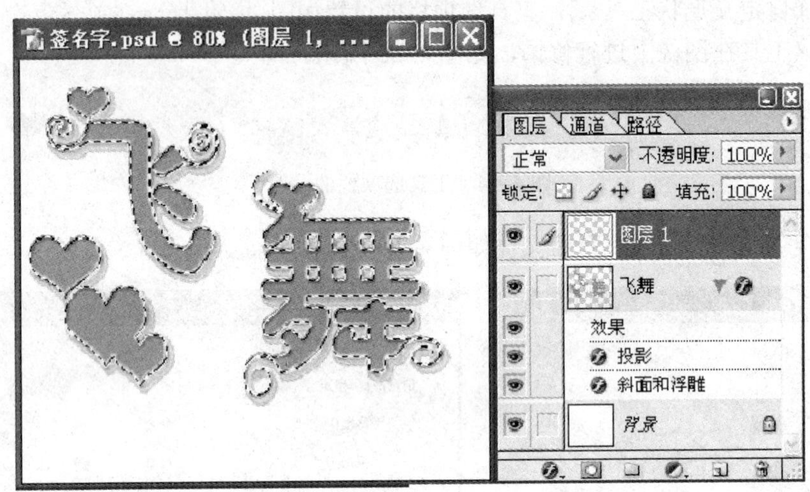

图 4–60　显示选区和新建图层

（5）执行“编辑”→“填充”命令，在“填充”对话框中进行设置，如图 4–61 所示，在图层 1 中填充“格子”图案，同时在图层面板中将图层 1 的“不透明度”设置为 40%。

（6）执行“编辑”→“描边”命令，描边宽度为 1 像素，颜色为白色。最终效果如图 4–62 所示。

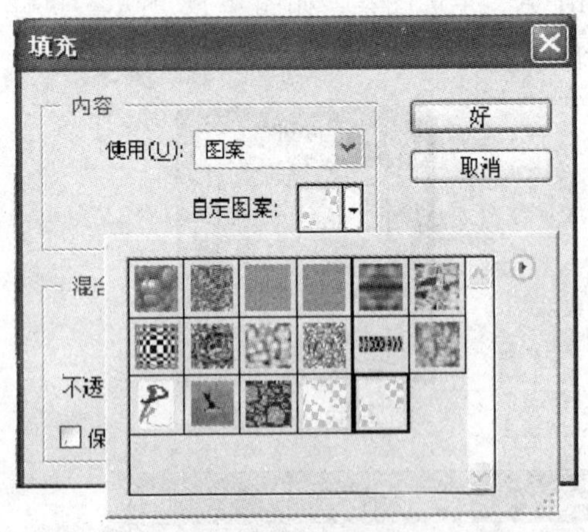

图 4–61　填充设置

图 4–62　最终效果

课后练习

制作“金属字”，效果如图 4–63 所示。

本练习的简要操作方法：新建图形文件，并将镜框图形文件拖动到新建文件中，在通道面板中创建“Alpha 1”通道。在通道上用文本工具输入“金属字”文本。在图层面板中创建“图层 2”，执行“编辑”→“填充”命令，使用 50%灰色填充，复制该图层为“图层 2 副本”。在 Alpha1 通道执行半径为 2.0 的高斯模糊。给“图层 2 副本”添加光照滤镜效果，并将“图层 2”与“图层 2 副本”合并。最后用“色相/饱和度”命令调整得到最后效果。

图 4-63　金属字

第 5 章 Adobe ImageReady

要点、难点分析

要点：

① 了解 ImageReady 软件的功能
② 了解 ImageReady 的操作界面
③ 掌握 ImageReady 动画生成的方法
④ 掌握 ImageReady 优化图像的方法

难点：

① ImageReady 动画生成的方法
② ImageReady 优化图像的方法

难度：★★★

技能目标

① 掌握 ImageReady 动画生成的方法
② 掌握 ImageReady 优化图像的方法

当今网页制作爱好者越来越多，各个软件公司都纷纷加强了图像处理软件的网页制作功能。作为网页设计者眼中的高效工具，Photoshop 也扩展了其 Web 功能，捆绑了一个功能强大的 Web 制作软件——ImageReady。它不仅能像 Photoshop 那样做出迷人的图像，而且还可以进行图像的压缩优化，创作富有动感的 GIF 动画、有趣的动态按键，甚至漂亮的网页。

5.1 ImageReady 介绍

ImageReady 是由 Adobe 公司开发的，以处理网络图形为主的图像编辑软件。ImageReady 诞生时，其 1.0 版本是作为一个独立的软件发布的。那时它并不依附于 Photoshop。直到 Photoshop 更新到 5.5 版本的时候，Adobe 公司才将升级到 2.0 版本的 ImageReady 和它捆绑在一起，搭配销售。

ImageReady 与 Photoshop 间可以进行图片的同步操作（即同时对一个图片进行处理）。只要在 Photoshop 中的工具箱下方按下图标就可以跳转到 ImageReady 界面，同样在 ImageReady 中也可以点击这个图标进入 Photoshop。虽然 Photoshop 的后续版本逐渐加强了网页图像的制作功能，但 ImageReady 在图像优化、动画制作、Web 图片处理方面还是对 Photoshop 必不可少的补充。尽管 ImageReady 依附于 Photoshop 而存在，但其在功能上实际已经成为一个相对独立的软件。

利用 ImageReady 可以将 Photoshop 的图像操作最优化，使其更适合网页设计，也可以通过分割图像自动制作 HTML 文档，还可以制作简单的 Gif 动画。但 ImageReady 不支持 CMYK 色彩模式，无法进行与印刷相关的图像操作，它是专门的网络图像处理工具。

下面介绍 ImageReady 的主要功能。ImageReady 除了具有 Photoshop 的基本的图像处理功能外，还具有以下网页特效和图像制作功能。

1. 制作 GIF 动画

GIF 动画是点阵动画，曾是互联网上最主要的动画方式，至今仍是网页的主要修饰手段。GIF 文件允许在单个文件中存储多幅图像，在 ImageReady 中通过每幅图像的装载时间和播放次数的设定，将这些图像按顺序播放，从而形成动画效果。

2. 图像翻转

这是 ImageReady 一个具有特色的功能，相当于一个鼠标触发事件，如按钮。在鼠标的不同的状态可以设置动态效果。

3. 切片

虽然在 Photoshop 中也可以进行一些基本的切片操作，但无法组合、对齐或分布切片。ImageReady 具备专业的切片面板和菜单，其切片编辑功能要比 Photoshop 更强大，所以，人们习惯在完成图像之后转跳到 ImageReady 中对图像切片。切片的意义不仅在于提高访问速度，同样也为了对不同区域的图片进行不同方式的优化。

4. 图像优化

ImageReady 提供了强大的网络图像优化功能。为了得到更快的网络传输速度，可以通过各种工具和参数进行精确调整，在图像质量不明显削弱的前提下，尽可能地减小文件的体积。图像优化是网络图像处理中一个至关重要的过程。

5. 图像链接

通过对切片、图像映射等功能的设置，可以使图片具有超级链接，甚至可以将一个具有链接属性的图片作为网站的欢迎页面。

6. 其他

ImageReady 还提供了诸如动态数据图像功能等其他网络操作，通过这些操作，可以方便地得到具有丰富变化的交互式网络图像。

本章主要介绍使用 ImageReady 制作 GIF 动画的功能。

5.2　ImageReady 的操作界面

启动 ImageReady 有以下几种方式：

（1）执行“开始”→“程序”→“Adobe ImageReady”命令。

（2）在 Photoshop 中，可以单击工具箱中的按钮，进入 ImageReady 工作界面。

（3）在 Photoshop 中，可以按“Ctrl+Shift+M”组合键启动 ImageReady。

启动后 ImageReady 的工作界面如图 5-1 所示。

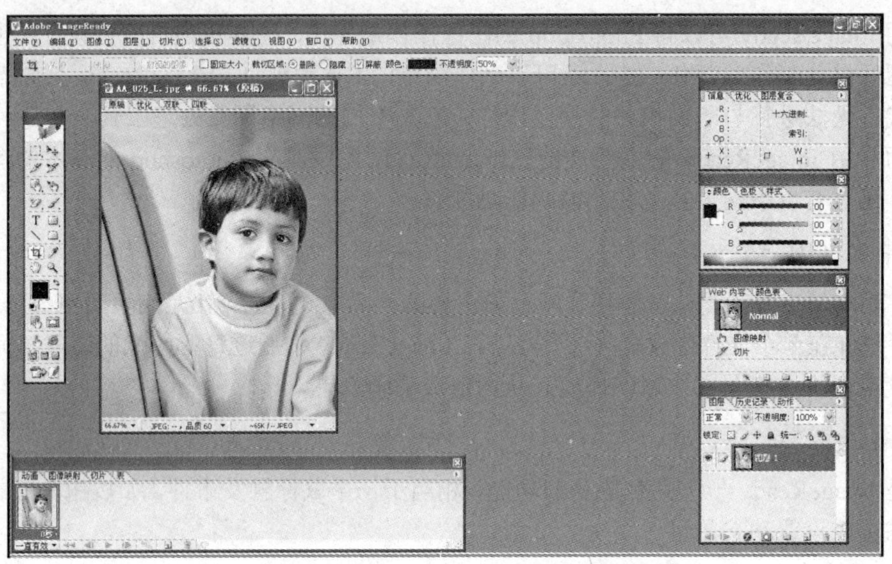

图 5–1 ImageReady 的工作界面

可以看出 ImageReady 的工作界面与 Photoshop 的工作界面非常相似，上方是菜单命令，右边是工具箱，左边是浮动面板，中间是图像窗口，下面比 Photoshop 多出了一个长方形的浮动面板，这是做 Gif 动画分割图像和动态按键的浮动面板。下面主要针对与 Photoshop 不同的窗口、面板、工具进行介绍。

1. 图像窗口

ImageReady 共有“原稿”“优化”“双联”“四联”4 种不同图像窗口显示方式。要切换窗口显示模式，只要单击窗口上方的标签名即可，如图 5–2 所示。

图 5–2 图像窗口

4 种显示方式的作用分别如下：

（1）原稿：在此模式下显示的是原图，可以对图像进行处理。

（2）优化：在此模式下显示的是图像经过优化后的效果，也就是网页中显示的效果，只能对图像进行查看，不能进行处理。

（3）双联：在此模式下同时显示原图和经过优化后的图像，以便用户对照比较，对图像进行修改，但是用户在此模式下只能对左侧的原图进行编辑，而不能修改右侧优化后的图像。

（4）四联：在此模式下同时显示 4 张图片，左上角窗口显示的是原稿，其他 3 个窗口显示的是经过不同方法优化后的图像。同样，在此模式下用户只能对左上角的原图进行修改。

图像窗口底部的状态栏显示的是当前图像的个项数据信息，包括文件缩放级别、优化后文件的大小、下载时间、原图文件的大小和图像格式等。单击状态栏的不同位置，可以打开相应的下拉菜单，从中选择在状态栏中显示的信息类型。

2. 面板

与 Photoshop 相比，ImageReady 多了以下几个面板：

（1）动画：制作 GIF 动画，使用户能够逐帧确定可以作为动态 GIF 或 SWF 文件导出的动画的外观。动画面板如图 5–3 所示。

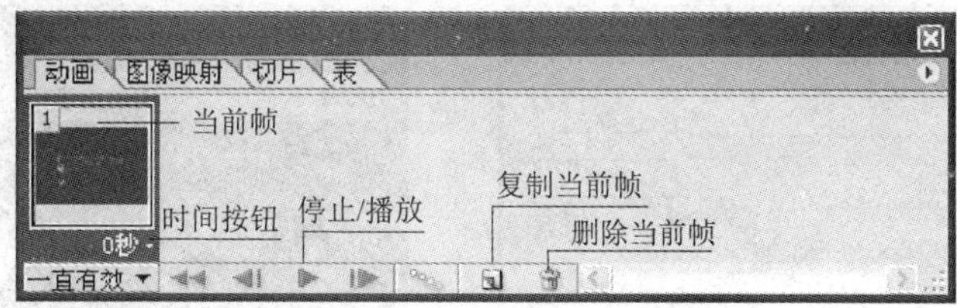

图 5–3　动画面板

（2）图像映射：把图像上的某一区域超级链接到一个 URL，可以在图像中设置链接到其他网页或多媒体文件的多个链接区域（称为图像映射区域）。

（3）切片：用切片工具将图像分割成几个小块，每一小块称为切片，切片是图像的一块矩形区域，可用于在产生的网页中创建链接、翻转和动画。通过将图像划分成切片，可以更好地对功能进行控制，并改善图像文件大小的优化。

（4）优化：主要是对图像的优化进行参数调节。

（5）Web 内容：在该面板中可以设置图像或切片的翻转效果，可以通过该面板制作悬停按钮。

（6）颜色表：通过这个面板可以控制颜色表的颜色，主要用于图像优化。

（7）图层选项：设置图层名称和层效果选项，与 Photoshop 菜单中“图层样式”命令的功能相似。

3. 工具箱

ImageReady 工作界面中的工具箱与 Photoshop 中的工具箱相比少了许多图像绘制工具，如路径工具、模糊工具与多边形工具等，但是 ImageReady 多了一个新工具——图像映射工具组，此工具组包含“矩形图像映射工具”“圆形图像映射工具”“多边形图像映射工具”，使用这些工具可以给图像的某个区域设置超级链接，从而达到跳转到另一个网页的目的。

5.3 动画的生成与使用

动画已成为网页中不可缺少的一个重要组成部分，它比静态图像更具有宣传效果，更容易吸引浏览者的注意力，是目前网页上使用最广泛的广告手段。

下面举一个具体的例子来说明动画制作的基本过程。在本例中制作简单的光影划过文字表面动画。

操作步骤如下：

（1）启动 ImageReady，在工具箱的颜色设置区域中将背景色设置为蓝色（“#1D0AF5”），执行“文件”→“新建”命令创建一个新文档，新文档参数设置如图 5–4 所示。

（2）选择文字工具，设置文字字体为“隶书”，字号为“48 px”，字体颜色设为深红色（“#CC3300”）。在图像窗口中输入几个文字，如“悟嘉琥珀”。移动文字，将其放置在窗口的中间位置，如图 5–5 所示。

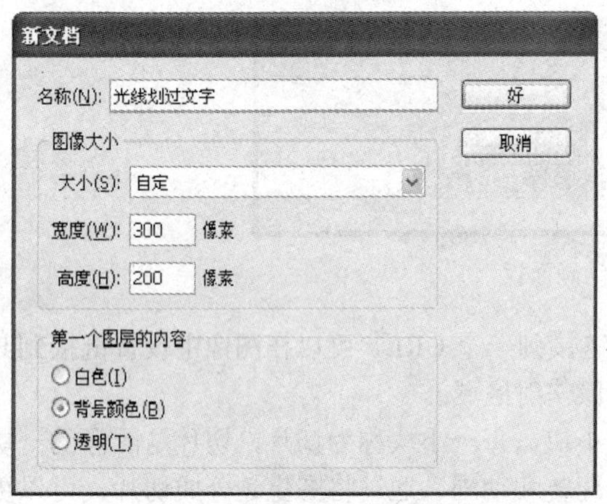

图 5–4 新建文档参数设置

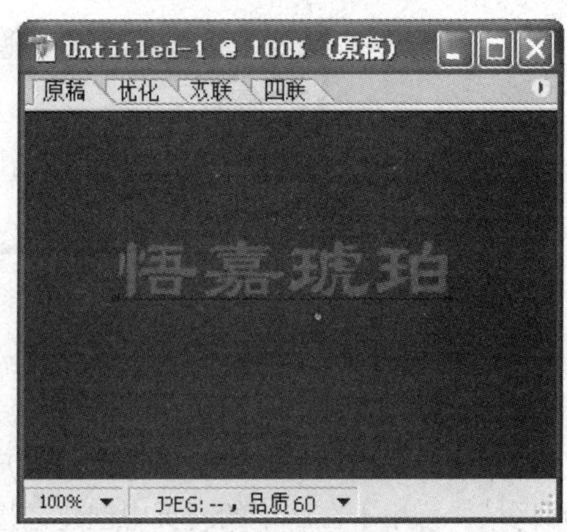

图 5–5 输入文本后的效果

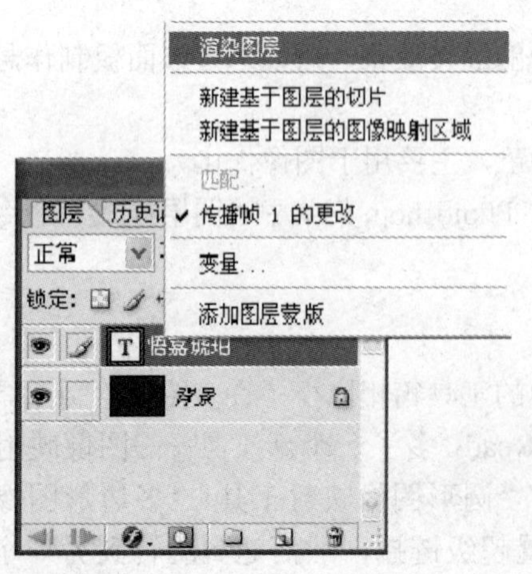

图 5–6 对文字图层进行渲染

（3）在图层面板中，用鼠标右键点击文字图层，在弹出的菜单里，选择“渲染图层”，如图 5–6 所示。

（4）在文字图层上，新建“图层 1”，用椭圆选框工具在接近“悟”字前选一个小椭圆，用鼠标右键点击小椭圆选择“羽化”，设置羽化半径为 10 像素。用白颜色进行填充，效果如图 5–7 所示。

（5）按住键盘上的 Alt 键不放，将鼠标移动到文字层与“图层 1”的中间线，鼠标出现 时单击左键，使白色光影进入文字之中，效果如图 5–8 所示。

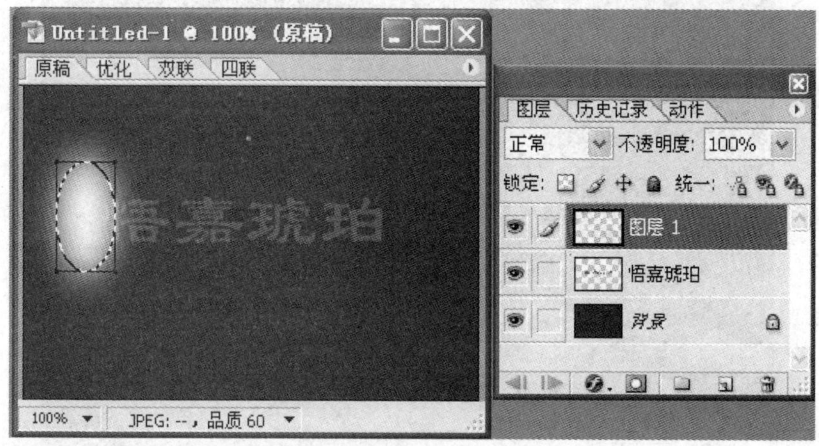

图 5–7　羽化填充后的效果

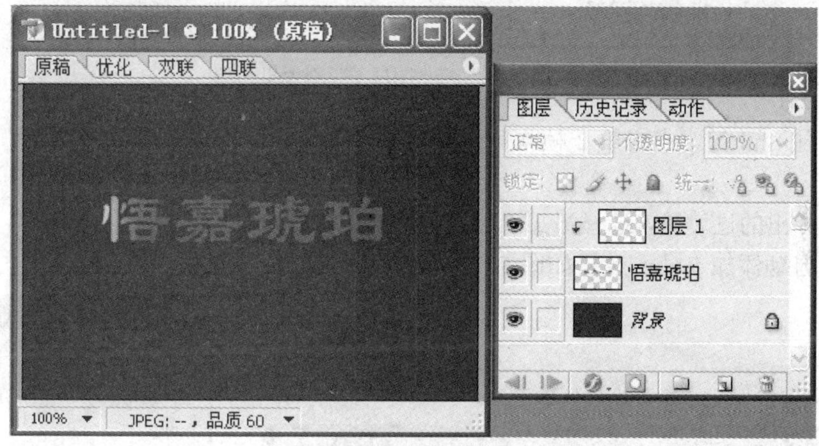

图 5–8　白色光影进入文字之中的效果

（6）在动画面板上，点击“复制当前帧”按钮复制出一帧，帧速为 0.2 秒，如图 5–9 所示。

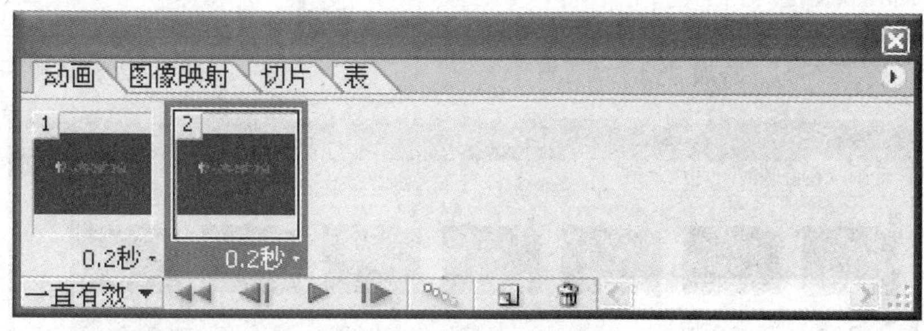

图 5–9　复制帧后的效果

（7）用鼠标点击第二帧，然后在“图层 1”上，将光影水平拖到“珀”字后面，如图 5–10 所示。

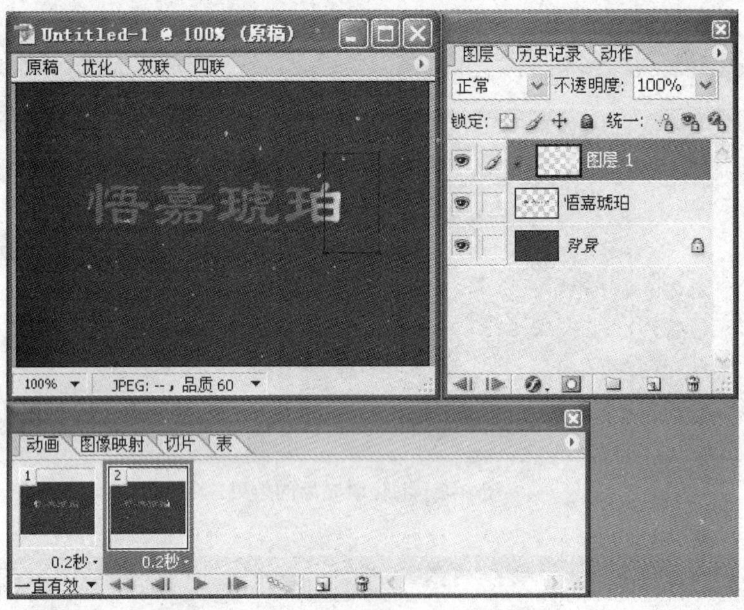

图 5-10　第二帧“图层 1”的效果设置

（8）按住 Shit 键，点击第 2 帧与第 1 帧将其全部选中，点击“帧动画过渡”，如图 5-11 所示。

（9）在弹出的过渡里，选择添加 5 帧，参数设置如图 5-12 所示，点击“好”按钮后，在动画面板中自动添加 5 帧，效果如图 5-13 所示。

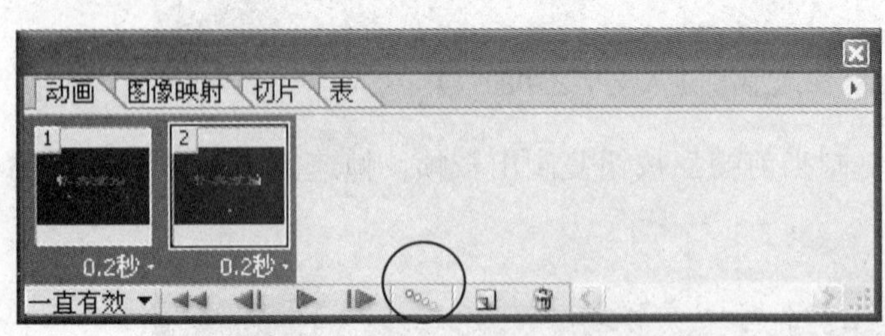

图 5-11　添加“帧动画过渡”

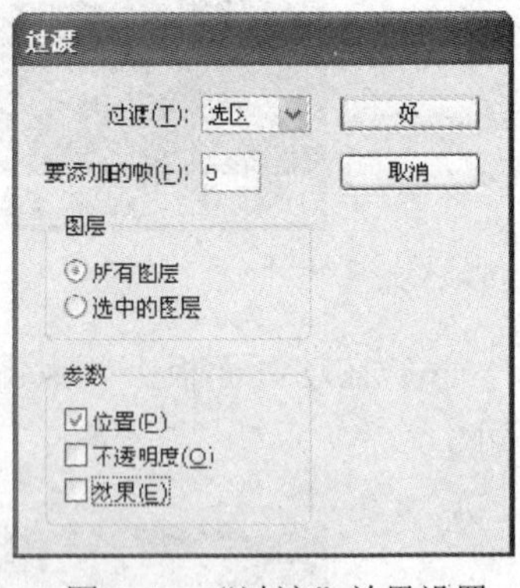

图 5-12　“过渡”效果设置

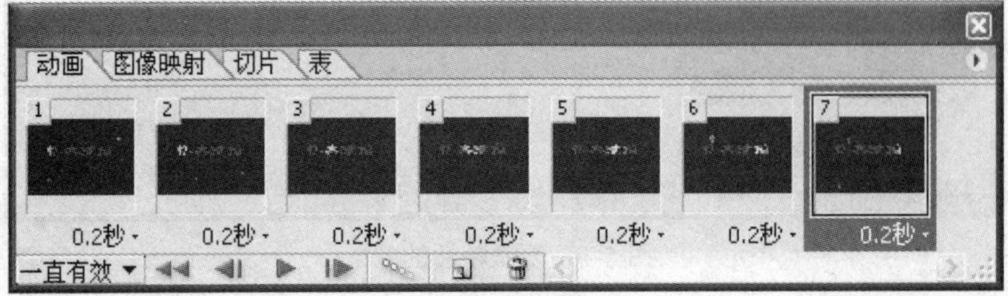

图 5-13　添加 5 帧后动画面板的显示效果

（10）在优化面板中选择“GIF”，颜色为 128，参数设置如图 5–14 所示。

（11）这时动画已基本完成了，点击工具栏中的“预览文档”按钮，观看动画效果，如果效果满意，则进行保存。

（12）执行“文件”→“将优化结果存储为”命令，打开“将优化结果存储为”对话框，取名保存后，GIF 动画就生成了。

在 ImageReady 中制作出动画后，如果要将其应用到其他网页编辑软件中，则要将动画输出为动画文件，ImageReady 支持 GIF 的动画格式，因此，只要将动画文件格式设置为 GIF 格式，然后发挥 ImageReady 优化图像的功能，输出最优化图像即可。另外，还可以在 ImageReady 中打来一个用其他软件制作的 GIF 动画，重新对其编辑修改。打开图像时，ImageReady 会自动分解动画中的每一帧图像。

图 5–14　“优化”面板设置

5.4　流云——云朵飘动动画制作

这个实例将 Photoshop 与 ImageReady 相结合来制作云朵飘动的流云动画。

操作过程如下：

（1）在 Photoshop 中打开一张建筑图片，如图 5–15 所示。

（2）选择多边形套索工具沿着建筑物边沿，建立图 5–16 所示的选区，按“Ctrl+J”组合键复制选区到的新图层。

（3）打开一张云朵图，将该图用移动工具拖动到建筑图像文件上，并调整其大小，让云朵的图像稍高于画布高度，如图 5–17 所示。

图 5–15　打开建筑图片

图 5–16　创建选区

图 5–17　设置云朵层

（4）将云朵层置于建筑层下方，利用钢笔工具沿着建筑物的玻璃边缘建立形状图形，如图 5–18、图 5–19 所示。

图 5–18 绘制的 1 个形状图层

图 5–19 绘好后的形状图层

（5）在图层面板中，将所有除了形状图层外的其他图层全部隐藏，如图 5–20 所示。执行“图层”→“合并可见图层”命令，将所有形状图层合并成一层，如图 5–21 所示。

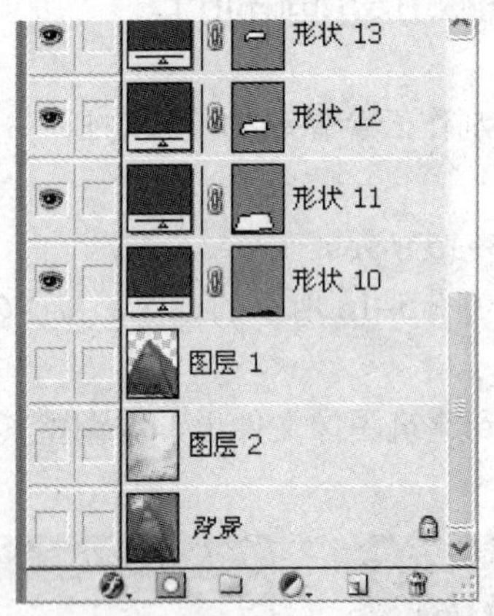

图 5–20 面板中显示与隐藏的图层

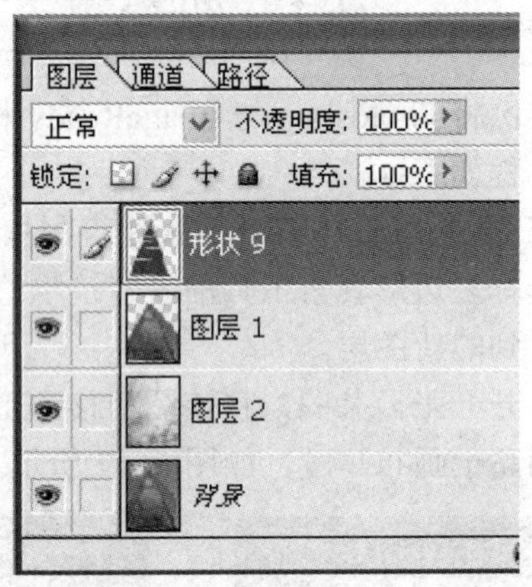

图 5–21 形状图层合并后的效果

（6）对合并后的玻璃形状图层，执行“图层”→“图层样式”→“渐变叠加”命令，参数设置如图 5–22 所示。

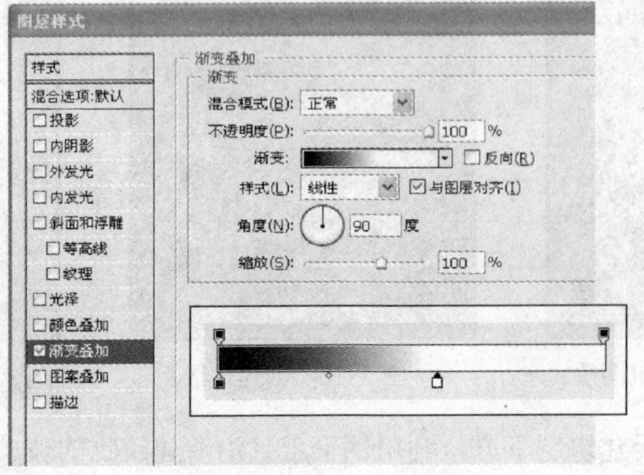

图 5–22 “渐变叠加”的参数设置

（7）复制云朵层，并将复制层移动到玻璃层上方，按 Ctrl 键点击玻璃层产生选区，在云朵的副本层添加矢量蒙版，并将该层的不透明度设置为 40%，效果如图 5–23 所示。

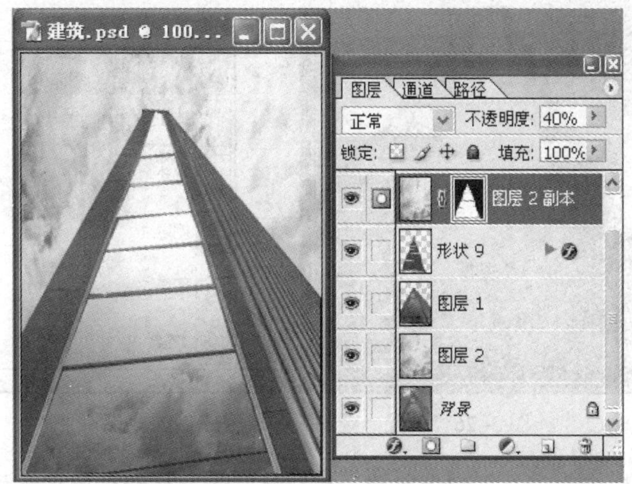

图 5–23　添加蒙版层后的效果

（8）在所有图层上方创建新图层，并用黑色填充，如图 5–24 所示。

（9）执行“滤镜”→“渲染”→“镜头光晕”命令，参数设置如图 5–25 所示，并将黑色图层的图层模式设为“叠加”。效果如图 5–26 所示。

图 5–24　添加黑色图层后的效果

图 5–25　镜头光晕参数设置

（10）执行“文件”→“存储”命令，保存图像文件。

（11）点击工具栏中的“在 ImageReady 中编辑”按钮，进入 ImageReady 中进行流云的动画制作。

（12）在 ImageReady 中，将动画面板上第一帧将云朵层的底部与画布底部对齐，相应地将云朵蒙版层顶部与建筑顶部对齐。

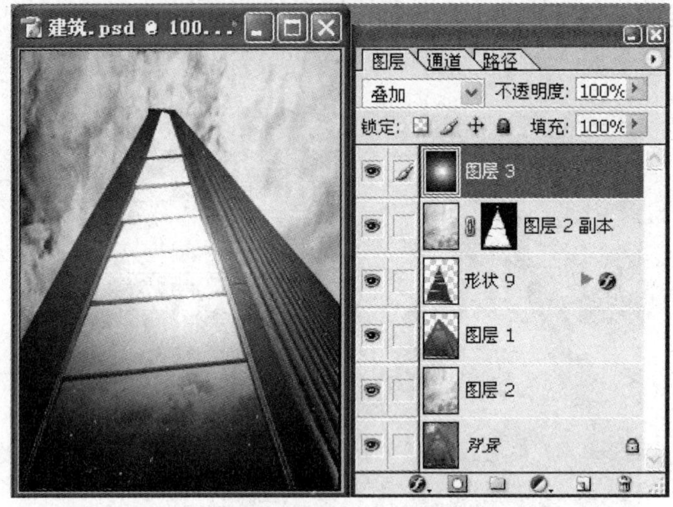

图 5–26　设置“叠加”图层模式后的效果

（13）在动画面板中点击“复制当前帧”按钮复制帧，将云朵层移动到画布顶端，并将云朵蒙版层移动到底部。

（14）按 Shift 键选中动画面板中的两帧，点击面板中的“过渡”按钮，如图 5–27 所示。过渡参数设置如图 5–28 所示。在“过渡”对话框中点击“好”按钮后，在动画面板中选择并删除最后一帧，如图 5–29 所示。

图 5–27　添加过渡效果

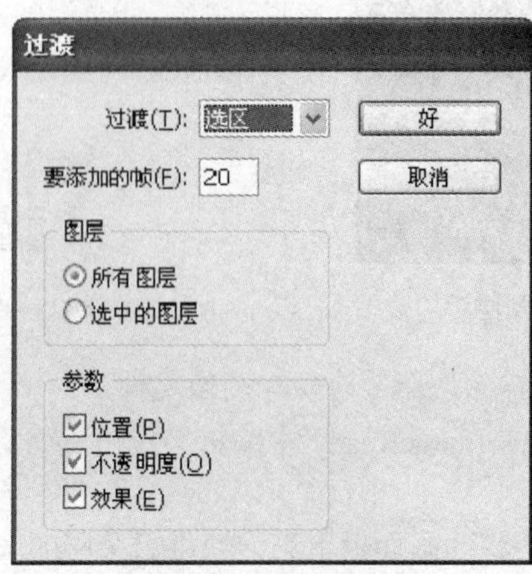

图 5–28　过渡参数设置

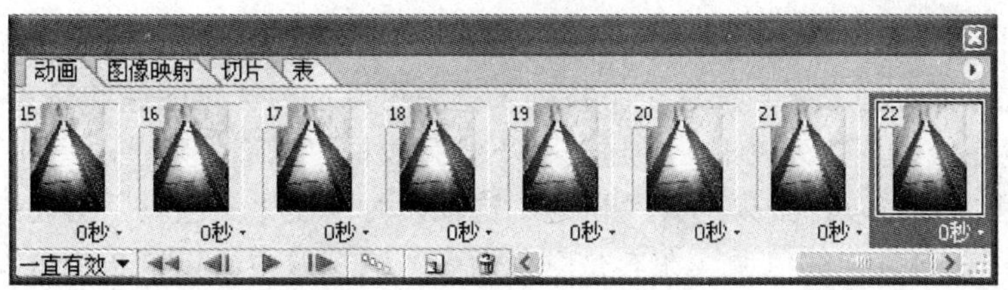

图 5–29　将最后一帧删除

（15）在“优化”面板中进行图 5–30 所示的优化设置。

（16）在工具栏中点击“预览文档”按钮，观看动画效果，如果效果令人满意，则按下“Ctrl+Alt+Shift+S”组合键保存 GIF 动画。

在 ImageReady 中最优化图像的操作，可在图像窗口中完成，但在最优化图像时必须配合使用“优化”和“颜色表”面板。

1）“优化”面板

在“优化”面板中，可以设置图像文件格式、色彩显示方式、颜色混合方式、颜色数量、是否保持透明、透明区域以用哪种颜色取代和下载时的显示方式等参数。选中格式 GIF 时，面板如图 5–31 所示。

图 5–30　在“优化”面板中进行参数设置

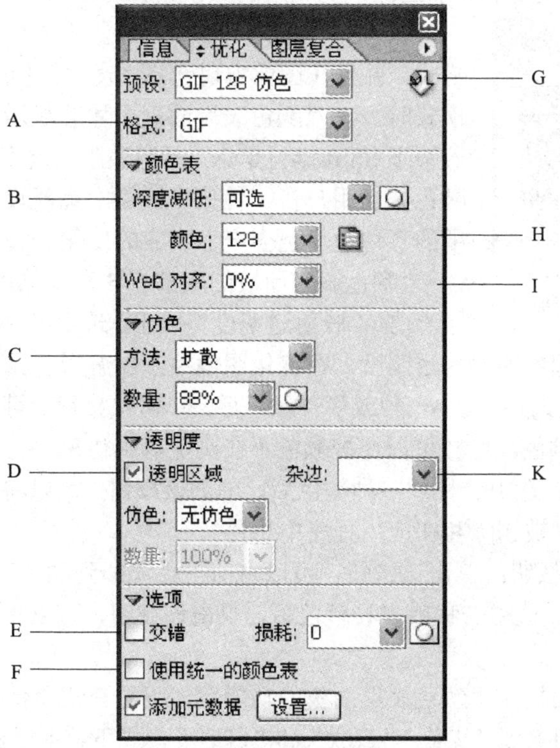

图 5–31 “优化”面板

GIF 格式下的“优化”面板中选项的含义如下：

（1）“格式”下拉列表框。在这个下拉列表框中可以选择优化图像的格式。

（2）“深度减低”下拉列表框。通过这个下拉列表框可以选择哪些颜色作为 GIF 中的颜色，有 9 个颜色方案选项，如果选择“自定”选项，可以在“颜色表”面板中设置颜色。

（3）仿色：在包含连续色调（尤其是颜色渐变）的图像中，设置仿色可以防止出现颜色过渡不均匀的现象。

（4）透明度：选中“透明区域”复选框后，可以在该下拉列表中选取对部分透明的像素应用仿色的方法。

（5）“交错”复选框。选中该框后，在整个图像文件的下载过程中，可以在浏览器中以低分辨率显示图像。

（6）“使用统一的颜色表”复选框。选中该选项可对所有翻转状态使用同一颜色表。

（7）单击该箭头图标可以将当前面板中的参数设置创建成一个可执行文件（.exe），以便应用到一个图像或批处理的图像中。

（8）“颜色”下拉列表框。可以设置 GIF 格式的颜色数，范围是 2～256。

（9）“Web 对齐”菜单。其指定将颜色转换为最接近的 Web 调板颜色的容差级别，值越大，转换的颜色越多。

（10）“杂色”菜单。用于指定图像中透明像素的填充色。图像中完全透明的像素由选中的颜色填充，部分透明的像素与选中的颜色混合。

2）“颜色表”面板

“颜色表”面板主要用于显示图像中所使用的颜色数目，如图 5-32 所示。

图 5-32　“颜色表”面板

只有在“优化”面板中设置为 GIF 或 PNG-8 的图像文件格式，并且在图像窗口选择“优化”“双联”或“四联”的窗口模式时，在“颜色表”面板中才会显示当前图像的颜色表格。若按下 Shift 键再单击“颜色表”面板中的颜色，则可选取多个颜色。当用户在“优化”面板中重新设置颜色数目时，该面板中的颜色数目也会产生相应的变化。

“颜色表”面板的底部有 5 个功能按钮，从左至右依次为：

（1）“映射透明度”按钮：选中一种或多种颜色后，单击该按钮，可以将选中的颜色映射为透明度，在优化图像中添加透明度。

（2）“Web 转换”按钮：选中一种或多种颜色后，单击该按钮，可以将选中的颜色转换为 Web 调板中最接近的颜色。这样可以保护颜色不在浏览器中仿色。

（3）“锁定”按钮：选中一种或多种颜色后，单击该按钮，可以将选中的颜色锁定，防止它们在颜色数量减少时被删除和在应用程序中仿色。

（4）“新建颜色”按钮：单击该按钮，可以将前景色添加到颜色表中。

（5）“删除”按钮：选中一种或多种颜色后，单击该按钮，可以将选中的颜色删除，以减小图像文件的大小。

了解了“优化”面板和“颜色表”面板的功能后，下面介绍最优化图像的操作。

（1）将图像窗口切换到“优化”“双联”和“四联”模式下，由于在“四联”窗口模式下，用户可以在各个窗口中设置不同的图像格式和参数、比较产生的效果，因而一般选择“四联”模式。

（2）打开“优化”和“颜色表”面板。

（3）在“四联”窗口模式中，单击一个预览窗口（被选中的窗口有一个黑色边框）。

（4）在“优化”面板中的“设置”下拉列表中选择一种预设的图像格式。

（5）在“优化”面板中，参看前面对“优化”面板的介绍来设置各参数，使图像文件的大小和图像效果都达到最佳。

（6）在“优化”面板中将“颜色”数值设置得低一些，，可得到更小的图像文件。

（7）在“颜色表”面板中，可以把在图像中作用不大的中间色彩从“颜色表”面板中删除，从而减小文件的大小。不过具体删除哪些颜色需要用户仔细对照比较，才能在影响图像品质较小的情况下获得最佳的文件尺寸。

提示：选择“优化”面板菜单中的“自动重建”命令，可以将在“优化”面板中所作的设置即时更新到图像窗口中。

课后练习

1. 文字变形动画制作

在 ImageReady 中制作文字不断变形的动画效果。

（1）创建新文档，输入文字，字体为 Arial，字号为 18，然后在文字工具的选项栏上点击“创建文字变形”按钮，如图 5–33、图 5–34 所示。

图 5–33　第五章课后练习（1）

（2）设置想要的样式，这里选择的是“扇形”，弯曲度为“–50%”，如图 5–35 所示。

图 5–34　第 5 章课后练习（2）

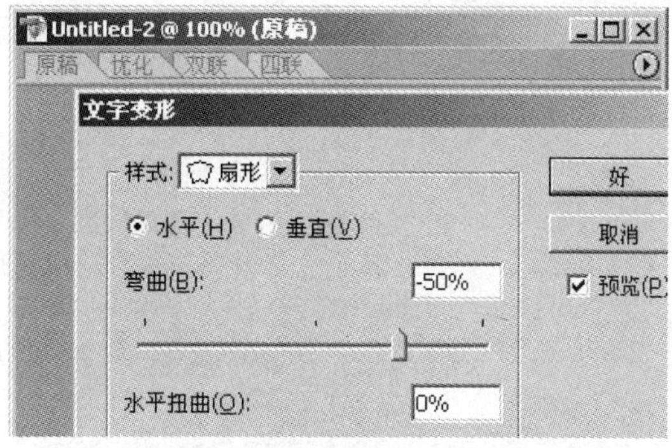

图 5–35　第 5 章课后练习（3）

（3）点“动画”面板上的“复制当前帧”，复制出一个帧，再修改文字变形的弯曲度为“+50%”。

（4）点击动画面板上的“过渡”按钮，添加 5 个过渡帧，如图 5–36 所示。

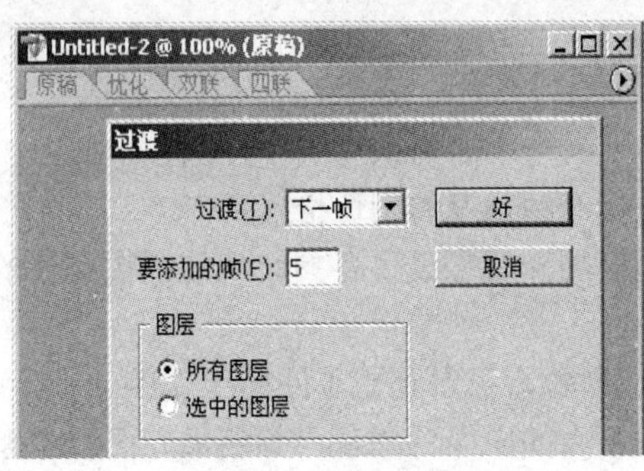

图 5–36 第 5 章课后练习（4）

（5）做变形回来的动画，方法差不多。选择最后一帧，点击动画面板上的“复制当前帧”按钮复制出一个帧，然后设置文字变形的弯曲度为“–50%”，然后再添加一个 5 帧的过渡，动画效果就完成了。调整更多的文字变形参数，还可以得到更炫的效果。

2. 广告条制作

根据素材制作广告条的动态效果，完成后效果如图 5–37 所示。

图 5–37 第 5 章课后练习（5）

简要操作方法：在 Photoshop 中打开广告条图像并复制图层，调整每一层的颜色。添加文本，给文本层设置“投影”“斜面和浮雕”“描边”图层样式，保存好图像文件后，转到 ImageReady 中添加帧，设置帧过渡，优化图像后保存图像为 GIF 格式。

第6章　图像的输入与输出设置

要点、难点分析

要点：

① 文件输入
② 扫描输入
③ 数码相机输入
④ 导出路径到AI
⑤ 以“Zoom View”导出
⑥ 打印

难点：

打印输出与设置

难度：★★

技能目标

掌握Photoshop中图像的输入方法，包括文件的打开与置入、扫描输入、数码相机输入，学会图像的输出方法，包括导出到AI以及打印设置。

6.1　图像的输入

6.1.1　本地文件的输入

在Photoshop中可以打开和输入不同格式的文件，同时也可以打开多个图像，执行“文件”→“打开”命令或者直接按“Ctrl+O”组合键打开“打开”对话框，如图6–1所示。

在“打开”对话框中选择需要打开的文件，然后单击“打开”按钮就可以打开所需文件。也可以执行“文件”→“置入”命令，将矢量的AI，EPS，PDF等格式的文件插入Photoshop中使用。

实例讲解：文件置入

（1）创建一个需要插入图形的文件，执行“文件”→“置入”命令，弹出“置入”对话框，如图6–2所示。

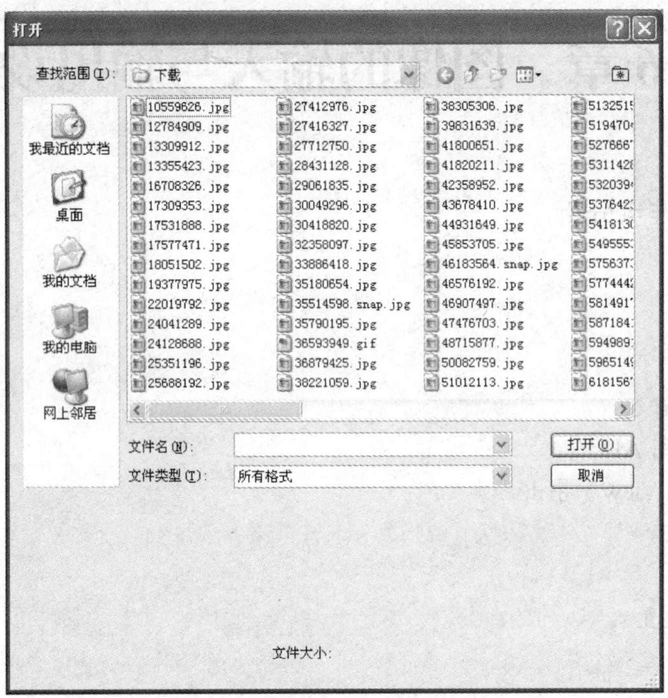

图 6–1 “打开”对话框

图 6–2 “置入”对话框

（2）在打开的文件夹列表中选择文件所在的位置，选择需要输入的文件，点击“置入”按钮，打开相关的图形，弹出图 6–3 所示的对话框。

图 6–3　置入文件

（3）可以根据自己的需求改变图形的大小、方向和位置。设置完成以后按回车键就可以完成图像的置入操作，同时 Photoshop 图层面板也会相应增加一个新的图层，如图 6–4 所示。

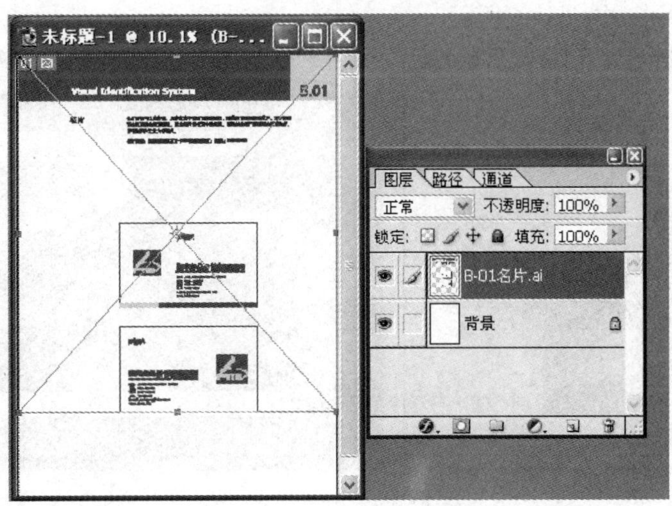

图 6–4　文件在图层中的显示

6.1.2　数码相机输入

数码相机能够直接拍摄照片并集成相关的图像信息的转化、存储以及传输组件。它具有数字存取功能，能够通过串口或者并口连接到计算机上，并直接与计算机进行数据交换。要将数码相机中的图像输入计算机中，需要安装数码相机的驱动程序，通过数据线与计算机相连，将所拍摄的图像转换成计算机图像信息。

用户也可以使用 TWAIN 驱动程序从数码相机导入图像，如果使用的是 PC 电脑，还可以通过 Windows 图像采集（WIA，只能在 Windows XP 系统中使用）来实现图像的导入。一般使用的方法如下：

安装好数码相机的驱动程序以后，执行“文件”→“导入”命令，在“导入”菜单中会出现与数码相机有关的选项。点击后就可以启动数码相机所使用的软件，如图 6–5 所示。

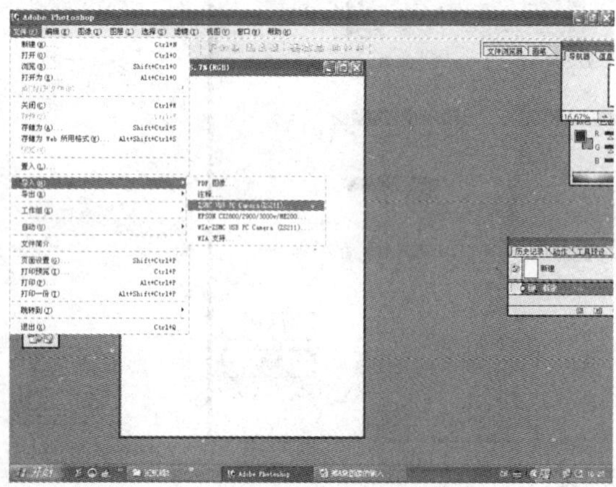

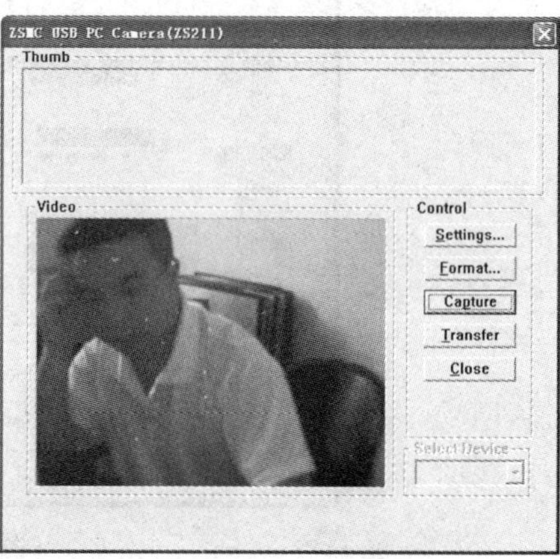

图 6–5 启动数码相机所使用的软件

这时在对话框中会显示数码相机中的照片内容，然后双击需要导入的图像文件，便可以将文件导入 Photoshop 中，然后退出启动数码相机程序对话框，就可以根据自己的需要对文件进行处理和编辑了，如图 6–6 所示。

图 6–6 导入结束

6.1.3 扫描仪输入

利用扫描仪扫描图像是人们在进行设计时获得图像的一种方法，从任何具有 Photoshop 兼容增效的扫描仪或支持 TWAIN 接口的扫描仪都可以直接导入扫描的图像。

在扫描图像之前，首先安装扫描仪的驱动程序，并用数据线将其与计算机相连，然后在 Photoshop 中执行“文件”→“导入”命令，在“导入”子菜单中选择扫描仪的名称，弹出对话框，如图 6–7 所示。

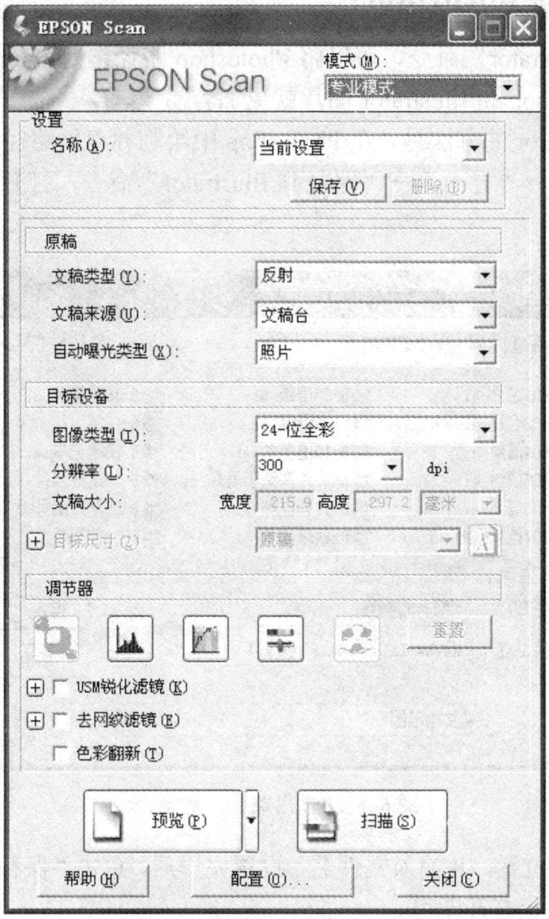

图 6–7 “EPSON Scan”对话框

为了保证扫描的效果，应该在弹出的弹出对话框中设置好图像要求的扫描色彩模式、分辨率和动态范围等，然后点击“预览”按钮查看效果，预览效果符合要求的时候才裁切扫描图像，方法是拉伸矩形以框选住要扫描的范围，最后设置完毕以后执行“扫描”命令。在 Photoshop 里扫描后的图像是没有保存的，必须执行“文件/存储为”命令，将扫描图像保存到指定的文件夹。

提示：扫描图像的时候，要注意将图像色彩明度相近的图像放在一起扫描，这样扫描出来的图像的效果会好些，在处理时候也方便校正。反之，就会起到相反的作用。

6.2 图像输出

可以使用不同的系统来保存计算机文件的数据，任意文件使用的系统称作它的文件格式，不同类型的文件，如位图、声音、文本等使用不同的文件格式。下面主要介绍导出路径到 AI、Zoom View 格式以及打印输出的方法。

6.2.1　输出路径到 Illustrator

通过“路径到 Illustrator”命令，可以将 Photoshop 路径作为 Adobe Illustrator 文件导出。这样处理组合的 Photoshop 和 Illustrator 图片就更加容易了。

导出路径到 Illustrator 的方法是，在 Photoshop 中绘制并存储路径或将现有选区转换为路径，然后执行“文件”→“导出”→“路径到 Illustrator”命令，打开“输出路径”对话框，如图 6–8 所示。

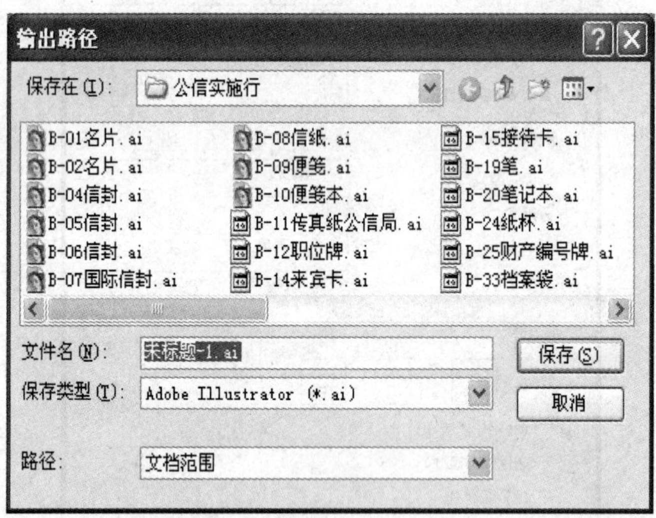

图 6–8 “输出路径”对话框

为导出的路径选取位置，并输入文件名，设置完毕后，单击“保存”按钮，然后在 Adobe Illustrator 中将保存的路径打开即可。

6.2.2　以 Zoom View 格式导出

Zoom View 是一种通过 Web 提供高分辨率图像的格式。利用 Viewpoint Media Player，用户可以放大或缩小图像并全景扫描图像以查看它的不同部分。

执行“文件”→“导出”→“Zoom View”命令，打开“Viewpoint Zoom View”对话框，如图 6–9 所示。

在“模板”选项中指定用于生成 MTX、HTML 和辅助文件的模板，在下拉列表框中选择“普通”或“带有说明”选项。

在“输出位置”选项组中单击“文件夹”按钮，为文件指定一个输出位置。在“基本名称”文本框中输入一个名称，为各文件指定一个通用名称。

在“URL”输入框中为广播许可文件指定一个 URL。

在“图像拼贴选项”选项组中设置拼贴大小、品质等；在“浏览选项”选项组中指定 Viewpoint Media Player 中图像的宽度和高度。设置完毕后，单击“好”按钮即可。

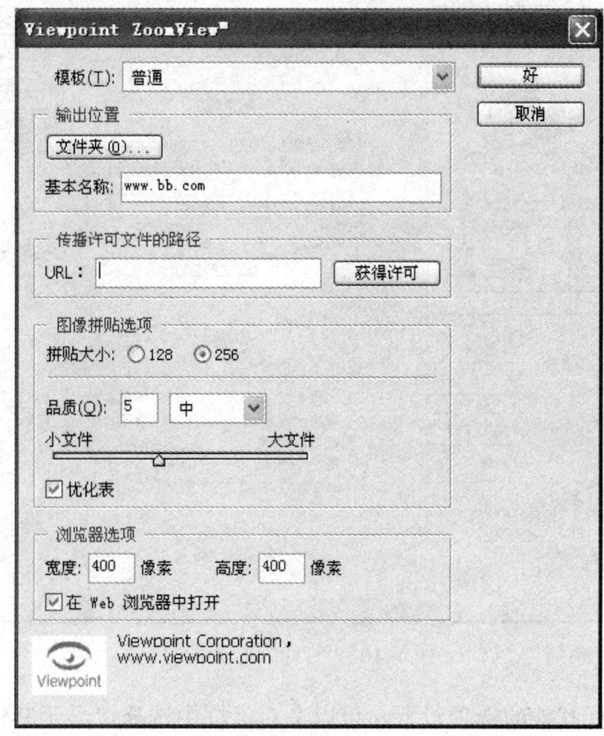

图 6–9　“Viewpoint Zoom View”对话框

6.2.3　打印输出

如果一个作品设计得非常优秀、有创意，但不能被正常地打印，也就不能让人们看到实际的打印效果，也就不能被印刷出来。在电脑上的绘图和实际的效果往往会有一定的差别，可能是在形状上，但更多的是在色彩的偏差上。因此，作为一个图形的设计者，能处理和把握好“打印的效果”是十分必要的。

1. 打印设置的选项

在正式打印图像之前，人们可以通过屏幕预先浏览打印的情况，满意后再正式打印，也可以将需要打印输出的文件放大或者重新定位。

设置打印选项的一般的方法如下：

（1）打开需要打印的图像，然后执行“文件”→“打印预览”命令，打开“打印”对话框，如图 6–10 所示。

（2）在“位置”选项中设置图像在打印页面的位置，可以在“顶”“左”文本框中分别设置图像到页面顶部和左部的距离，如果打印的图形位于页面的中央位置，可以直接选择“居中图像”复选框。

（3）在“放缩后的打印尺寸”选项中设置放缩的比例和图像打印尺寸，如果不需要显示定界框，可以直接取消“显示定界框”复选框。

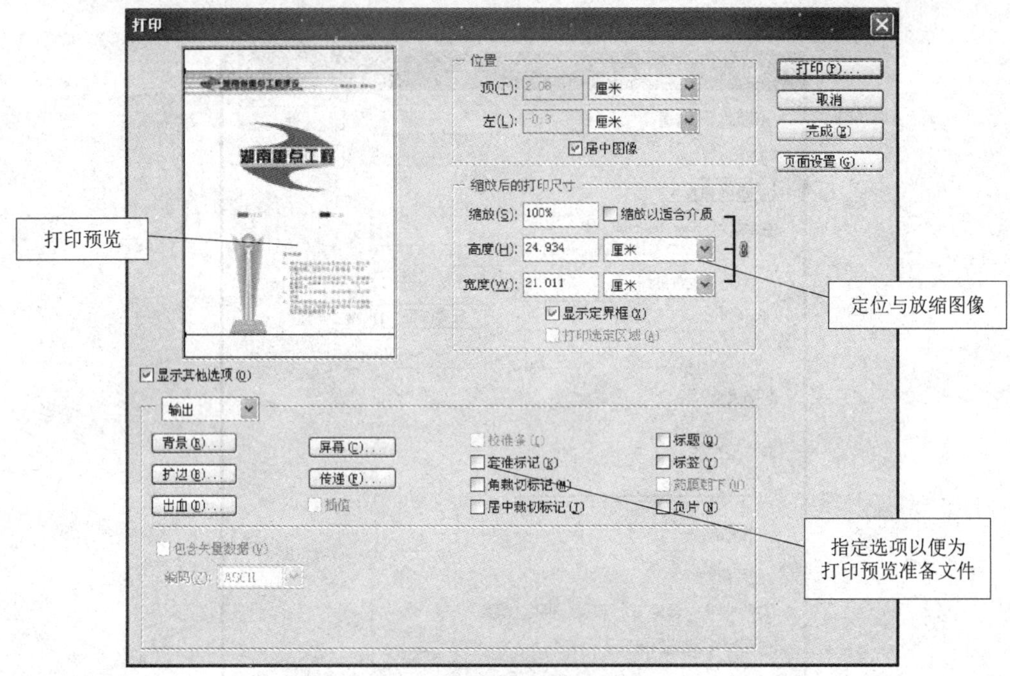

图 6–10 “打印”对话框

（4）如果需要进行其他的选项设置，可以在对话框中选择“显示其他选项”复选框，在下拉列表中选择“输出”，可以进行下面的相关设置：

①“背景”：单击该按钮，在“拾色器”对话框中选择颜色作为图像区域以外的部分颜色，这仅是一个打印选项，不会影响图像本身，如图 6–11 所示。

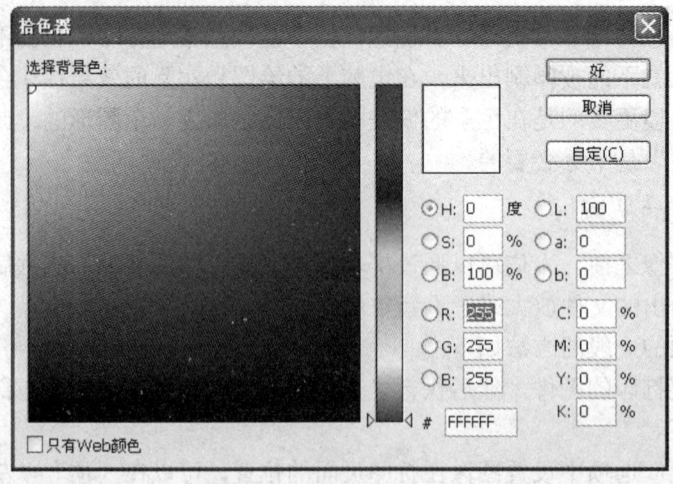

图 6–11 “拾色器”对话框

②“扩边”：单击该按钮，在“边界”对话框中的“宽度”文本框中输入数字并选择单位值，指定边框的宽度，如图 6–12 所示。

③“出血”：单击该按钮，在“出血”对话框中的“宽度”文本框中输入数字并选择单位值，指定边框的宽度，如图 6–13 所示。

图 6–12 “边界”对话框

图 6–13 “出血”对话框

④“网屏”：单击该按钮，在打开的“半调网屏”对话框中选择打印过程中使用的每个网屏设置网频和网点形状，如图 6–14 所示。

⑤“传递”：单击该按钮，打开图 6–15 所示的“传递函数”对话框，“传递函数”对话框传统上是用于补偿图像传递到胶片时可能发生的网点补正和网点损耗的。只有当直接从 Photoshop 打印或者当以 EPS 格式储存文件并打印到 PostScript 的过程中，才能使用该选项。通常情况下，最好使用“CMYK 设置”来调整网点的补正。

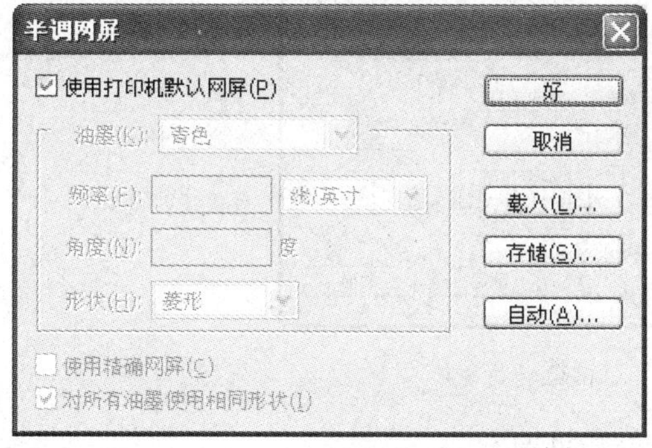

图 6–14 “半调网屏”对话框

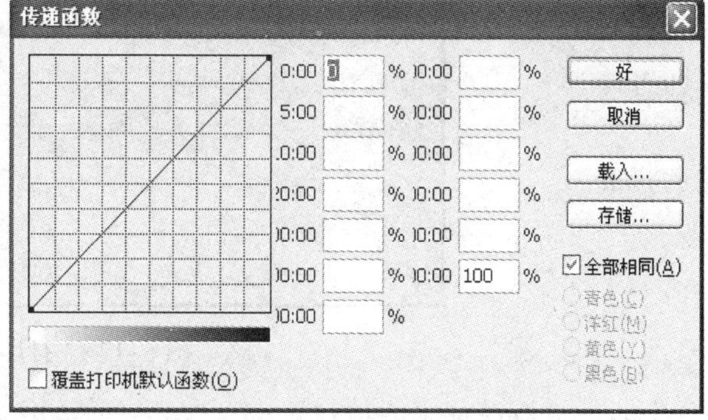

图 6–15 “传递函数”对话框

⑥“说明”：选择该复选框，可以在“文件简介”对话框中输入任何说明性文字。

⑦“标签”：选择该复选框，可在图像上方打印文件名称。

⑧“负片”：选择该复选框，可打印整个输出（包括所有的蒙版和任何背景色彩）的反色版本。

（5）如果在“显示其他选项”下面的列表中选择“色彩管理”选项，就会弹出图 6–16 所示的选项。

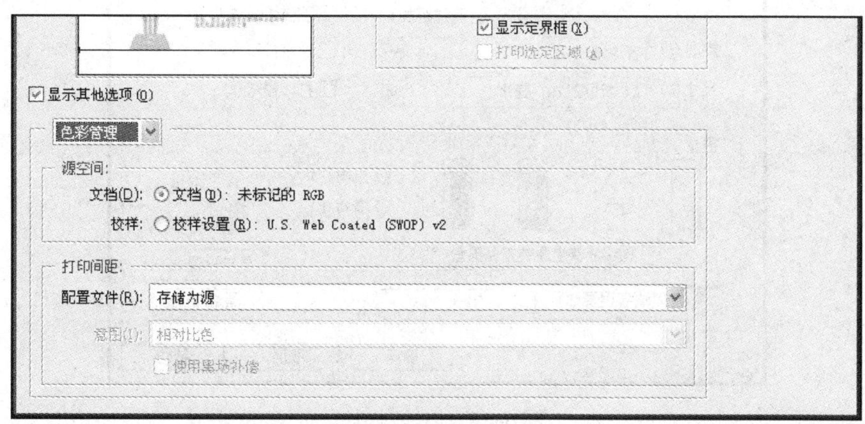

图 6–16 “色彩管理”选项

Photoshop 中的色彩管理系统通过校准显示器，确定显示器的特征以及创建用于打印机和纸张的配置文件。将设备运转所在的色彩空间正确地将颜色从一个色彩空间转换到另外一个色彩空间，以便打印机打印出与显示器的显示效果一致的颜色，完成以上设置以后，就可以点击“完成”按钮完成打印的设置。

2. 打印

在打印之前必须选择合适的打印设备，并设置好它的属性，这才能帮助人们确定正确的色彩转载。执行“文件”→“打印”命令，打开“打印”对话框，如图 6–17 所示。

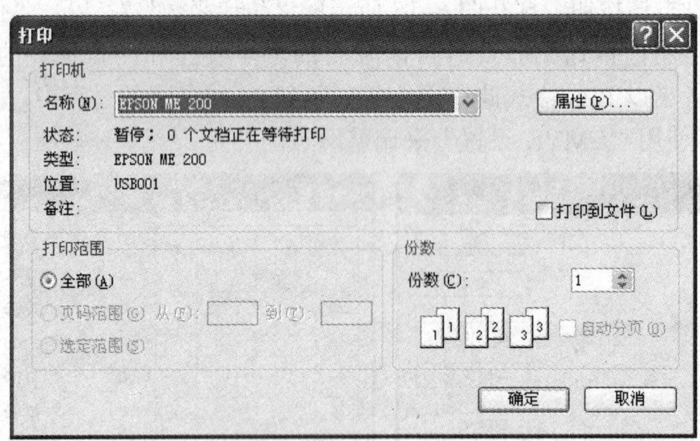

图 6–17 “打印”对话框

在属性对话框中可以进行图 6–18 所示的相关参数设置。

图 6–18 属性对话框

（1）“打印机”：在此选项中选择打印机，如果计算机上只安装了一台打印机可以不选择，直接用默认设置就可以，如果安装了多台打印机，可以在下拉列表中选择相关的打印机。

（2）“打印范围”：在此选项中设置图像的打印范围。

（3）“份数”：在此选项中设置图像的打印份数。

单击“属性”按钮，打开打印机的属性对话框，如图 6–18 所示。

在对话框中设置纸张方向、页序以及每张的打印页数，设置完毕以后单击“确定”按钮，返回“打印”对话框，在“打印”对话框中设置完毕以后，单击“确定”按钮完成打印操作。

课后练习

1. 利用扫描仪扫描本教材的封面。

要求：

（1）按 150 dpi 的分辨率，以专业模式扫描本教材的封面，要求扫描仪器的使用和设置操作准确。

（2）将扫描的结果导出路径到 Illustrator，保存为 AI 格式，然后在 Illustrator 中打开。

注意事项：在扫描图像之前，要首先安装扫描仪的驱动程序，并用数据线将其与计算机相连，为了保证扫描的效果，应该在弹出的对话框中设置好图像要求的扫描色彩模式、分辨率和动态范围等，然后点击“预览”查看效果，在预览效果符合要求的时候才执行裁切扫描图像，方法是拉伸矩形以框选住要扫描的范围，设置完毕以后执行“扫描”命令。

2. 打印设置和打印输出。用 Photoshop 打开“素材/第 6 章/练习”中的“横向”（如图 6–19 所示）、“纵向”（如图 6–20 所示），然后分别按图像格式打印，要求对打印的使用和设置操作准确。

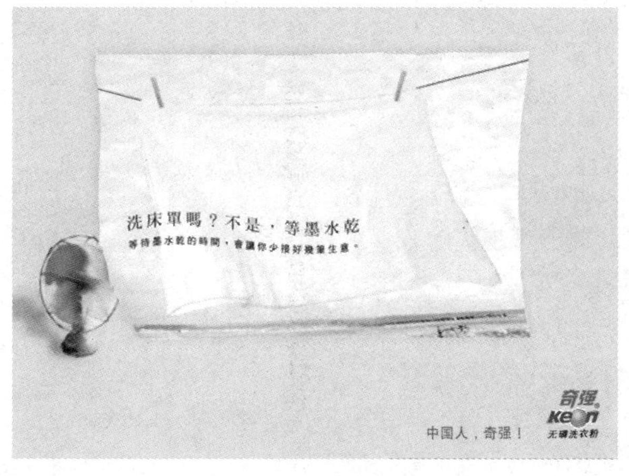

图 6–19　横向

图 6–20　纵向

注意事项：在打印图像之前，要首先安装打印的驱动程序，并用数据线将其与计算机相连，检查打印机器是否开启。为了保证打印的效果，应该在弹出的对话框中设置好图像要求的打印模式、使用的纸张等，然后点击“打印预览”查看效果，在预览效果符合要求的时候才执行“打印”命令。

第 7 章　动画角色 UV 材质的绘制

要点、难点分析

要点：

① 对 Photoshop 界面和基本工具的初步了解，为后继学习奠定一定的基础

② 三维角色的颜色贴图、凹凸贴图、高光贴图、透明贴图的学习

难点：

① 材质贴图赋予模型时的 UV 拉伸

② 透明贴图的绘制

难度：★★★★★

技能目标

① 掌握基本的 Maya 展 UV 的方法

② 学会三维角色的颜色贴图、凹凸图贴、高光贴图的制作方法

③ 掌握用 Photoshop 绘制贴图的基本方法

7.1　UV 模型导出的基本知识

（1）把模型导入 Maya 软件中观察模型，然后分析该如何对模型进行展 UV，如图 7–1 所示。

图 7–1　模型示例

（2）模型附件太多，选择模型的头部，点击“隔离”选项，单独显示头部模型。然后选择头部的边线，这也是以后分展后 UV 的边界线，如图 7–2 所示。

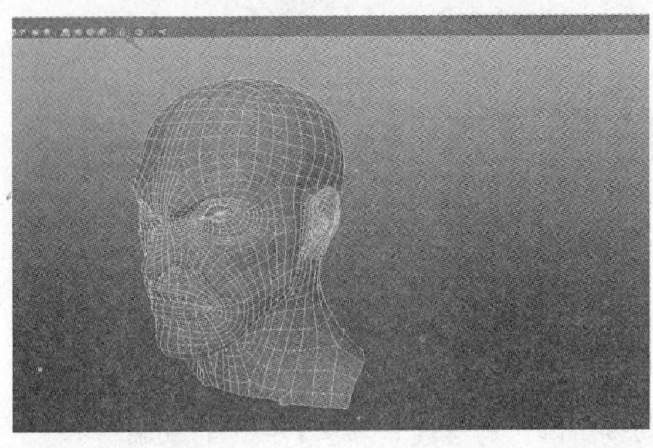
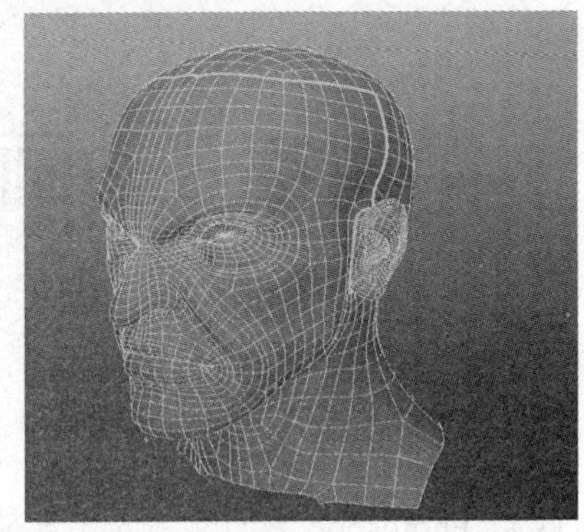

图 7–2　UV 边线剪切口

（3）在 UV 编辑器中按“Shift+鼠标右键”组合键选择命令“cut uvs”（把边剪断），如图 7–3 所示，再选择全选 UV 点，按“Shift+鼠标右键”组合键选择“unfold uvs”（展开 UV）命令。然后调整 UV，最后得到效果，如图 7–4 所示。

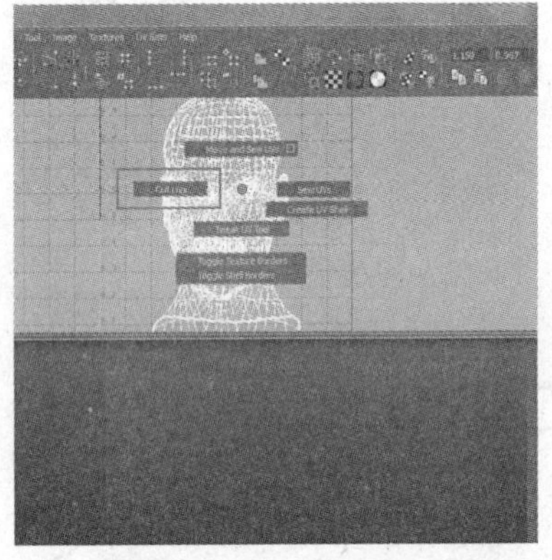

图 7–3 “cut uvs”命令

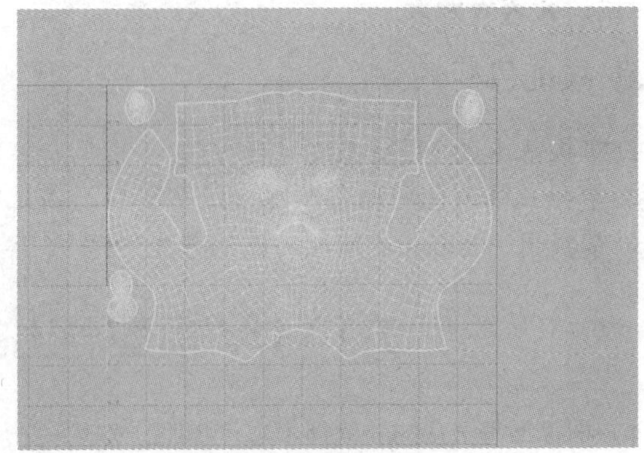

图 7–4　UV 完成

（4）只显示模型的身体部分，如图 7–5 所示，选择胳膊、手臂、手掌、腿的边线，然后用上述方法对模型 UV 进行分解，如图 7–6 所示。

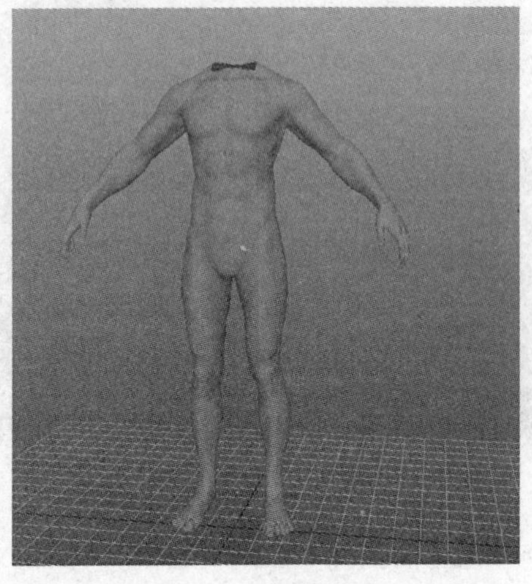

图 7–5　身体模型

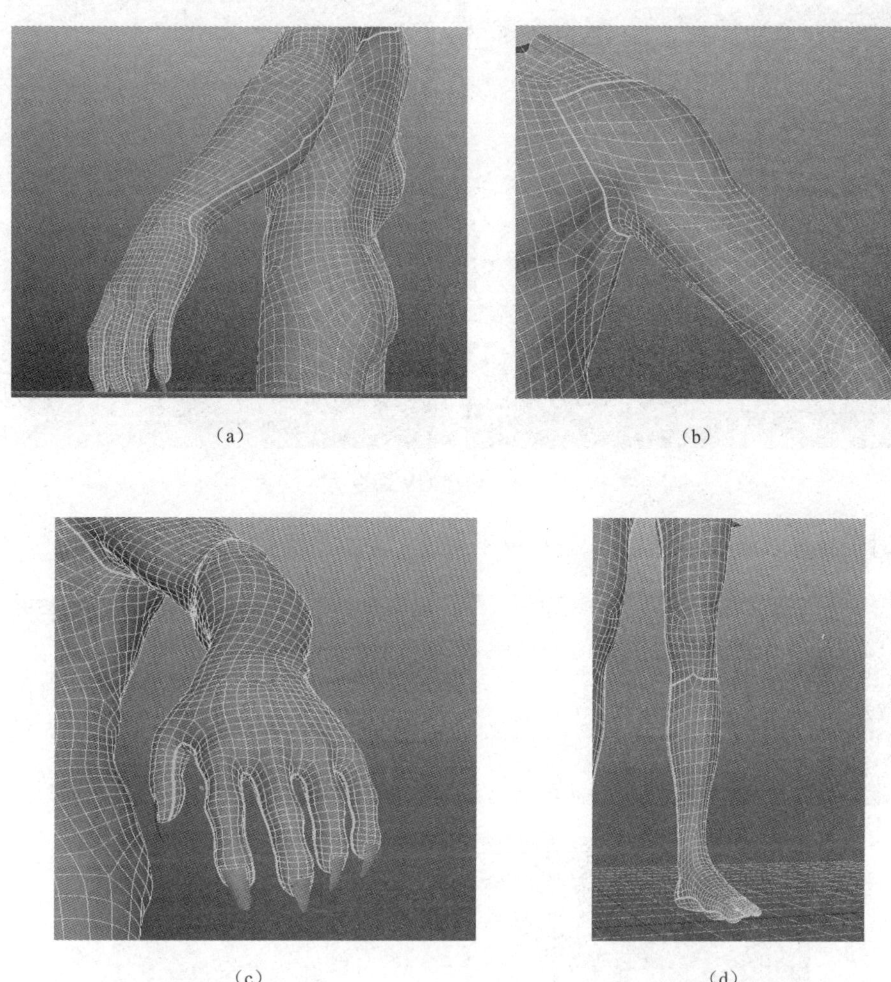

（a）　（b）　（c）　（d）

图 7–6　胳膊、手臂、手掌、腿的 UV 切线的位置

（a）胳膊；（b）手臂；（c）手掌；（d）腿

（5）最后身体展好 UV 的效果如图 7–7 所示。

（6）显示身体服装模型，对肩膀上的羽绒模型进行 UV 分展，先选择一个羽毛，然后 UV 展好，接着拷贝 UV。方法是：选择已经展好的羽毛 UV 模型加选没有展好的羽毛模型，再选择“polygon”（多边形建模）→“mesh”（多边形网络）→“Transfer Attributes”（传递 UV 命令）。在“Transfer Attributes”属性中要勾选“Component”这个选项。使用这个命令的条件是两个模型的点、线、面一样多，如图 7–8 所示。

图 7–7　身体 UV 展开完成

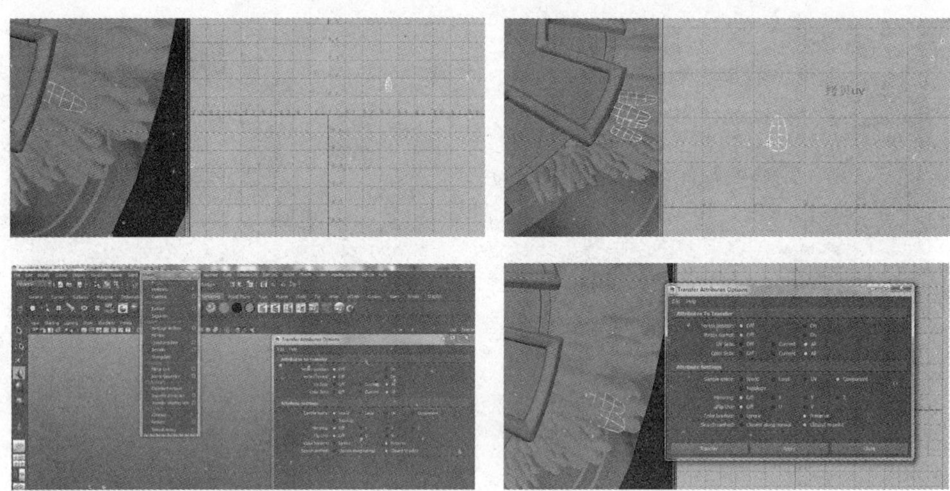

图 7–8 传递 UV 命令

（7）对于身体衣服等其他 UV，这里就不赘述了，方法同上，如图 7–9 所示。

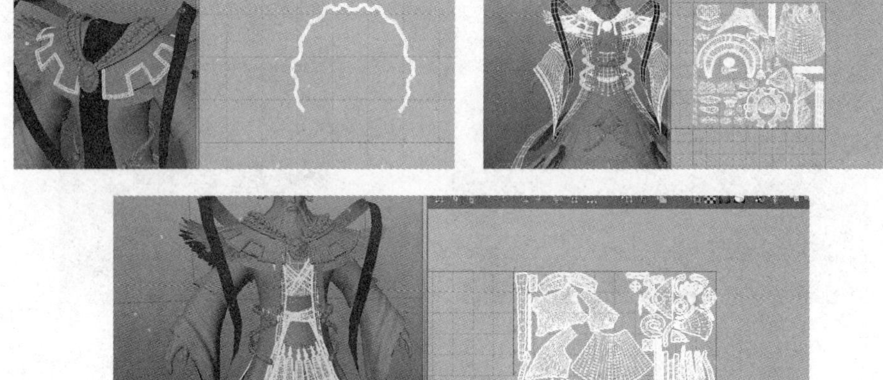

图 7–9 身体其他部位 UV

7.2 材质与贴图——角色人头贴图的制作

1. 颜色贴图的制作

（1）选择一个正面参考图，让参考图的五官尽量对齐 UV 图然后把图层模式改成“滤色”，再找一张侧面参考图，建立蒙版，用黑色的画笔擦除多余的部分，如图 7–10 所示。

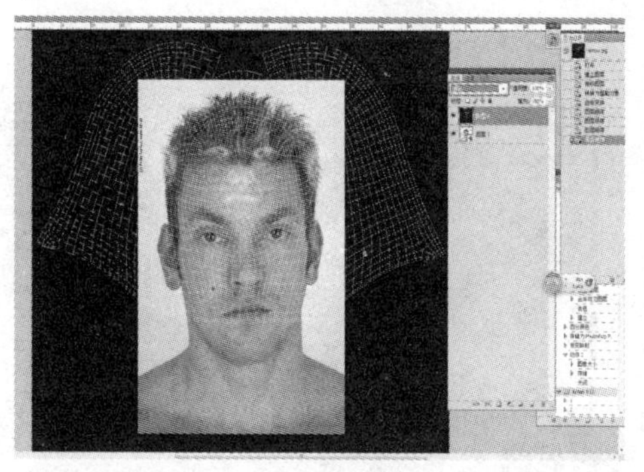
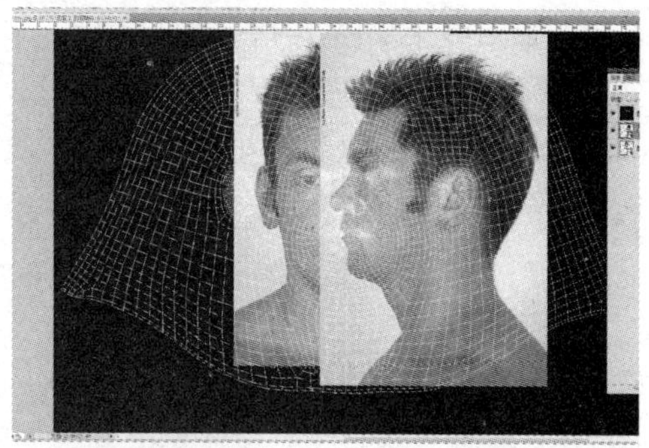

图 7–10　导入素材合成贴图

（2）在操作步骤（1）后效果如图 7–11 所示，但是发现鼻子、嘴巴等细节的地方还没有对齐，这时如果贴到三维模型中五官也会错位，所以还需要修改细节。

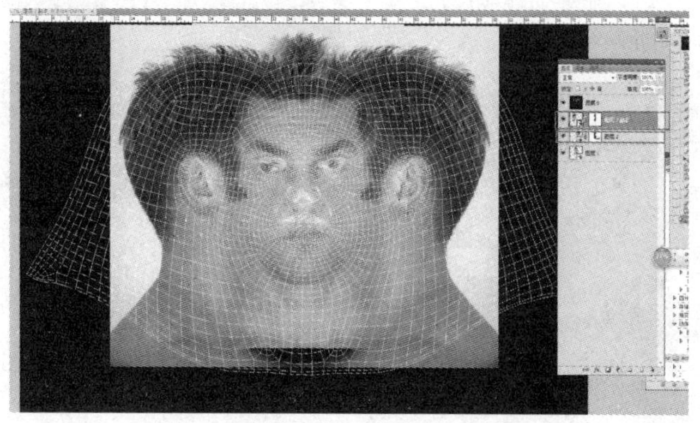

图 7–11　头部贴图修改细节

（3）重新选择一张图，截取此图的嘴巴，然后将其拖入要修改的图层中，如图 7–12 所示。

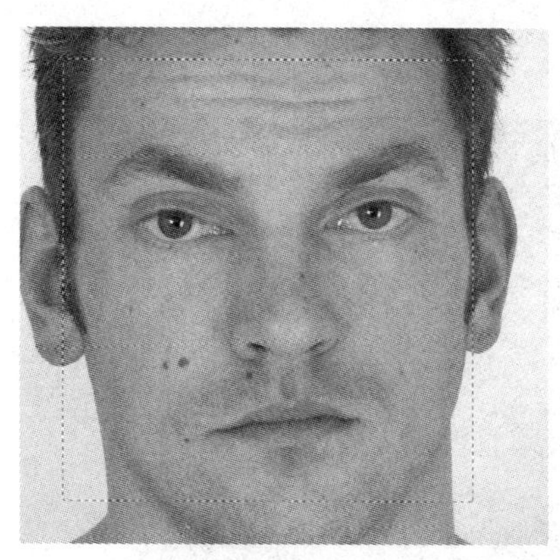
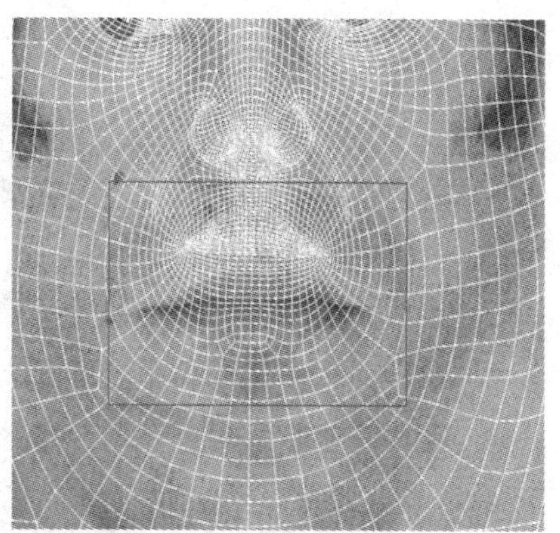

图 7–12　嘴巴材质调整

（4）在自由变换工具（快捷键“Ctrl+T”）的右键菜单中选择变形工具，调节嘴巴的位置，如图 7–13 所示。

（5）操作时发现以前的那个位置不正确的嘴巴还在，此时应该用图章工具把多余的嘴巴进行覆盖。最后效果如图 7–14 所示。

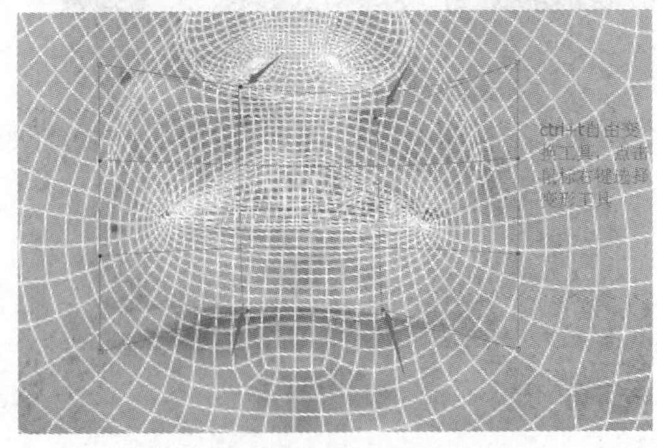

图 7–13　使用变形工具

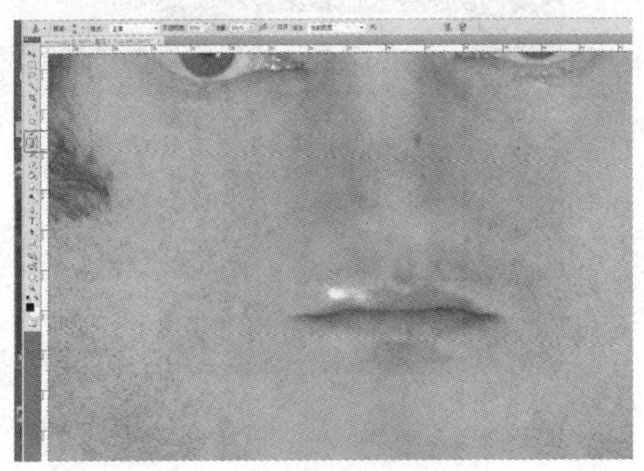

图 7–14　使用图章工具

（6）以同样的方法去调整不正确的位置，最后对整张脸用自由变换工具的“变形”命令进行修改，如图 7–15 所示。

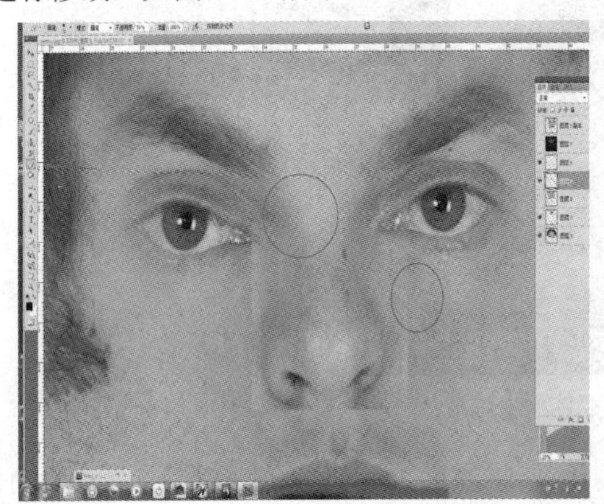

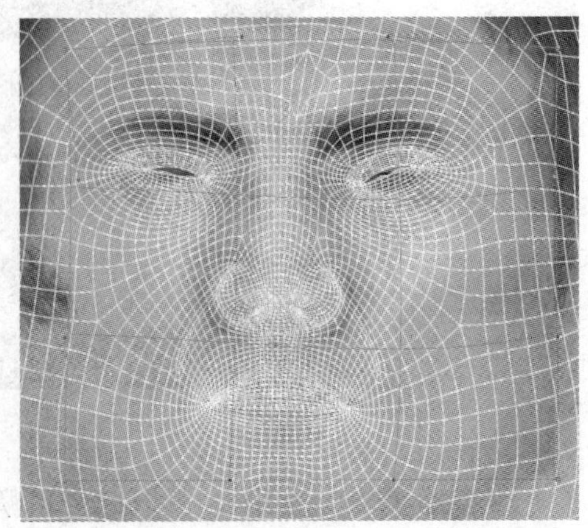

图 7–15　使用自由变换工具

（7）调整完之后效果如图 7–16 所示。

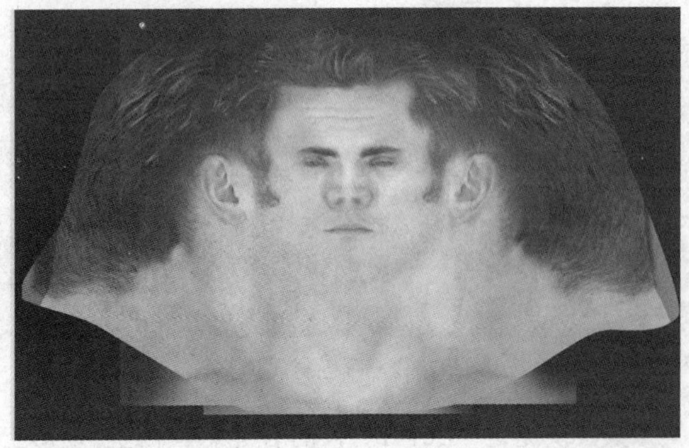

图 7–16　调整之后的效果

（8）根据不同的需求，可以在 Photoshop 里面调整色阶、色彩平衡、色彩饱和度，让颜色更接近正常的肤色，效果如图 7–17 所示。

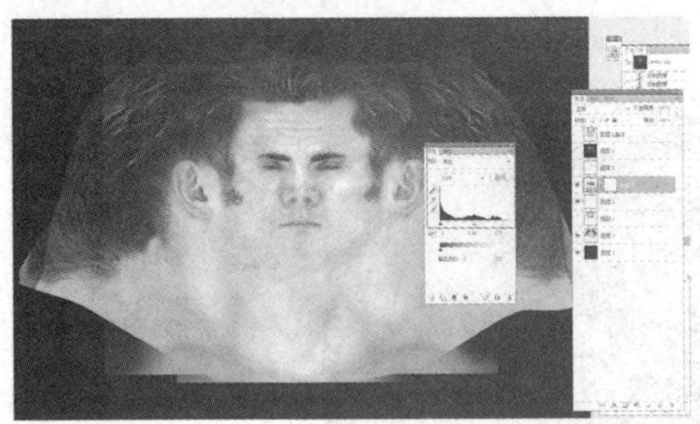
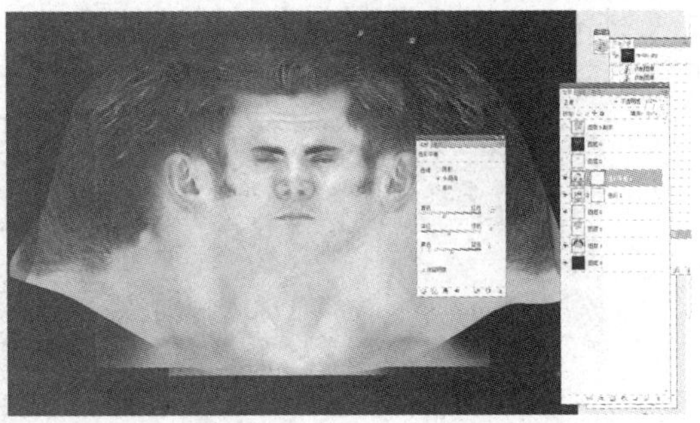

图 7–17　调整贴图颜色

（9）此时颜色贴图制作完成，最后效果如图 7–18 所示。

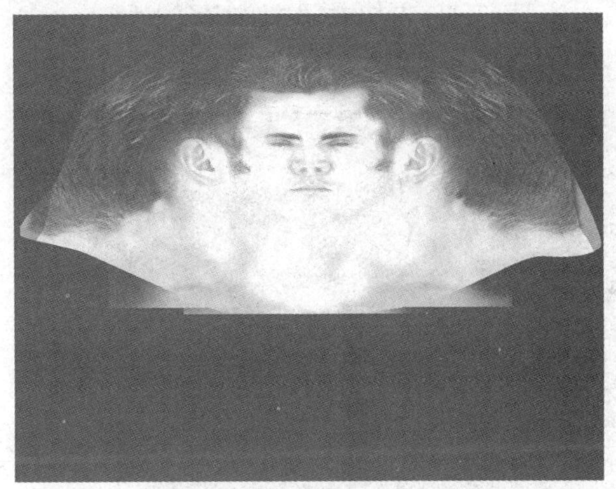

图 7–18　最终效果

2. 高光贴图的制作

颜色贴图已经制作完成，但是高光也需要用一张高光贴图来控制，下面制作高光贴图。

（1）在 Photoshop 制作颜色贴图的文件里，盖印图层（快捷键“Shift+Ctrl+Alt+E”），把颜色贴图的图层效果变成一张图层，然后复制图层（快捷键“Ctrl+J”），如图 7–19 所示。

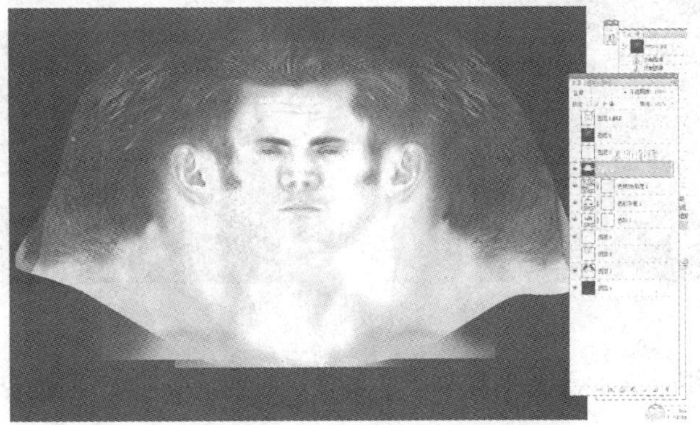

图 7–19　盖印图层

（2）去色，让彩色的图片变成黑白图片，在三维软件中黑色代表没有高光效果，白色代表高光。首先复制一个图层，然后用“色阶”命令，让黑白的对比明显，如图 7–20 所示。

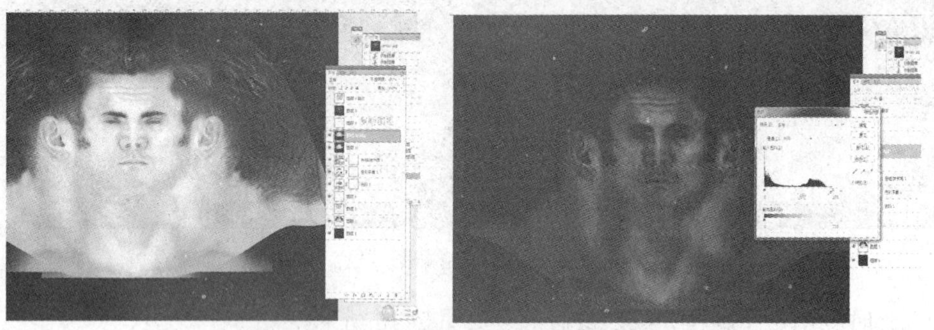

图 7–20 失去色后用“色阶”命令调整

（3）在图层上建立一个蒙版，如图 7–21 所示。

图 7–21 建立蒙版

（4）因为黑的地方没有什么细节，使用画笔工具，调节画笔的透明度，擦出死黑的细节，如图 7–22 所示。

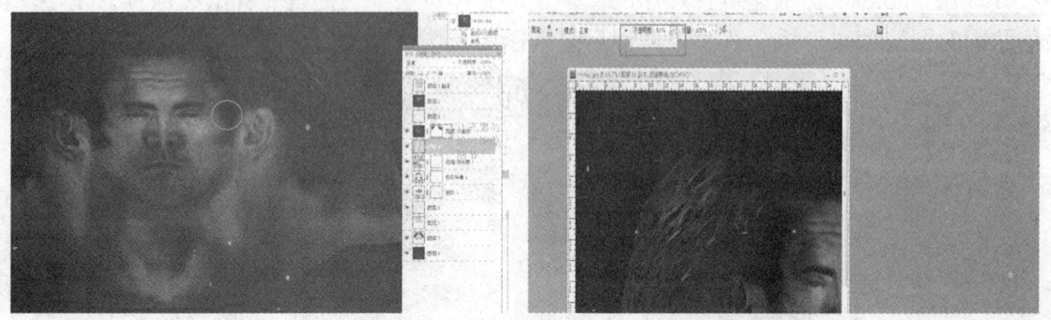

图 7–22 用画笔工具调整

（5）用加深减淡工具丰富高光和暗部的细节，让鼻子、嘴巴、颧骨等部分的高光更加明显，如图 7–23 所示。

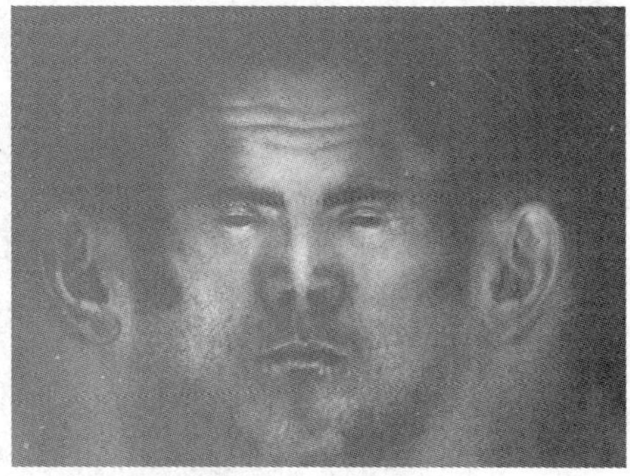

图 7–23　用加深减淡工具调整

（6）高光贴图制作完成，效果如图 7–24 所示。

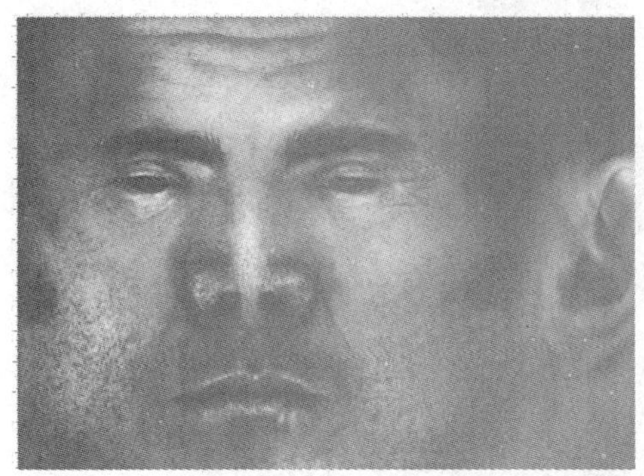

图 7–24　高光贴图的效果

3. 三维贴图（凹凸贴图）的制作

（1）将颜色贴图去色，令其变成一张黑白图片，然后调节色阶、对比度、明度，使贴图的黑白对比相对减弱，如图 7–25 所示。

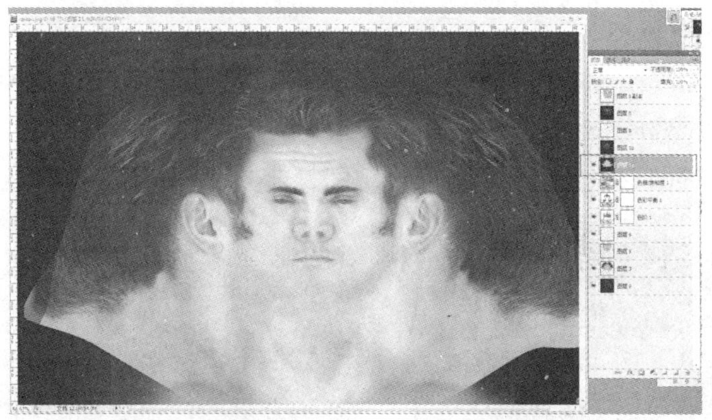

图 7–25　调整色阶、对比度、明度后的效果

（2）执行“滤镜”→“其他”→“高反差保留”命令调节参数，然后绘制细节。鼻头、下巴、额头等处的皮肤比较粗糙，所以凹凸感比其他地方相对较强。利用图章工具进行制作，如图 7–26 所示。

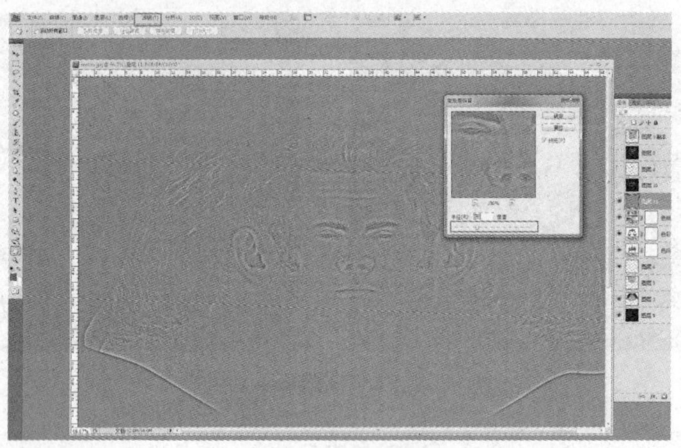

图 7–26　高反差保留

（3）凹凸贴图制作完成，如图 7–27 所示。

图 7–27　凹凸贴图的完成效果

4. 将贴图赋予模型

（1）打开 Maya 软件，执行“window”（窗口）→“rendering editors”（渲染编辑器）→“hypershade”（材质大纲）命令，如图 7–28 所示。

（2）选择一个 blinn 材质球，按住鼠标中键托给模型，这样模型就有材质了，如图 7–29 所示。

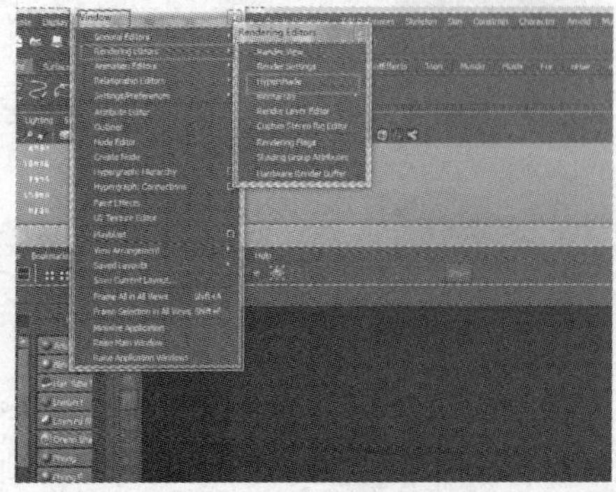

图 7–28　材质编辑器

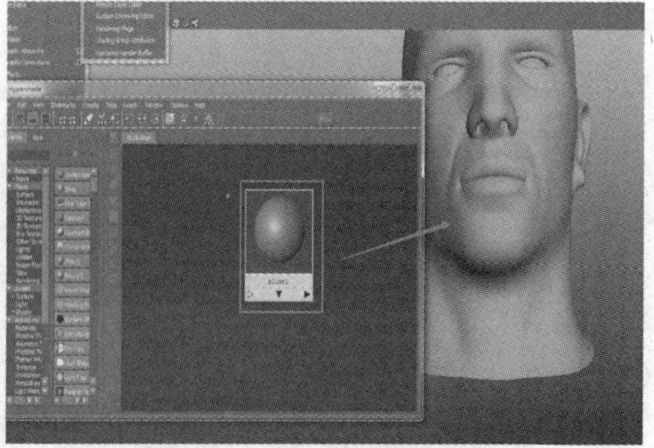

图 7–29　将材质赋予模型

（3）建立三个文件，用鼠标双击材质球，点开材质球的属性，选择文件，然后按住鼠标中键，分别将之拖入属性栏中的“color”（颜色贴图）、“bump mapping”（凹凸贴图）、“specular color”（高光颜色贴图），如图 7–30 所示。

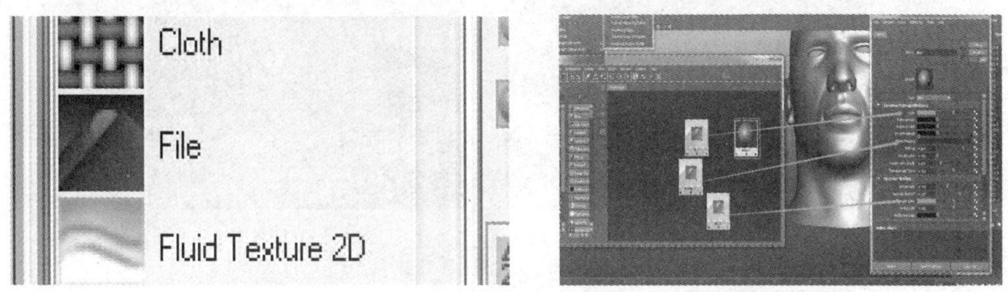

图 7–30　属性链接

（4）在材质大纲中点击凹凸节点，弹出属性面板，修改“bump depth”（凹凸的大小），如图 7–31 所示。

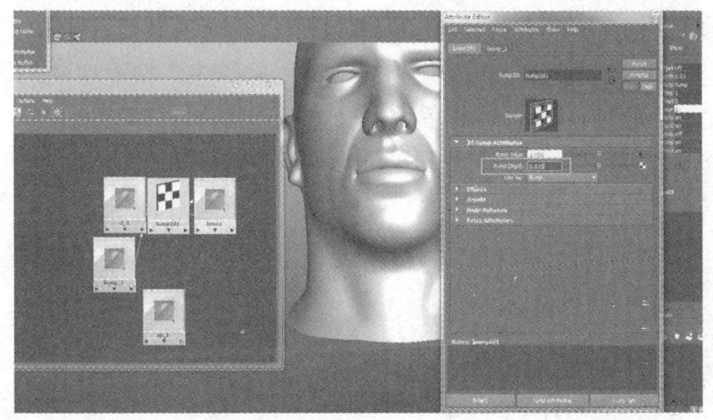

图 7–31　凹凸贴图的属性调整

（5）将眼球展好 UV，贴好材质，方法同上，如图 7–32 所示。

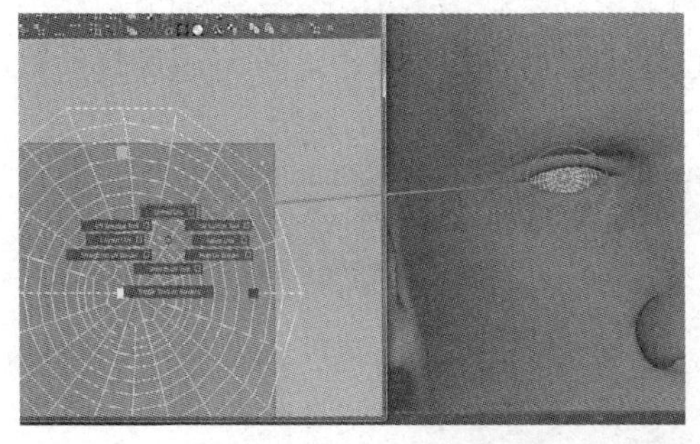
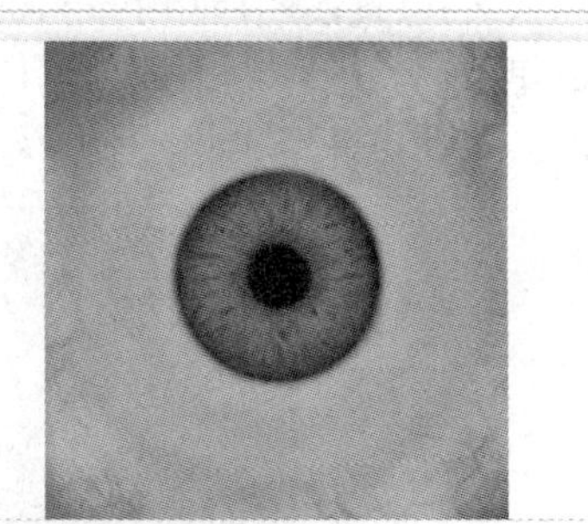

图 7–32　将材质赋予眼球

（6）最终效果如图 7–33 所示。

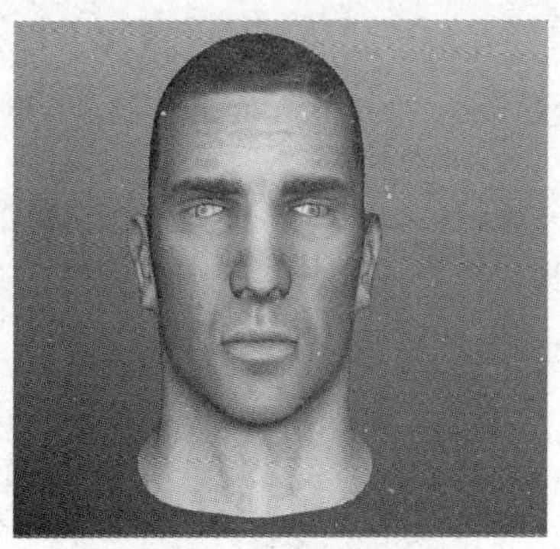
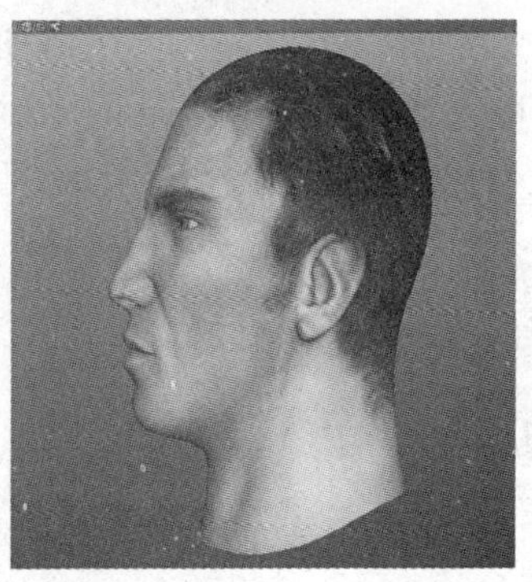

图 7–33 最终效果

7.3 材质与贴图——角色全身贴图的制作

1. 绘制材质

（1）把已经展好的 UV 导入 Photoshop 中，对 UV 绘制材质。首先给 UV 一个灰色的底色，然后用填充工具，为每一个物件绘制一个单色的底色。填充底色的好处是为模型的色调打下了基础，使接下来绘制的材质和色调不会太花，如图 7–34 所示。

图 7–34 色块填充

（2）细节的绘制。首先确定要绘制的东西，先进入 Maya，选择需要绘制的模型，查看 UV，确定 UV 的位置，然后用 Photoshop 的画笔工具绘制图案细节。这种细节当然不是凭空想象的，如果有原画设计稿，就根据原画设计稿来制作，如果没有，就必须多找资料，找到满意的图案，稍加设计再进行绘制。纹理绘制示例如图 7–35 所示。

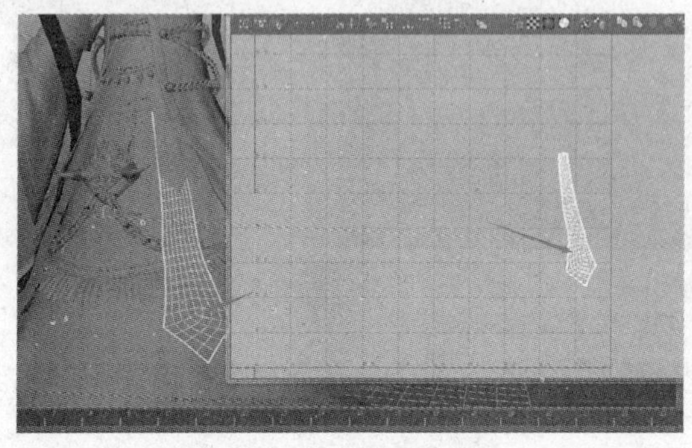

图 7–35 绘制纹理

图 7–35　绘制纹理（续）

（3）以腹部衣服的材质绘制为例。要绘制腾龙图案，先在网络上查找到一个图案，然后将其导入 Photoshop 中，用移动工具将其拖入颜色贴图中，然后把图层模式改成“正片叠底”，将透明度改成 25%。这时图案就绘制上去了，如图 7–36 所示。

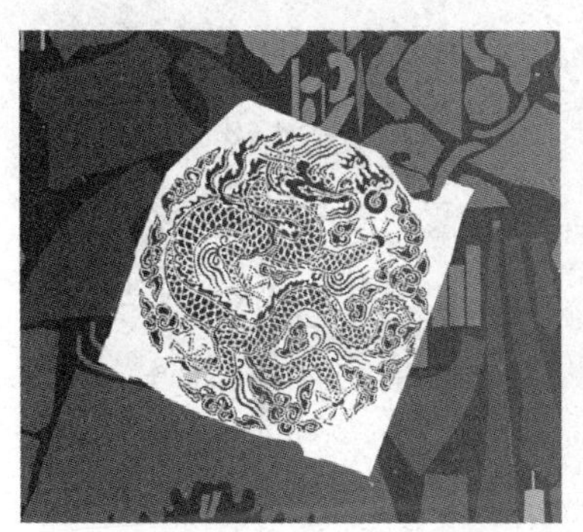
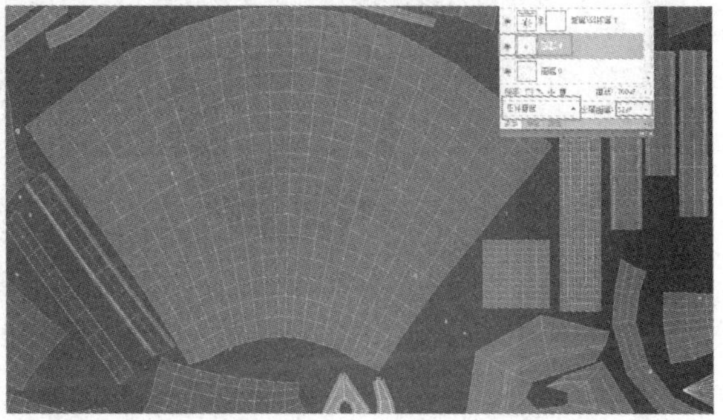

图 7–36　绘制腾龙图案

（4）这时发现绘制的材质上是单色而并没有什么纹理，需要叠加一些纹理到材质上。

可以找到材质网站（如 textures.com），然后在网站中下载不同类型的纹理，如图 7–37 所示。

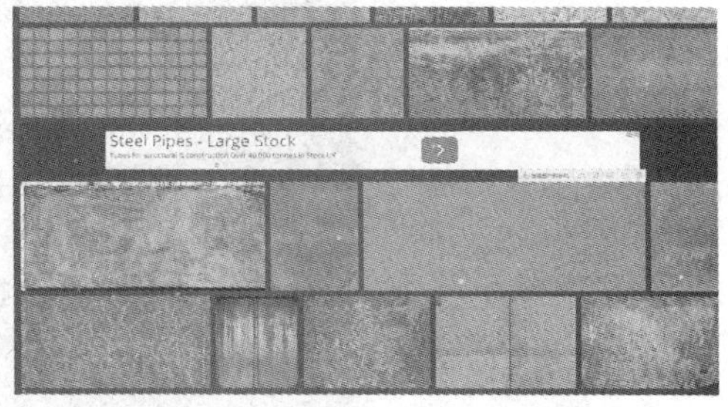

图 7–37　素材搜集

（5）找到了一个材质，将其拖入 Photoshop 中，按“Ctrl+T”组合键改变图片的大小，接着将图层模式改成“正片叠底”，如图 7–38 所示。

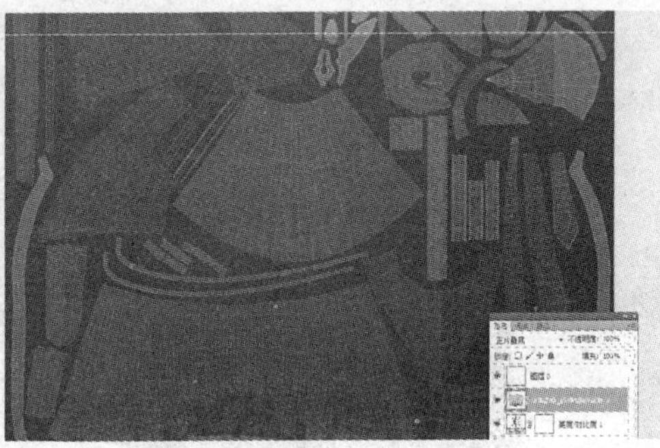

图 7–38　高反材质叠加

（6）为材质添加一个蒙版，蒙版的作用是先把纹理材质全部隐藏，然后用画笔工具把需要的材质擦出来。把画笔的透明度改为 32%，让纹理材质有过渡的变化，如图 7–39 所示。

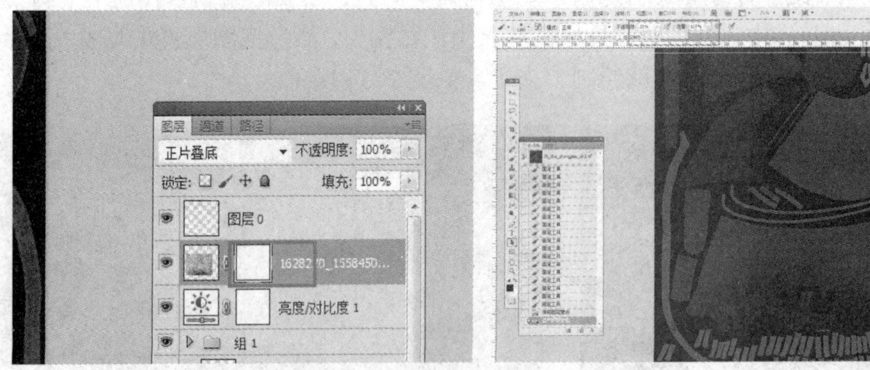

图 7–39　利用蒙版绘制材质示例

（7）擦除后的效果如图 7–40 所示。

图 7–40　叠加材质绘制完成

（8）绘制衣袍的羽绒，用加深减淡工具，绘制羽绒的效果如图 7–41 所示。

图 7–41　绘制羽绒的效果

（9）衣服的颜色贴图的效果如图 7–42 所示。

图 7–42　衣服的颜色贴图的效果

2. 凹凸贴图和高光贴图的制作

（1）把颜色贴图去色，然后用色阶工具调节对比度，再用加深减淡工具把明暗关系拉开，让暗部有细节，如图 7–43 所示。

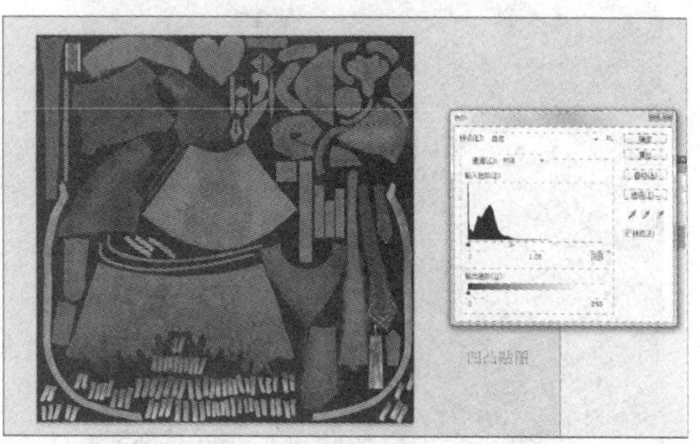

（a）

图 7–43　凹凸贴图和高光贴图

（a）凹凸贴图；

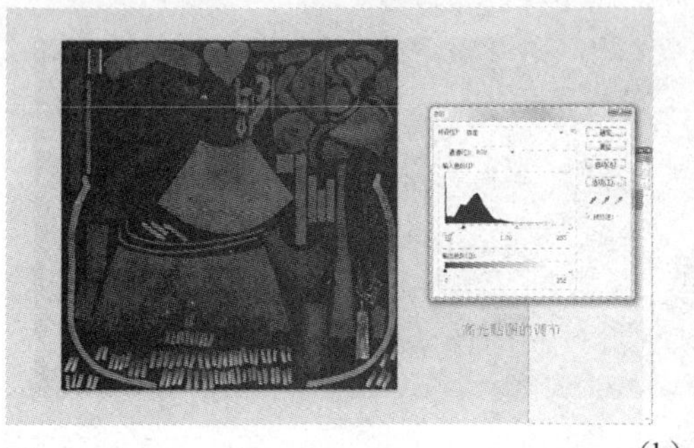

（b）

图 7–43 凹凸贴图和高光贴图（续）

（b）高光贴图

（2）衣服的模型的颜色贴图、高光贴图、凹凸贴图制作完成，分别建立材质球，把这些贴图赋予模型，如图 7–44 所示。

① 将颜色贴图赋予材质球：Color 属性；

② 将高光贴图赋予材质球：Specular Color 属性；

③ 将凹凸贴图赋予材质球：Bump Mapping 属性。

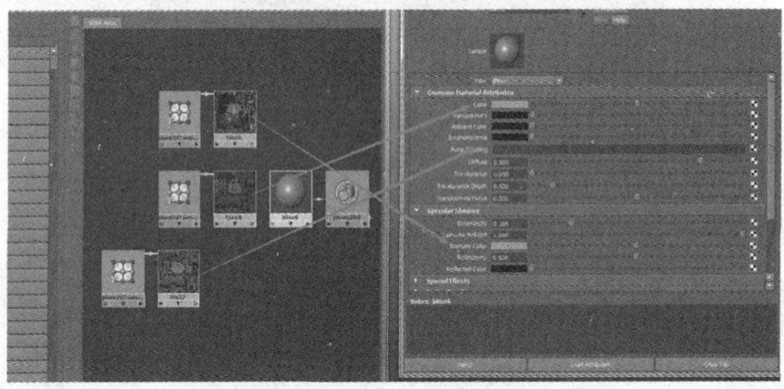

图 7–44 将材质赋予模型

（3）绘制胡须材质，胡子的模型和胡子的 UV 如图 7–45 所示。

图 7–45 胡子的模型和胡子的 UV

（4）在 Photoshop 中用画笔工具绘制出胡子的大体结构，然后画出明暗关系和空间立体感，如图 7–46 所示。

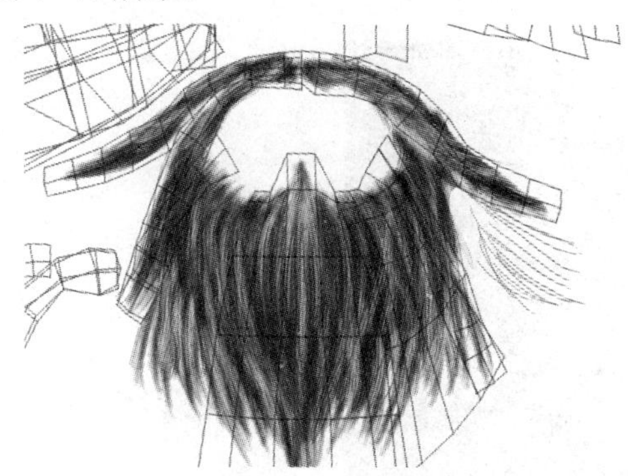

图 7–46　绘制胡子的大体结构

（5）发现胡子的颜色比较单调，应该在上面绘制一些环境反射颜色。建立一个空白图层，然后将模式改成颜色模式，在红白图层中绘制环境颜色，如图 7–47 所示。

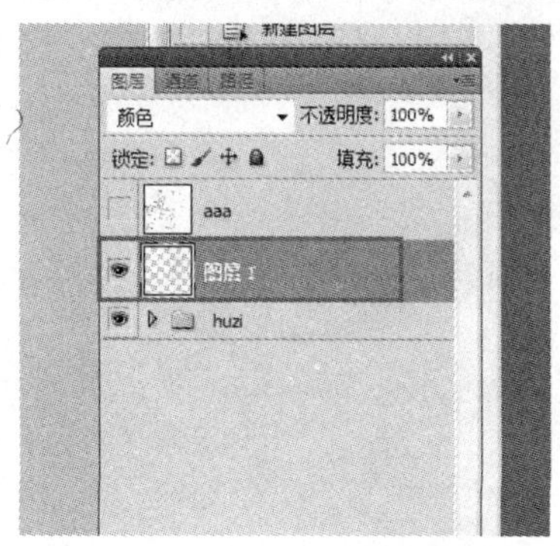

图 7–47　绘制胡子的颜色

（6）保存文件，保存格式为 PNG，因为这个格式比 JPG 格式多一个 Alpha 通道（透明通道），这样导入 Maya 中的（Transparency）透明属性，有绘制的地方就会显示而没有绘制的地方就会透明，如图 7–48 所示。

图 7–48　胡子的保存格式

（7）最后导入 Maya 中的效果如图 7–49 所示。

图 7–49　胡子的完成效果

（8）用相同的方法，制作出人头贴图（图 7–50）和剩余部分的贴图（图 7–51）。

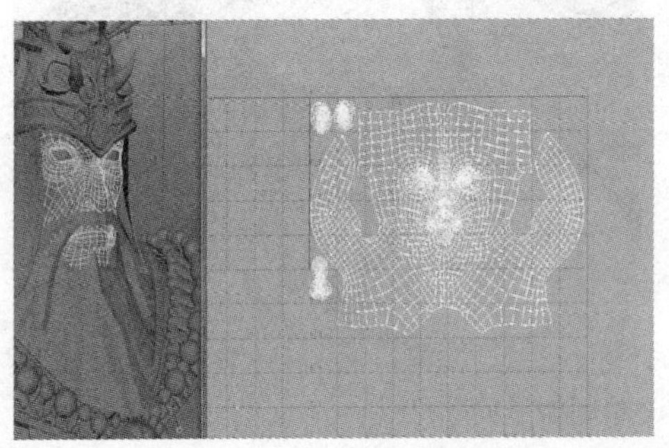

图 7–50　人头贴图

图 7–51　余下部分的贴图

（9）最终效果如图 7–52 所示。

图 7–52　最终效果

课 后 练 习

根据在本章学习的基本知识，收集各类自己喜欢的贴图作为参考图片。根据参考图片，结合教材中提供的三维模型绘制一套具有自己喜欢的风格的 UV 材质。

第 8 章　折页的设计与制作

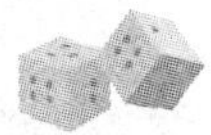

要点、难点分析

要点：

① 宣传折页设计的基本常识

② 旅游宣传折页的制作

③ 家具公司产品宣传折页的制作

难度：★★★★

技能目标

掌握设计和制作折页的基本知识

8.1　宣传折页设计的基本常识

单张 DM[①]设计是商业贸易活动中的重要媒介，俗称小广告。它通过邮寄向消费者传达商业信息，国外称为“邮件广告”“直邮广告”等。宣传卡具有针对性、独立性和整体性，在工商界中应用广泛。

1. 针对性

宣传卡可分为三类：一类是宣传卡片（包括传单、折页、明信片、贺年片、企业介绍卡、推销信等），用于商品提示、活动介绍和企业宣传等；另一类是样本（包括各种册子、产品目录、企业刊物、画册），用于系统展现产品，有前言、厂长或经理致辞，各部门、各种商品、成果介绍，未来展望和介绍服务等，可树立一个企业的整体形象；最后一类是说明书，一般附于商品包装内，以让消费者了解商品的性能、结构、成分、质量和使用方法。

这些内容繁多的广告刊登在其他媒介物上，不易达到全面、翔实的介绍效果和定向宣传的目的。宣传卡以一个完整的宣传形式，针对销售季节或流行期，有关企业和人员，展销会、洽谈会，购买货物的消费者进行邮寄、分发、赠送，以扩大企业、商品的知名度，推售产品和加强购买者对商品的了解，它强化了广告的效用。

2. 独立性

宣传卡自成一体，无需借助其他媒体，不受其他媒体的宣传环境、公众特点、信息安排、版面、印刷、纸张等的限制，又称为“非媒介性广告”。样本和说明书是小册子，有封面和内页，像书籍一样，既有完整的封面，又有完整的内容。宣传卡的纸张、开本、印刷方式、

---

① 编辑注：“DM”是“Direct Mail”的缩写，中文意为“直邮”。

邮寄和赠送对象等都具有独立性。

正因为宣传卡具有针对性强和独立的特点，因此要充分让它为商品广告宣传服务。应当从构思到形象表现，从开本到印刷、纸张都提出高要求，让消费者爱不释手。就像人们得到一张精美的卡片或一本精美的书籍时会将之妥善收藏，而不会随手扔掉一样，精美的宣传卡同样会被长期保存，起到长久的作用。

1）纸张

宣传卡根据不同的形式和用途选择纸张，一般用铜版纸、卡纸等。

2）开本

宣传卡的开本，有 32 开、24 开、16 开、8 开等形式，还有的采用长条开本，经折叠后形成新的形式。开本大的利于张贴，开本小的利于邮寄、携带。

3）折叠

折叠方法主要采用“平行折”和“垂直折”两种，并由此演化出多种形式。样本运用“垂直折”，而单页的宣传卡片则两种都可采用。“平行折”即每一次折叠都以平行的方向去折，如一张六个页数的折纸，将一张纸分为三份，左右两边在一面向内折入，称为“折荷包”，左边向内折、右边向反面折，则称为“折风琴”。六页以上的风琴式折法，称为“反复折”，也是一种常见的折法。

4）整体性

在确定了新颖别致、美观、实用的开本和折叠方式的基础上，宣传卡封面（包括封底）要抓住商品的特点，运用逼真的摄影或其他形式和牌名、商标及企业名称、联系地址等，以定位的方式、艺术的表现，吸引消费者；而内页的设计要详细地反映商品方面的内容，并且做到图文并茂。对于专业性强的精密复杂的商品，实物照片与工作原理图应并存，以便使用和维修。封面形象需色彩强烈而显目；内页色彩应相对柔以便于阅读。对于复杂的图文，要求讲究排列的秩序性，并突出重点。对于众多的张页，可以作统一的大构图。封面、内心要造成形式、内容的连贯性和整体性，统一风格气氛，围绕一个主题。

8.2 案例操作

8.2.1 旅游宣传折页的制作

1. 实现步骤的第一部分——制作外页

（1）新建一个空白的文件，在弹出的对话框中，参数设置如图 8–1 所示。宽度为 291 mm，高度为 216 mm，分辨率为 300 像素，模式为 CMYK 颜色。其中高度和宽度包括了上、下、左、右各需留出的 3 mm 出血。

（2）在尺寸为 291 mm×216 mm 的文件中，从标尺上拉出辅助线到 3 mm 出血线位置和 145.5 mm 处，如图 8–2 所示。对当前文件进行保存，并保存一个副本作为后面制作内页时的标准尺寸。

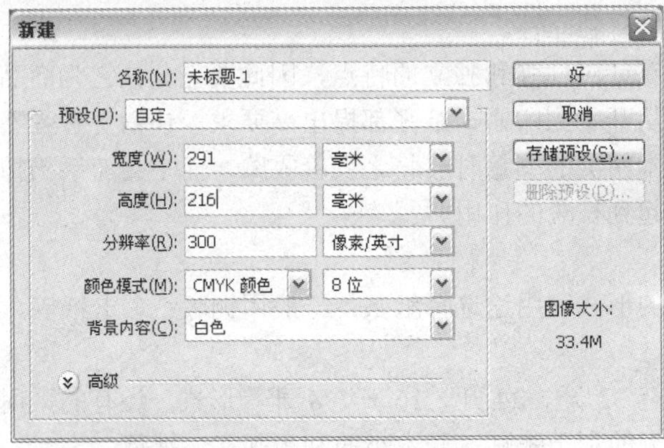

图 8–1　“新建”对话框

图 8–2　拉出辅助线

（3）导入图 8–3 所示的“素材一”，并将图片转换为 CMYK 模式，执行“图像”→“调整”→“CMYK 颜色”命令。对“素材一”进行适当的裁剪，并使用“曲线”命令调整色阶，如图 8–4 所示。然后将其拉进“旅游宣传折页封面”文件中，按照辅助线已经分割好的平面空间进行设计创作，如图 8–5 所示。

图 8–3　素材一

图 8–4　调整色阶

图 8–5　导入“素材一”

（4）置入旅游宣传信息文字，并调整好大小、颜色和位置，如图 8–6 所示。

图 8–6　置入文字

（5）使用同样的方法制作封底，导入图 8–7 所示的素材与标志，对素材进行适当的裁剪。使用文本工具添加公司信息，放置在合适的位置，完成外页的制作，如图 8–8 所示。

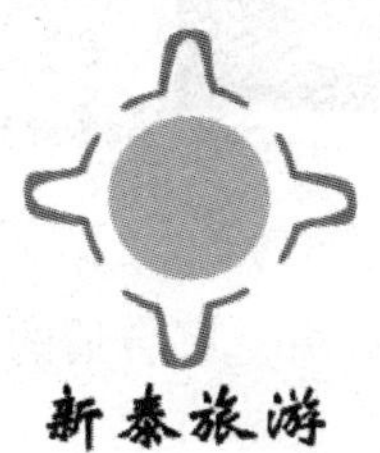

图 8–7　标志与素材

图 8–8 旅游宣传折页外页

2. 实现步骤的第二部分——制作内页

（1）打开“旅游宣传折页外页副本”文件，将其另存为“旅游宣传折页内页”。置入图片，适当调整亮度，并按照辅助线的位置，调整大小、尺寸，使图片与出血参考线保持一定的距离，如图 8–9 所示。

图 8–9 导入素材文件

（2）选择文本工具，输入与图片相对应的介绍文字，并选择合适的字体和字号，根据设计构图将文字移到图片的左下角，如图 8–10 所示。

（3）选择一张素材图片，根据画面的构图以背景色的宽度为基准进行剪裁，然后将其拖到页面右边，调整到合适的位置，如图 8–11 所示。

图 8–10　输入介绍文字

图 8–11　导入素材（1）

（4）重新选择三张素材图片，并将其调整成宽度相等，垂直排列在页面左边并与上面的图片右边缘对齐，如图 8–12 所示。选择文本工具，在页面右边的合适位置拖动，在拖出的段落文本框中输入相关的介绍文字，如图 8–13 所示。完成旅游宣传折页内页的制作，如图 8–14 所示。

图 8–12　导入素材（2）

图 8–13　输入说明性文字

最终的效果如图 8–14 所示。

图 8–14　旅游宣传折页外页与内页的最终效果

8.2.2　家具公司产品展示三折页的制作

1. 实现步骤的第一部分——制作外页

（1）新建一个文件，参数设置如图 8–15 所示。一般三折页的标准尺寸为 210 mm×285 mm，两边要求各留 3 mm 的出血。

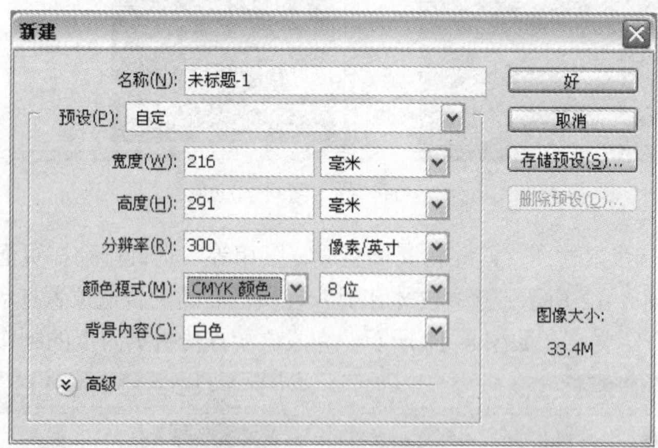

图 8–15　“新建”对话框

（2）显示出标尺（快捷键“Ctrl+R”），在上、下、左、右出血的位置和中心线处各拉一条辅助线出来，并在 9.8 mm、19.3 mm 的位置各拉一条参考线，如图 8–16 所示。保存当前文件，并另存一个副本作为内页的参考尺寸。

（3）设置前景色为黑色，填充背景层。新建图层，建立一个比外页封面稍小的选区，填充暗红色，如图 8–17 所示。

图 8–16　拉出辅助线

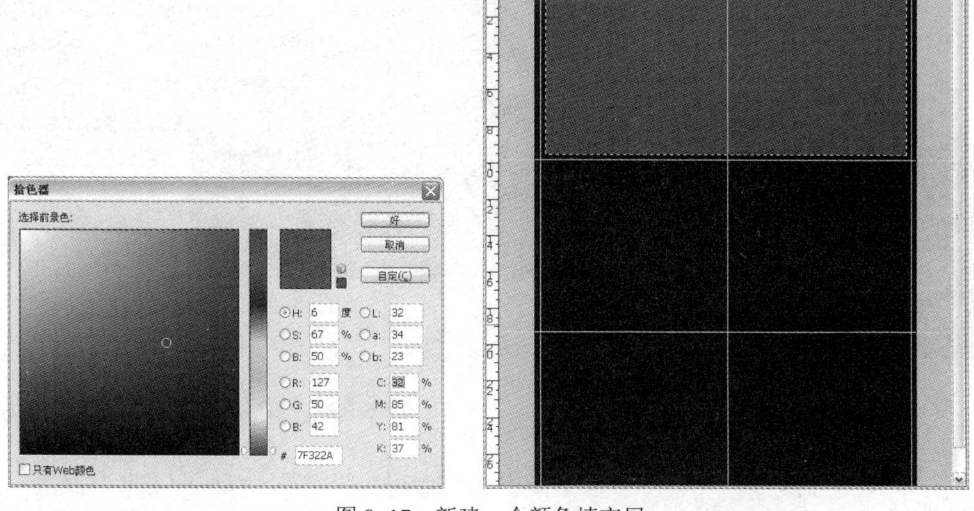

图 8–17　新建一个颜色填充层

（4）轻移选区，新建两个图层，为第二页填充淡灰色，为第三页填充白色，如图 8–18 所示。为了方便管理，可以在图层面板上添加图层组，如图 8–19 所示。

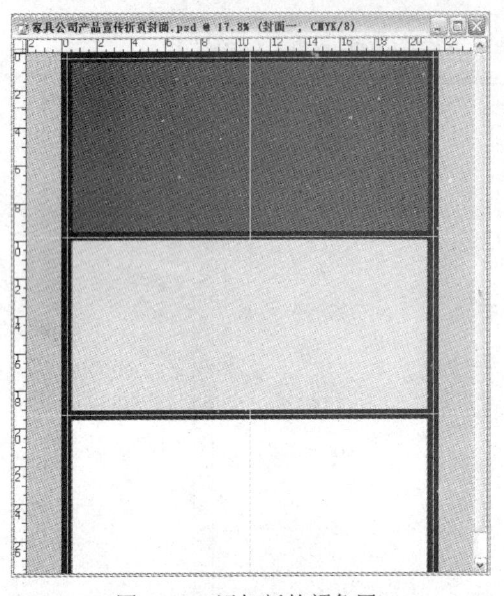

图 8–18 添加新的颜色层

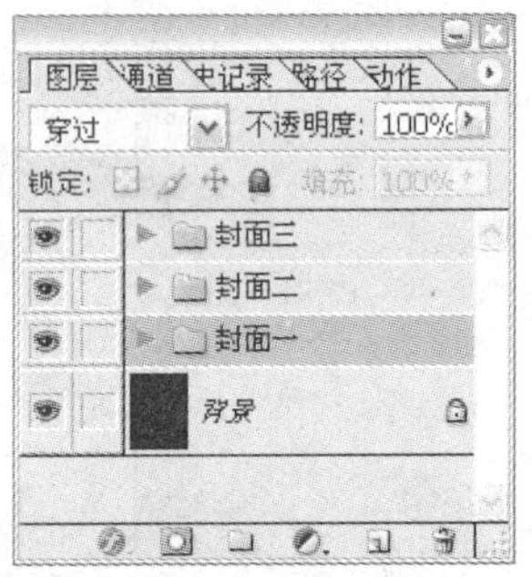

图 8–19 添加图层组

（5）首先设计封面一。打开图 8–20 所示的“素材一”，并执行“图像”→“调整”→“去色”命令。将此素材拉入“家具公司产品展示折页外页”文件中，进行适当的变换，并将其放置到图 8–21 所示的“图层 1”上面，将混合模式改为“正片叠底”。

图 8–20 本章素材一

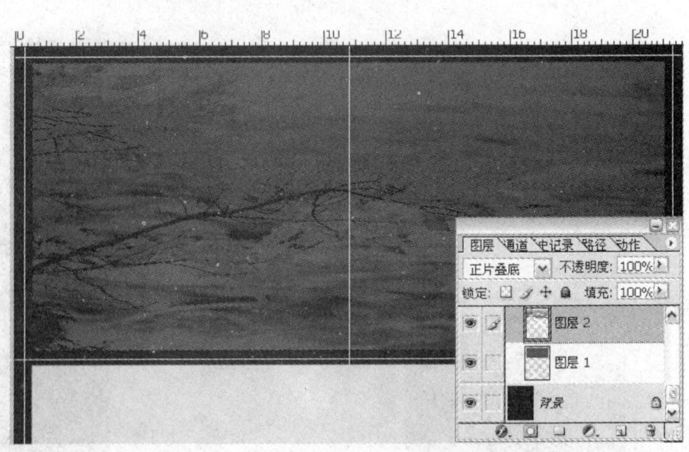

图 8–21 导入素材并作相应的更改

（6）复制图层 1，将图层 1 副本放置到图层 2 上面，将混合模式改为“正片叠底”，如图 8–22 所示。

（7）使用文本工具，将家具公司的名称、公司简介、公司地址等相关内容输入到封面中，并调整为合适的字体、字号与位置，如图 8–23 所示。

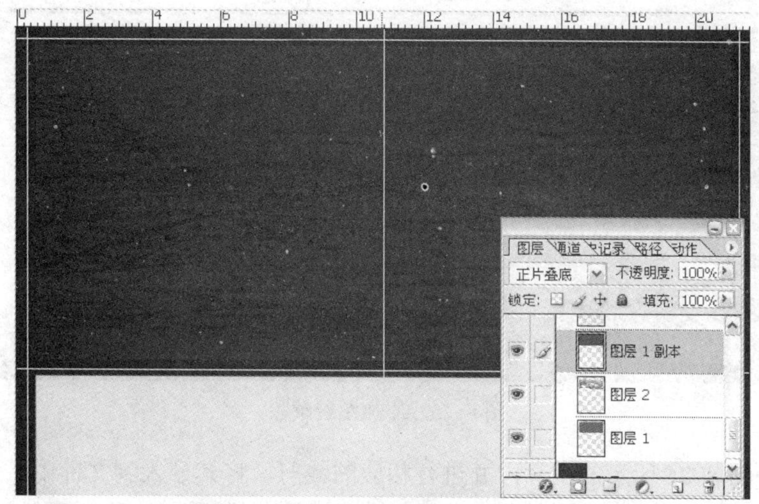

图 8–22　图层混合更改

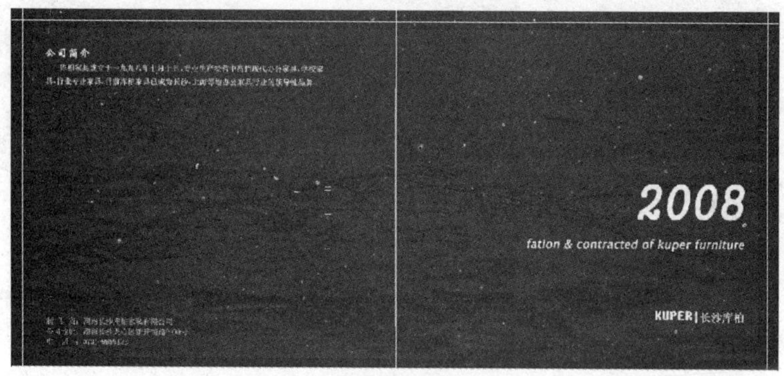

图 8–23　折页封面一的设计

（8）设计封面二。同样导入相应素材，进行去色，将其放置到合适的位置，如图 8–24 所示。

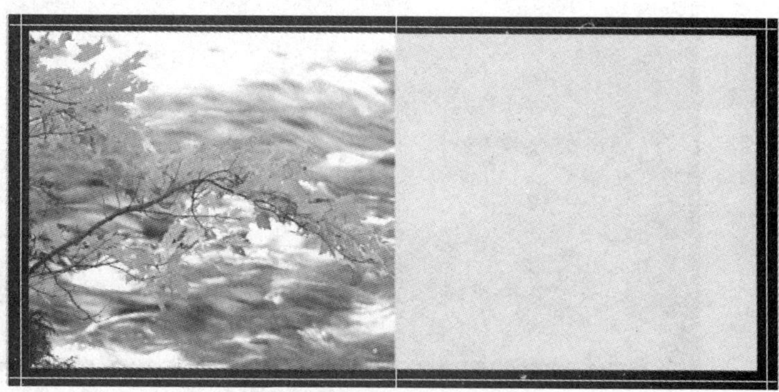

图 8–24　本章素材二

（9）给素材所在图层添加图层蒙版，并使用渐变工具，设置渐变为“黑白线性渐变”，在蒙版上面拉一条水平的渐变出来，得到图 8–25 所示的效果。

图 8–25　添加图层蒙版

（10）打开图 8–26 所示的图片，并进行相应的裁剪，将其导入到文件中。为使图片在整个画面中不至于太单调，分别使用直线工具和椭圆工具，得到图 8–27 所示的效果。

图 8–26　导入素材

图 8–27　使用椭圆工具和直线工具修饰

（11）使用文本工具，选择合适的文本字体、字号与位置，添加厂房介绍与公司服务等相关内容，完成封面二的设计，如图 8–28 所示。

图 8–28　折页封面二的设计

（12）打开本节内容中的“素材三”～“素材十五”，将其导入到文件中，制作封面三。将所有的素材都调整为同等大小，摆放在合适的位置，效果如图 8–29 所示。

（13）折页外页的最终效果如图 8–30 所示。

图 8–29　折页封面三的设计

图 8–30　家具公司宣传折页外页的最终效果

2. 实现步骤的第二部分——制作内页

（1）打开上一步中保存的“家具公司宣传折页外页副本”文件，另存为“家具公司宣传折页内页”。选择前景色为黑色，对背景层进行填充，如图 8–31 所示。

（2）选择图 8–32 所示的图片，将图片拉入文件中，得到图 8–33 所示的效果。

图 8–31　给背景填充黑色

图 8–32　素材图片

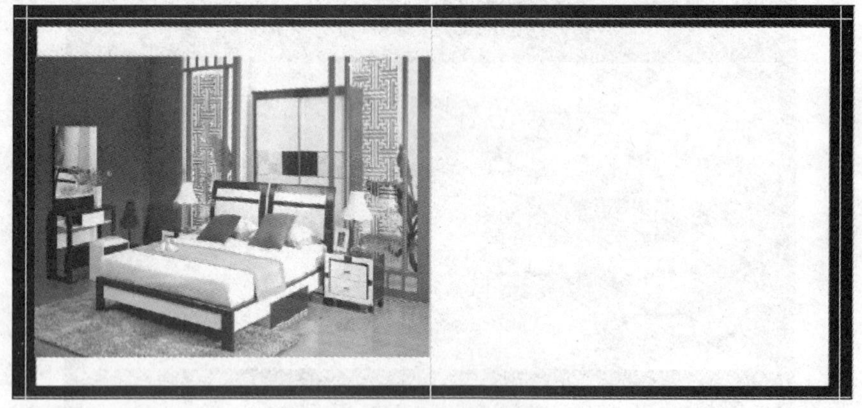

图 8–33　导入素材

（3）对当前素材图层进行复制，并进行适当的裁剪，然后水平翻转。导入图 8–34 所示的素材至文件中，得到如图 8–35 所示的效果。

图 8–34　素材图片

图 8–35　导入素材

（4）使用直线工具绘制直线，使用文本工具输入相关的产品介绍，最终效果如图 8–36 所示。

图 8–36　内页一

（5）同样的方法，根据所给的素材制作内页二和内页三。折页内页的最终效果如图 8–37 所示。

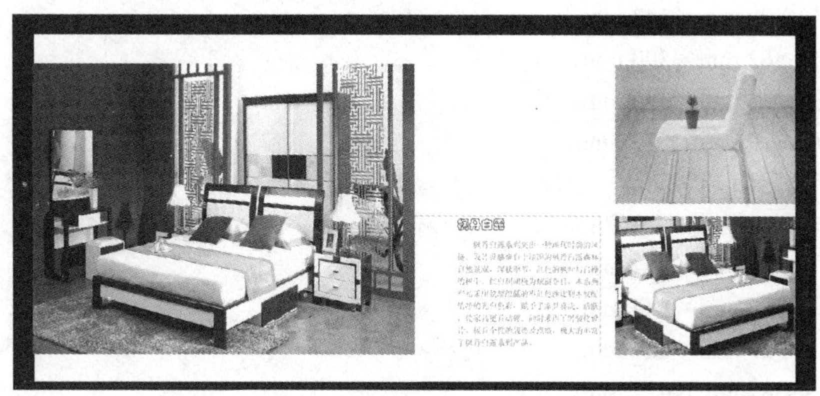

图 8–37　家具公司产品宣传折页内页的最终效果

图 8–37　家具公司产品宣传折页内页的最终效果（续）

8.3　折页实用附件（尺度、材料、工艺）

1. 平面设计常用的制作尺寸

（1）正度纸张：787 mm×1 092 mm。

① 全开：781 mm×1 086 mm；

② 2 开：530 mm×760 mm；

③ 3 开：362 mm×781 mm；

④ 4 开：390 mm×543 mm；

⑤ 6 开：362 mm×390 mm；

⑥ 8 开：271 mm×390 mm；

⑦ 16 开：195 mm×271 mm。

（2）大度纸张：850 mm×1 168 mm。

① 全开：844 mm×1 162 mm；

② 2 开：581 mm×844 mm；

③ 3 开：387 mm×844 mm；

④ 4 开：422 mm×581 mm；

⑤ 6 开：387 mm×422 mm；

⑥ 8 开；290 mm×422 mm。

注：成品尺寸=纸张尺寸－修边尺寸。

2. 三折页广告。

标准尺寸：（A4）210 mm×285 mm。

3. 印刷折页工艺

折页的方法有手工折页和机器折页两种。单张纸印刷的大幅面印张，都需要经过手工折页或机器折页才能成为书帖。卷筒纸书刊轮转印刷机上带有专门的折页机构，因此印刷折页在一台机器上连续完成。

1）手工折页

用手工把印完的印张按页码顺序和规定的幅面，折成书帖，称为手工折页。随着装订机械化程度的提高，手工折页在书刊印刷厂中用得越来越少，目前只有印数较少的书籍、零头书页、尾数补救、返修，还有一些特殊折法的书帖要用手工来完成。手工折页的工具为一张折页台和一根折页板。根据试折的情况，将印页摆好，而后进行二折、三折、四折。折好一帖后，检查页码顺序是否准确，页码和折缝是否齐整，折成书帖的折标是否居中在折缝上等，然后将折好的书帖撞齐并捆扎。

2）机器折页

机器折页是把待折的印张按照页码顺序和规定的幅面，用机器折叠成书帖。目前常用的折页机都是由给纸装置、折页机构和收帖机构三个部分组成。给纸装置主要担负着分离和输送纸张的任务，能准确地将印刷页输送到折页部分。折页机构是将给纸装置输送来的印刷页按开本的幅面，依页码顺序折叠成书帖。收纸机构是将折成的书帖有规律地进行堆积。

（1）折页准备。折页机构是折页机上最主要的部分，它的装配精度和调整精度直接影响折页的质量。因此在折页机开启之前，需要对折页机各部分进行检查和调节，主要检查和调节的部位有：

① 装纸前要检查印张有无差错，使用环包式装纸形式时，印张放在输纸台上，应均匀地按阶梯状把每张纸错开 1.5～2 mm 的间距，印张上的最小页码朝上，折标朝上。使用平台式输纸形式时，把印张整齐地平放在堆纸台上，最小页码朝下，装纸要及时，不可影响输纸速度，保证折页的顺利进行。

② 检查侧规和挡规（前规）的位置以保证印张的横向和纵向的定位。

③ 使用栅栏式折页机时，根据不同折数的折页要求，使用或封闭各个栅栏，完成一折或几折的多种折页方式与幅面的折叠。

④ 根据折页的方式、纸张的厚度和每折的页数调节折页辊之间的距离和中心线的位置，使印张被压入两折页辊缝的两端高低一致，以保证印张输送的速度，使折页平稳，避免出现印张歪斜或撕破皱折现象。

⑤ 根据调好的折页辊的间距，调定折刀的正确位置。

折页机上还装有切断和打孔装置。切断装置的作用是将全张印刷页在一折的过程中裁开分为两张。从全张刀式折页机的性能来看，它的第二折部分有两套折页装置，经第一折后只有裁开才可进行第二折叠，否则无法进行折页。另外，印张裁开以后，使书页折成书帖后厚度减薄，从而提高折页的精度。裁切后的纸边刀口应光滑，否则应检查或调换分纸刀。打孔装置的作用是在下一折的折缝线上预先打一排长孔，以在折叠时便于排出纸内的空气，防止折页时产生皱纹。打孔刀的位置与折缝必须一致，并应将书帖折缝划破、划透，但不得将其划断，以免散页和掉页。在四折线上的打孔装置，用于无线胶订的打孔，装订时胶液就通过划破的刀口渗透到书帖订口的每一页，从而使每张书页都互相粘牢。

（2）折页过程。由于印张幅面与书刊开本尺寸不同，特别是印刷用纸的厚度不同，对折页的次数（书帖中的页数）要求也不一样。一般为二折页、三折页，最多为四折页，如图 8–38 所示。8 面/帖，即二折页，一般应用于厚纸或零头页帖；16 面/帖，即三折页，应用于一般书帖，为基本帖；32 面/帖，即四折页，应用于薄质纸或一般书帖的书页。

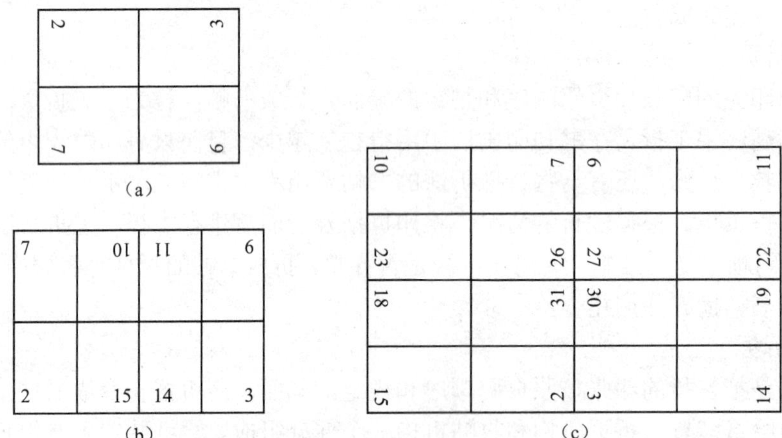

图 8–38　折页次数

（a）二折页；（b）三折页；（c）四折页

目前常用的 ZY102 型和 ZY104 型全张刀式折页机，能把全张印刷页折叠成所需幅面的两个折帖，折叠方式为二折页、正反三折页、四折页、双联页等。ZY102 型全张刀式折页机 32 开折页的过程如图 8–39 所示。图 8–39（a）所示为全张印页沿箭头方向进入折页机，A–A 为第一折线；图 8–39（b）所示为经第一折刀折叠后的幅面，其中 B–B 为裁切线，C–C 为第二折折线；图 8–39（c）所示为经第二折刀折成的两贴相同的 8 开幅面书页，D–D 为第三折；图 8–39（d）所示为经第三折刀折叠成的两帖相同的 16 开幅面书页，E–E 为第四折线；图 8–39（e）所示为经第四折刀折叠成的两帖 32 开单联书帖。

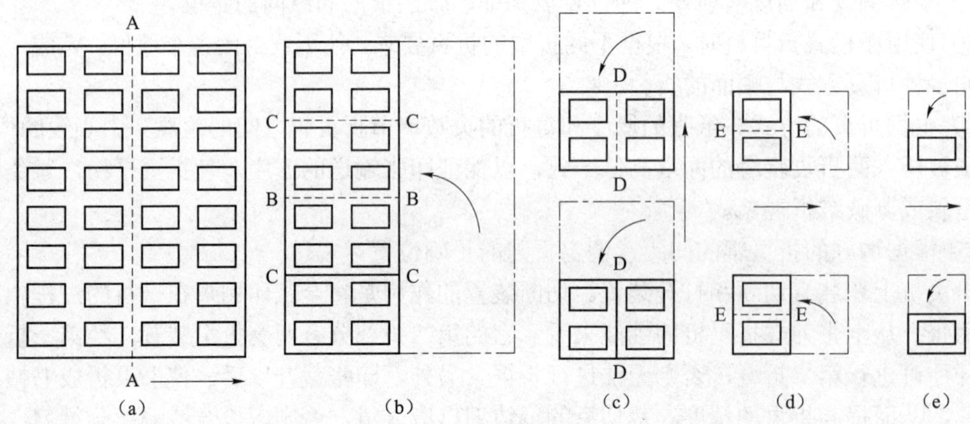

图 8–39　ZY102 型全张刀式折页机 32 开折页的过程

课后练习

根据所给素材，制作图 8–40 所示的楼书折页的内页。

图 8–40　最终效果

注意：制作本练习时，应注意折页的尺寸、图像的处理、色块的选择与编排、文字的编排，并根据余下的素材，制作本折页的封面。

第 9 章　平面广告设计与制作

要点、难点分析

要点：

① 平面广告的基本知识（分类与特点）

② 报纸广告案例操作

③ 商场促销广告案例操作

④ 海报设计案例操作

⑤ 公益广告案例操作

难点：

① 运用 Photoshop 制作报纸广告

② 运用 Photoshop 制作商场促销广告

③ 运用 Photoshop 制作海报

④ 运用 Photoshop 制作公益广告

难度：★★★★★

技能目标

① 掌握平面广告的基本知识

② 熟练运用 Photoshop 制作报纸广告

③ 熟练运用 Photoshop 制作商场促销广告

④ 熟练运用 Photoshop 制作海报

⑤ 熟练运用 Photoshop 制作公益广告

9.1　平面广告的基本知识

1. 广告的概念

广告，顾名思义就是广而告之的意思。

广告是为了某种特定的需要，通过一定形式的媒体，并消耗一定的费用，公开而广泛地向公众传递信息的宣传手段。

“广告”一词，据考证是一个外来语。它首先源于拉丁文“Adaverture”，其意思是吸引人注意。在中古英语时代（约 1300—1475 年），它演变为“Advertise”，其含义衍化为“使某人注意到某件事”或“通知别人某件事，以引起他人的注意”。直到 17 世纪末，英国开始进行大规模的商业活动。这时，“广告”一词便广泛地流行并被使用。此时的“广告”，已不单指一则广告，而指一系列广告活动。静止的物的概念的名词“Advertise”，被赋予现代意义，转化成为“Advertising”。

广告有广义和狭义之分，广义广告包括非经济广告和经济广告。非经济广告指不以盈利为目的的广告，如政府行政部门、社会事业单位乃至个人的各种公告、启事、声明等。狭义广告仅指经济广告，又称商业广告，是指以盈利为目的的广告，通常是商品生产者、经营者和消费者之间沟通信息的重要手段，或企业占领市场、推销产品、提供劳务的重要形式。

2. 广告的特点

广告不同于一般大众传播和宣传活动，主要表现在：

（1）广告是一种传播工具，是将某一项商品的信息，由这项商品的生产或经营机构（广告主）传送给一群用户和消费者。

（2）做广告需要付费。

（3）广告进行的传播活动是具有说服性的。

（4）广告是有目的、有计划的，是连续的。

（5）广告不仅对广告主有利，而且对目标对象也有好处，它可使用户和消费者得到有用的信息。

3. 广告的要素

广告的要素有：广告主、广告公司、广告媒体、广告信息、广告思想和技巧、广告受众及广告费用。

4. 广告的分类

由于分类的标准不同，看待问题的角度各异，广告的种类很多。

（1）以传播媒介为标准：报纸广告、杂志广告、电视广告、电影广告、网络广告、包装广告、广播广告、招贴广告、POP 广告、交通广告、直邮广告。

随着新媒介的不断增加，依媒介划分的广告种类也会越来越多。

（2）以广告目的为标准：产品广告、企业广告、品牌广告、观念广告。

（3）以广告的传播范围为标准：国际性广告、全国性广告、地方性广告、区域性广告。

（4）以广告的传播对象为标准：消费者广告、企业广告。

（5）以广告主为标准：一般广告、零售广告。

5. 广告的主要形式

通过报刊、广播、电视、电影、路牌、橱窗、印刷品、霓虹灯等媒介或者形式，在中华人民共和国境内刊播、设置、张贴的广告，具体包括：

（1）利用报纸、期刊、图书、名录等刊登广告；

（2）利用广播、电视、电影、录像、幻灯等播映广告；

（3）利用街道、广场、机场、车站、码头等的建筑物或空间设置路牌、霓虹灯、电子显示牌、橱窗、灯箱、墙壁等广告；

（4）在影剧院、体育场（馆）、文化馆、展览馆、宾馆、饭店、游乐场、商场等场所内外设置、张贴广告；

（5）利用车、船、飞机等交通工具设置、绘制、张贴广告；

（6）通过邮局邮寄各类广告宣传品；

（7）利用馈赠实物进行广告宣传；

（8）利用电子邮件（Email）、网页横幅（banner）等进行广告宣传（数据库营销的一种）；

（9）呼叫中心（数据库营销的一种）；

（10）利用短信（sms）、彩信进行广告宣传（数据库营销的一种）；

（11）利用其他媒介和形式刊播、设置、张贴广告。

9.2 实例：报纸广告的制作

随着我国广告市场日益成熟，各类广告相互间不断影响，广告在创意、表现形式和艺术感染力等方面得到淋漓尽致的表现。报纸作为四大媒体之一，拥有众多的读者群体。

1. 制作技巧

广告以蓝色为主色调，以黄、绿等颜色为点缀，在广告的左上角即视觉流程第一点处，以错落、具有设计感的搭配点出了广告主题。西方乐器，放在画面中间，表达出广告要阐述的意境，雅致地告诉购房者，在这里有宁静高雅的音乐。广告主要围绕“水岸星城”意境展开，以“奏响宁静/高雅的生活乐章”为主题来表现，以“乐”为创意元素，表现该楼盘的自然景观和品味。

在制作广告的过程中，要注意素材图片的色彩应与背景色有色差，本例使用“亮度/对比度”命令来调整图像的亮度。在制作图像倒影时要特别注意的倒影和物体的角度调整。

2. 实例欣赏

本例的最终效果如图 9-1 所示。

图 9-1 最终效果

3. 实例讲解

1）制作图形部分

（1）执行“文件”→“新建”命令，或按“Ctrl+N”组合键，打开“新建”对话框，设置名称为“房地产”，设置宽度为 28.5 厘米，高度为 21 厘米，分辨率为 300 像素/英寸，其他参数设置如图 9–2 所示，单击“确定”按钮。

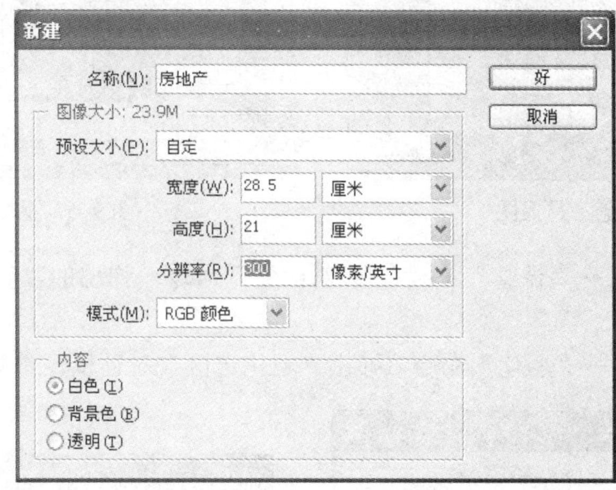

图 9–2 “新建”对话框

（2）按“Ctrl+O”组合键打开图 9–3 所示的素材图片。

图 9–3　素材图片

（3）在工具箱中选择移动工具，在图层面板中将素材图片图层复制，打开钢笔工具对复制图层进行抠图处理（图 9–4），得到图 9–5 所示的效果。

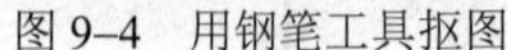

图 9–4 用钢笔工具抠图

图 9–5 抠图效果

（4）执行“图像”→“调整”→“亮度/对比度”命令，弹出的“亮度/对比度”对话框，参数设置如图 9–6 所示。

（5）执行“选择”→“羽化”命令，弹出“羽化选区”对话框，参数设置如图 9–7 所示。

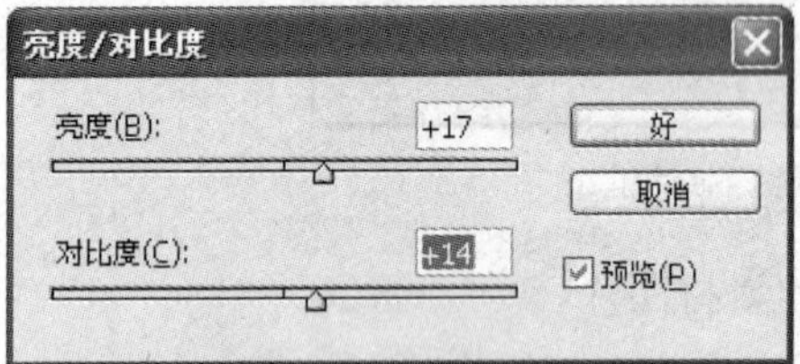

图 9–6 “亮度/对比度”对话框

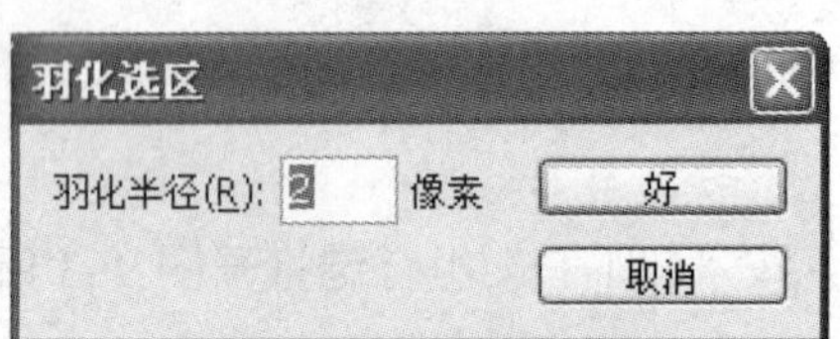

图 9–7 “羽化选区”对话框

（6）执行“选择”→“反选”命令，然后按 Delete 键，删除选区，得到图 9–8 所示的结果。

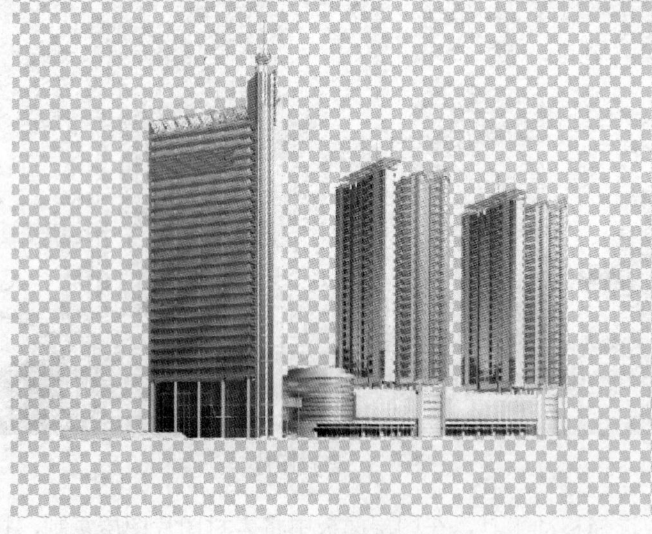

图 9–8 删除选区

（7）按“Ctrl+O”组合键，打开图 9–9、图 9–10、图 9–11 所示的素材图片，将它们分别拖到新建文档中并调整大小及位置，如图 9–12 所示。

图 9–9　素材一

图 9–10　素材二

图 9–11　素材三

图 9–12　导入素材

（8）分别对图 9–10、图 9–11 执行“图像”→“调整”→“亮度/对比度”命令，进行调整，调整效果如图 9–13 所示。

图 9–13　调整亮度与对比度

（9）在图层面板中选择“图层 2”，单击图层面板复制键复制一个图层，如图 9–14 所示。

（10）选择“图层 2 副本”，按“Ctrl+T”组合键旋转 180°，并调节其高度到合适的位置，如图 9–15 所示。

图 9–14　复制图层

图 9–15　自由变换

（11）在图层面板上调节“图层 2 副本”的不透明度至 36%，如图 9–16 所示，图像调整后的效果如图 9–17 所示。

图 9–16　调整图层的不透明度

图 9–17　图像调整后的效果

2）添加文字部分

（1）选择文字工具，设置适当的字体和字号，在画面中输入此广告的主标题“奏响，宁静/高雅的生活乐章”，如图 9–18 所示（注意标题文字应大于其他任何一种文字，同时要考虑到字体的选择和摆放）。

（2）考虑到白色字体在蓝色的底上不是很突出，先新建立一个图层，在工具箱中选择椭圆工具绘制一个圆，填充色彩 R=231，G=189，B=87，复制该图层，并将两个图层链接至文字图层下方，如图 9–19 所示，调节其大小到合适位置，如图 9–20 所示。

图 9–18　输入文字

图 9–19　图层面板

图 9–20　调节图层的大小

（3）选择文字工具，设置适当的字体、字号和颜色，在画面中加入副标题，如图 9–21 所示。

图 9–21　加入副标题

（4）选择副标题文字，点击创建变形文本工具，如图 9–22 所示。将文字调整到合适的形状和位置，如图 9–23 所示。

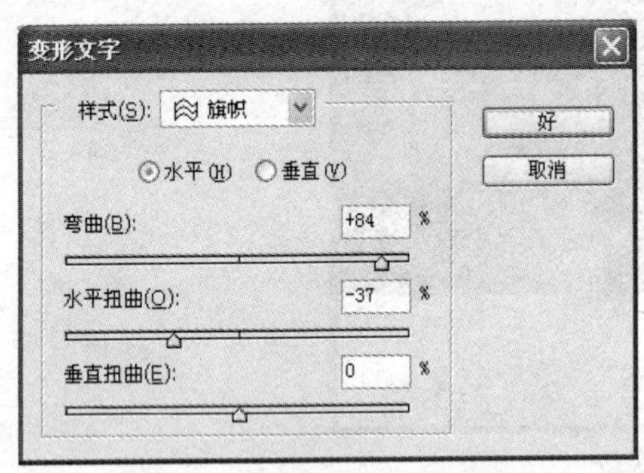

图 9–22 “变形文字”对话框

图 9–23　调整文字后的效果

（5）在图层面板中双击“副标题文字”图层，弹出“图层样式”对话框，调节相关数据，如图 9–24 所示，得到图 9–25 所示的图形。

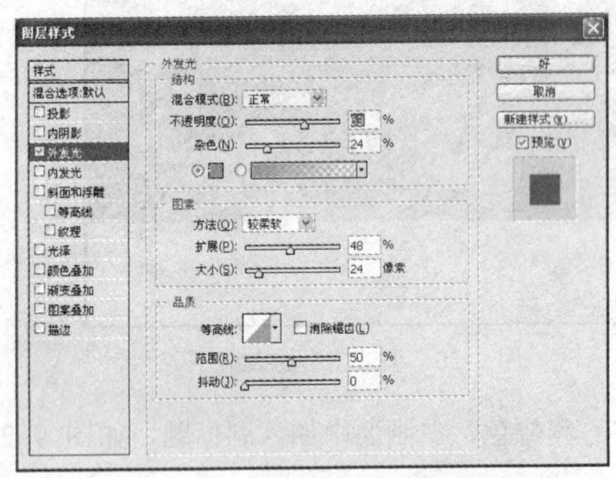

图 9–24 “图层样式”对话框

图 9–25　加入样式后的效果

（6）选择文字工具，设置适当的字体、字号和颜色，在画面中加入正文，如图 9–26 所示。

图 9–26　加入正文文字

（7）利用矩形工具对正文进行修饰，如图 9–27 所示。

图 9–27　修饰正文

（8）新建一个图层，在工具箱中选择画笔工具，在“画笔”对话框中选择粗边圆形钢笔，参数设置如图 9–28 所示。

（9）用设置中的画笔在页面中画出本例所在的地理位置图，如图 9–29 所示。

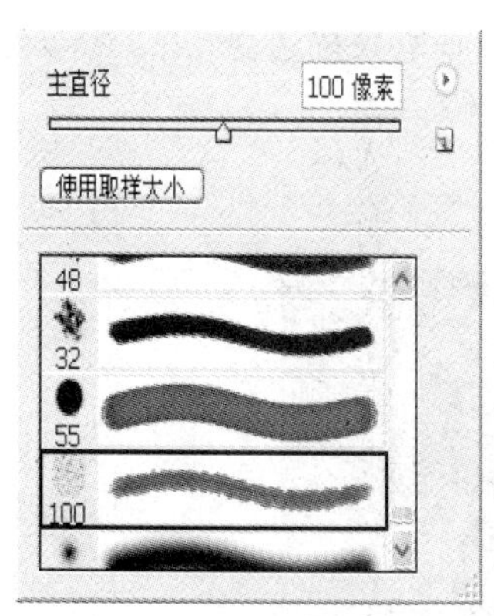

图 9–28　“画笔”对话框

图 9–29　使用画笔绘制图形

（10）标出“水岸星城”的地理位置，效果如图 9–30 所示。

提示：在房地产类的广告中出现的房产位置图，应有画的感觉，结合整个画面使之美观，不必像地图一样严谨。

（11）在页面中加入地址、电话、开发商、承建商等相关文字。电话号码可以适当大些，以便购房者发现，以更好地达到广告最终的目的——销售。

（12）“水岸星城”报纸广告的最终效果如图 9–1 所示。

图 9–30　标出“水岸星城”的地理位置

9.3　实例：商场促销广告的制作

1. 制作技巧

常言道，商场如战场。要想在同类产品中提高知名度，一则与众不同的的产品广告必不可少。本例就制作一则关于商场促销的报纸广告。不仅要在广告中突出促销的主题，还要介绍各类商品的促销内容。

在制作广告的过程中，使用钢笔工具创建路径。首先要创建一个需要的路径，再设置好描边颜色（用于描边的颜色是当前的前景色），再用设置好的画笔来描边。

2. 实例欣赏

本实例的最终效果如图 9–31 所示。

图 9–31　最终效果

3. 实例讲解

（1）执行“文件”→“新建”命令，或按“Ctrl+N”组合键，打开“新建”对话框，设置名称为“艾希尔”，其他参数设置如图 9–32 所示，单击“确定”按钮。

（2）将前景色的 CMYK 值设置为 44、100、23、5，按“Alt+Delete”组合键，用设置好的前景色填充背景，如图 9–33 所示。

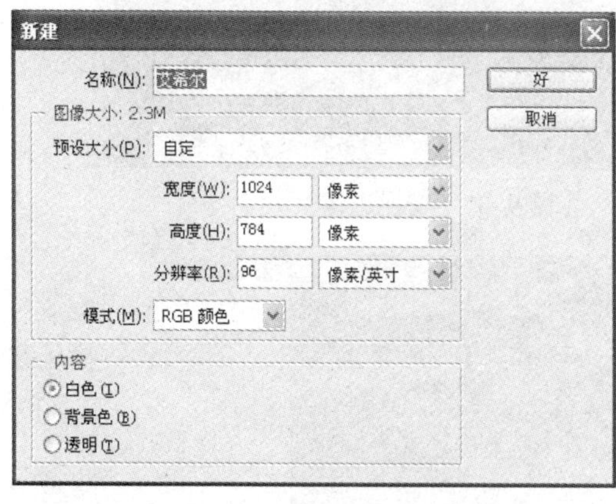

图 9–32 “新建”对话框

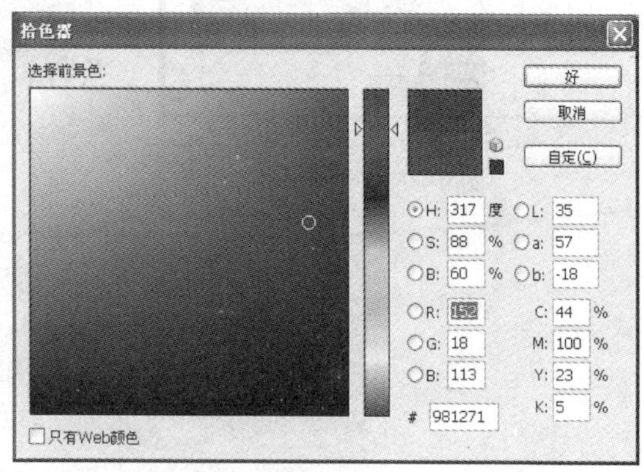

图 9–33 “拾色器”对话框

（3）单击图层面板下方的创建新图层按钮，在背景层上面新建“图层 1”。选择工具箱中的钢笔工具，在“图层 1”中创建图 9–34 所示的选区。

（4）将前景色的 CMYK 值设置为 29、100、5、0，按“Alt+Delete”组合键，用设置好的前景色填充选区，效果如图 9–35 所示，然后按“Ctrl+D”组合键取消选区。

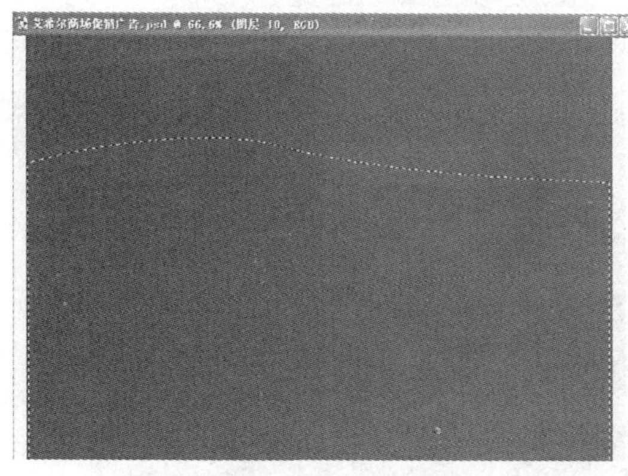

图 9–34　建立选区

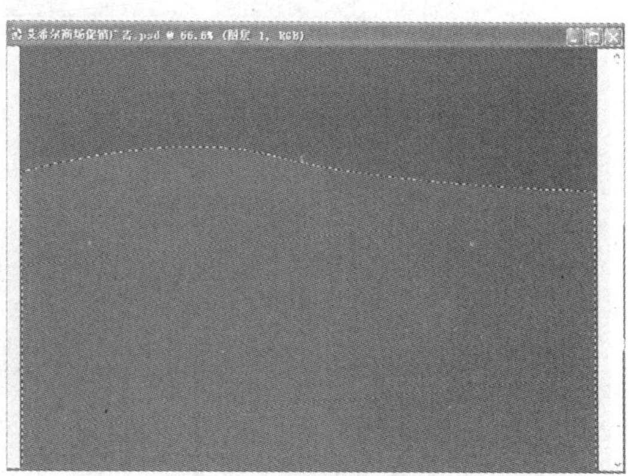

图 9–35　给选区填充颜色

（5）点击图层面板，将“图层 2”复制，效果如图 9–36 所示，然后对复制图层执行“选择”→“变换选区”命令，调整选区如图 9–37 所示。

（6）按“Enter”键确认变换，用 CMYK 值为 29、100、5、0 的颜色填充选区，效果如图 9–38 所示。

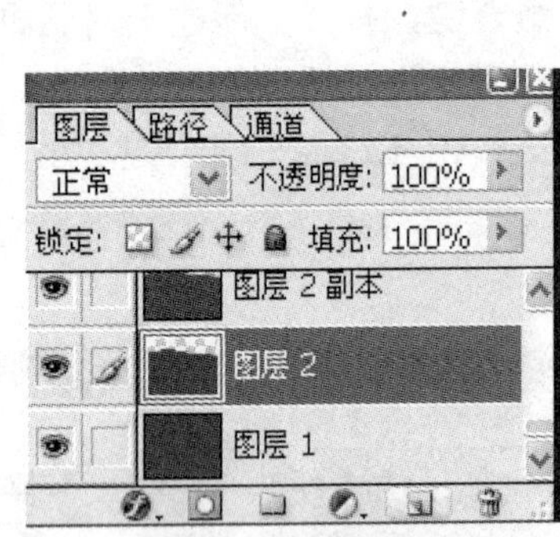

图 9–36 复制图层

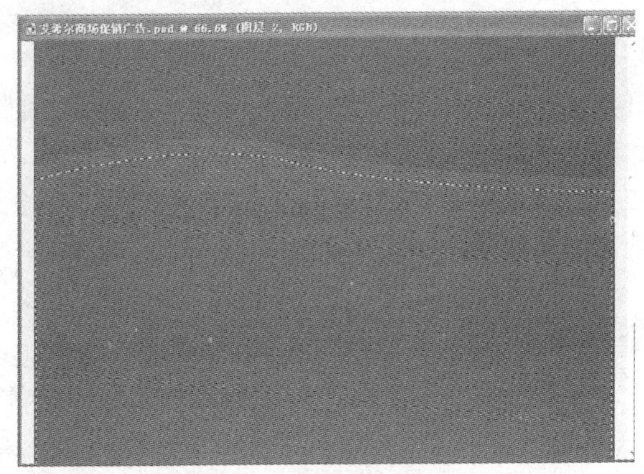

图 9–37 变换选区

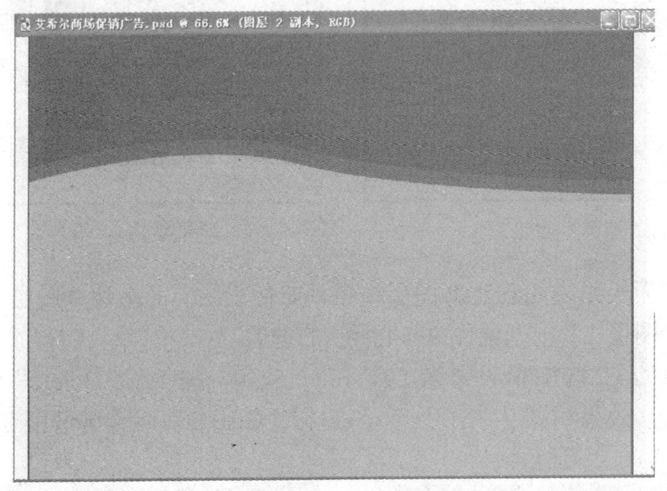

图 9–38 给选区填充颜色

（7）点击图层面板，将“图层 2 副本”复制，效果如图 9–39 所示，然后对复制图层执行“选择”→“变换选区”命令，调整选区如图 9–40 所示。

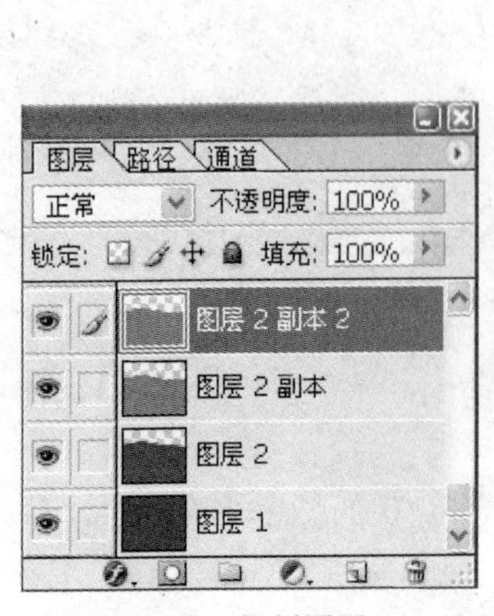

图 9–39 复制图层

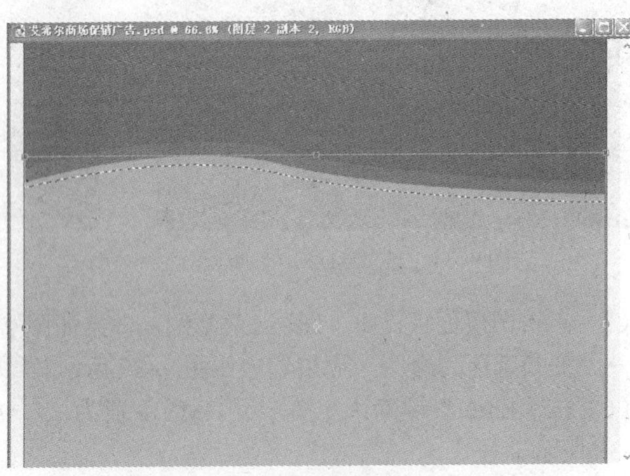

图 9–40 变换选区

（8）按 Enter 键确认变换，用 CMYK 值为 0、0、0、0 的白色填充选区，效果如图 9–41 所示。按“Ctrl+O”组合键打开图 9–42 所示的素材图片。

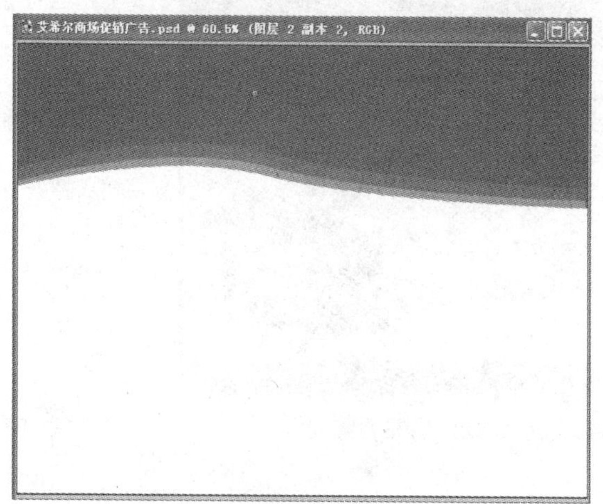

图 9–41　填充选区

图 9–42　素材图片

（9）使用移动工具将图片拖到当前工作区中，调整大小及位置，效果如图 9–43 所示。

图 9–43　调整素材的大小与位置

提示： 如果打开素材图片时，边缘有瑕疵，建议先选择图层，双击鼠标左键建立选区，然后执行“羽化”→“反选”→“删除”命令（羽化的像素根据图片的大小和质量及需要而定），根据需要需多次执行该步骤的时候只要重复按 Delete 键即可。

（10）执行上面提示的内容。

（11）复制背景图层，然后对复制图层执行“选择”→“变换选区”命令，调整选区至合适的位置和大小，效果如图 9–44 所示。

（12）按“Ctrl+O”组合键打开图 9–45、图 9–46 所示的素材图片。

图 9–44　复制背景图层并调整选区

图 9–45　素材 1

图 9–46　素材 2

（13）分别使用移动工具将图片拖到当前工作区中，调整大小及位置，效果如图 9–47 所示。

图 9–47　调整素材的大小及位置

（14）选择图层面板，用鼠标左键双击图“素材 1”所在的图层，建立选区，执行“编辑”→“描边”命令，设置相关数据，效果如图 9–48 所示。

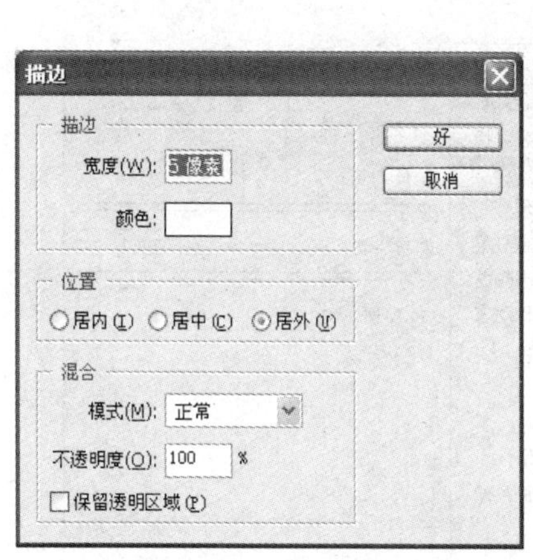

图 9–48　设置描边数据及描边后的效果

（15）选择图层面板，新建一个图层，将其放置在图 9–42、图 9–45、图 9–46 所示素材的图层下方，然后选择工具箱中的画笔工具，弹出选择栏，如图 9–49 所示。

图 9–49　设置画笔数据

（16）在选择栏上调节画笔工具的相关属性，如图 9–50 所示。在画笔工具的选择栏上选择画笔调板 [文件浏览器 画笔]，弹出对话框，如图 9–51 所示。参照图 9–51 调整对话框的“画笔笔尖形状”的相关参数。

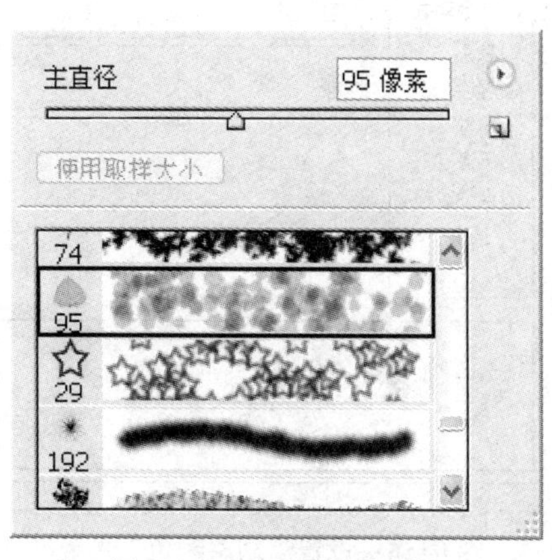

图 9–50　调节画笔的属性

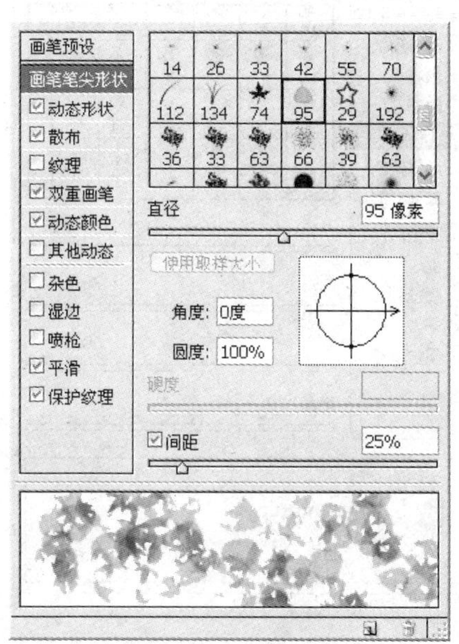

图 9–51　画笔调板

（17）调整对话框的“动态形状”的相关参数，如图 9–52 所示。调整对话框的“散布”

的相关参数，如图 9–53 所示。

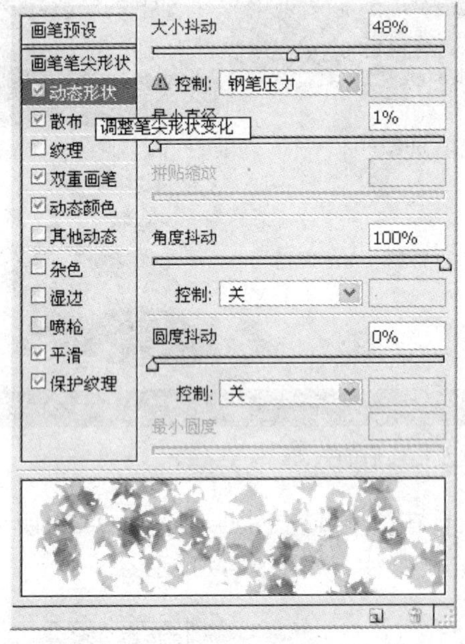

图 9–52 设置“动态形状”参数

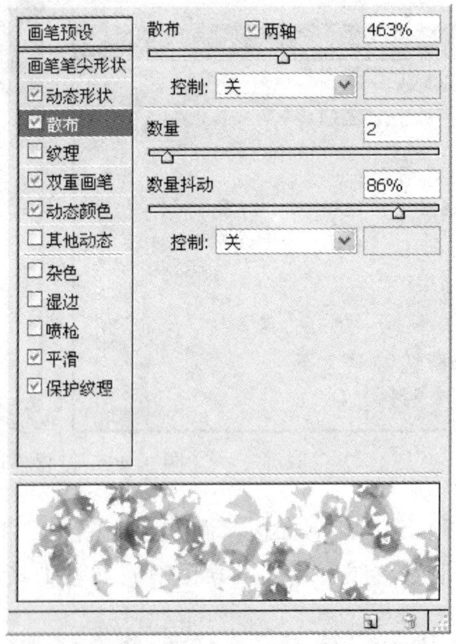

图 9–53 设置“散布”参数

（18）调整对话框的“双重画笔”的相关参数，如图 9–54 所示。调整对话框的“动态颜色”的相关参数，如图 9–55 所示。

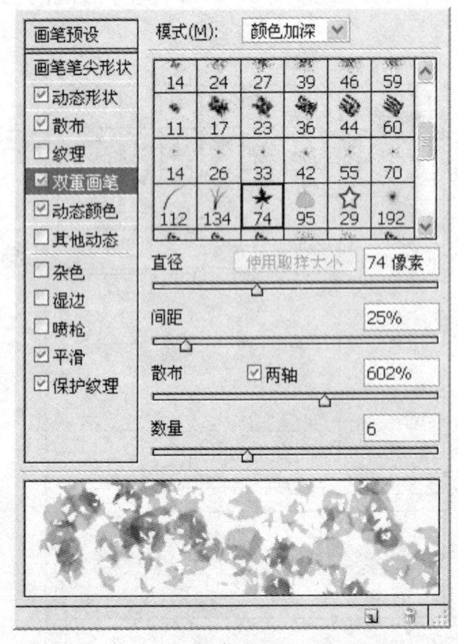

图 9–54 设置“双重画笔”参数

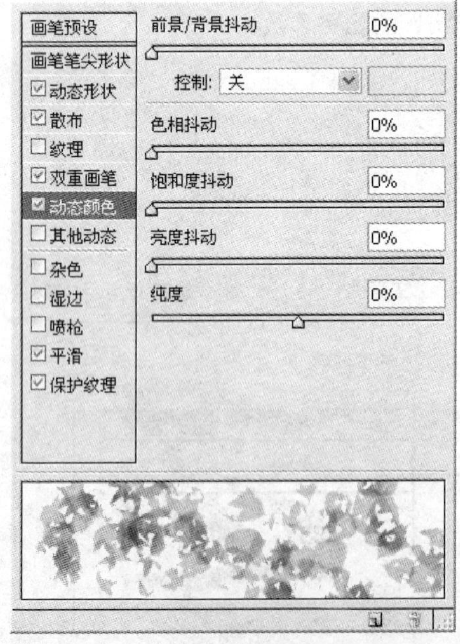

图 9–55 设置“动态颜色”参数

（19）选中对话框中的“平滑”与“保护纹理”选项，然后在新建的图层上绘制相关的画笔笔触，效果如图 9–56 所示。

图 9–56　使用画笔绘制图形

（20）使用文字工具输入图 9–57 所示的文字。

图 9–57　使用文字工具输入文字

（21）选择图层面板，将图 9–45 所示素材在图层中复制，双击鼠标左键建立选区，然后选择焊接工具，画一个矩形，填充品红色，如图 9–58 所示。

图 9–58　填充选区

（22）将上一步所做的图层复制，双击鼠标左键建立选区，改变色彩和位置，如图 9–59 所示。

图 9–59　对选区进行填充

（23）使用文字工具输入图 9–60 所示的文字，调整色彩和位置。

图 9–60　输入文字

（24）使用文字工具输入图 9–61 所示的文字，调整色彩和位置。

图 9–61　继续输入文字

（25）用鼠标左键双击数字 6 所在的图层，建立选区，再新建一个图层，执行“编辑”→“描边”命令，如图 9–62 所示，效果如图 9–63 所示。

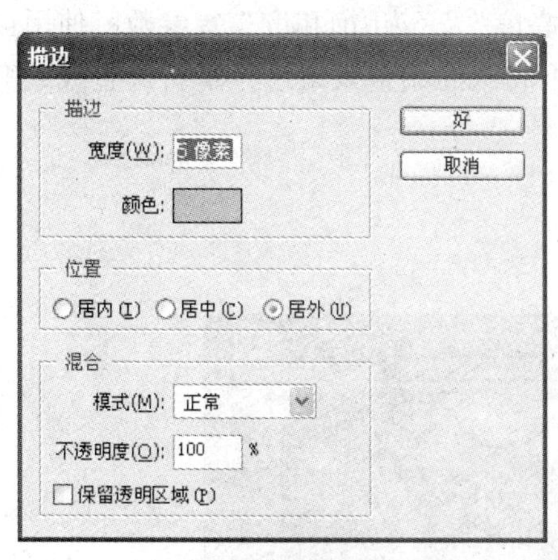

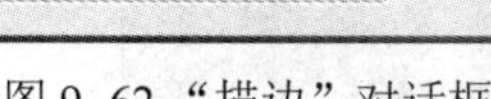
图 9–62 “描边”对话框

图 9–63　描边后的效果

（26）用文字工具输入图 9–64 所示的文字。

图 9–64　输入文字

（27）用文字工具输入文字，商场促销广告制作完成，整体效果如图 9–31 所示。

9.4　实例：海报的设计与制作

海报是一种十分常见的广告形式，具有很大的吸引力。要设计好海报，应了解海报的构思、构图与绘制等一般过程。本节通过游戏海报实例介绍海报的创意和表现手法。

1. 制作技巧

时尚、潮流是年轻人的最爱，本例通过制作一张宣传海报，来使读者体会在海报设计中如何体现主题。设计海报首先要确定主题，再进行构思、构图，再使用文字使海报充实完美。

本例中的海报以神秘的颜色为主色调，使用“滤镜”制作出海报的背景色。使用“蒙板”“图层效果”来处理一些特殊的效果。本例还使用调整图层与调整图像颜色的工具，在 Photoshop 中进行图像调整时，常常需要调整图像的“亮度”“色相/饱和度”等参数，使用调整层可以在调整图像之后，随时返回参数调整界面对不满意的调整效果进行重新调整或改变调整类型。

2. 实例欣赏

本例的最终效果如图 9–65 所示。

图 9–65　最终效果

3. 实例讲解

（1）按“Ctrl+N”组合键建立一个文件，弹出的对话框如图 9–66 所示。

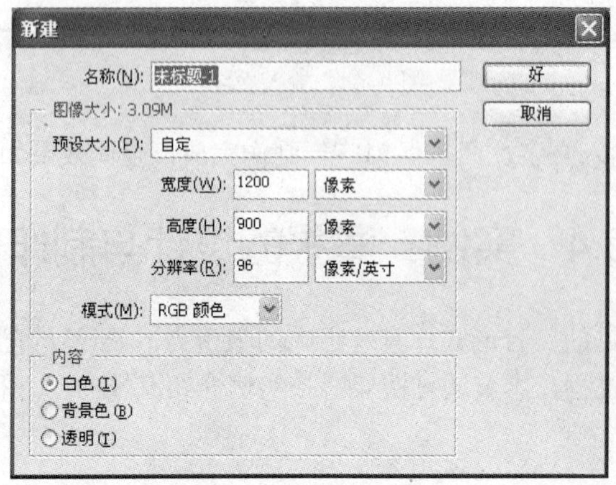

图 9–66 “新建”对话框

（2）执行“滤镜”→“杂色”→“添加杂色”命令，弹出的对话框如图 9–67 所示，单击“好”按键退出对话框，效果不明显的话，可以多次重复执行该命令，效果如图 9–68 所示。

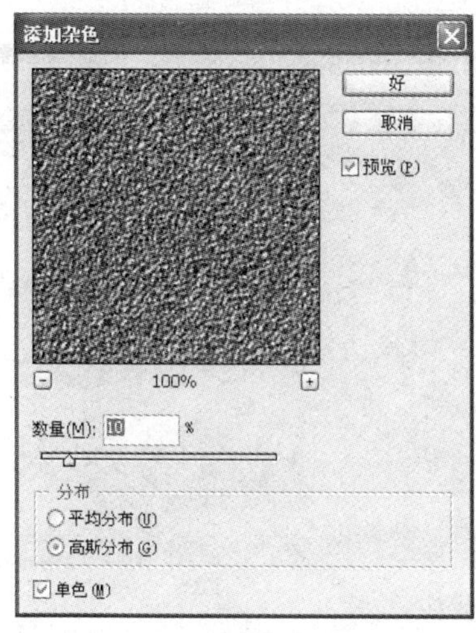

图 9–67　“添加杂色”对话框

图 9–68　添加杂色的效果

（3）执行“滤镜”→“渲染”→“光照效果”命令，弹出的对话框如图 9–69 所示，得到图 9–70 所示的效果。

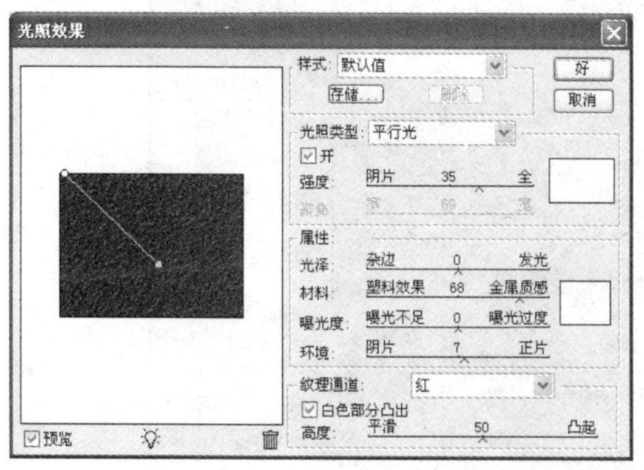

图 9–69　“光照效果”对话框

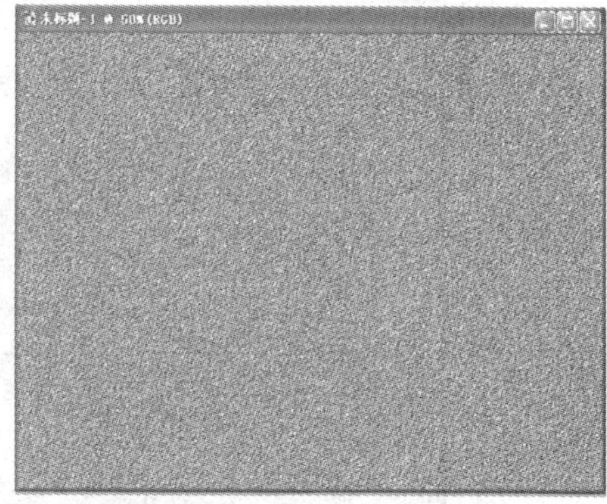

图 9–70　执行命令后的效果

（4）打开“素材 2.tif”，执行“编辑”→“定义图案”命令，在弹出的对话框中单击“好”按钮即可，从而将其定义为图案，关闭该素材，如图 9–71 所示。

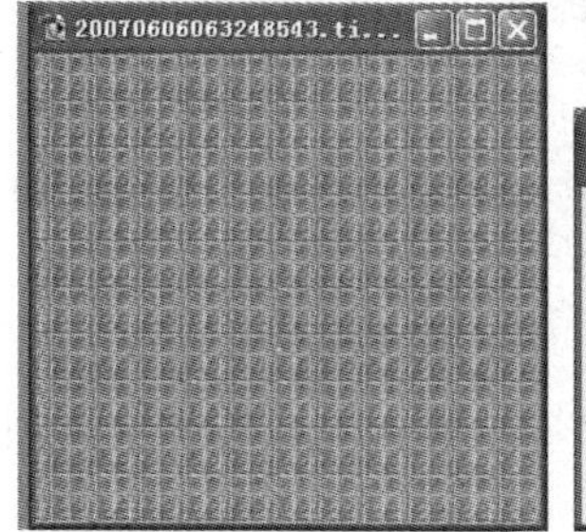

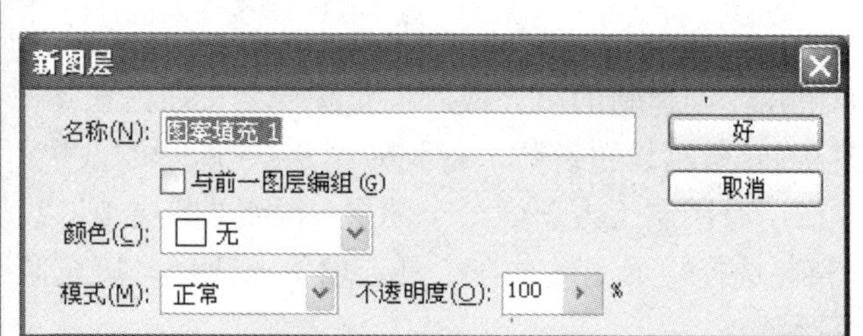

图 9–71　定义图案

（5）返回本例新建的文件中，单击“创建新的填充或调整图层”按钮，在弹出的菜单中选择“图案”命令，弹出的对话框以及相应的效果如图 9–72 所示。

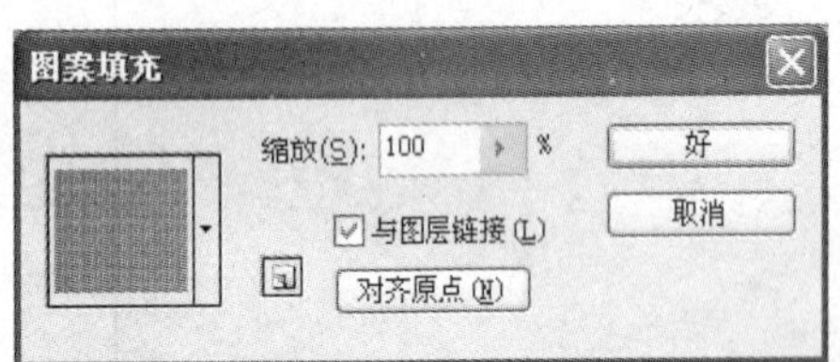

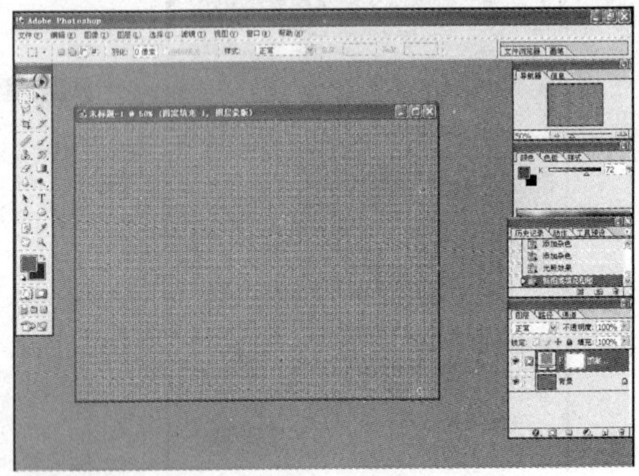

图 9–72　新建图案填充图层

（6）设置上一步创建的填充图层“图案填充 1”的混合模式为“正片叠底”，将不透明度设为 50%，得到图 9–73 所示的效果。

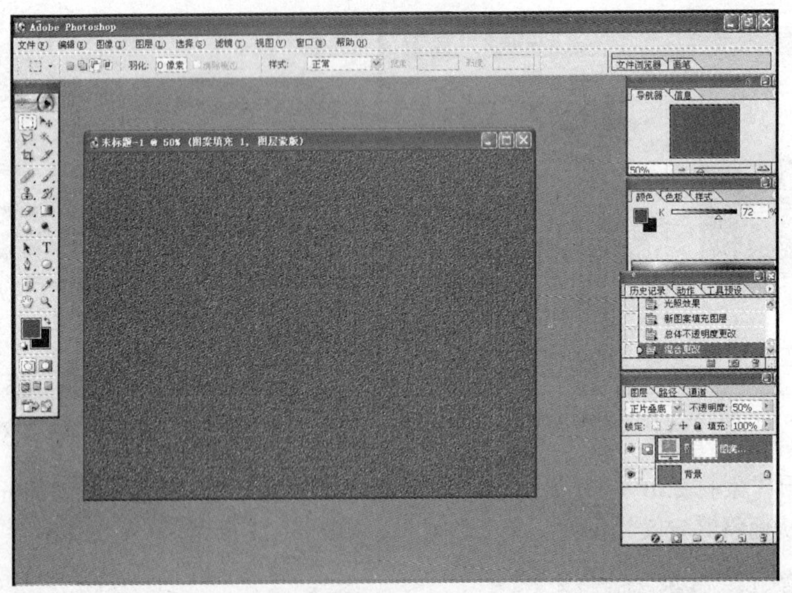

图 9–73　改变图层混合模式

（7）单击“创建新的填充或者调整图层”按钮，在弹出的菜单中选择“色相/饱和度”命令，按图 9–74 所示设置参数，得到如图 9–75 所示的效果。

（8）在所有图层上方新建一个图层，得到“图层 1”，设置前景色的颜色值为 R：123，G：79，B：34。选择矩形工具并在工具选项条上选择“填充像素”按钮，在图像中绘制图 9–76 所示的矩形。

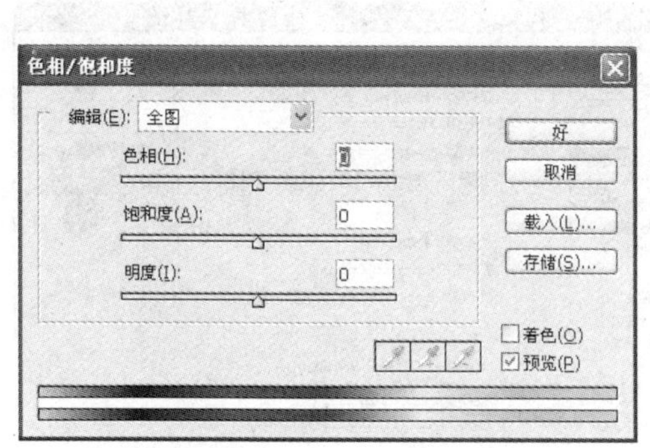

图 9–74　“色相/饱和度”对话框

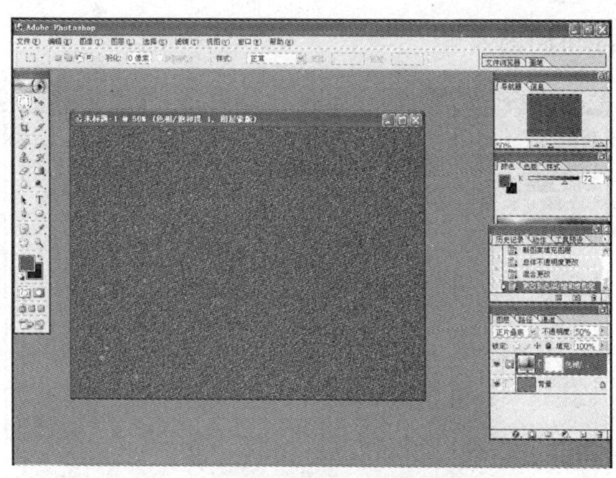

图 9–75　调整色相和饱和度后的效果

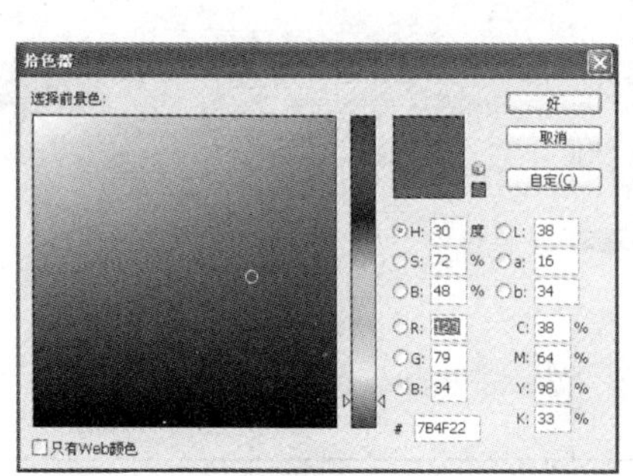

图 9–76　使用矩形工具填充色块

（9）使用矩形选框工具在上一步绘制的矩形上绘制选区，按 Delete 键删除选区中的图像，按“Ctrl+D”组合键取消选择区域，得到图 9–77 所示的效果。按照同样的方法在矩形的底部绘制矩形选区并删除选区中的图像，得到图 9–78 所示的效果。

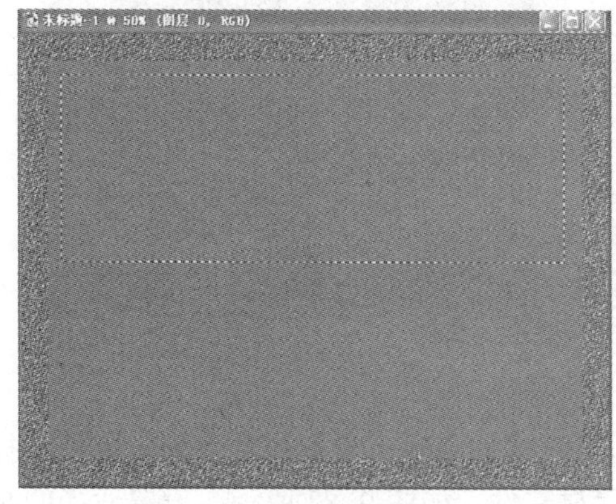

图 9–77　为选区填充颜色（1）

图 9–78　为选区填充颜色（2）

（10）设置“图层 1”的“图层样式”，参数如图 9–79 所示，图 9–80 和图 9–81 所示为全部与局部效果。

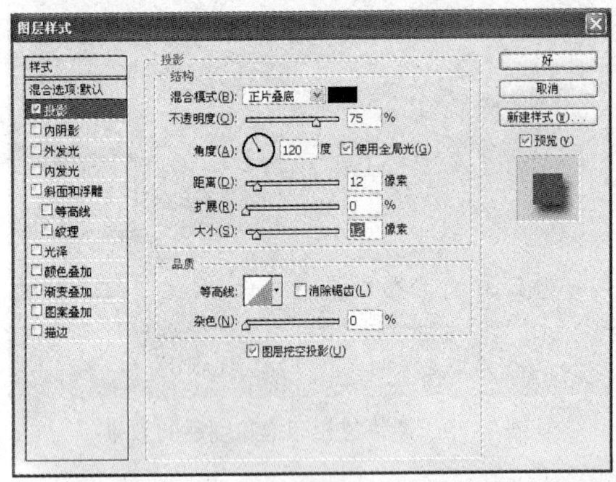

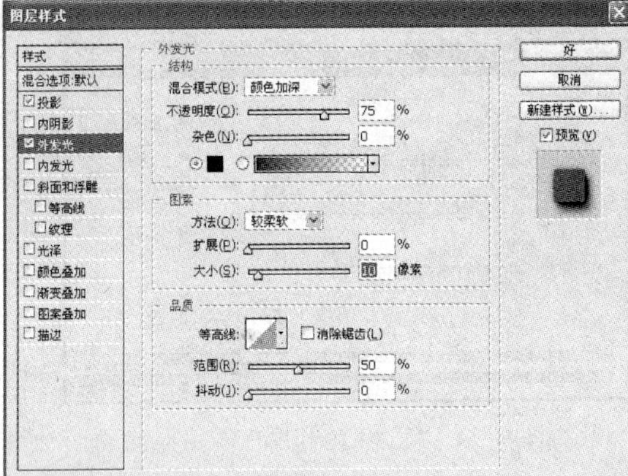

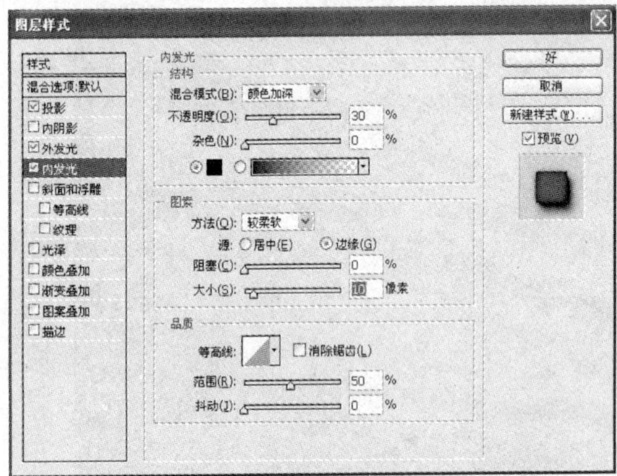

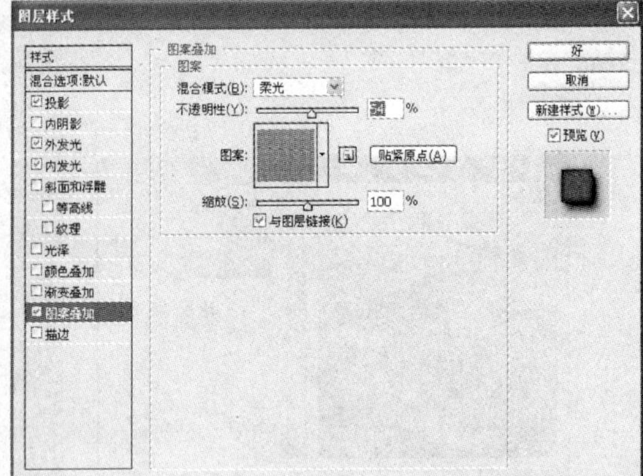

图 9–79　设置图层样式

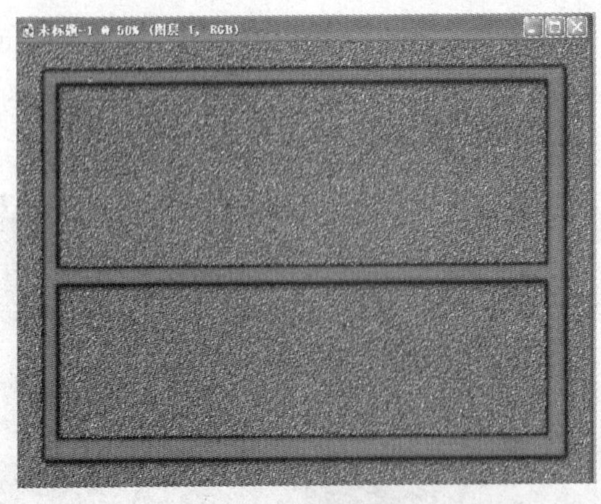

图 9–80　全局效果

图 9–81　局部效果

（11）单击“添加图层蒙版”按按钮为“图层 1”添加蒙版，设置前景色为黑色，选择画笔工具，按 F5 键显示“画笔”面板并载入画笔素材文件，如图 9–82 所示。设置适当的画笔大小，在蒙版中连续点击，直至得到类似图 9–83 所示的残破边缘效果，此时图层蒙版中的状态如图 9–84 所示。

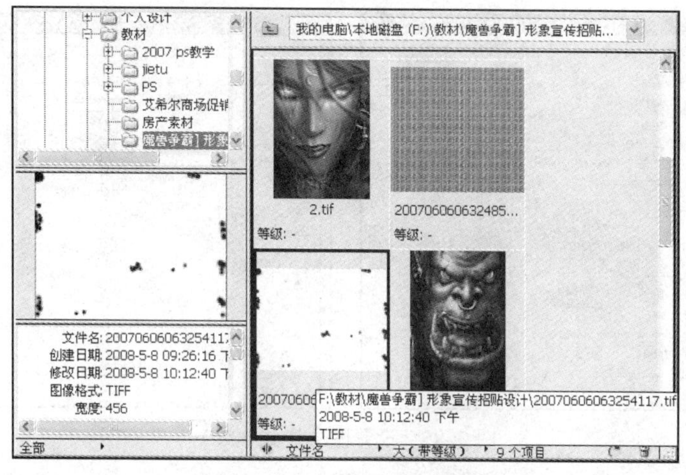

图 9–82　载入画笔素材文件

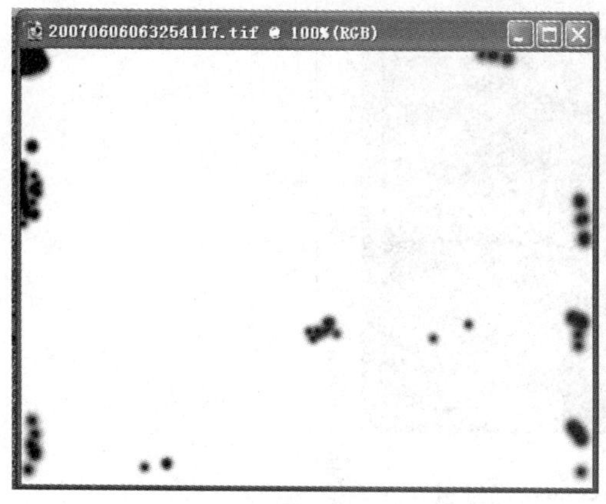

图 9–83　使用画笔涂抹蒙版

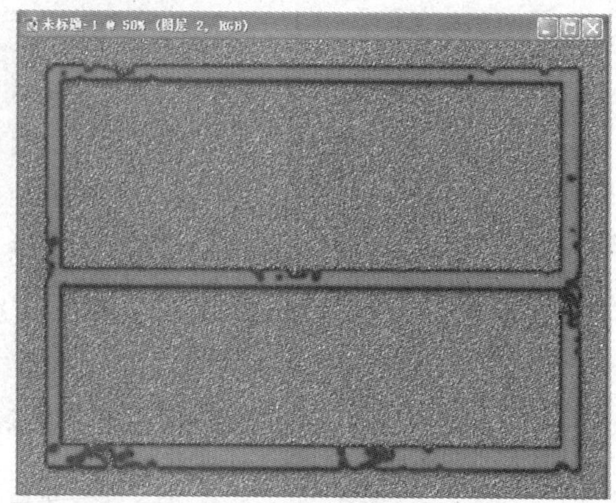

图 9–84　编辑蒙版后的效果

（12）新建一个图层，得到“图层 2”，设置前景色的颜色值为 R：123，G：79，B：34。选择直线工具，并在其工具选项栏上设置“粗细”数值为 17，在图像中绘制直线，按照图 9–85 所示设置“图层样式”，得到图 9–86 所示的效果。

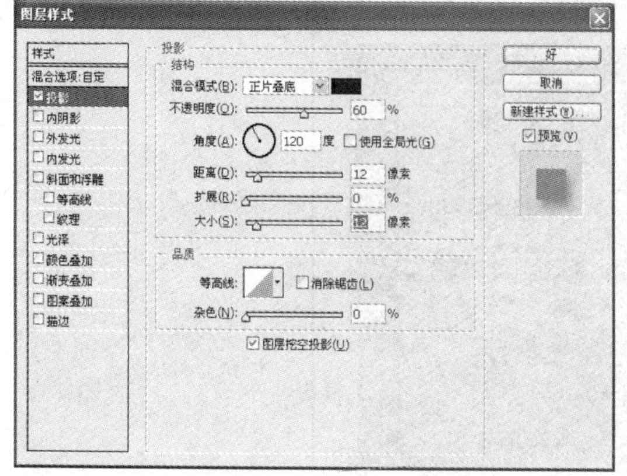

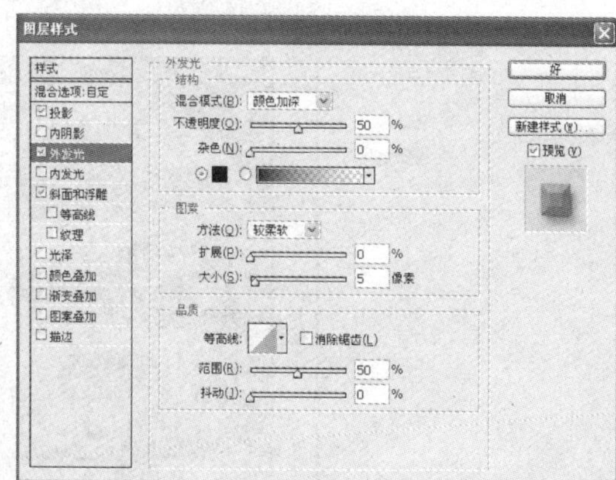

图 9–85　设置图层样式

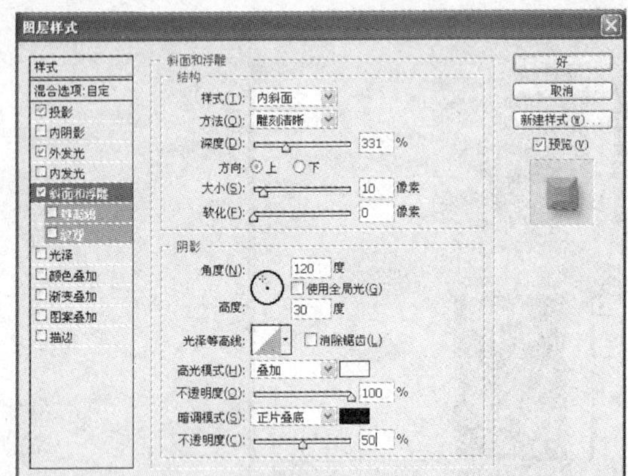

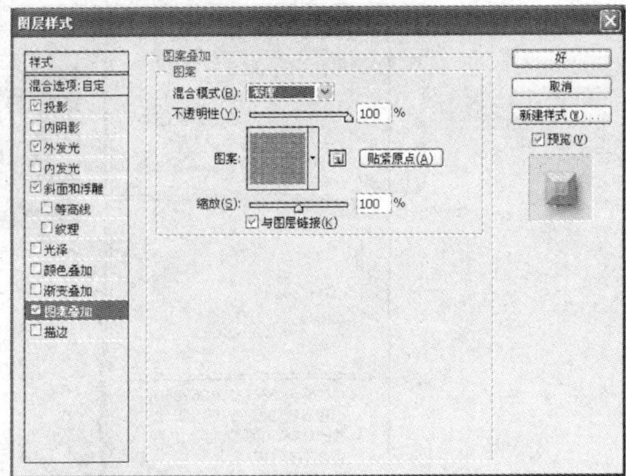

图 9–85　设置图层样式（续）

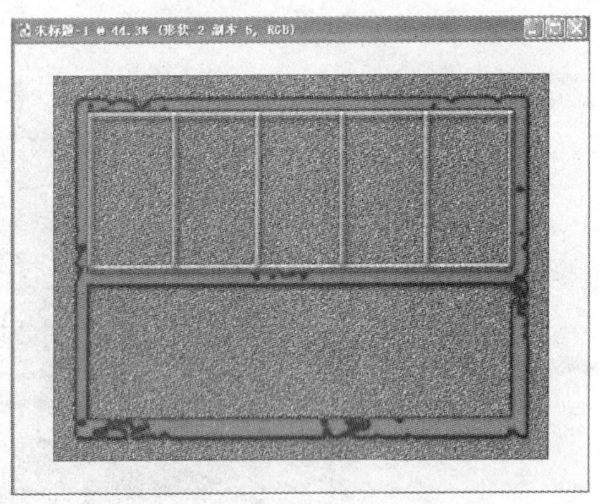

图 9–86　设置图层样式后的效果

（13）在所有图层上方新建一个图层，得到“图层 3”，设置前景色为白色，选择多边形工具，在其工具选项栏上选择“填充像素”按钮，并设置“边”数值为 4，在图像的左上角处绘制图 9–87 所示的菱形。

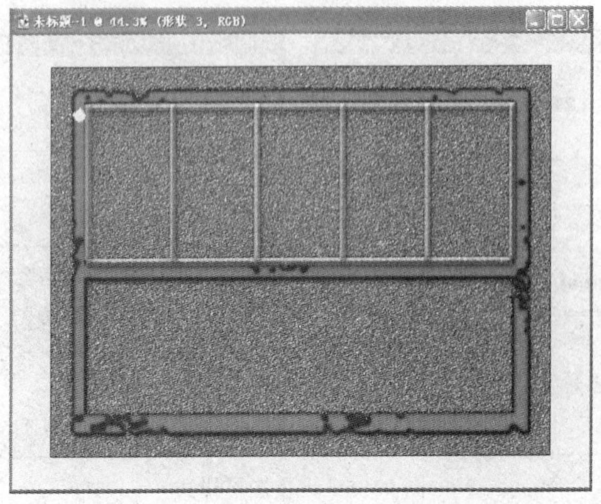

图 9–87　使用多边形工具绘制菱形

（14）按 Ctrl 键单击“图层 3”的缩略图以载入其选区，按“Ctrl+Alt+T”组合键调出“自由变换并复制”控制框，按住 Shift 键连续按向下光标键 4 次，按 Enter 键确认变换操作。

（15）连续按“Ctrl+Alt+Shift+T”组合键执行连续变换并复制多次，直到得到图 9–88 所示的效果为止。

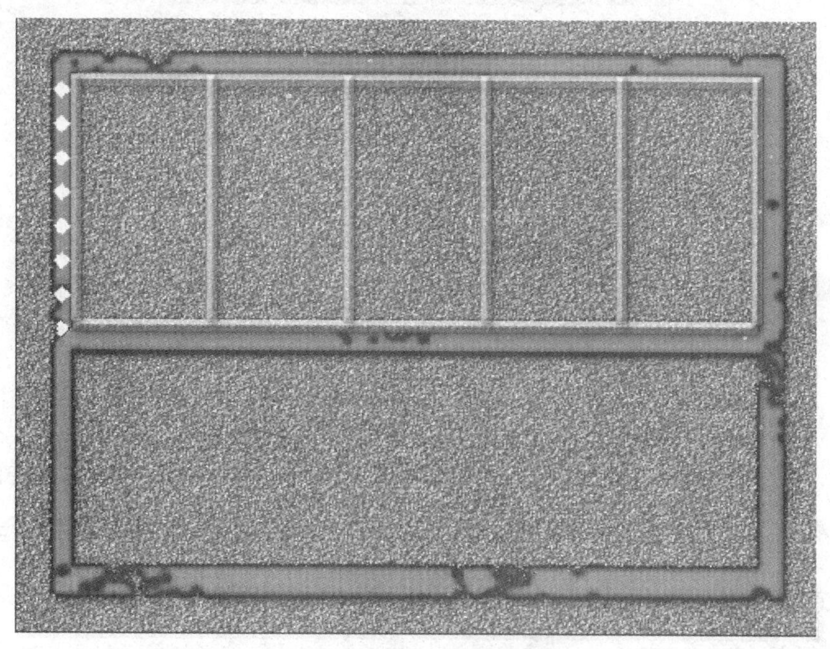

图 9–88　反复执行变换后的效果

（16）按 Ctrl 键单击“图层 3”的缩略图以载入其选区，使用移动工具，按住“Alt+Shift”组合键向图像右侧拖动选区中的图像，得到其复制对象，并将其置于框架的右侧，如图 9–89 所示。按“Ctrl+D”组合键取消选择区域。

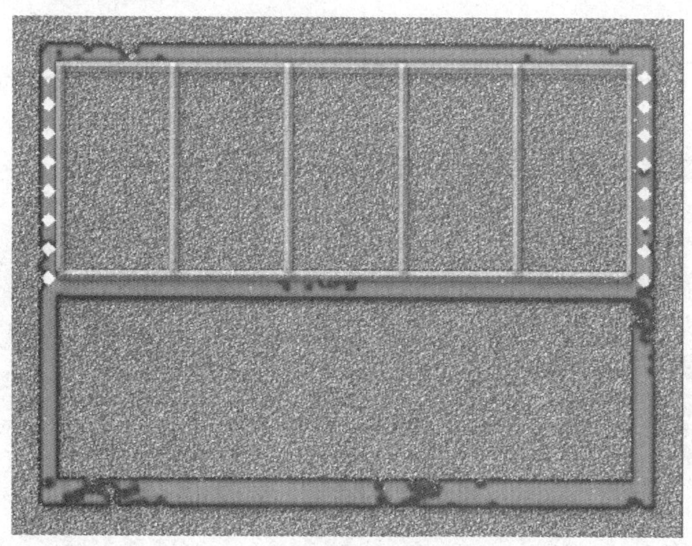

图 9–89　复制对象

（17）按 Ctrl 键单击“图层 3”的缩略图以载入其选区，设置前景色的颜色值为 R：123，G：79，B：34，如图 9–90 所示。按“Alt+Delete”组合键填充选区，按“Ctrl+D”组合键取消选择区域。

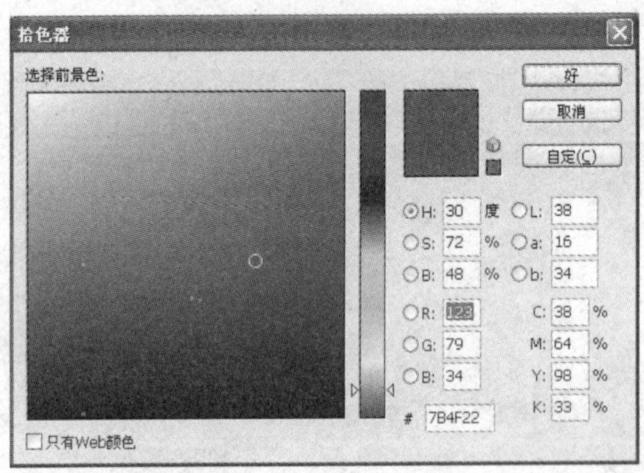

图 9–90 “拾色器”对话框

（18）单击“添加图层样式”按钮，在弹出的菜单中选择“斜面与浮雕”与“外发光”选项，并设置对话框，如图 9–91 所示，得到图 9–92 所示的调整后的效果与局部的图像效果。

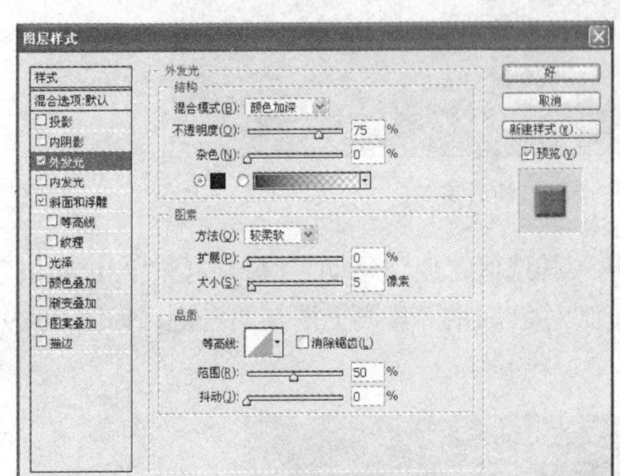

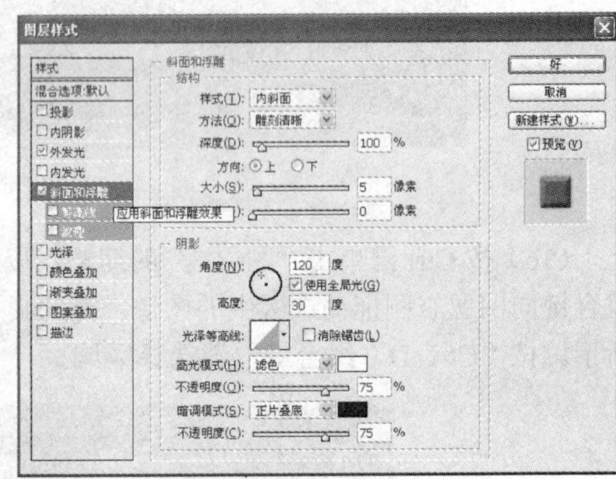

图 9–91　设置图层样式

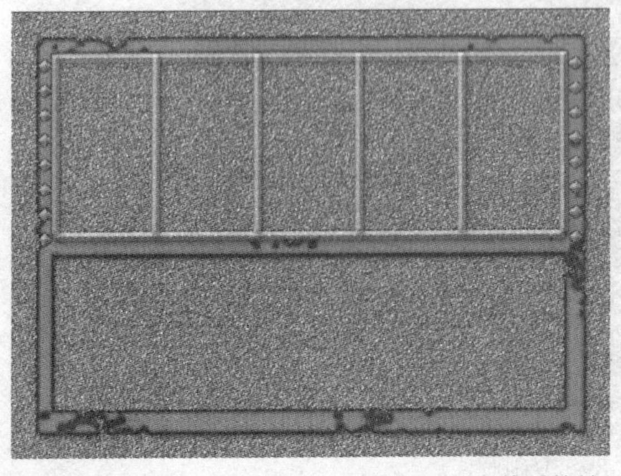

图 9–92　调整后的效果与局部效果

（19）使用矩形选框工具，沿图像左侧第一个框的内侧绘制图 9–93 所示的选区，打开已准备好的素材图片，（如果图片格式是 JPG，可以先将其转换成 TIF 格式），按“Ctrl+A”组合键执行“全选”操作，按“Ctrl+C”组合键执行“拷贝”操作，关闭该素材文件。

图 9–93　绘制选区

（20）返回本例新建的文件中，按“Ctrl+Shift+V”组合键执行“粘贴入”操作，得到“图层 4”，并将该图层拖至“图层 1”与“图层 2”的中间，使用移动工具调整好图像的位置，得到图 9–94 所示的效果。

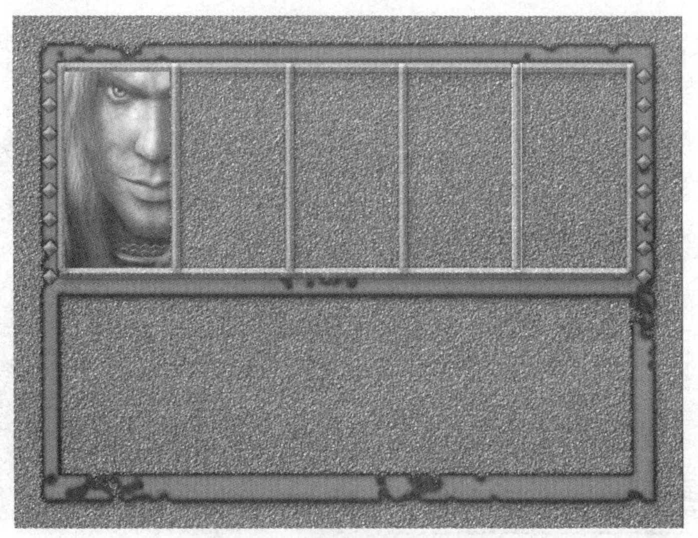

图 9–94　调整素材到合适位置

（21）用步骤（19）、（20）的方法依次加上素材，得到图 9–95 所示的效果。

（22）选择“图层 8”，按住“Ctrl+Shift”组合键分别单击“图层 4”～“图层 8”蒙版的缩略图，得到它们相加后的选区。

图 9–95　导入其他的素材并调整到合适位置

（23）单击“创建新的填充或调整图层”按钮，在弹出的菜单中选择“色相/饱和度”命令，弹出的对话框如图 9–96 所示，得到图 9–97 所示的效果。

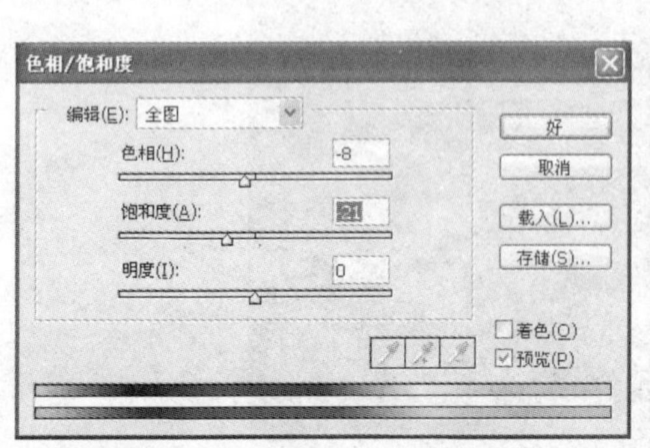

图 9–96 “色相/饱和度”对话框

图 9–97　调整后的效果

（24）按 Ctrl 键，单击上一步创建的调整图层“色相/饱和度 1”的蒙版缩略图，以载入其选区，单击“创建新的填充或调整图层”按钮，在弹出的菜单中选择“亮度/对比度”命令，设置参数，如图 9–98 所示，得到图 9–99 所示的效果。

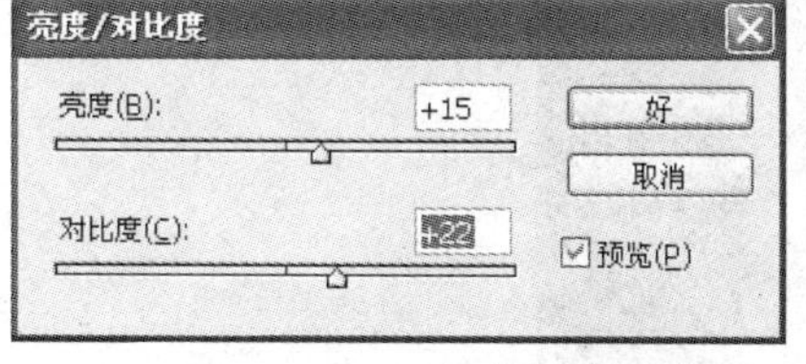

图 9–98 “亮度/对比度”对话框

图 9–99　调整后的效果

（25）考虑到背景颜色反差太大，在背景图层上新建一个图层，调整前景色，如图 9–100 所示，填充色彩并调节其透明度为 45%。得到图 9–101 所示的效果。[这一步也可以直接在本实例的步骤（1）中执行，直接为背景图层填充色彩，再执行其他步骤。]

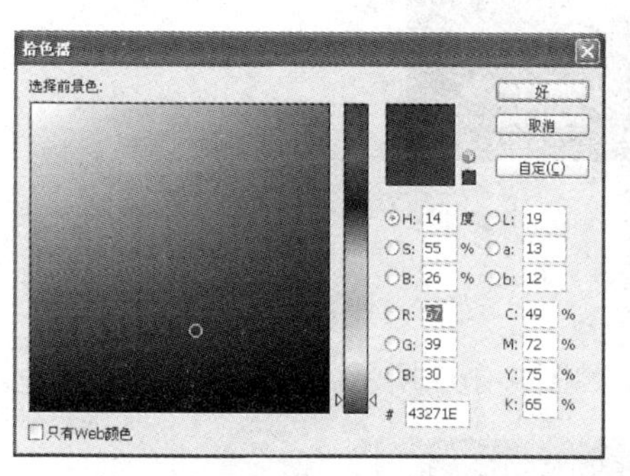

图 9–100　选择颜色

图 9–101　填充颜色并调整后的效果

（26）按照自己的想法再制作字体（这里省略制作字体的过程），然后适当调整效果，得到图 9–65 所示的最终效果。

9.5　实例：公益海报的设计与制作

1．制作技巧

本例将制作以“爱护动物从我做起”为主题的公益海报，采用美丽的貂皮大衣和貂形的血迹为创意素材，运用对比夸张的手法，直观地反映主题。海报以黑色为主色，再配上红色和白色，对比十分强烈，各种颜色非常对立而又有共性，是色彩最后的抽象，能够起到了一种警示作用。

本例主要使用了去色、调节对比度的方法来抠图，利用笔触来制作血迹，并使用了“反选”命令，羽化等工具和一些常用滤镜。

2. 实例欣赏

本例的最终效果如图 9–102 所示。

图 9–102 最终效果

3. 实例讲解

（1）执行“文件”→“打开”命令，新建一个文件，如图 9–103 所示。将背景填充为黑色。

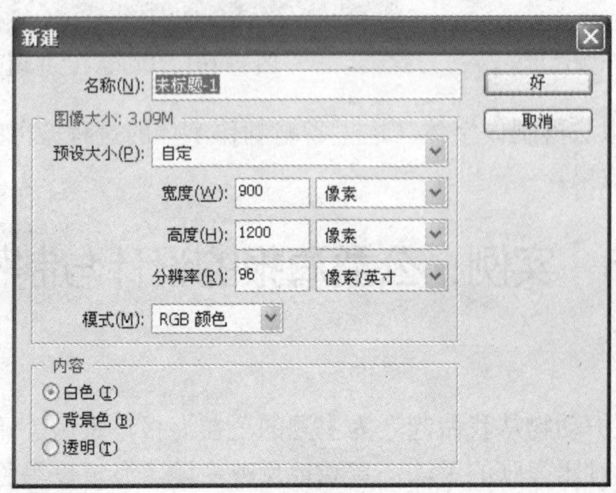

图 9–103 “新建”对话框

（2）按“Ctrl+O”组合键打开图 9–104 所示的“素材 1”。将“素材 1”所在图层复制，选择“复制图层”，执行“图像”→“调整”→“去色”命令，彩色图像变成灰度图像，如图 9–105 所示。

图 9–104　打开素材

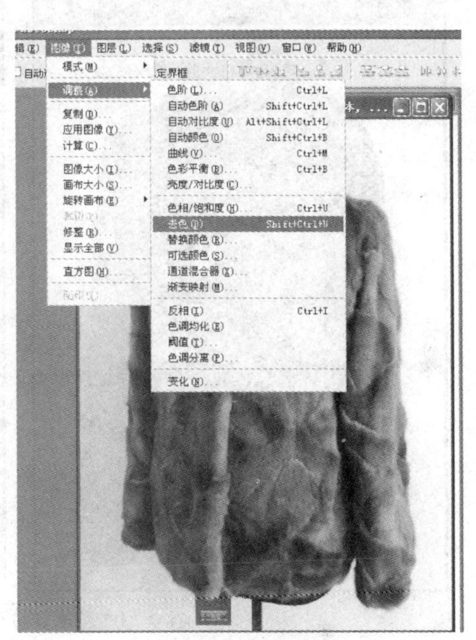

图 9–105　将彩色图像转变为灰度图像

（3）选择“素材 1”的复制图层，执行“图像”→“调整”→“亮度和对比度”命令，调节图像的亮度和对比度，如图 9–106 所示。

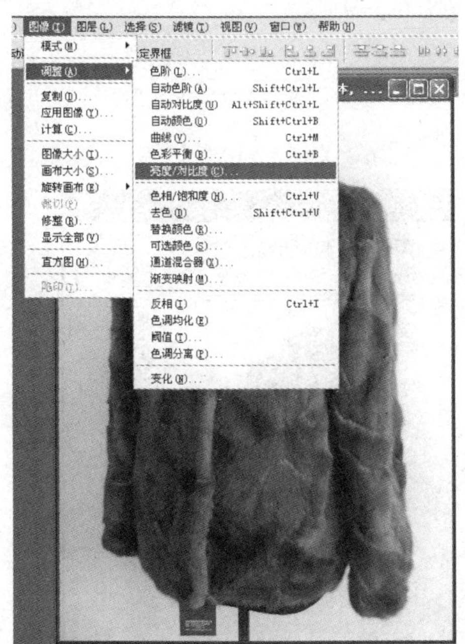

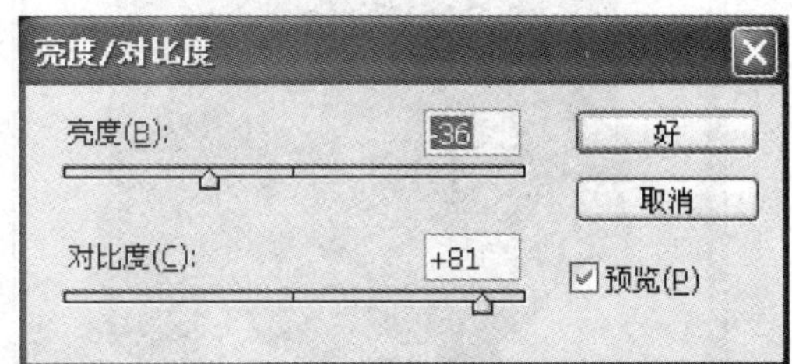

图 9–106　调整亮度和对比度

（4）选择工具箱中的多边形套索工具，选择上一步所得到的图形中有白色的部分，再创建一个选区，并将其填充为黑色，如图 9–107 所示。

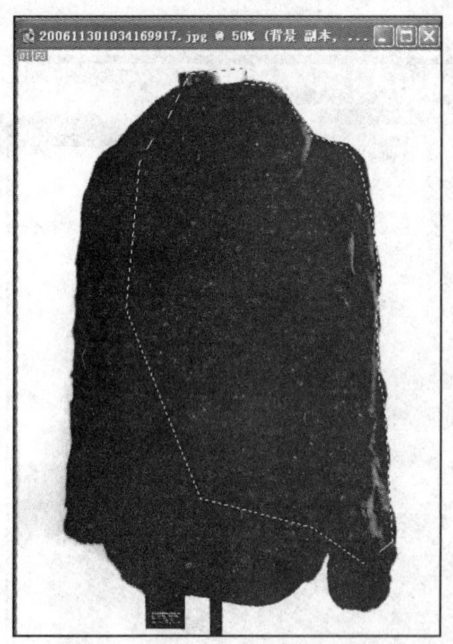
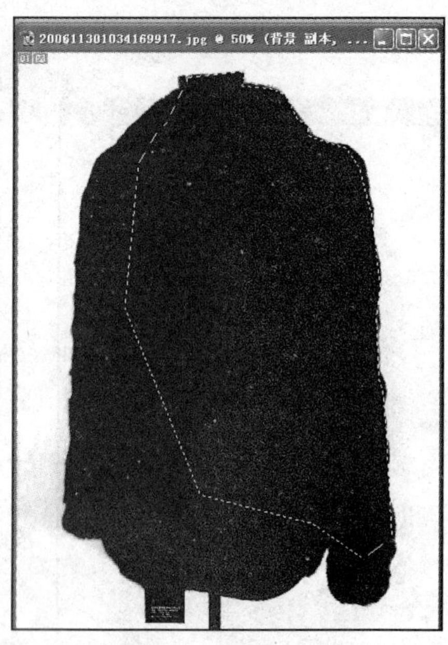

图 9–107　建立选区并填充为黑色

（5）执行“选择”→“色彩选择范围”命令，弹出“色彩范围”对话框，将选区调整如图 9–108 所示，按 Enter 键确认变换。

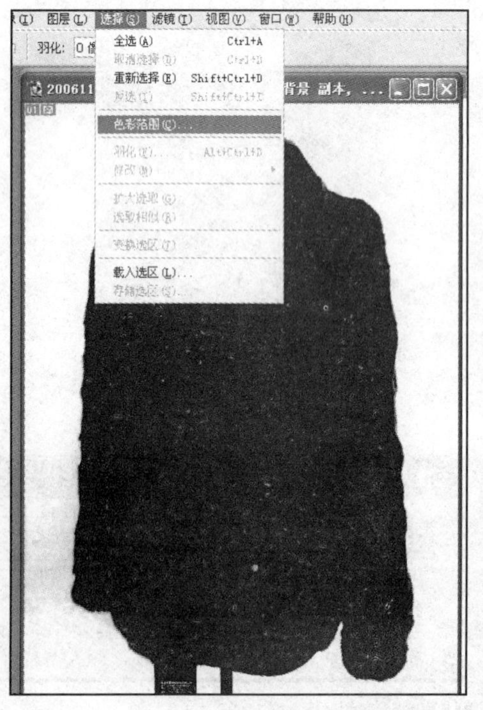

图 9–108　使用色彩范围建立选区

（6）执行“选择”→“反选”命令，将选区调整如图 9–109 所示，然后将选区移至“素材 1”所在的图层，按 Delete 键去除背景，如图 9–110 所示。

图 9–109　反选选区

图 9–110　删除选区

（7）执行“选择”→“反选”命令，再执行“选择”→“羽化”命令，按图 9–111 所示设置参数。

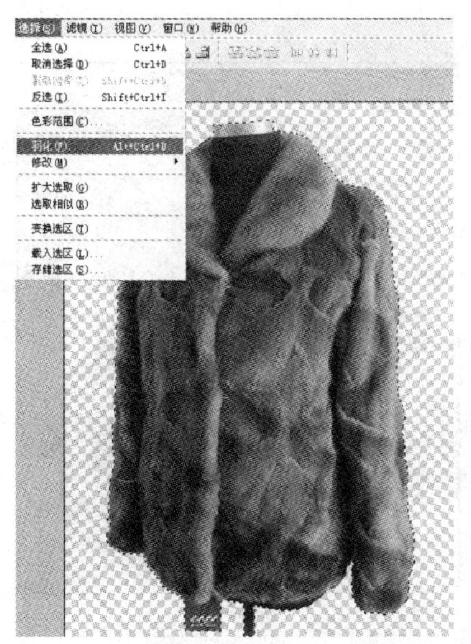

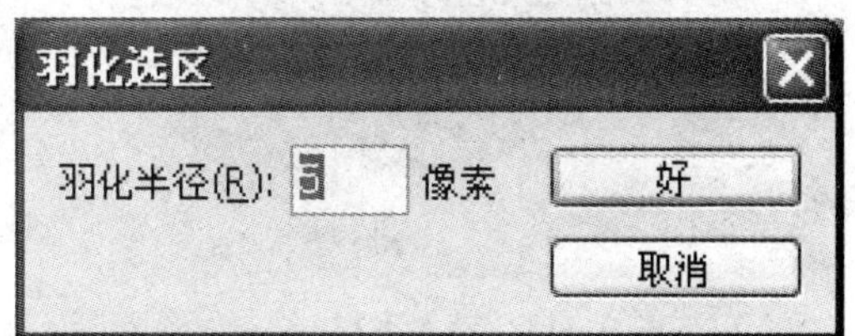

图 9–111　对选区进行羽化

（8）执行“选择”→“反选”命令，更改选区，按 Delete 键去除背景，将选区调整如图

9–112 所示。如果效果不是很理想，需要重复该操作的话，只要重复按 Delete 键去除背景就可以了。

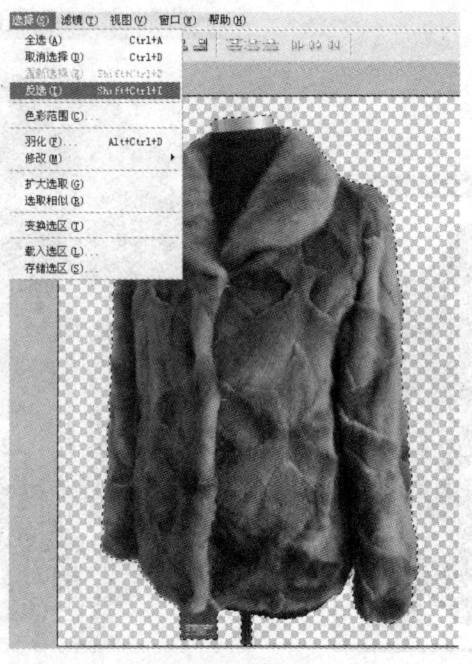

图 9–112　调整选区

（9）按“Ctrl+O”组合键打开图 9–113 所示的“素材 2”。将“素材 2”所在图层复制，选择“复制图层”，执行“图像”→“调整”→“去色”命令，将彩色图像变成灰度图像，如图 9–114 所示。

图 9–113　导入素材

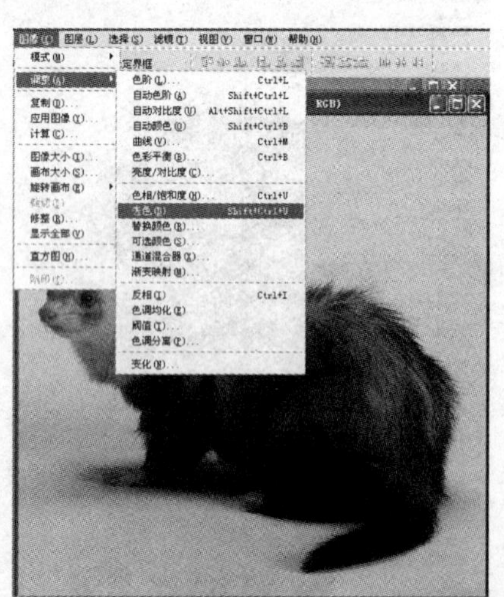

图 9–114　执行“去色”命令

（10）执行“图像”→“调整”→“亮度与对比度”命令，调整图像，参数设置及调整后的效果如图 9–115 所示。

图 9–115　调整亮度与对比度

（11）选择工具箱中的多边形套索工具，选择上一步所得到的图形中不需要的部分，再创建一个选区，并将其填充为白色，选择需要的部分，如图 9–116 所示创建一个选区，并将其填充为黑色。

（12）执行“选择”→“反选”命令，更改选取，按 Delete 键去除背景，再执行“选择”→“反选”命令，把图形填充为白色。

（13）使用工具箱中的移动工具，将处理好的“素材 1”“素材 2”拖到背景中形成“图层 1”“图层 2”，调整“图层 1”“图层 2”的位置和大小，如图 9–117 所示。

图 9–116　建立选区

图 9–117　导入处理好的图片

（14）点击“图层面板”选项，新建一个图层，将前景色改成深红色，如图 9–118 所示。

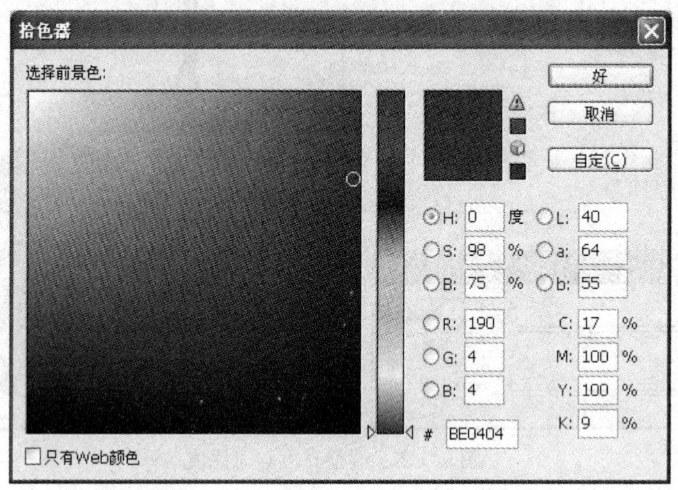

图 9–118　选择颜色

（15）使用工具箱中的钢笔工具，调整钢笔工具的参数。在画笔设置中，选中“湿边”和“喷枪”选项，如图 9–119 所示。

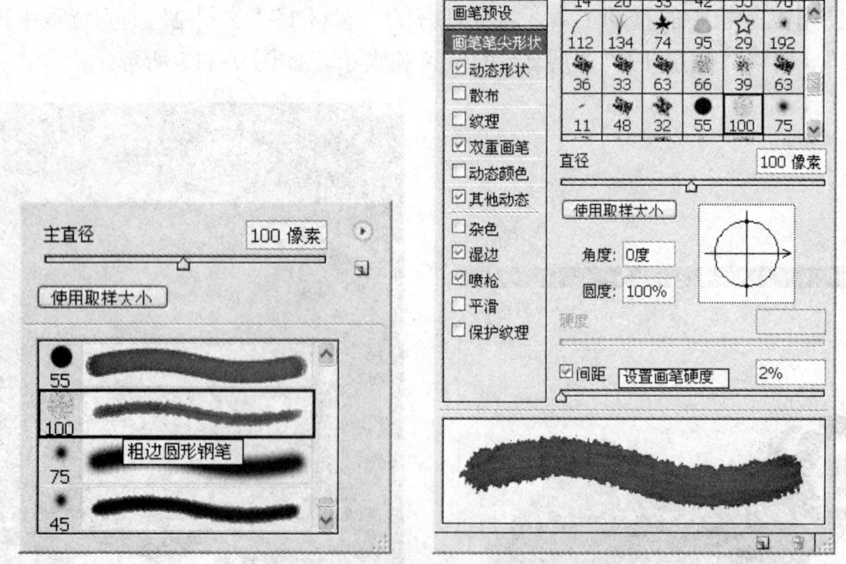

图 9–119　调整钢笔工具的参数

（16）在画面上一直按着画笔不放，并不断移动以扩大范围，连续这样三次就得到图 9–120 所示的血迹效果了。

（17）新建一个图层，按步骤（15）、（16）再制作一个血迹效果，如图 9–121 所示。调整图层的位置和大小，效果如图 9–122 所示。

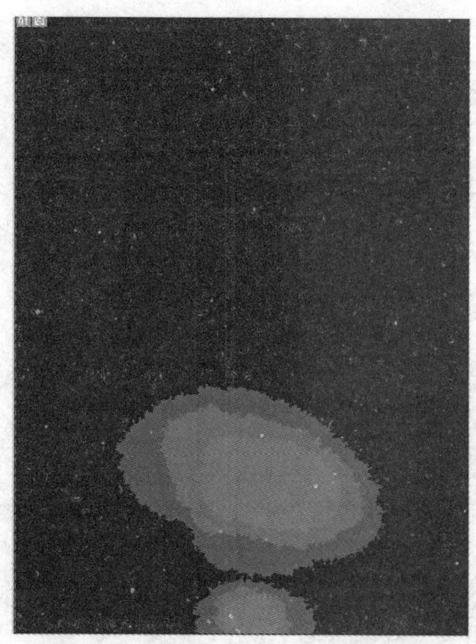

图 9–120　使用钢笔绘制图形

图 9–121　使用钢笔继续绘制图形

图 9–122　调整图层的位置和大小

（18）选择工具箱中的文字工具，在属性栏中分别设置合适的字体及字号，输入文字，效果如图 9–123 所示。

（19）点击图层面板中“为人捐躯体”图层，将文字栅格化，然后将背景改成白色，再执行“滤镜”→“画笔描边”→“喷溅”命令，弹出对话框，调节相关属性参数，按“好”键完成，效果如图 9–124 所示。

图 9–123 输入文字

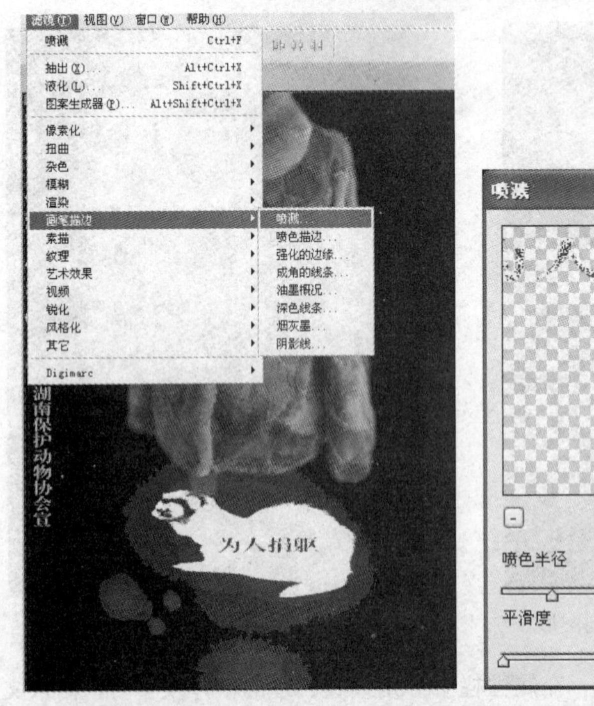

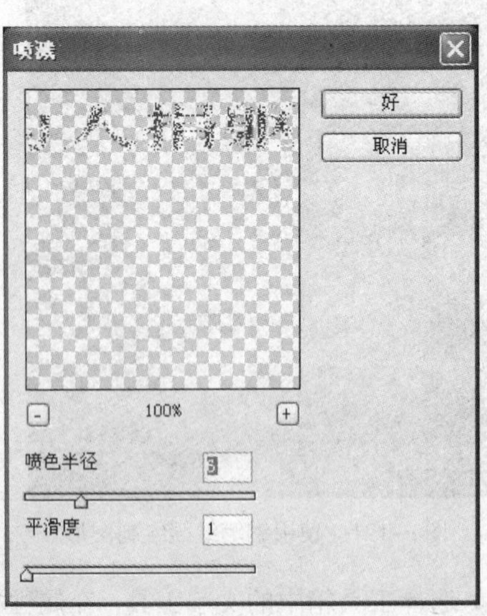

图 9–124 使用“喷溅”滤镜

（20）点击图层面板中的“爱护动物从我做起”图层，将文字栅格化，然后将背景改成黑色，再执行“滤镜”→“画笔描边”→“喷溅”命令，弹出对话框，调节相关属性参数，按“好”键完成，效果如图 9–125 所示。

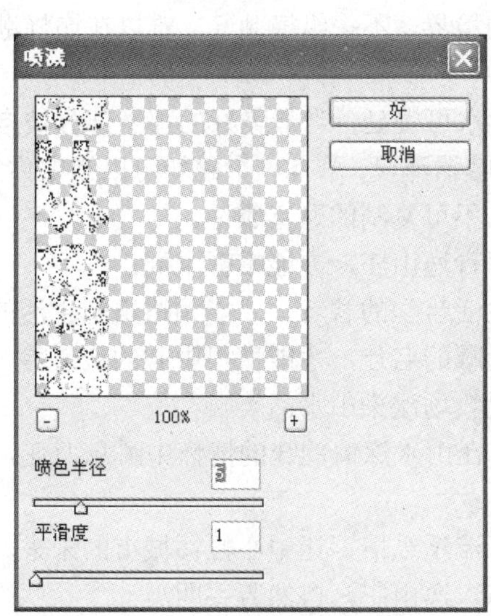

图 9–125　继续输入文字，并添加喷溅效果

（21）选择工具箱中的文字工具，在属性栏中设置合适的字体及字号，输入文字，公益海报制作完成，效果如图 9–102 所示。

课 后 练 习

房地产广告设计。用 Photoshop 打开“素材/第 9 章/练习”中的“素材 1”“素材 2”“素材 3”“标志”“方位”，根据所提供的素材和下面的文字资料，按照素材里面提供的样板（如图 9–126、图 9–127、图 9–128 所示），设计一个系列的广告。

图 9–126　第 9 章课后练习的样板 1

图 9–127　第 9 章课后练习的样板 2

图 9–128 第 9 章课后练习的样板 3

（1）广告文字：

①“锁”定青逸山庄，开启财富磁场；

没有宏阔的境界，不去纵横驰骋，难以在巅峰潮涌中从容淡定；

山可回转，水可漫延，当最美好的那一部分被自然精心安排，当城市被喧嚣淹没，总有一个磁场可以锁定你的幸福；

青逸山庄，不可复制的财富领地。

②“指”落青逸山庄，方能帷幄全局；

只有懂得生活哲学的智者，才能领略田园生活的自由；

只有高瞻远瞩的名仕，才能懂得中心的价值；

习惯让心灵牧场浸染山水；

青逸山庄，在山水深情韵味的情怀中瞬息万变，流露非凡气度；

云山浩瀚，流溪纵情，让中心帷幄城市的未来。

③“茶”飘青逸山庄，自然芳香四溢；

当都市理想变成对钢筋森林的盲目崇拜时，

习惯沏一壶清茶，去感受自然的恩惠；

习惯让心灵牧场浸染山水；

生活的随心自然在茶的韵味中弥漫开来；

青逸山庄，让心归自然。

④“青逸”热线：0731–219888/219889

投资商：××集团//发展商：青逸房产//住宅推广：××广告有限公司//住宅代理：青逸营销

开发商：长沙市青逸置业房地产开发有限公司//建筑设计：长沙市青逸置业建筑设计公司

（2）有关要求：

根据提供的材料进行创意与设计，应做到创意新颖、画面简洁、大气，有视觉冲击力，版式规范，制作精细；色彩可根据标志标准色自行设计；尺度为 600 mm×900 mm；分辨率为 72 dpi。

第 10 章　包装设计与制作

要点、难点分析

要点：

① 包装设计的基本知识
② 手提袋设计与制作案例操作
③ 化妆品包装设计与制作案例操作
④ 酒品包装设计与制作案例操作

难点：

① 运用 Photoshop 制作手提袋
② 运用 Photoshop 制作化妆品包装
③ 运用 Photoshop 制作酒品包装

难度：★★★★★

技能目标

① 掌握平面广告的基本知识
② 熟练运用 Photoshop 制作手提袋
③ 熟练运用 Photoshop 制作化妆品包装
④ 熟练运用 Photoshop 制作酒品包装

10.1　包装设计的基本知识

包装设计是一门集实用技术学、营销学、美学为一体的设计艺术科学。它不仅可使产品具有既安全又漂亮的外衣，它更是一种强有力的营销工具。在经济全球化的今天，包装与商品已融为一体。包装作为实现商品价值和使用价值的手段，在生产、流通、销售和消费领域中，发挥着极其重要的作用，是企业界、设计界不得不关注的重要课题。包装的功能是保护商品、传达商品信息、方便使用、方便运输、促进销售。包装作为一门综合性学科，具有商品和艺术相结合的双重性。成功的包装设计必须具备以下 5 个要点：

（1）货架印象；
（2）可读性；
（3）外观图案；
（4）商标印象；
（5）功能特点说明。

包装设计指选用合适的包装材料，运用巧妙的工艺手段，为包装商品进行的容器结构造型和美化装饰设计。从中可以看到包装设计的三大构成要素。

10.1.1 外形要素

外形要素就是商品包装展示面的外形，包括展示面的大小、尺寸和形状。其在日常生活中的形态有 3 种，即自然形态、人造形态和偶发形态。在研究产品的形态构成时，必须找到种适用于任何性质的形态，即把共同的规律性的东西抽出来，这称为抽象形态。

形态构成就是外形要素，或称为形态要素，就是以一定的方法、法则构成的各种千变万化的形态。形态是由点、线、面、体这几种要素构成的。包装的形态主要有：圆柱体类、长方体类、圆锥体类、有关形体的组合及由不同切割构成的各种形态。包装形态构成的新颖性对消费者的视觉引导起着十分重要的作用，奇特的视觉形态能给消费者留下深刻的印象。包装设计者必须熟悉形态要素本身的特性，并以此作为表现形式美的素材。

在考虑包装设计的外形要素时，还必须从形式美法则的角度去认识它。按照包装设计的形式美法则，结合产品自身的功能特点，将各种因素有机、自然地结合起来，以求得完美统一的设计形象。

对外形要素的形式美法则主要从以下 8 个方面加以考虑：

（1）对称与均衡法则；

（2）安定与轻巧法则；

（3）对比与调和法则；

（4）重复与呼应法则；

（5）节奏与韵律法则；

（6）比拟与联想法则；

（7）比例与尺度法则；

（8）统一与变化法则。

10.1.2 构图要素

构图是将商品包装展示面的商标、图形、文字组合排列在一起的一个完整的画面。这些组合构成了包装装潢的整体效果。商品设计的构图要素要求将商标、图形、文字和色彩运用得正确、适当、美观。

1. 商标设计

商标是一种符号，是企业、机构、商品和各项设施的象征形象。商标涉及政治、经济法制以及艺术等各个领域。商标的特点是由它的功能、形式决定的。它要将丰富的内容以简洁、概括的形式，在相对较小的空间里表现出来，同时需要观察者在较短的时间内理解其内在的含义。商标一般可分为文字商标、图形商标以及文字图形相结合的商标三种形式。一个成功的商标设计，应该是创意表现有机结合的产物。创意是根据设计要求，对某种理念进行综合、分析、归纳、概括，通过哲理的思考，化抽象为形象，将设计概念由抽象的评议表现逐步转化为具体的形象设计。

2. 图形设计

包装装潢的图形主要指产品的形象和其他辅助装饰形象等。图形作为设计的语言，就是要把形象的内在、外在的构成因素表现出来，以视觉形象的形式把信息传达给消费者。要达以此目的，图形设计的定位是非常关键的。定位的过程即熟悉产品全部内容的过程。图形就其表现形式可分为实物图形和装饰图形。

1）实物图形

实物图形采用绘画手法、摄影写真等来表现。绘画是包装装潢设计的主要表现形式，根据包装整体构思的需要绘制画面，为商品服务。与摄影写真相比，它具有取舍、提炼和概括自由的特点。绘画手法直观性强，是宣传、美化、推销商品的一种手段。然而，商品包装的商业性决定了设计应突出表现商品的真实形象，要给消费者直观的形象，所以用实物图形表现真实、直观的视觉形象是包装装潢设计的最佳表现手法。

2）装饰图形

装饰图形分为具象和抽象两种表现手法。将具象的人物、风景、动物或植物的纹样作为包装的象征性图形可表现包装的内容物及属性。抽象的手法多用于写意，由抽象的点、线、面的几何形纹样、色块或肌理效果构成的画面，具有形式感，也是包装装潢的主要表现手法。通常，具象形态与抽象表现手法在包装装潢设计中是相互结合的。

内容和形式的辩证统一是图形设计中的普遍规律，在设计过程中，根据图形内容的需要，选择相应的图形表现技法，使图形设计达到形式和内容的统一，创造出反映时代精神、民族风貌的适用、经济、美观的装潢设计作品是包装设计的基本要求。

3. 色彩设计

色彩设计在包装设计中占据重要的位置。色彩是美化和突出产品的重要因素。包装色彩的运用是与整个画面设计的构思、构图紧密联系的。包装的色彩必须受到工艺、材料、用途和销售地区等的限制。

包装装潢设计中的色彩要求醒目、对比强烈、有较强的吸引力和竞争力，以唤起消费者的购买欲望，促进销售。例如，食品类商品常用鲜明丰富的色调，以突出食品的新鲜、营养和味觉；医药类商品常用单纯的冷暖色调；化妆品类商品常用柔和的中间色调；小五金、机械工具类商品常用蓝、黑及其他沉着的色块，以表示坚实、精密和耐用的特点；儿童玩具类商品常用鲜艳夺目的纯色和冷暖对比强烈的各种色块，以符合儿童的心理和爱好；体育类商品多采用鲜明响亮的色块，以增加活跃、运动的感觉……不同的商品有不同的特点与属性。设计者要研究消费者的习惯和爱好以及国际、国内流行色的变化趋势。

4. 文字设计

文字是传达思想、交流感情和信息、表达某一主题内容的符号。商品包装上的牌号、品名、说明文字、广告文字以及生产厂家、公司或经销单位等，反映了包装的本质内容。设计包装时必须把这些文字作为包装整体设计的一部分来统筹考虑。

包装装潢设计中的文字设计的要点有：

（1）文字内容简明、真实、生动、易读、易记；

（2）字体设计应反映商品的特点、性质、有独特性，并具备良好的识别性和审美功能；

（3）文字的编排与包装的整体设计风格应和谐。

10.1.3 材料要素

材料要素是商品包装所用材料表面的纹理和质感。它往往影响到商品包装的视觉效果。

利用不同材料的表面变化或表面形状可以达到商品包装的最佳效果。包装用材料，无论是纸类材料、塑料材料、玻璃材料、金属材料、陶瓷材料、竹木材料还是其他复合材料，都有不同的质地肌理效果。运用不同的材料，并妥善地对其加以组合配置，可给消费者以不同的感觉。材料要素是包装设计的重要环节，它直接关系到包装的整体功能和经济成本、生产加工方式及包装废弃物的回收处理等多方面的问题。

10.2 手提袋制作实例——“靓”牌女装手提袋

10.2.1 制作技巧

“靓”牌女装的消费群体为消费层次较高、有一定经济能力和生活品位的年轻女士，主要在各大商场的专柜或专卖店销售。在手提袋的设计上，应特别注重时尚、高雅与优秀品质的完美表现，使整体效果给人眼前一亮的感觉。

女人如花，女人天生爱美，漂亮女人本身就是一道靓丽的风景线，而再美的女人也离不开漂亮衣服的衬托。该款女装品牌手提袋的设计，针对女性爱美的天性，在设计风格上追求典雅、时尚与简洁的特点，设计精巧，文字优美，色彩鲜丽，制作工艺非常精细。该款设计，既突出了该品牌的特点，又树立了该品牌的形象。

手提袋上的小蝴蝶结是本款设计的亮点，它为原本单调的设计增添了不少活力，不仅增强了视觉效果，更使整个设计充满了一种女性特有的优雅和柔和，同时也体现了该品牌服装的设计风格。

此款包装图形的绘制同样分为两个部分，即平面图形与立体效果的绘制。此设计图形简洁，其制作重点有以下 3 个环节：

（1）使用画笔工具和橡皮擦工具绘制出蝴蝶结的褶皱。

（2）使用“模糊”命令制作图形阴影效果。

（3）使用渐变工具绘制手提袋的高光部分。

此实例的学习将使读者加深对纸类包装设计的认识，以及更加熟悉用电脑制作效果的操作过程。

10.2.2 实例欣赏

该品牌女装手提袋的最终效果如图 10–1 所示。

10.2.3 实例讲解

“靓”牌女装手提袋的绘制过程，分为手提袋平面图和立体效果图两部分，下面完成此效果图的绘制。

（1）手提袋平面展开图的绘制。打开“手提袋平面图.tif”文件，可查看该产品包装盒的平面展开效果，如图 10–2 所示。

图 10–1　手提袋的立体效果

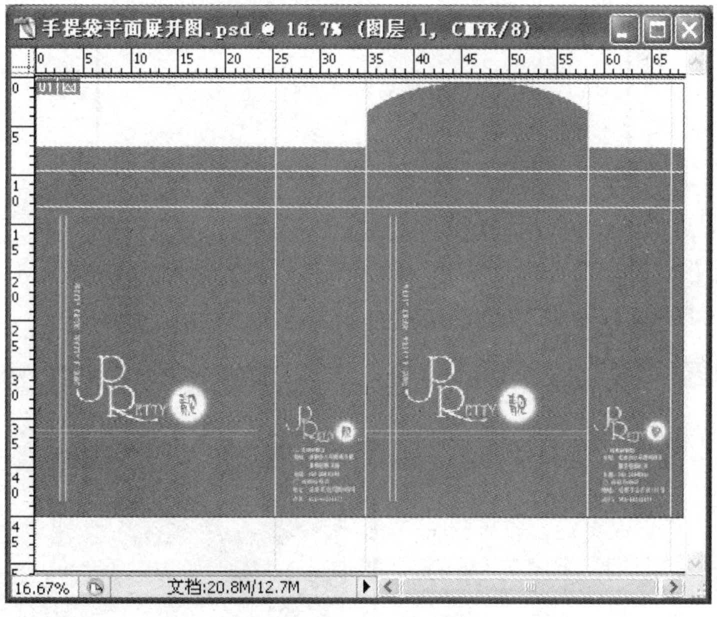

图 10–2　平面展开效果

手提袋平面展开图的绘制过程如下：

① 启动 Photoshop 软件，新建一个大小为 695 mm×507 mm，分辨率为 100 像素/英寸、模式为 CMYK 的文件，如图 10–3 所示。

② 在新建的文件中，按照图 10–2 所示，分别创建水平和垂直方向上的辅助线，如图 10–4 所示。

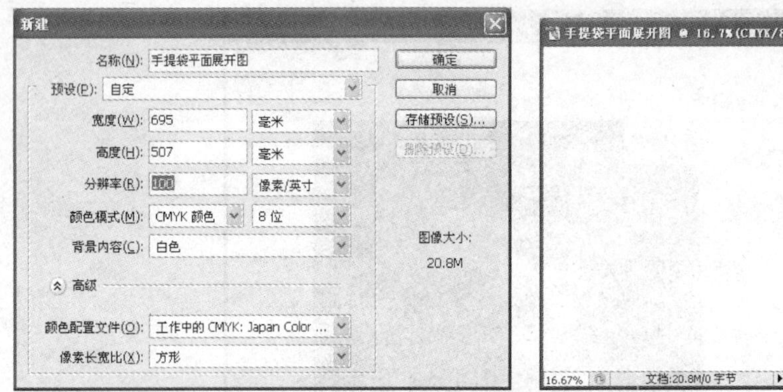

图 10-3　“新建”对话框设置与新建的文件效果

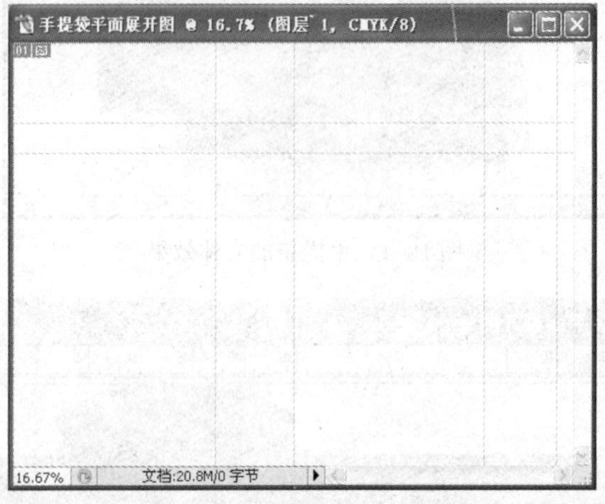

图 10–4　辅助线的建立

③ 新建一个图层。在文件中创建一个矩形选区，将其填充为 C：0、M：100、Y：100、K：0 的颜色，取消选择后如图 10–5 所示。

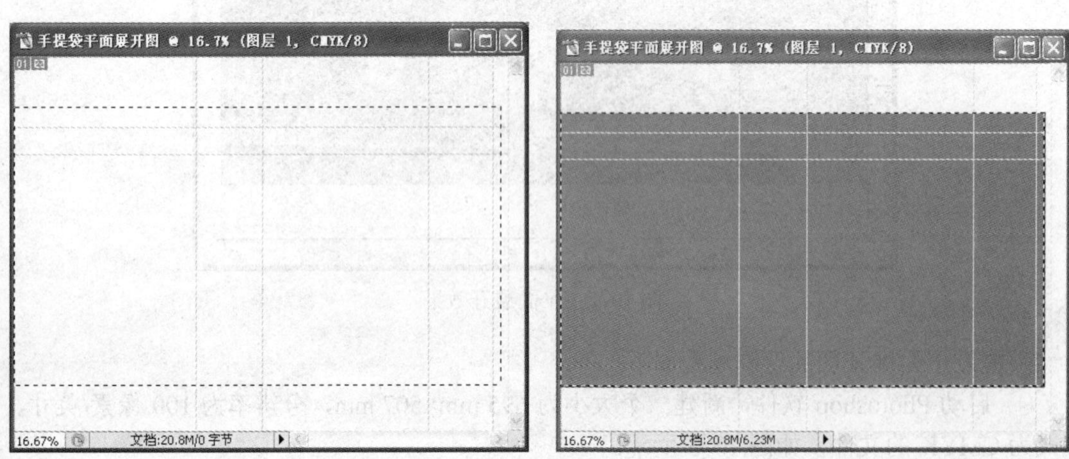

图 10–5　绘制矩形选区并填充颜色

④ 在图形上方绘制一个矩形选区，将其填充为相同的红色，如图 10–6 所示。

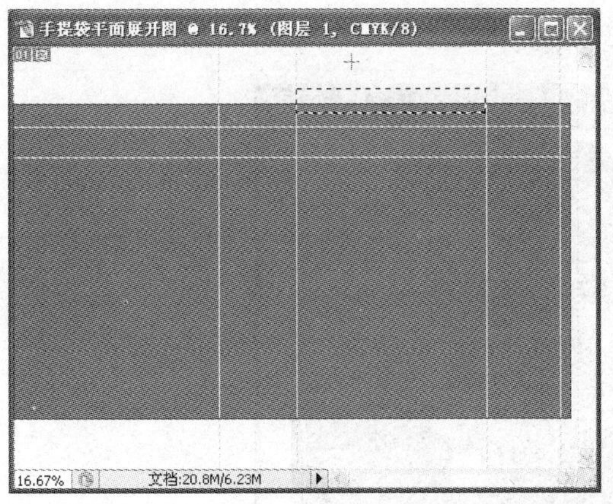

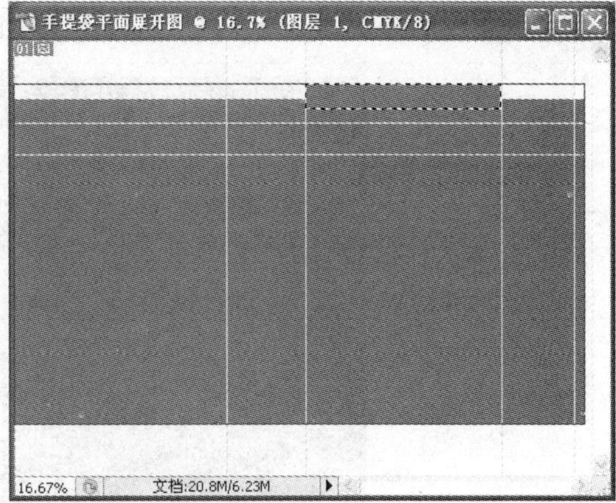

图 10–6　绘制矩形选区并填充颜色

⑤ 使用钢笔工具绘制曲线路径，将路径转化为选区后将其填充为红色，如图 10–7 所示。

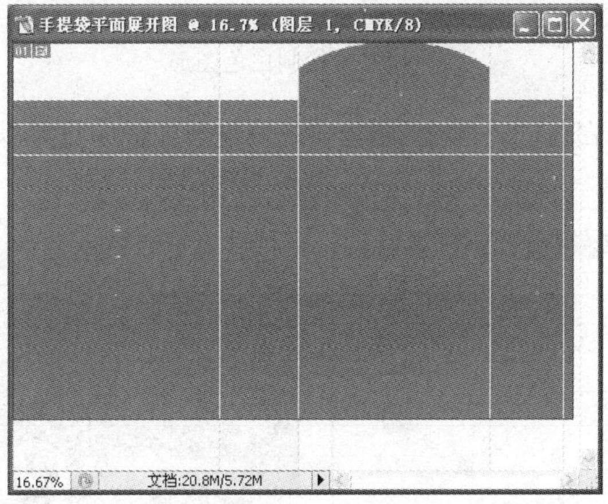

图 10–7　为选区填充颜色

⑥ 打开“标准字体.psd”文件，将其复制到“正面展开图”文件中，调整到适当的大小和位置，如图 10–8 所示。

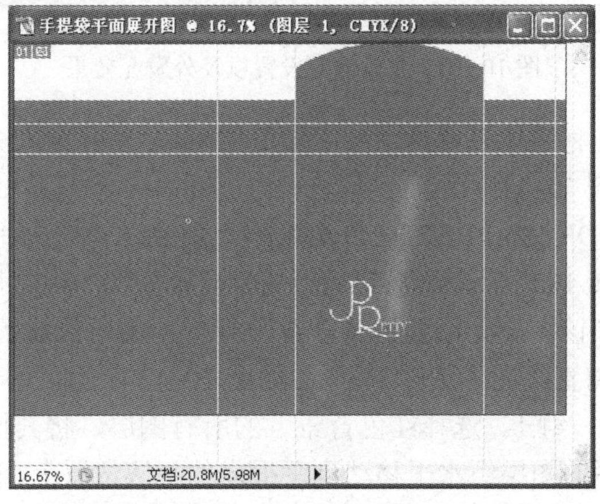

图 10–8　在图形中置入标准字体

⑦ 新建一个图层，在窗口中绘制一个白色的正圆形，如图 10–9 所示。

图 10–9　绘制白色图形

⑧ 为白色圆形应用白色的外法光效果，“外发光”面板的设置以及图形效果如图 10–10 所示。

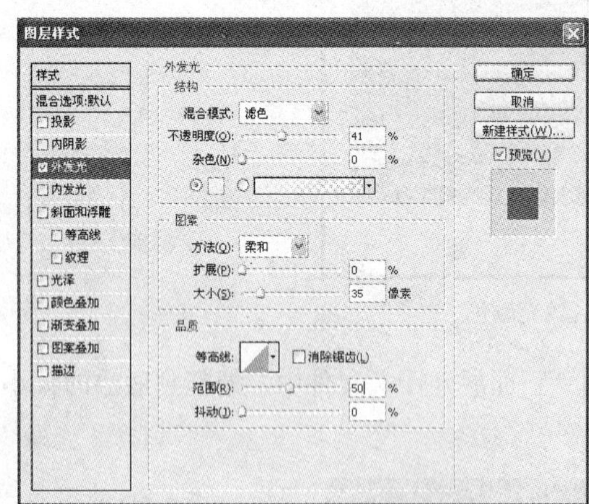

图 10–10　面板参数设置以及外发光效果

⑨ 输入文字“靓”，将字体设置为“汉仪黛玉体简”，大小为 72 点，将其置入白色圆形，并进行适当的调整，如图 10–11 所示。

⑩ 输入“PRETTY DRESS PRETTY FIGURE”，将字体设置为“黑体”，大小为 22 点，将文字按顺时针方向旋转 180° 后，调整到适当的位置，如图 10–12 所示。

⑪ 新建一个图层,在该图层上创建两条垂直平行排列的白色线条，调整图层的不透明度为 60%，复制该图层，将直线图形旋转 180°，如图 10–13 所示，调整其长度和位置。

⑫ 建立新的图层组：组 1。选择红色背景上的所有图层，将其拖动到组中；对“组 1”图层进行复制，将复制后的图层组水平移动到手提袋的相应位置上，完成手提袋图形的绘制，如图 10–14 所示。

图 10–11　在图形中输入文字

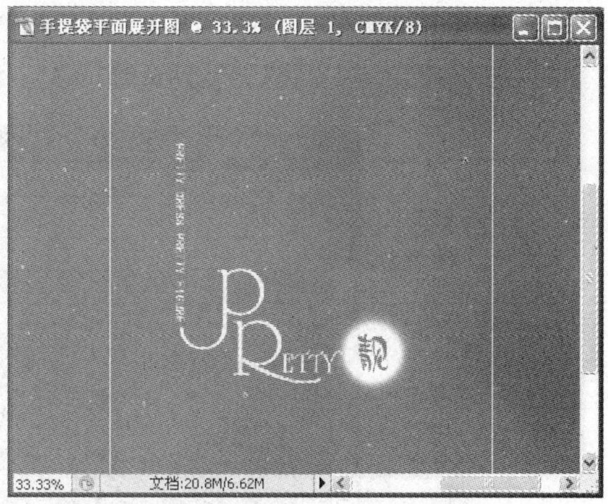

图 10–12　输入竖排文字

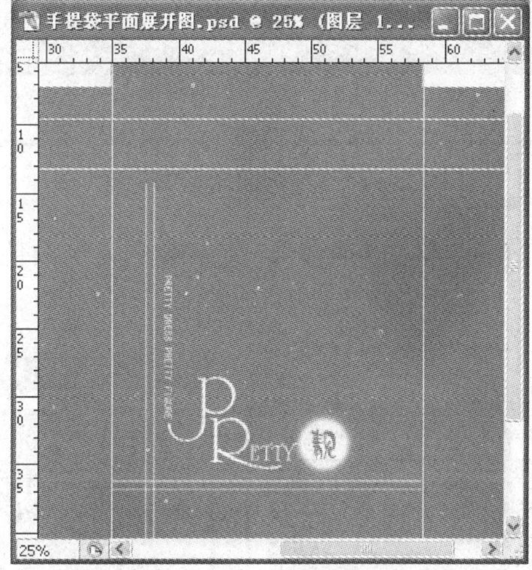

图 10–13　绘制平行线条并调整

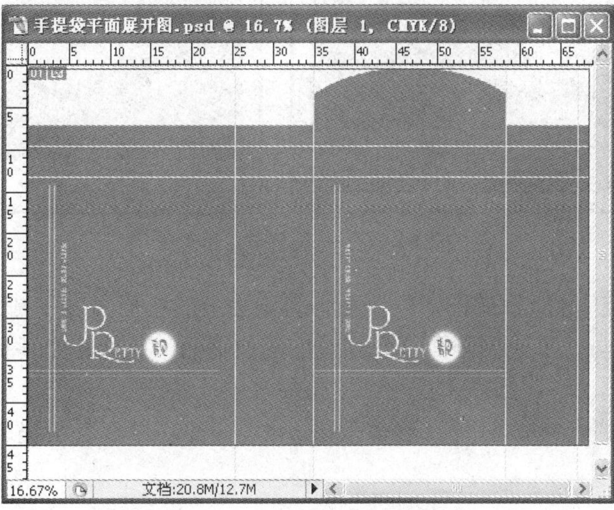

图 10–14　对背面图形的处理

⑬ 创建新的图层组：族。将“组 1”中的标准文字进行复制，将复制的文字拖动到“组 2”中，在文件窗口中调整文字到适当的大小和位置，如图 10–15 所示。

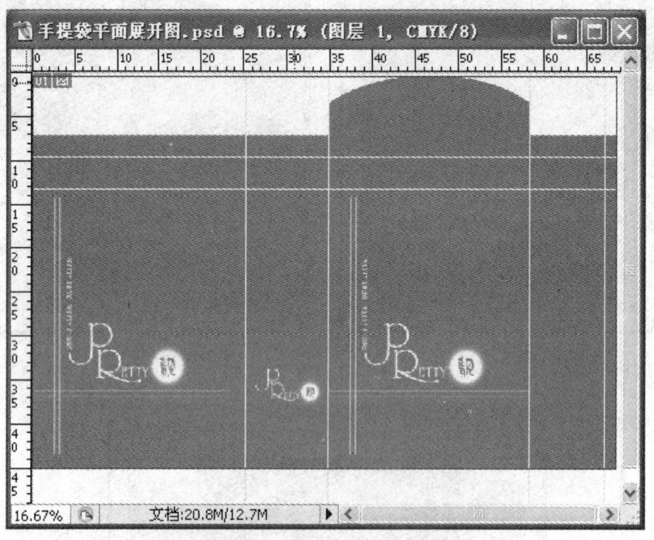

图 10–15 对侧面图形的处理

⑭ 输入说明性文字，设置字体为“黑体”，文字颜色为“白色”，将文字调整到适当的大小和位置，如图 10–16 所示。

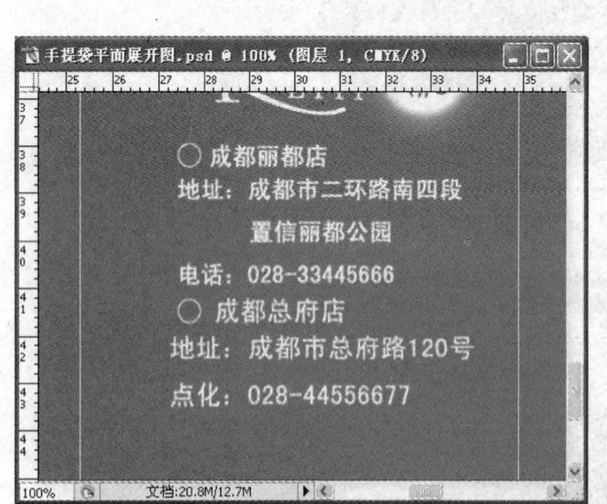

图 10–16 输入文字并编辑

⑮ 完成“手提袋侧面 1”的图形绘制后，将该面上的图形内容复制到“手提袋侧面 2”的位置，将其调整到与“手提袋侧面 1”相对应的位置后，完成整个手提袋平面展开图的绘制，如图 10–2 所示。

（2）立体效果图的绘制。打开“整体效果.psd”文件，可查看手提袋的立体效果，如图 10–17 所示。

图 10–17　手提袋的立体效果

① 新建一个大小为 130 mm×140 mm，分辨率为 300 像素/英寸，格式为 RGB 的文件，如图 10–18 所示。

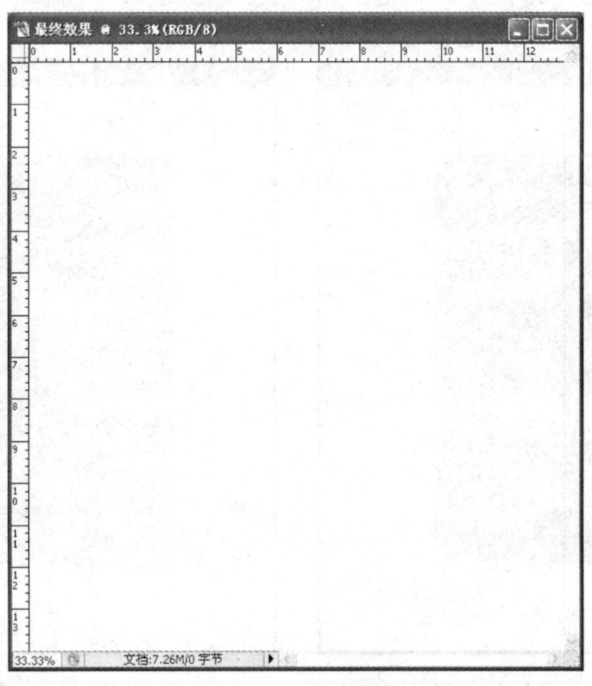

图 10–18　新建文件

② 打开①中绘制的“正面展开图”文件，按下“Ctrl+Shift+E”组合键，将所有图层合并。框选出手提袋的正面图形后，将其复制到新建文件中，如图 10–19 所示。将图像作透视的变形处理，如图 10–20 所示。

图 10–19　置入手提袋正面图像

图 10–20　对正面图形进行变形处理

③ 使用多边形套索工具选取图 10–21 所示的范围，按下“Ctrl+←+→”组合键，移去多余的空白选区，如图 10–22 所示，对选区图形进行变形处理，效果如图 10–23 所示。

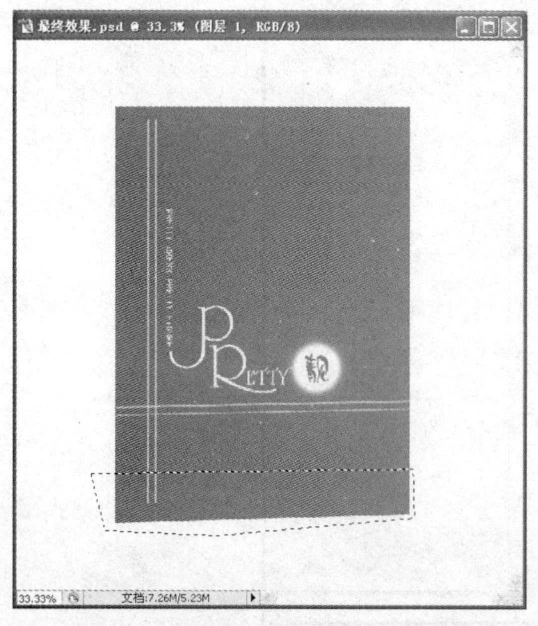

图 10–21　使用多边形套索工具选择区域

图 10–22　减去多余的选区

④ 新建一个图层，在画面中绘制一个不规则三角形，将前景色填充为 C：28、M：81、Y：76、K：0 的颜色，取消选择，如图 10–24 所示。

图 10–23　变换选区

图 10–24　绘制立体效果中的侧面图形

⑤ 新建一个图层，使用钢笔工具绘制一个路径并将其转化为选区，使用 C：9、M：90、Y：100、K：0 的颜色值进行填充，取消选择，如图 10–25 所示。

⑥ 复制步骤⑤中绘制的图形，将其填充为 C：20、M：97、Y：100、K：0 的颜色，向上调整图形到适当的位置，如图 10–26 所示。

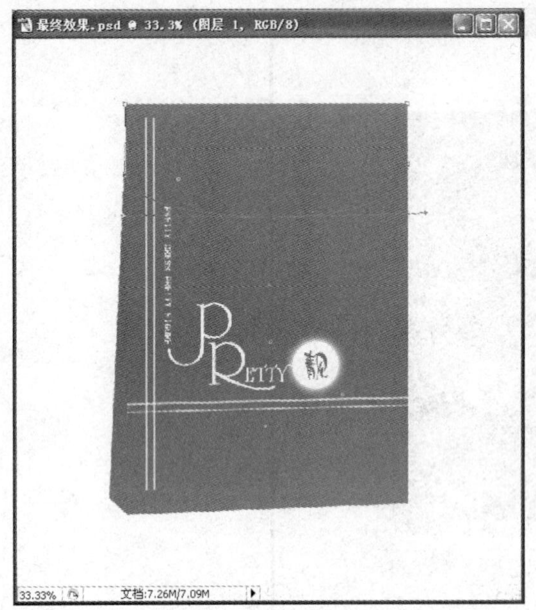

图 10–25　创建选区并填充颜色

⑦ 使用钢笔工具绘制手提袋的提手外形，将路径转化为选区后，分别选择下面的各个图层，按 Delete 键删除各个图层中的选区图形，效果如图 10–27 所示。

图 10–26　复制并调整图形的颜色和位置

图 10–27　绘制提手效果

⑧ 复制手提袋盖面图形，将其调整到下一层，将复制图形填充为黑色，执行“滤镜”→“模糊”→“高斯模糊”命令，在弹出的“高斯模糊”对话框中，将“半径”设置为 13，按下“确定”按钮，图形的模糊效果如图 10–28 所示。

图 10–28　绘制手提袋上的明暗效果

⑨ 在按下 Ctrl 键的同时，单击图层 1 的图层缩览图，建立该图层选区。按下“Ctrl+Shift+I”组合键，对选区进行反选，选择手提袋改面的阴影图层后，按下 Delete 键删除选区图形，并调整图层的不透明度为 20%，如图 10–29 所示。

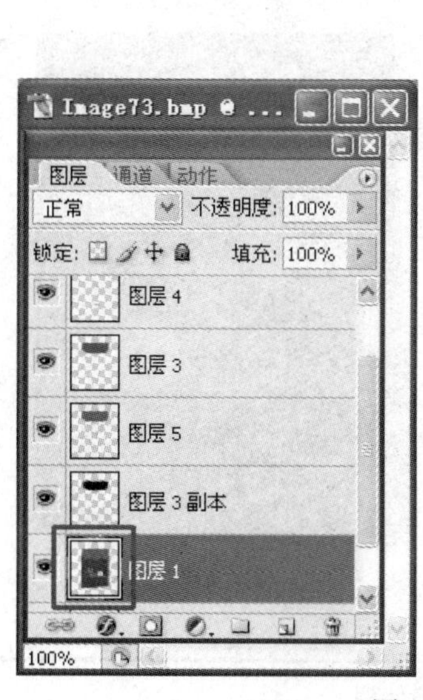

图 10–29　对明暗效果的处理

⑩ 新建一个图层，将前景色设置为黑色，选择画笔工具，设置适当的画笔大小和不透明度，在选区内进行涂抹，以表现立体图形中的明暗层次，如图 10–30 所示。

图 10–30　立体效果中的明暗处理

⑪ 新建一个图层。选择图 10–30 所示的范围，使用画笔工具，设置相应的画笔大小和不透明度，在选区内进行涂抹，以表现手提袋下方的明暗效果，如图 10–31 所示。

图 10–31　底部图形的明暗处理

⑫ 复制手提袋正面图像，将其调整到下一层，设置 C：3、M：65、Y：59、K：0 的前景色进行填充，对图像进行向左的倾斜变形处理，制作包装袋侧面边线上的受光效果，如图

10–32 所示。

图 10–32　对正面图形边缘的处理

⑬ 如图 10–33 所示，创建选区，按 Delete 键删除选区图像，取消选择，如图 10–34 所示。

图 10–33　创建选区

图 10–34　删除多余的选区图像

⑭ 新建一个图层，使用钢笔工具在手提袋侧面绘制出底部外形路径，将路径转化为选区，如图 10–35 所示。

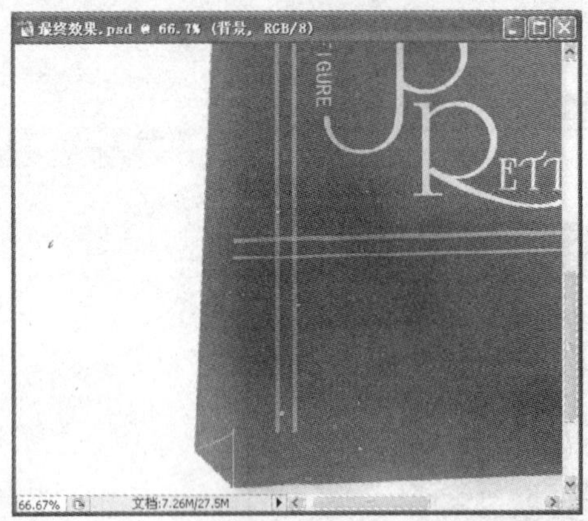

图 10–35 创建侧面折叠部分的选区

⑮ 选择渐变工具，将渐变设置为 0% C：4、M：28、Y：11、K：2，50% C：1、M：9、Y：3、K：0，100% C：7、M：26、Y：9、K：0 的颜色渐变，如图 10–36 所示。将鼠标移动到选区处，按图 10–37 所示的方向在选区上拖动鼠标，图像的填充效果如图 10–38 所示。

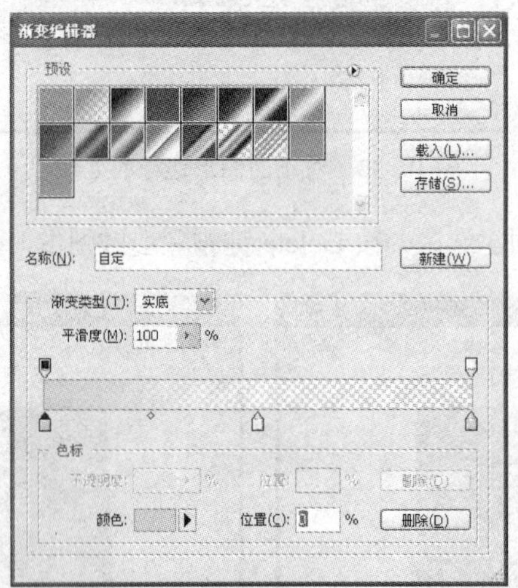

图 10–36 “渐变编辑器”面板

图 10–37 鼠标的拖动效果

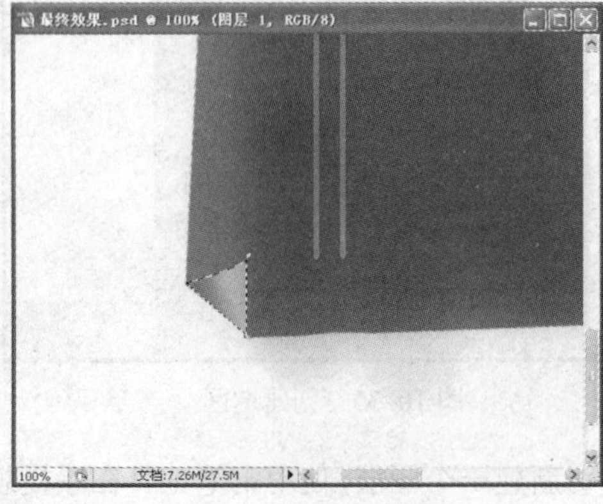

图 10–38 选区的填充效果

⑯ 在手提袋的侧面图形上按鼠标右键，在弹出的命令选单中选择“图层 2”选项，从而选择该图层；复制该图层后，将其填充为黑色，并调整图层的不透明度为 20%，如图 10–39 所示。

图 10–39　侧面明暗效果的绘制

⑰ 为图层添加矢量蒙版，选择“渐变工具”，渐变设置为黑色到白色的线性颜色渐变，如图 10–40 所示，在图形上由下到上拖动鼠标，图层蒙版效果如图 10–41 所示。

图 10–40　鼠标的拖动效果

图 10–41　图层的蒙版效果

⑱ 新建一个图层，将其调整到背景层的上一层。使用钢笔工具，如图 10–42 所示，绘制外形路径并将其转化为选区，将其填充为 C：63、M：59、Y：61 K：7 的颜色，如图 10–43 所示。

图 10–42　创建外形路径

图 10–43　绘制提手的内层效果

⑲ 新建一个图层，绘制手提袋上的蝴蝶结外形，将其填充为白色，如图 10–44 所示。

图 10–44　绘制蝴蝶结外形

⑳ 输入文字“PRETTY”，如图 10–45 所示。

图 10–45　添加蝴蝶结上的文字

㉑ 新建一个图层，将前景色设置为黑色，选择画笔工具，设置不同的画笔大小和透明度后，在蝴蝶结上进行涂抹，以表现蝴蝶结上的褶皱效果。在涂抹过程中，设置不同的画笔大小和透明度，绘制出褶皱的自然效果。

㉒ 在按下 Ctrl 键的同时，单击蝴蝶结图层上的“图层缩览图”，载入该图层选区，将选区反选后，删除多余的涂抹效果，如图 10–46 所示。

图 10–46　绘制蝴蝶结上的褶皱效果

㉓ 新建一个图层，选择画笔工具后，使用同样的操作方法，为蝴蝶结绘制出背后的阴影效果，如图 10–47 所示。调整立体效果中的整体明暗层次后，手提袋的效果如图 10–48 所示。

图 10–47　绘制蝴蝶结的阴影效果

图 10–48　调整后的整体效果

㉔ 手提袋的立体效果绘制完成后，对文件进行保存。

㉕ 选取背景以外的所有图层，合并所有选取图层，执行“文件”→“存储为”命令，弹出“存储为”对话框，在“文件名”文字框中输入“最终效果”，按下“确定”按钮后对文件进行保存，“存储为”对话框的设置如图 10–49 所示。

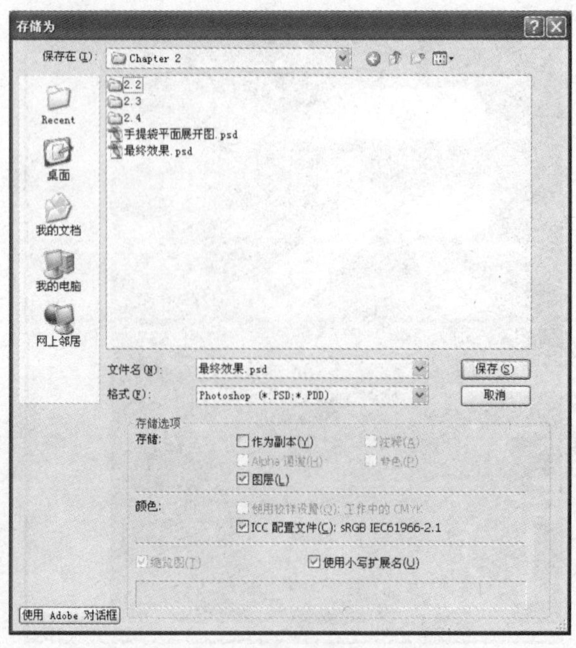

图 10–49　“存储为”对话框

㉖ 执行“图像”→“画布大小”命令，弹出“画布大小”对话框，将宽度设置为 15 cm，按下“确定”按钮，文件大小如图 10–50 所示。

㉗ 使用同样的方法绘制出纸袋的背面立体效果，并调整背面图形，如图 10–51 所示。

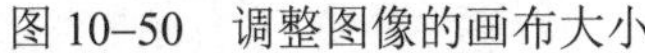

图 10–50　调整图像的画布大小

图 10–51　绘制手提袋的背面立体效果

㉘ 新建一个图层，将其调整到最下层，使用画笔工具为图形添加底部阴影效果，如图 10–52 所示。

㉙ 绘制提手处的阴影效果，如图 10–53 所示。

图 10–52　在立体效果中添加阴影效果

图 10–53　绘制重叠部分的阴影处理

㉚ 绘制手提袋桌面的反光效果，如图 10–54 所示。对绘制完成的立体效果图形进行保存。

图 10–54　完成的手提袋立体效果

10.3　化妆品包装设计实例——“如水之恋”洁面乳

10.3.1　制作技巧

在本例中，在颜色运用上，淡淡的蓝色使产品显得更为轻巧，且能给人留下深刻印象；点、线和面的运用则恰到好处。

在结构设计中，为了充分传递产品信息，产品包装为透明状，可以将产品直接展现于消费者眼前。其实现了构图、传递产品信息的和谐统一。

10.3.2　实例欣赏

本实例的效果如图 10–55 所示。

10.3.3　实例讲解

1. 制作背景效果

制作洁面乳包装背景效果的具体操作步骤如下：

（1）执行“文件”→“新建”命令或按“Ctrl+N”组合键，新建一幅名为“如水之恋洁面乳包装”的 CMYK 格式图像，设置“宽度”和“高度”分别为 8 厘米和 15 厘米，“分辨率”为 300 像素/英寸，“背景内容”为“白色”，然后单击“确定”按钮。

（2）按 D 键，将前景色和背景色设置为默认颜色，然后按“Alt+Delete”组合键，填充前景色，效果如图 10–56 所示。

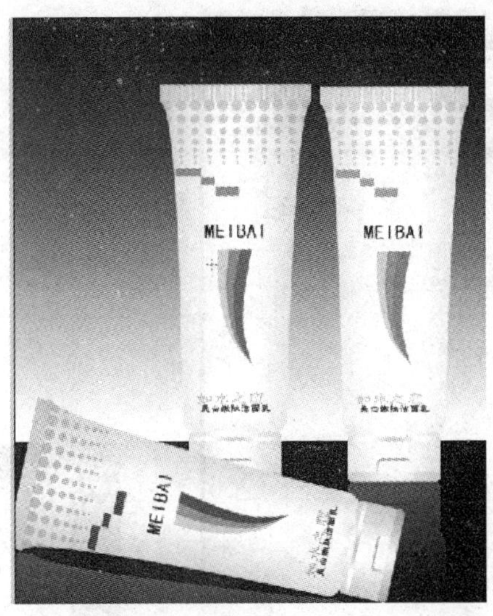

图 10–55 “如水之恋”洁面乳的包装效果

图 10–56　填充前景色

（3）执行“图层”→“新建”→“图层”命令，新建“图层 1”，然后选取工具箱中的圆角矩形工具，调协工具属性栏中的各参数，如图 10–57 所示。

图 10–57　工具属性栏

（4）在图像编辑窗口中拖动鼠标，绘制一个圆角矩形路径，效果如图 10–58 所示。

（5）按“Ctrl+Enter”组合键，将绘制的路径转换为选区，效果如图 10–59 所示。

图 10–58　绘制圆角矩形路径

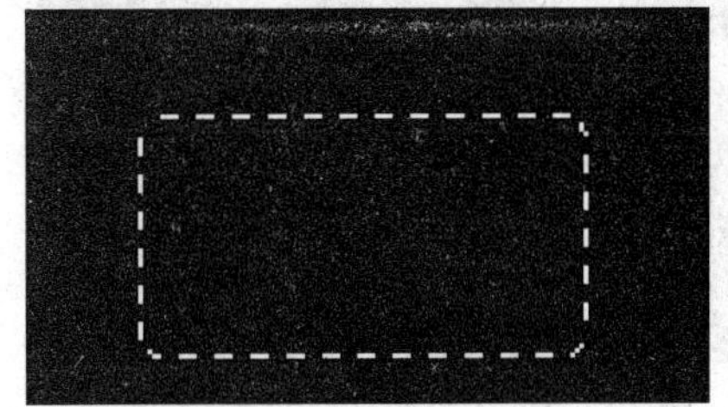

图 10–59　转换为选区

（6）选取工具箱中的渐变工具，在工具属性栏中设置渐为类型为“线性渐变”，然后单击“点按可编辑渐变”图标，在弹出的“渐变编辑器”窗口中，设置渐变矩形条形下方三个色标的颜色分别为淡蓝色、白色、淡蓝色，其中淡蓝色的颜色值为 CMYK（30，0，7，0），其他设置如图 10–60 所示。设置完成后单击“确定”按钮关闭窗口。

（7）在图像编辑窗口的选区中，沿水平方向向右拖动鼠标，填充渐变色，效果如图 10–61 所示。

（8）选取工具箱中的矩形选框工具，单击工具属性中的“从选区减去”按钮，然后移动鼠标指针至窗口，在创建的选区内按住鼠标左键并拖动鼠标，以减去多余的选区，释放鼠标，效果如图 10–62 所示。

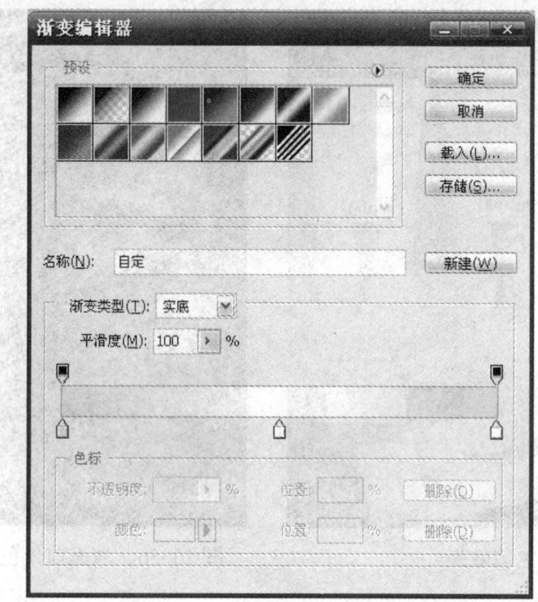

图 10–60 “渐变编辑器”窗口

图 10–61　渐变填充

（9）执行“图像”→“调整”→“亮度/对比度”命令，在弹出的“亮度/对比度”对话框中，设置“亮度”值为–8，“对比度”值为+36，然后单击“确定”按钮。执行“选择”→“取消选择”命令取消选区，效果如图 10–63 所示。

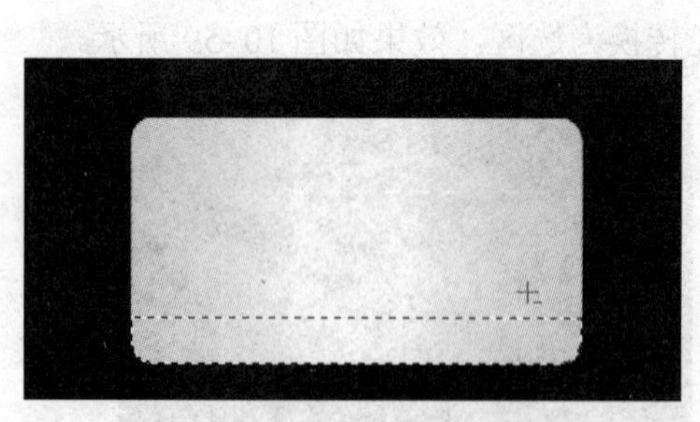

图 10–62　减去选区后的效果

图 10–63　调整后的图像

（10）单击“图层”调板底部的“创建新图层”按钮，新建“图层 2”。

（11）选取工具箱中的钢笔工具，单击工具属性栏中的“路径”按钮，然后移动鼠标指针至图像窗口中，在合适的位置单击鼠标左键，创建第一点、第二点和第三点，如图 10–64 所示。依次创建其他点，最终绘制一条闭合路径，效果如图 10–65 所示。

（12）在图像编辑窗口中单击鼠标右键，在弹出的快捷菜单中选择“建立选区”选项，在弹出的“建立选区”对话框中设置“羽化半径”值为 0 像素，然后单击“确定”按钮，建立的选区如图 10–66 所示。

（13）选取工具箱中的渐变工具（工具属性栏中的各参数不变），在选区内沿水平方向向右拖动鼠标填充渐变色，效果如图 10–67 所示。

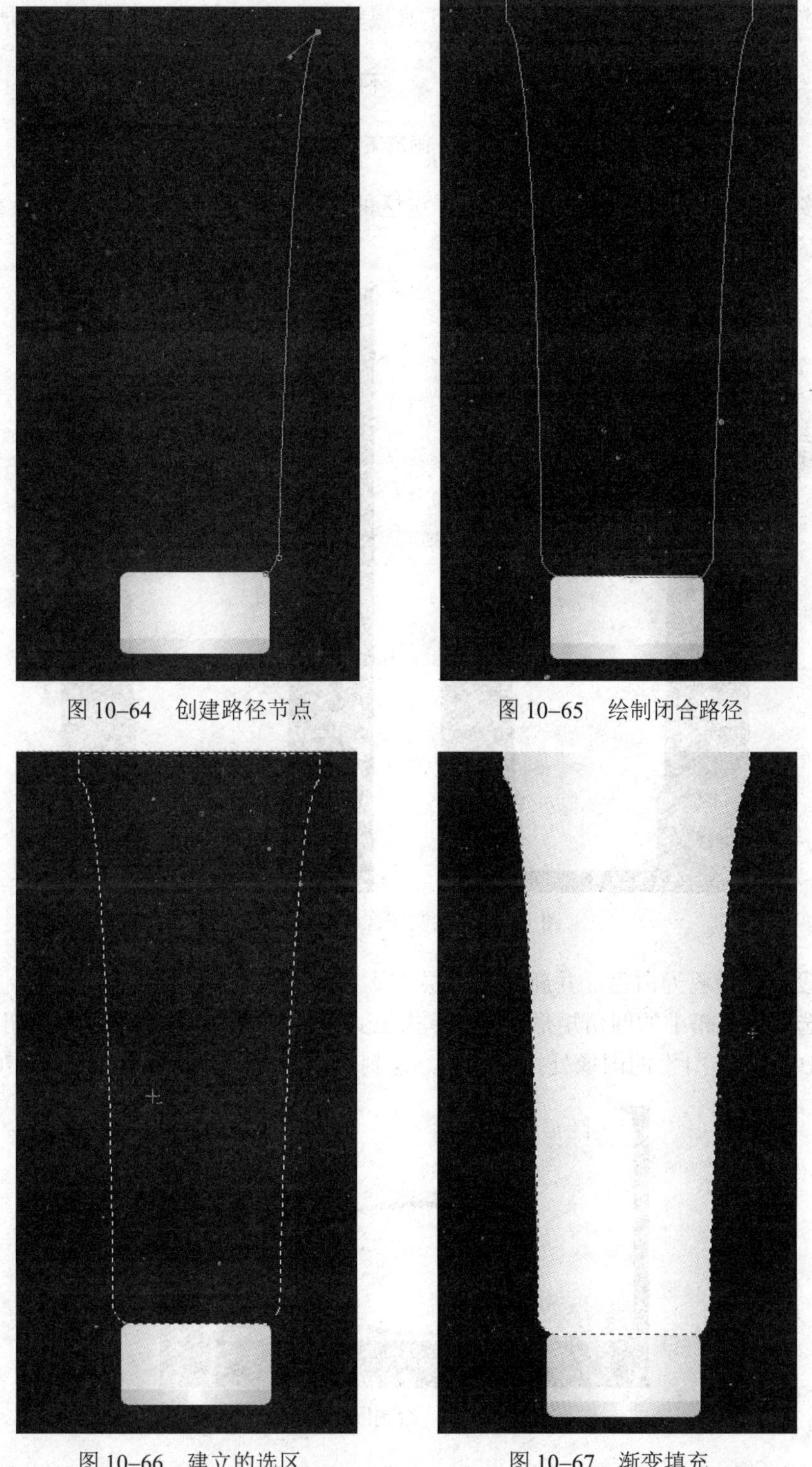

图 10-64　创建路径节点

图 10-65　绘制闭合路径

图 10-66　建立的选区

图 10-67　渐变填充

（14）单击工具箱中的“设置前景色”色块，设置前景色为淡蓝色，其颜色值为 CMYK（30，0，7，0）。

（15）选取工具箱中的画笔工具，设置工具属性栏中的各选项，如图 10–68 所示。

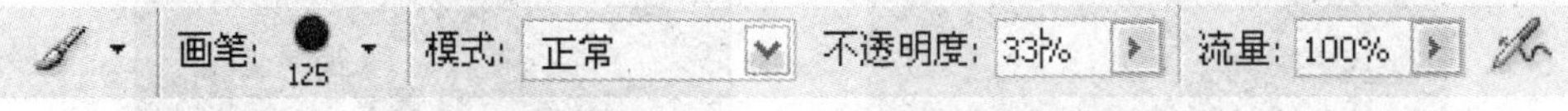

图 10–68　画笔工具属性栏

（16）移动鼠标指针至图像编辑窗口，在选区的下方拖动鼠标绘制图像，然后按“Ctrl+D”组合键，取消选区，效果如图 10–69 所示。

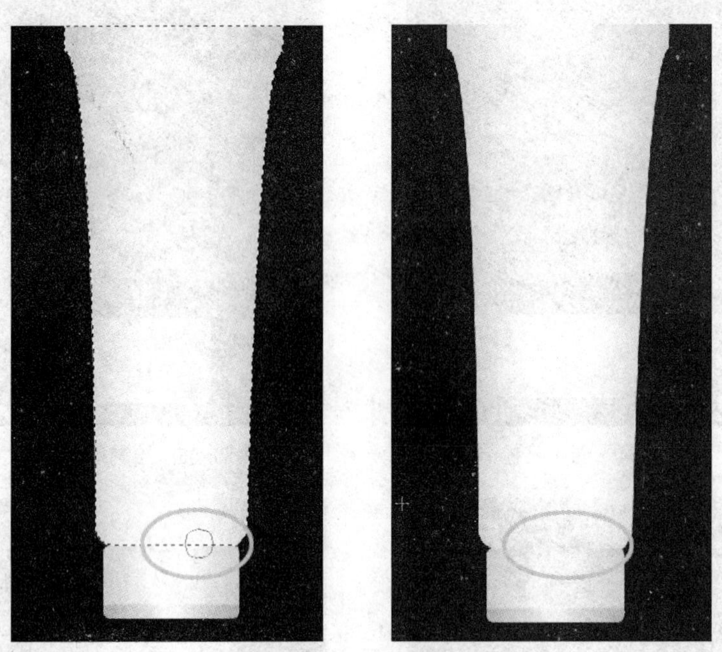

图 10–69　绘制图像并取消选区

（17）设置前景色为白色，并新建“图层 3”。

（18）选取工具箱中的圆角矩形工具，单击工具属性栏中的“填充像素”按钮，然后在图像编辑窗口中“图层 1”的图像处拖动鼠标，绘制一个圆角矩形，效果如图 10–70 所示。

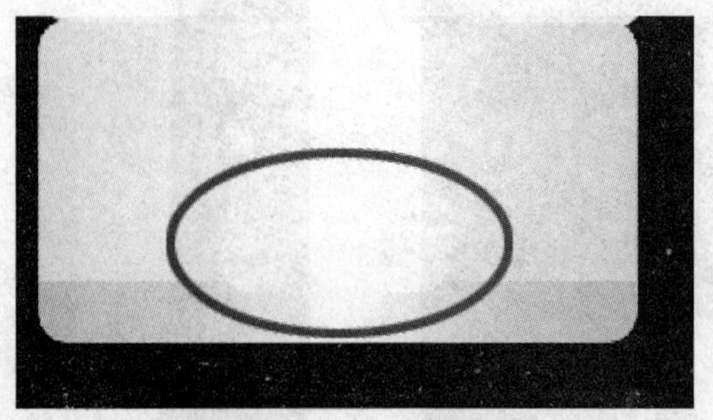

图 10–70　绘制圆角矩形

（19）执行“图层”→“图层样式”→“内阴影”命令，在弹出的“图层样式”对话框中设置各参数，如图 10–71 所示。

（20）单击“确定”按钮，为图像添加图层样式的效果，如图 10–72 所示。

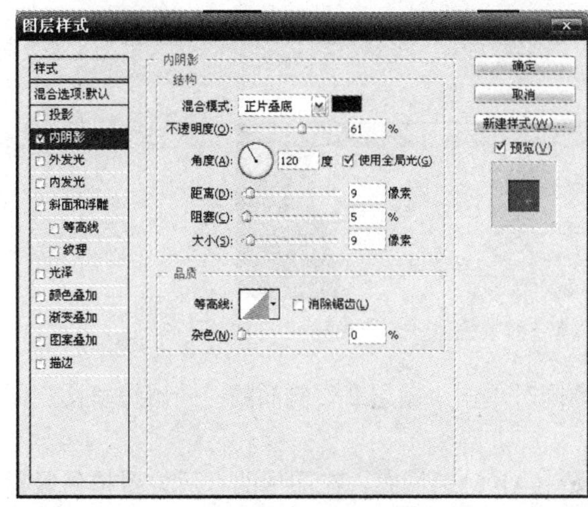

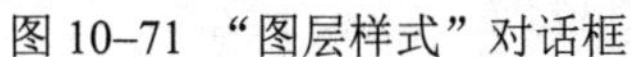
图 10–71 “图层样式”对话框

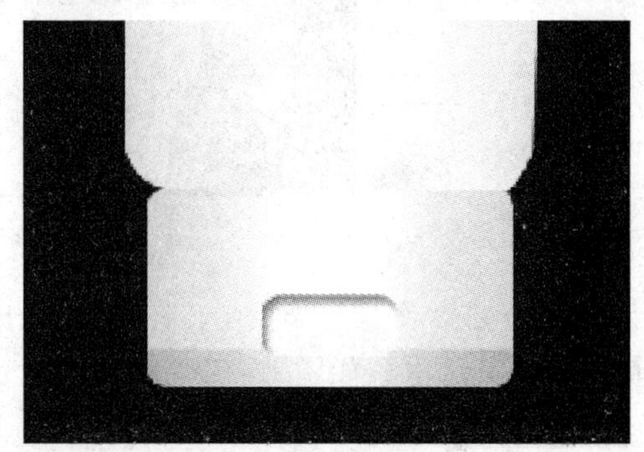
图 10–72　图像效果

（21）执行“图层”→“图层样式”→“创建图层”命令，此时“图层”调板中将自动生成“‘图层 3’的内阴影”图层。

（22）在按住 Ctrl 键的同时，依次在“图层”调板中单击“图层 3”和“‘图层 3’的内阴影”图层，然后按“Ctrl+E”组合键，将选择的图层合并为“‘图层 3’的内阴影”图层。

（23）选取工具箱中的矩形选框工具，移动鼠标指针至图像编辑窗口，在合适的位置拖动鼠标创建一个矩形选区，如图 10–73 所示。执行“选择”→“取消选择”命令取消选区，效果如图 10–74 所示。

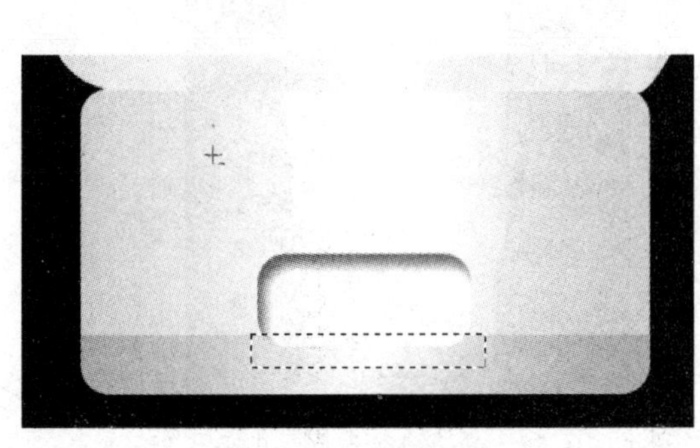
图 10–73　创建选区

图 10–74　删除后的图像

（24）新建“图层 4”，选取工具箱中的椭圆选框工具，在工具属性栏中设置“羽化”值为 50 像素，然后在图像上方的合适位置拖动鼠标绘制一个椭圆选区，效果如图 10–75 所示。

图 10–75　创建选区

（25）按“Alt+Delete”组合键，为选区填充前景色。执行“选择”→“取消选择”命令，取消选区，效果如图 10–76 所示。

图 10–76 填充前景色

（26）在“图层”调板中，在按住 Ctrl 键的同时单击“图层 2 ”前面的“图层缩览图”图标，载入其选区，如图 10–77 所示。

（27）选取工具箱中的矩形选框工具，在按住 Alt 键的同时，在图像的合适位置按住鼠标左键并拖动鼠标，以减去多余的选区，释放鼠标后的效果如图 10–78 所示。

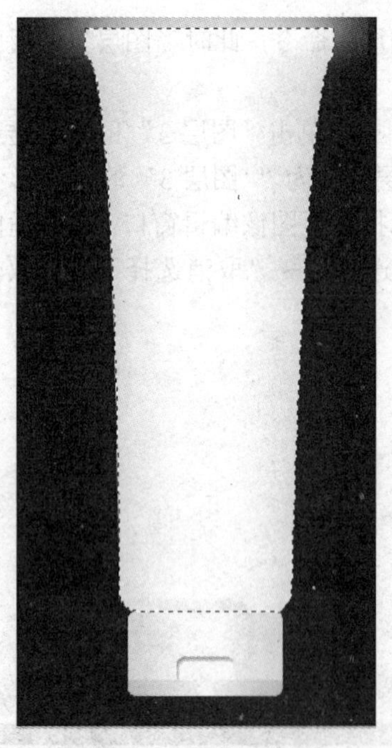

图 10–77 载入选区

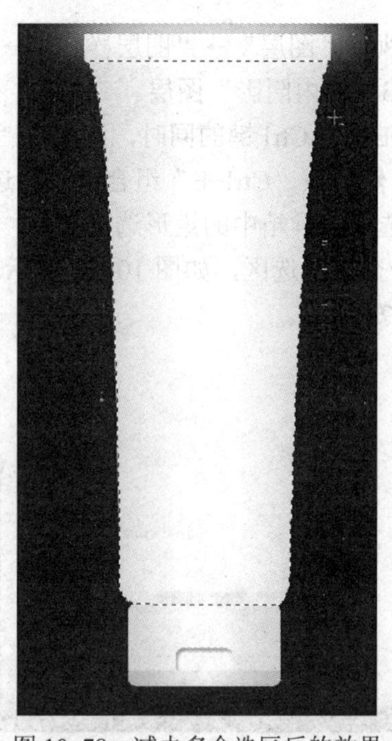

图 10–78 减去多余选区后的效果

（28）执行“选择”→“反向”命令，反选选区，效果如图 10–79 所示。按 Delete 键删除选区内的图像，然后按“Ctrl+D”组合键取消区，效果如图 10–80 所示。

2. 制作洁面乳包装的图案元素

制作洁面乳包装的图案元素的具体操作步骤如下：

（1）单击工具箱中的“设置前景色”按钮，设置前景色为蓝色，其颜色值为 CMYK（61，1，7，0）。单击“图层”调板底部的“创建新图层”按钮，新建“图层 5”。

（2）选取工具箱中的椭圆工具，单击工具属性中的“填充像素”按钮，然后在图像编辑窗口中的合适位置，按住 Shift 键拖动鼠标绘制一个正圆，效果如图 10–81 所示。

图 10–79　反选选区

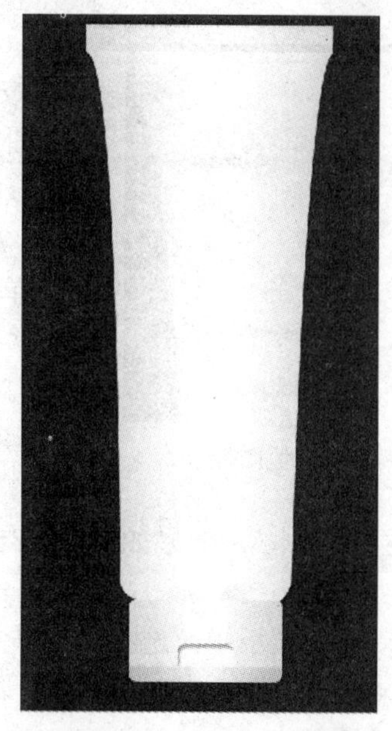
图 10–80　删除后的图层

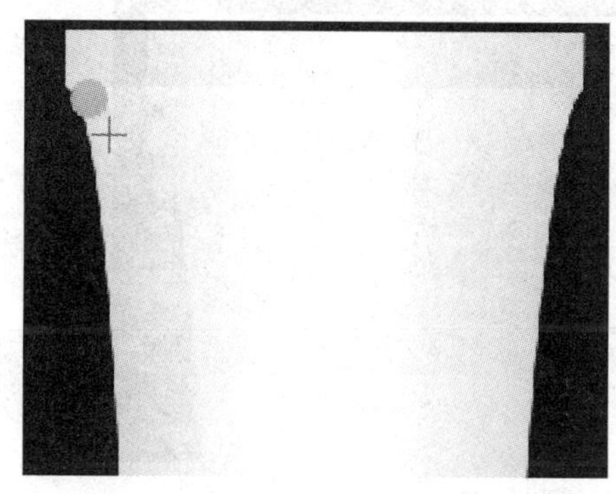
图 10–81　绘制正圆

（3）选取工具箱中的移动工具，在图像编辑窗口中在按住 Alt 键的同时拖动鼠标，复制出一个新的图层——“图层 5 副本”，效果如图 10–82 所示。

（4）执行“编辑”→“变换”→“缩放”命令，调出交换控制框，然后将鼠标指针置于变换框四周任意一个控制柄上，按住鼠标左键并向内拖动鼠标，以缩小图像，释放鼠标后按 Enter 键确认变换操作，效果如图 10–83 所示。

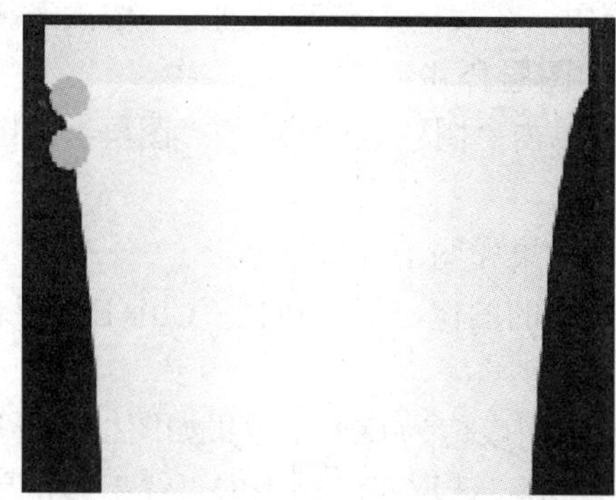
图 10–82　移动并复制图像

图 10–83　缩小图像

（5）参照步骤（3）～（4）的操作，在图像编辑窗口中复制并缩放其他图像，效果如图 10–84 所示。

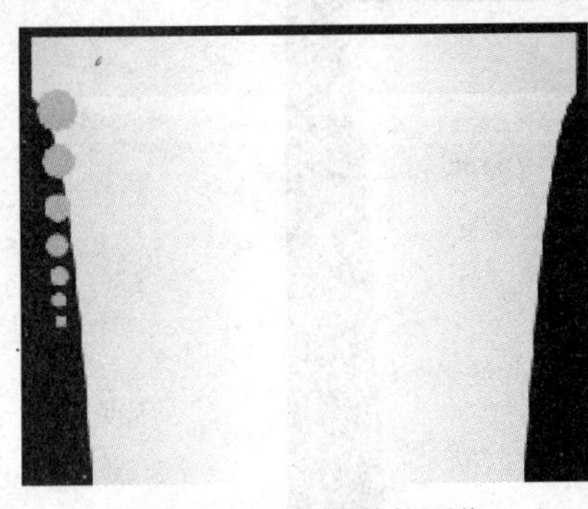
图 10–84　复制其他图像

（6）在“图层”调板中，将“图层 5”移至顶层，然后在按住 Ctrl 键的同时，依次单击所有复制的图层，再执行“图层”→“合并图层”命令，将选择的图层合并到“图层 5”中。

（7）执行“窗口”→“动作”命令，弹出“动作”调板。单击“动作”调板底部的“创建新动作”按钮，在弹出的“新建动作”对话框中，单击“记录”按钮，新建“动作 1”。

（8）选取工具箱中的移动工具，在按住“Alt+Shift”组合键的同时向右沿水平方向拖动图像，以复制一个新的图层——“图层 5 副本”，效果如图 10–85 所示。单击“动作”调板中的“停止/播放记录”按钮。

（9）在“动作”调板中，选择“动作 1”选项，然后连续多次单击“播放选定的动作”按钮，以播放录制的动作，此时“图层”调板中将自动生成多个关于“图层 5 副本”的图层，效果如图 10–86 所示。

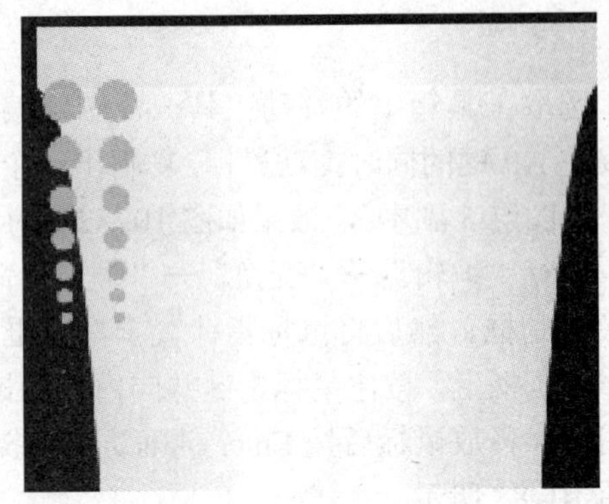
图 10–85　移动并复制图像

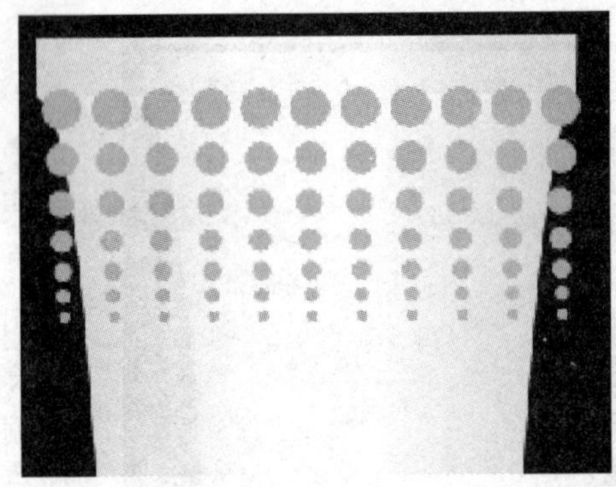
图 10–86　图像效果

（10）在“图层”调板中，将“图层 5”置于顶层。在按住 Ctrl 键的同时，依次选择所有的副本图层，然后按住“Ctrl+E”组合键，将选择的图层合并到“图层 5”中。

（11）在“图层”调板中，在按住 Ctrl 键的同时单击“图层 2”前面的“图层缩览图”图标，载入其选区，效果如图 10–87 所示。

（12）按住“Ctrl+Shift+I”组合键，反选选区，效果如图 10–88 所示。

（13）执行“编辑”→“清除”命令，清除选区内的图像，然后按住“Ctrl+D”组合键，取消选区，效果如图 10–89 所示。

（14）在“图层”调板中，设置“图层 5”的不透明度值为 69%，效果如图 10–90 所示。

（15）按住“Ctrl+Shift+N”组合键，新建“图层 6”。选取工具箱中的直线工具，单击工具属性栏中的“填充像素”按钮，并设置“粗细”值为 3 像素。

（16）移动鼠标指针至图像编辑窗口，向下拖动鼠标绘制一条直线，效果如图 10–91 所示。

（17）在“图层”调板中，在按住 Ctrl 键的同时，单击“图层 6”前面的“图层缩览图”图标，载入其选区，效果如图 10–92 所示。

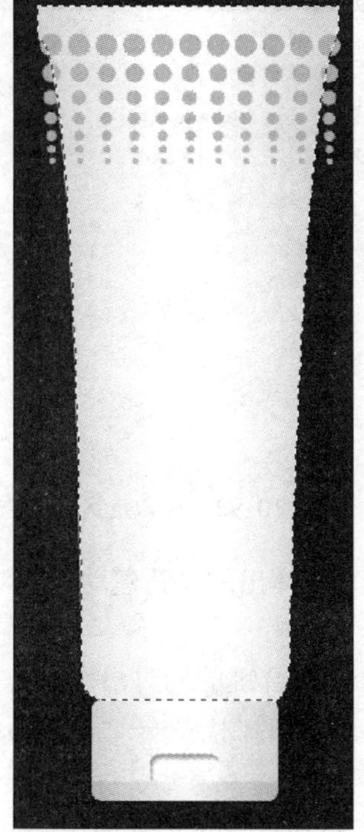

图 10–87　载入选区

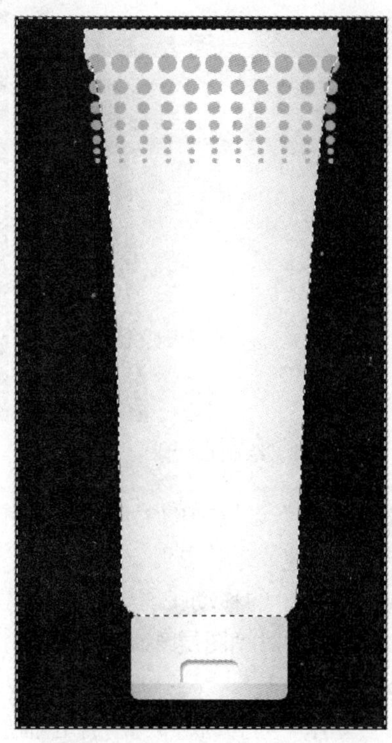

图 10–88　反选选区

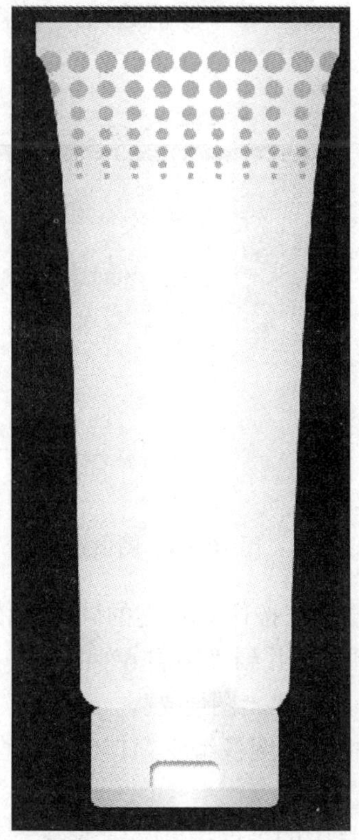

图 10–89　清除图像

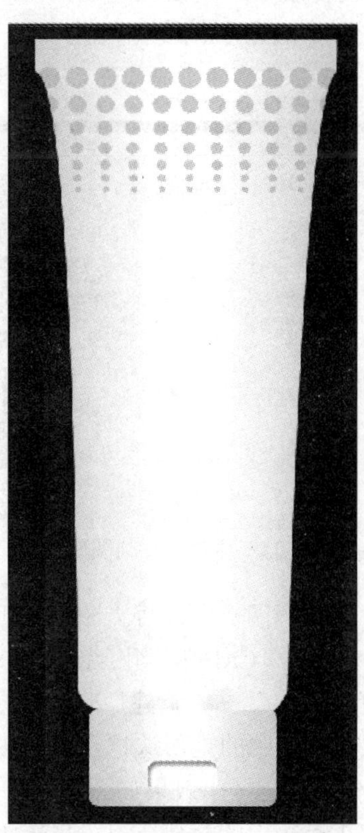

图 10–90　调整图层的不透明度

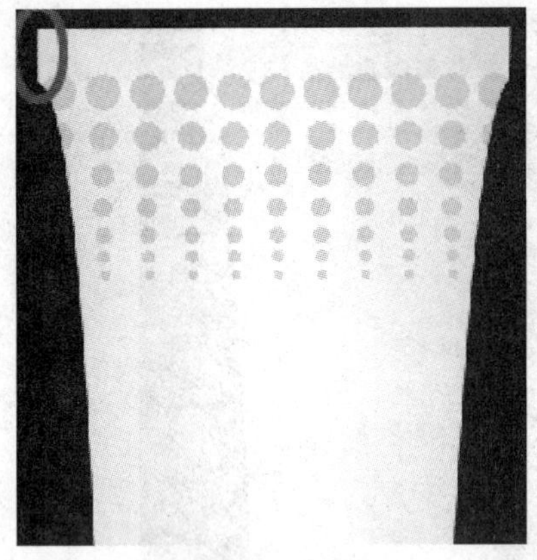

图 10–91　绘制直线

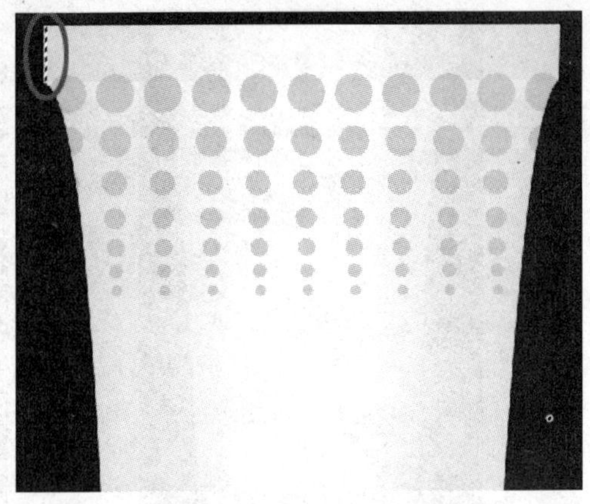

图 10–92　载入选区

（18）单击“动作”调板中的“创建新动作”按钮，在弹出的“新建动作”对话框中，单击“记录”按钮，新建“动作 2”。

（19）选取工具箱中的移动工具，在按住“Alt+Shift”组合键的同时沿水平方向拖动鼠标，以复制另一个图像，此时“图层”调板中将自动生成一个新的图层——“图层 6 副本”，效果如图 10–93 所示。

（20）单击“动作”调板底部的“停止播放/记录”按钮，停止记录动作。选择“动作 2”选项，然后连续多次单击“播放选定的动作”按钮，播放录制的动作，此时“图层”调板中自动生成多个副本图层。执行“选择”→“取消选择”命令取消选区，效果如图 10–94 所示。

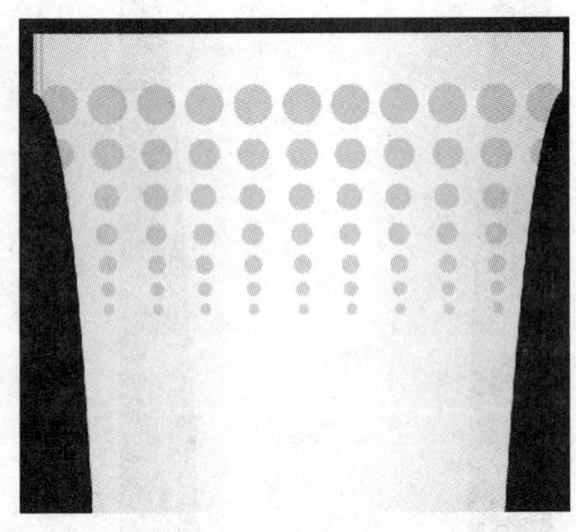

图 10–93　移动并复制图像

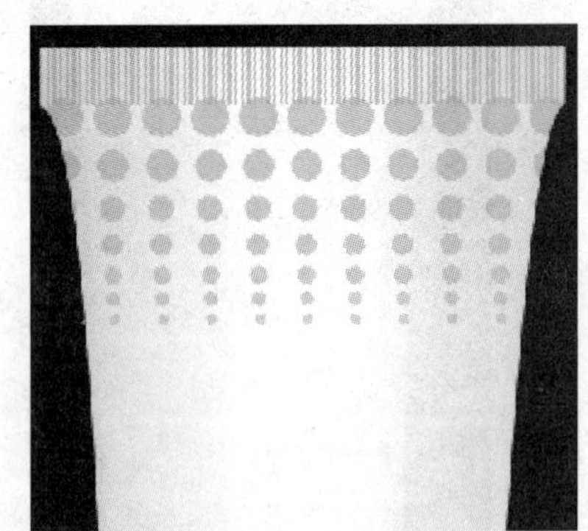

图 10–94　图像效果

（21）在“图层”调板中，将“图层 6”置于顶层。在按住 Ctrl 键的同时，依次单击所有的副本图层，然后按“Ctrl+E”组合键，将选择的图层合并到“图层 6”中。

（22）执行“图层”→“新建”→“图层”命令，新建“图层 7”。

（23）选取工具箱中的矩形选框工具，移动鼠标指针至图像编辑窗口中，在合适位置处拖动鼠标绘制一个矩形选区，效果如图 10–95 所示。

（24）选取工具箱中的渐变工具，单击工具属性栏中的“点按可编辑渐变”图标，在弹出的“渐变编辑器”窗口中，设置渐变矩形条下方五个色标的颜色分别为灰色、白色、灰色、

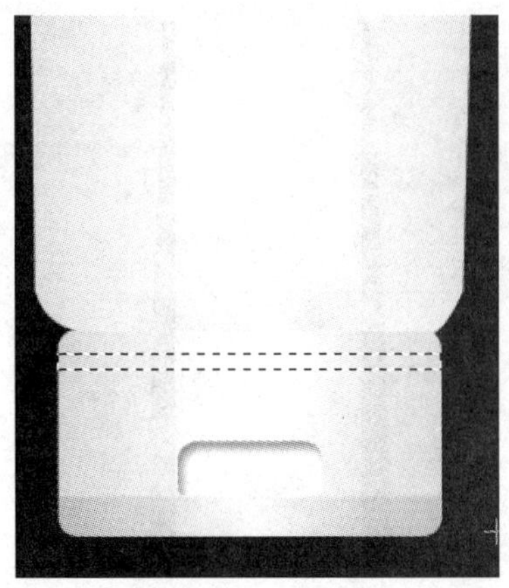

图 10–95　创建选区

白色、灰色，其中灰色的颜色值为 CMYK（31，16，17，0），如图 10–96 所示，然后单击“确定”按钮关闭窗口。

（25）在图像编辑窗口的选区中，沿水平方向拖动鼠标，为选区填充渐变色，然后执行“选择”→“取消选择”命令，取消选区，效果如图 10–97 所示。

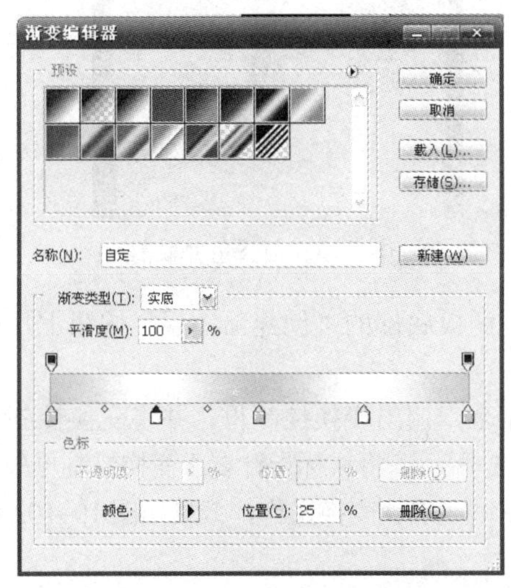

图 10–96 “渐变编辑器”窗口

图 10–97　渐变填充效果

（26）分别单击工具箱中的“设置前景色”和“设置背景色”色块，设置前景色为蓝色，其颜色值为 CMYK（100，50，0，0），设置背景色为淡蓝色，其颜色值为（75，25，0，0），然后单击“图层”调板底部的“创建新图层”按钮，新建“图层 8”。

（27）选取工具箱中的钢笔工具，单击工具属性栏中的“路径”按钮，然后在图像编辑窗口中的合适位置处单击鼠标左键，创建第一点、第二点和第三点，如图 10–98 所示。再依次创建其他节点，最终绘制一条闭合路径，效果如图 10–99 所示。

（28）按“Ctrl+Enter”组合键，将路径转换为选区，效果如图 10–100 所示。按“Alt+Delete”组合键为选区填充前景色。执行“选择”→“取消选择”命令，取消选区，效果如图 10–101 所示。

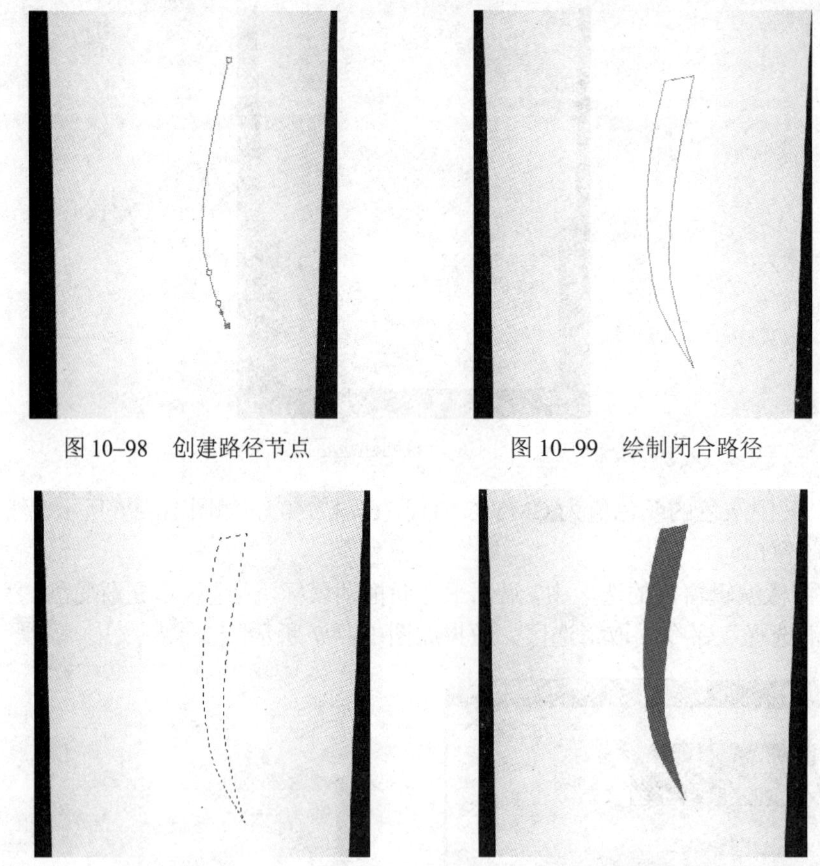

图 10–98　创建路径节点

图 10–99　绘制闭合路径

图 10–100　载入选区

图 10–101　填充前景色并取消选区

（29）在“图层”调板中，拖动“图层 8”至调板底部的“创建新图层”按钮上，以复制一个新的图层——“图层 8 副本”。

（30）执行“编辑”→“变换”→“旋转”命令，调出变换控制框，并将变换控制框的中心点移至控制框下方中心的控制柄处，如图 10–102 所示。将鼠标指针置于变换控制框外，拖动鼠标以旋转图像，最后在变换控制框内双击鼠标左键，确认变换操作，效果如图 10–103 所示。

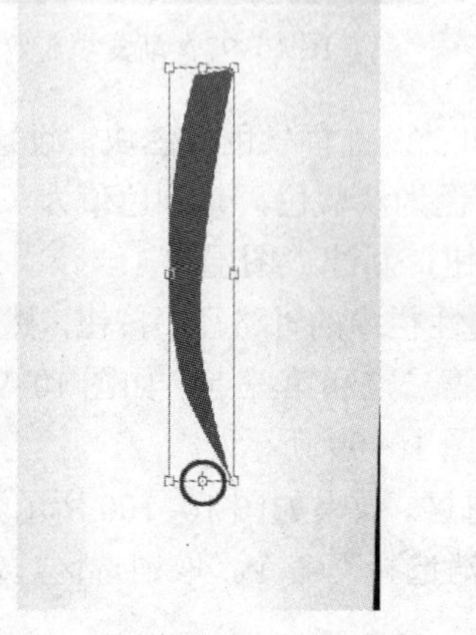

图 10–102　移动中心点的位置

图 10–103　变换后的图像

（31）在“图层”调板中，在按住 Ctrl 键的同时单击“图层 8 副本”前面的“图层缩览图”图标，载入其选区，效果如图 10–104 所示。然后按“Ctrl+Delete”组合键填充背景色，最后按“Ctrl+D”组合键取消选区，效果如图 10–105 所示。

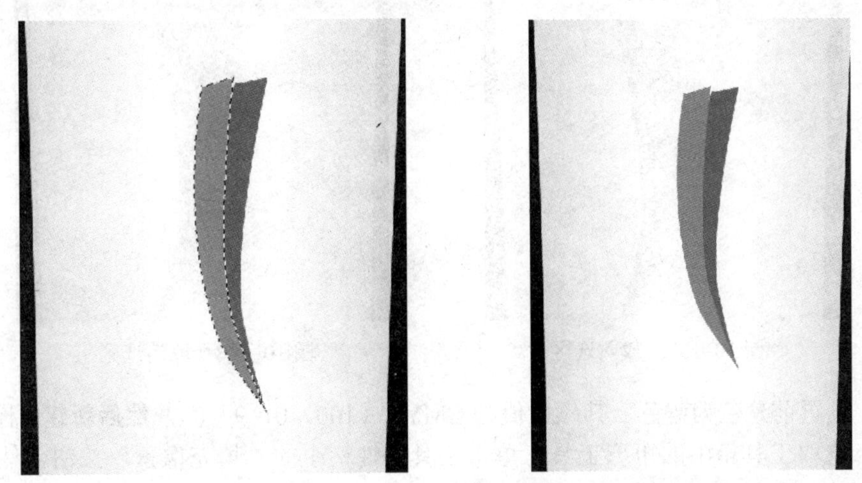

图 10–104　载入选区　　　图 10–105　填充背景色并取消选区

（32）参照步骤（29）～（31）的操作，在图像编辑窗口中复制另一个图像，将其填充为淡蓝色，其颜色值为 CMYK（40，5，0，0），并对其进行调整，效果如图 10–106 所示。

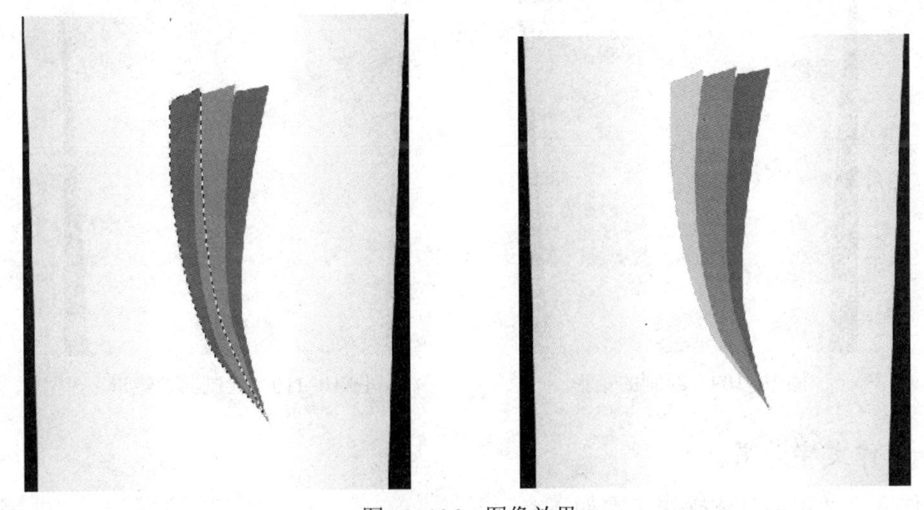

图 10–106　图像效果

（33）在“图层”调板中，将“图层 8”置于顶层。在按住 Ctrl 键的同时，依次单击“图层 8 副本”“图层 8 副本 2”图层，然后按“Ctrl+E”组合键，将选择的图层合并到“图层 8”中。

（34）选取工具箱中的矩形选框工具，在图像编辑窗口中拖动鼠标创建一个矩形选区，效果如图 10–107 所示。按住“Delete”键删除选区内的图像，然后执行“选择”→“取消选择”命令取消选区，效果如图 10–108 所示。

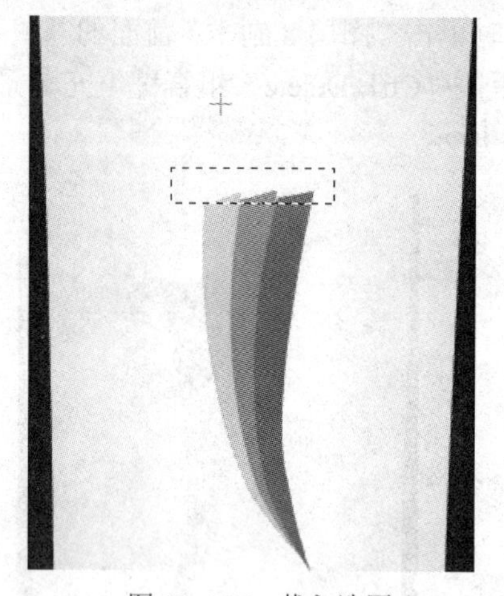
图 10–107　载入选区

图 10–108　取消选区

（35）设置前景色为蓝色，其颜色值为 CMYK（100，0，9，0），然后新建“图层 9”。

（36）选取工具箱中的矩形工具，单击工具属性栏中的“填充像素”按钮，然后在图像编辑窗口中拖动鼠标绘制一个矩形，效果如图 10–109 所示。

（37）用同样的方法，在图像编辑窗口中绘制其他矩形，效果如图 10–110 所示。

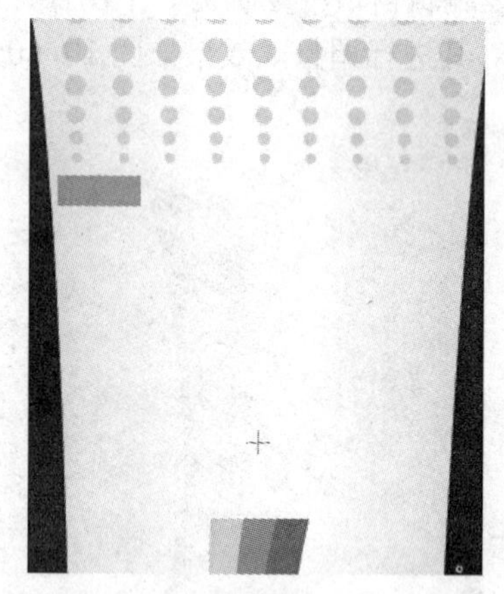
图 10–109　绘制的矩形

图 10–110　绘制其他矩形

3. 制作文字效果

制作文字效果的具体操作步骤如下：

（1）选取工具箱中的横排文字工具，在其工具属性栏中设置颜色为蓝色，其颜色值为 CMYK（67，1，7，0），然后单击工具栏中的“显示/隐藏字符和段落调板”按钮，在弹出的“字符”调板中设置各参数，如图 10–111 所示。

（2）在图像编辑窗口中输入文字“如水之恋”，然后单击工具属性栏中的“提交所有当前编辑”按钮，确认输入的文字，效果如图 10–112 所示。

（3）在工具属性栏中设置字体为“经典隶变简”，字号为 17 点，颜色为黑色，然后在图像编辑窗口中的合适位置单击鼠标左键，输入文字“美白嫩肤洁面乳”，效果如图 10–113 所示。

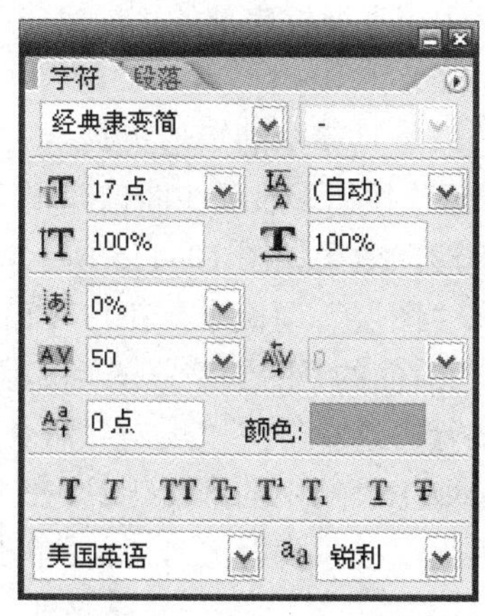

图 10–111 “字符”调板

图 10–112　输入的文字

（4）使用工具箱中的横排文字工具，在图像编辑窗口中输入其他文字，设置好文字的字体、字号和颜色，并调整各文字的位置，效果如图 10–114 所示。

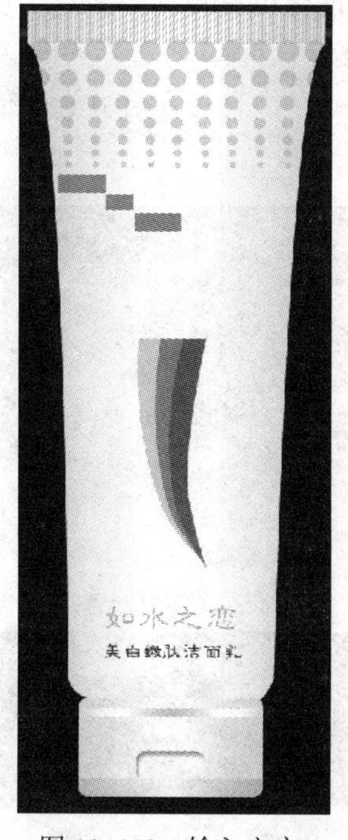

图 10–113　输入文字

图 10–114　输入其他文字

4. 视觉魅力

制作洁面乳包装的其他效果的具体操作步骤如下：

（1）执行“文件”→“新建”命令或按“Ctrl+N”组合键，新建一幅名为“视觉魅力”的 CMYK 格式图像，设置“宽度”和“高度”分别为 19 厘米和 23 厘米，“分辨率”为 300 像素/英寸，“背景内容”为“白色”，然后单击“确定”按钮。

图 10–115 绘制矩形

（2）按 D 键，设置前景色和背景色为默认颜色，然后单击“图层”调板底部的“创建新图层”按钮，新建“图层 1”。

（3）选取工具箱中的矩形工具，单击工具属性栏中的“填充像素”按钮，然后在图像编辑窗口中拖动鼠标绘制一个矩形，效果如图 10–115 所示。

（4）在“图层”调板中，在按 Ctrl 键的同时，单击“图层 1”前面的“图层缩览图”图标，载入其选区。

（5）执行“选择”→“反向”命令，将选区反选。

（6）选取工具箱中的渐变工具，在工具属性栏中选择渐变颜色为“前景到背景”，然后单击“线性渐变”按钮。

（7）移动鼠标指针至图像编辑窗口中，在选区的合适位置按住鼠标左键，沿垂直方向向下拖动鼠标，填充渐变色，释放鼠标后效果如图 10–116 所示。

（8）确认“如水之恋洁面乳包装”图像为当前图像编辑窗口，执行“选择”→“所有图层”命令，选择所有的图层，然后选取工具箱中的移动工具，将选择的图层移至“视觉魅力”图像中。调整好图像的大小及位置，然后按“Ctrl+E”组合键，合并选择的图层，效果如图 10–117 所示。

图 10–116 渐变填充

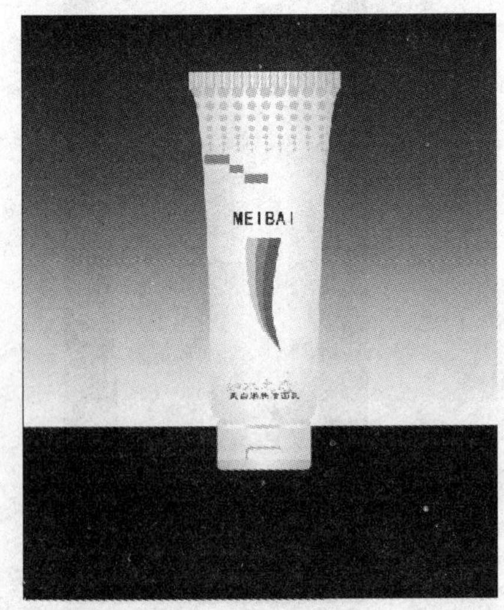

图 10–117 移入图像

（9）执行“图层”→“图层属性”命令，在弹出的“图层属性”对话框中，将合并的图层更名为“如水之恋”，然后单击“确定”按钮。

（10）在“图层”调板中，拖动“如水之恋”图层至调板底部的“创建新图层”按钮上，以复制一个新的图层——“如水之恋副本”。

（11）执行“编辑”→“变换”→“垂直翻转”命令，将复制的图像垂直翻转，然后选取工具箱中的移动工具，在按住 Shift 键的同时向下移动鼠标翻转后的图像，效果如图 10–118 所示。

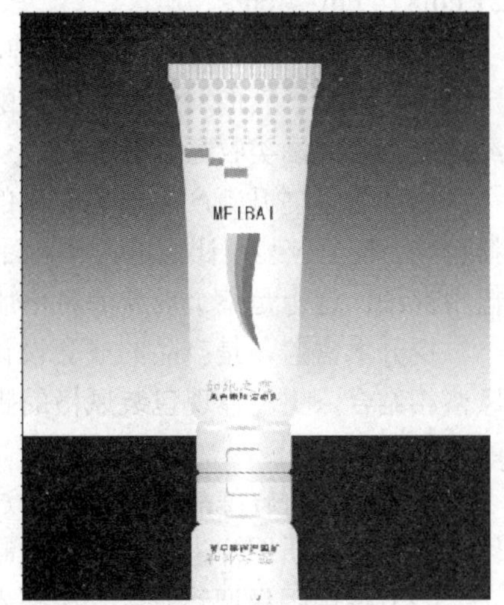

图 10–118　垂直翻转图像

（12）单击“图层”调板底部的“添加图层蒙版”按钮，为“如水之恋副本”添加蒙版。

（13）选取工具箱中的渐变工具，移动鼠标指针至图像编辑窗口中，在合适的位置沿垂直方向拖动鼠标，填充渐变色，效果如图 10–119 所示。

（14）在“图层”调板中，设置“如水之恋副本”的不透明度为 40%，效果如图 10–120 所示。执行“图层”→“图层蒙版”→“应用”命令，应用蒙版效果。

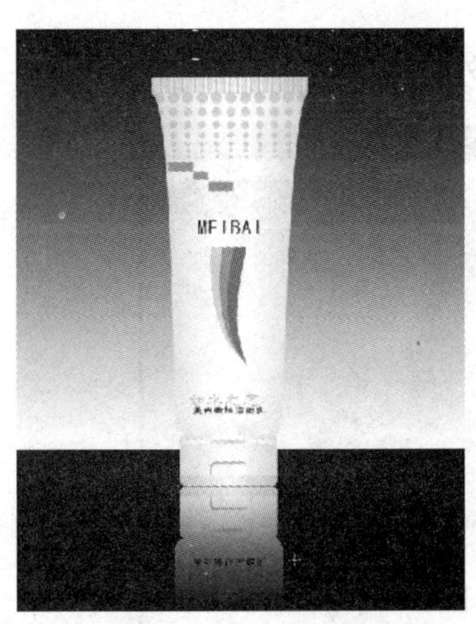

图 10–119　图像效果

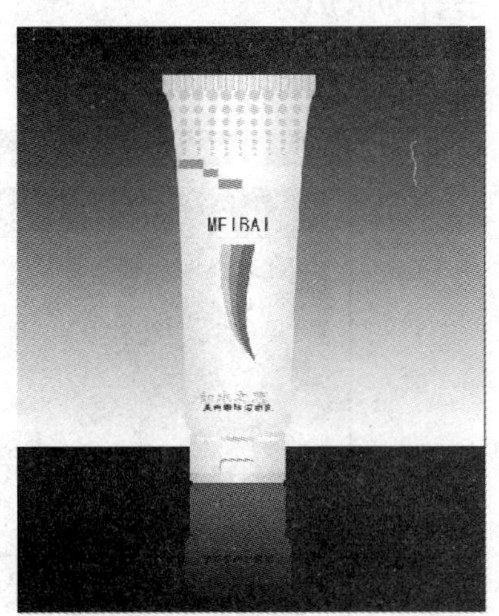

图 10–120　调整图像的不透明度

（15）还可通过复制“如水之恋”图层，并通过调整图像的位置以及图像的色相/饱和度，来制作图 10–55 中右图的图像效果。

10.4　包装实例——“竹轩陈酿”酒包装设计

10.4.1　制作技巧

提示：在设计过程中，根据酒瓶和酒杯的长宽比例，将木盒的长、宽、高尺寸设置为

21 cm×14 cm×7 cm。

“竹轩陈酿”酒是多年的老品牌，其生产者具备多年的酿酒经验，他们在原有中高档酒的定位上，推出了新的一款“竹轩陈酿”酒，其目的是为提升品牌形象。其定位消费对象为有经济能力者或酒类收藏爱好者。

这款为了提升新产品形象而做的包装设计，抛弃了一贯采用的纸盒外包装，采用木质材料包装。整个包装设计稳重古朴，面板上精致的雕花图案与厚重的木质材料形成鲜明的对比，粗中有细，这也是整个设计的风格所在。

揭开木盒盖，是产品的成套设计，内盒中纸质原有的粗糙表面效果，与木质特有的自然风格相结合，更能体现包装风格的古朴。包装外层配有精美的雕花设计，因此其更适合收藏或馈赠。

在绘制“竹轩陈酿”酒包装的过程中，主要有以下几个设计重点：

（1）对木质图片进行变形，来制作木盒的立体效果。

（2）使用图像调整命令，调整木盒不同面的色彩明暗度。

（3）对图案应用浮雕效果，使图案在木质上产生雕刻而成的立体感。

（4）对填充图像应用纹理化的滤镜命令，使图像产生粗糙的纹理效果。

本实例将丰富读者的包装知识和 Photoshop 软件的操作技能。

10.4.2 实例欣赏

打开“木盒包装.psd”文件，可查看该产品在外包装上的最终效果，如图 10–121 所示。

图 10–121 “竹轩陈酿”酒包装

10.4.3 实例讲解

以下是制作本包装的主要过程：

（1）新建一个大小为 282 mm×155 mm，分辨率为 300 像素/英寸，格式为 RGB 的文件，如图 10–122 所示。

（2）打开“木纹.tif”文件后，将该文件的图像大小调整为 21 cm×17 cm，如图 10–123 所示。

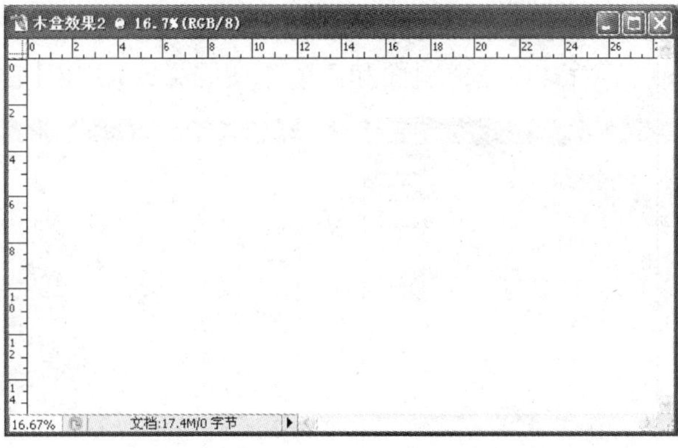

图 10–122　新建文件

（3）打开“主体文字与图案.tif”和“边角图案.tif”文件，将其拖动到“木材.tif”文件中，如图 10–124 所示进行排列。

图 10–123　调整“木纹”图像的大小

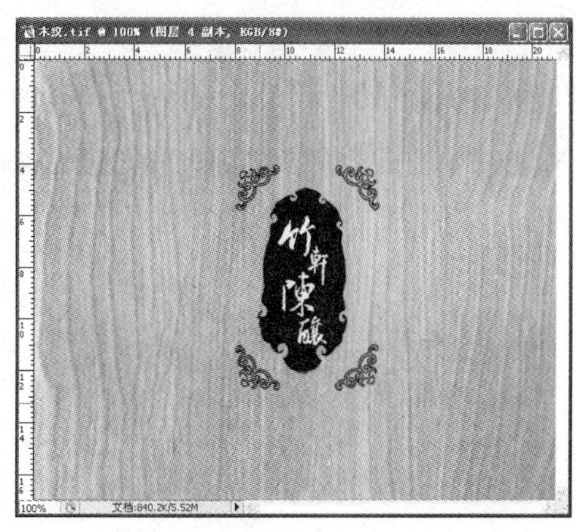

图 10–124　木纹上的文字和图案效果

（4）载入边角图案的外形选区后，选择“木纹”图层，按“Ctrl+J”组合键，将选区内的图像复制为一个新的图层，对其应用“斜面和浮雕”图层样式，图层样式参数设置以及图案效果如图 10–125 所示。

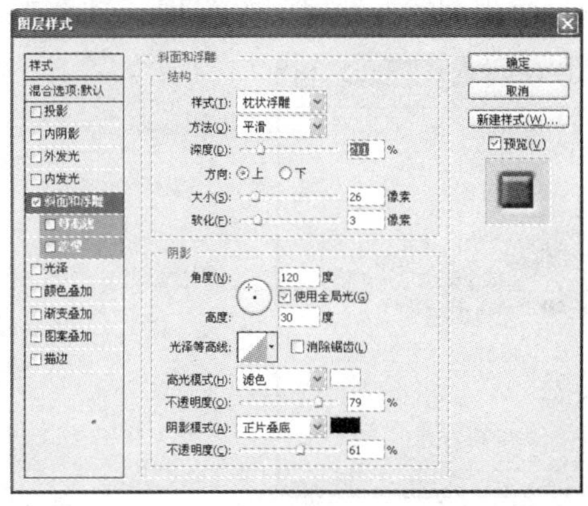

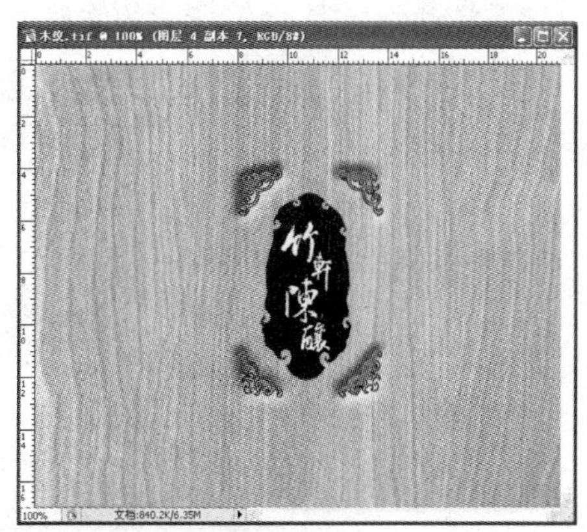

图 10–125　图层样式的参数设置以及边角图案的浮雕效果

（5）载入主体图案的外形选区后，选择“木纹”图层，按“Ctrl+J”组合键，将选区内的图像复制为一个新的图层，对其应用“斜面和浮雕”图层样式，如图 10–126 所示。

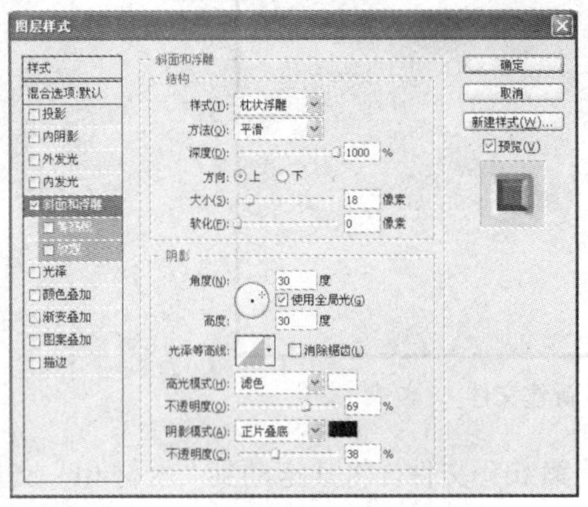

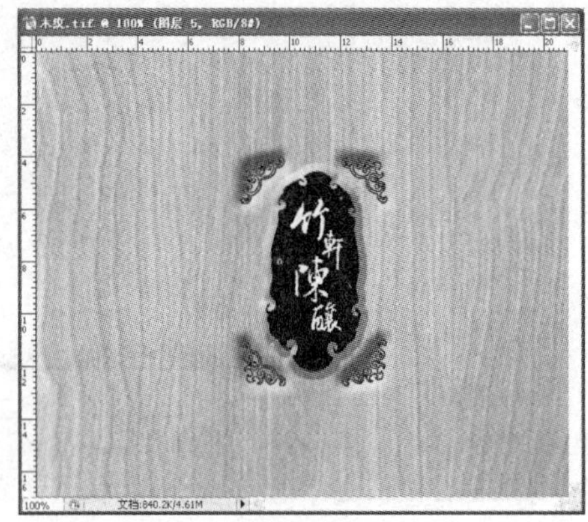

图 10–126　图层样式的参数设置以及主体图案的浮雕效果

（6）选择“竹轩陈酿”图层，将文字填充为黑色，对其应用“斜面和浮雕”图层样式，如图 10–127 所示。

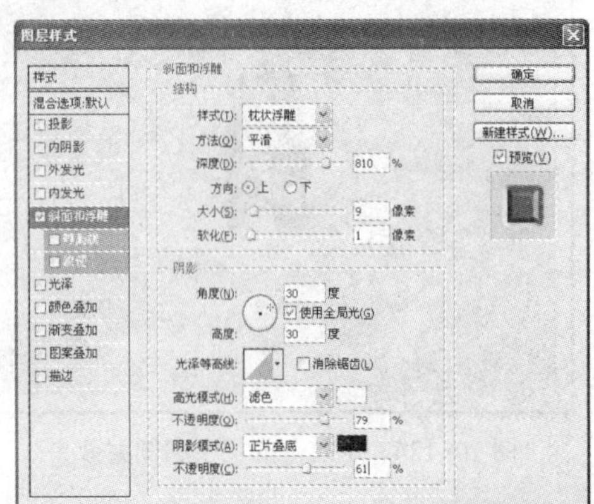

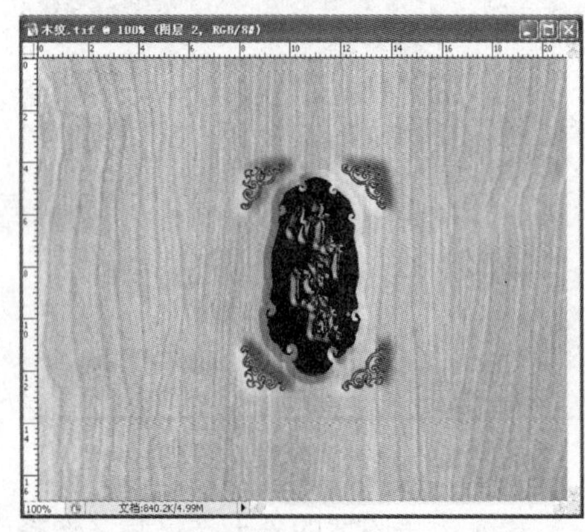

图 10–127　图层样式的参数设置以及文字的浮雕效果

（7）木盒的正面图完成后，将其以“正面浮雕”为名进行保存。合并该图像文件的可见图层，将其拖动到步骤（1）所建的文件中，对其作透视的变形处理，如图 10–128 所示。

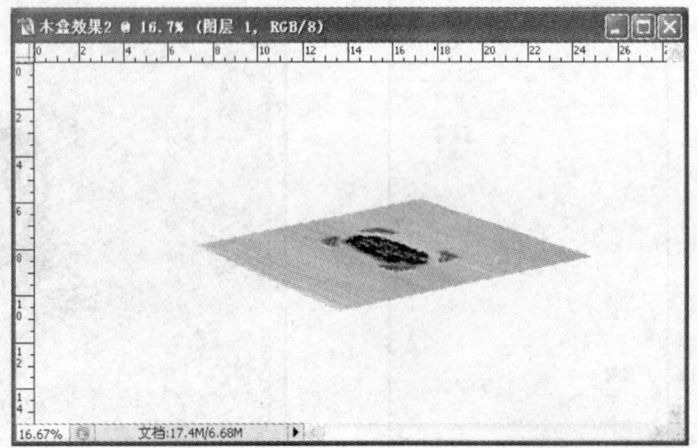

图 10–128　图像的透视变形效果

（8）分别打开“木纹 1”与“木纹 2”文件后，将它们复制到新建文件中，分别作透视的变形处理，并调整不同面的明暗色调，如图 10–129 所示。

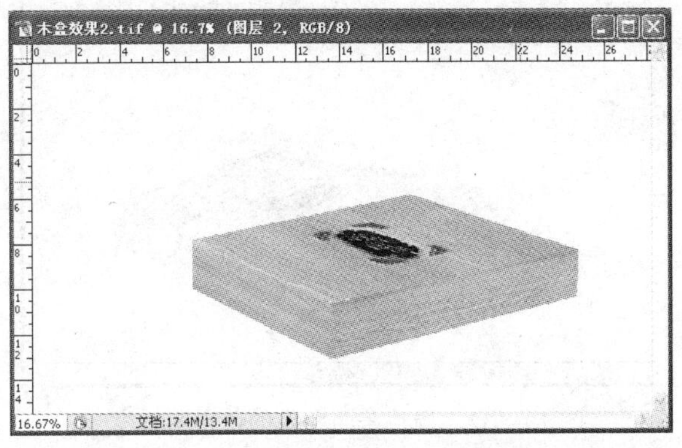

图 10–129　包装盒不同面上的透明效果

（9）选择木盒盖面的图像层，在图像上创建图 10–130 所示的选区，按“Ctrl+Shift+J”组合键，将选区图像剪切为一个新的图层。

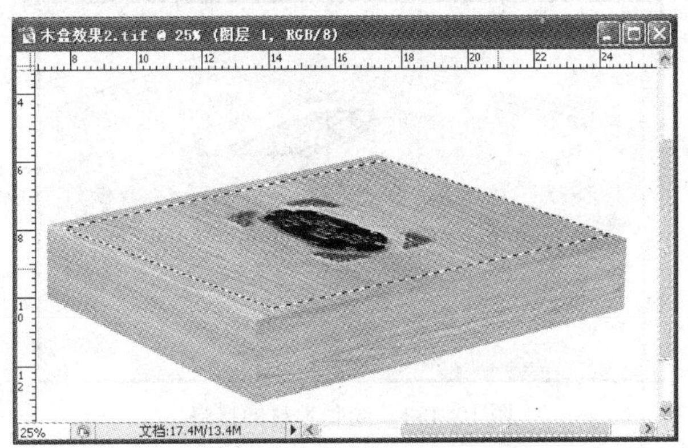

图 10–130　剪切选区图像为新图层

（10）复制剪切的图像层，并调整其与被复制图层的上下顺序。将图像转化为选区，并将选区扩展 3 个像素，对其填充 R：55、G：22、B：0 的颜色，如图 10–131 所示。

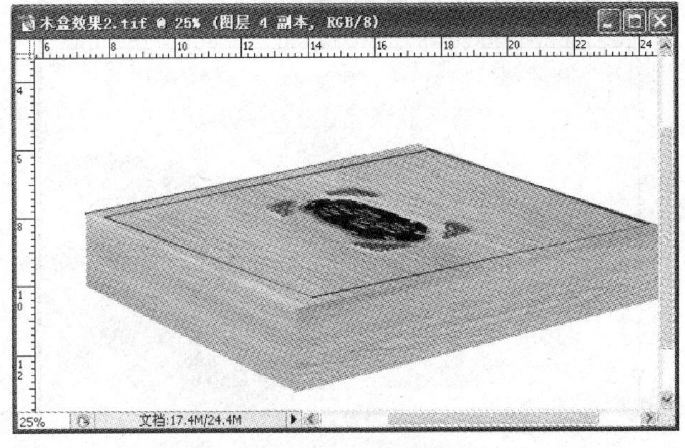

图 10–131　盖面图像的绘制效果

（11）调整木盒盖面的图像色彩明暗度，如图 10–132 所示。

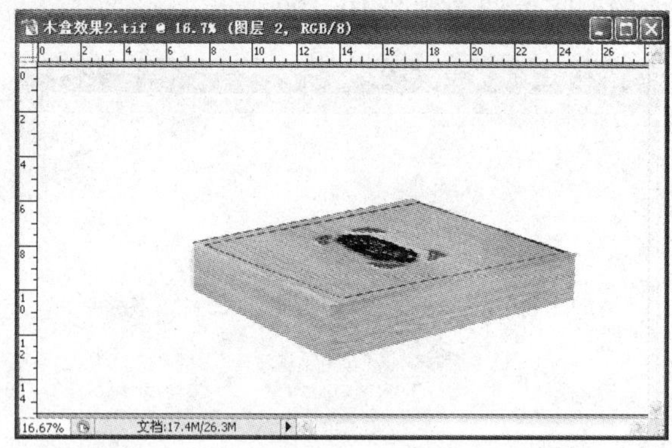

图 10–132　调整盖面图像的色彩明暗度

（12）新建一个图层，在木盒盖面的边角处使用直线工具绘制出木制材料在拼接时产生的接缝，使木盒更加接近真实效果，如图 10–133 所示。

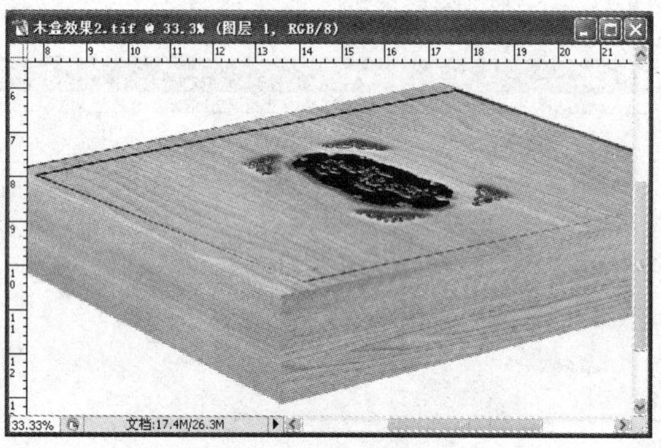

图 10–133　绘制木材的接缝

（13）选择木盒侧面的图像层，在图像上创建图 10–134 所示的选区，按“Ctrl+J”组合键，将选区复制为一个新的图层，选择下一层的源图像后，使用“曲线”命令加深该图层的色彩，如图 10–135 所示。

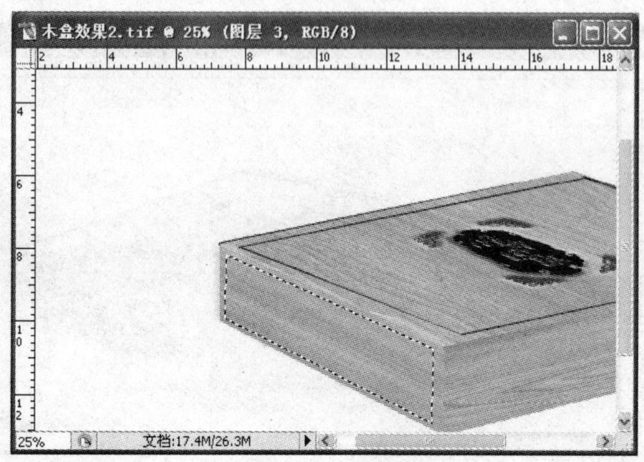

图 10–134　创建选区

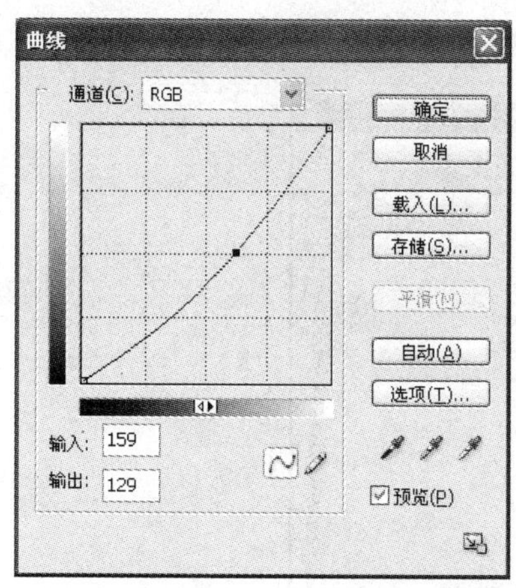

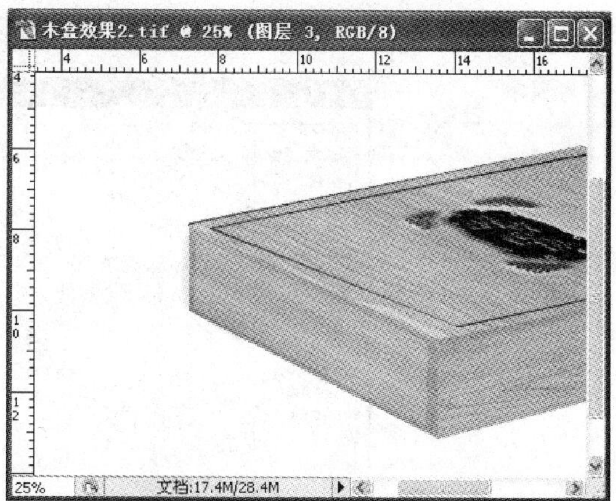

图 10–135　调整后加深图像的颜色

（14）打开“侧面图案.tif”文件，将其复制到木盒效果图中，调整图案的大小，将其移动到木盒的侧面位置，并对其作透视的变形处理，如图 10–136 所示。

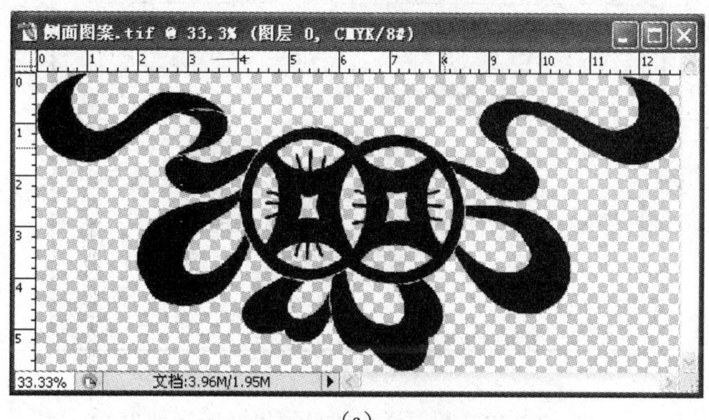

（a）

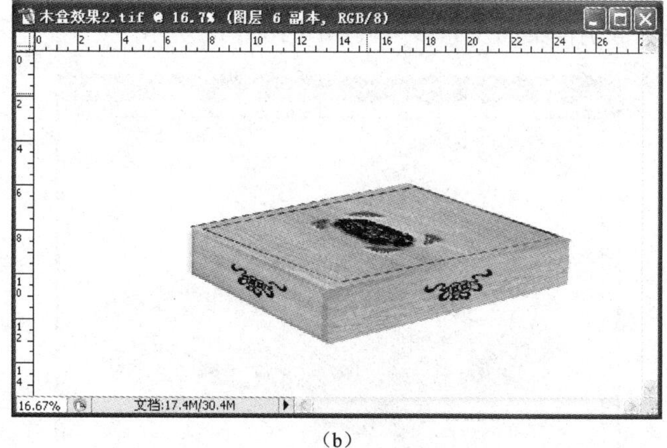

（b）

图 10–136　在包装盒侧面贴入图案

（15）将步骤（14）中添加的图案转化为选区，分别选取木盒的两个侧面图像层，将选区内的木质图像复制为新的图层，分别对新生成的两个图层应用“斜面和浮雕”图层样式，再删除步骤（14）中添加的图案层。图层样式的设置以及图案效果如图 10–137 所示。

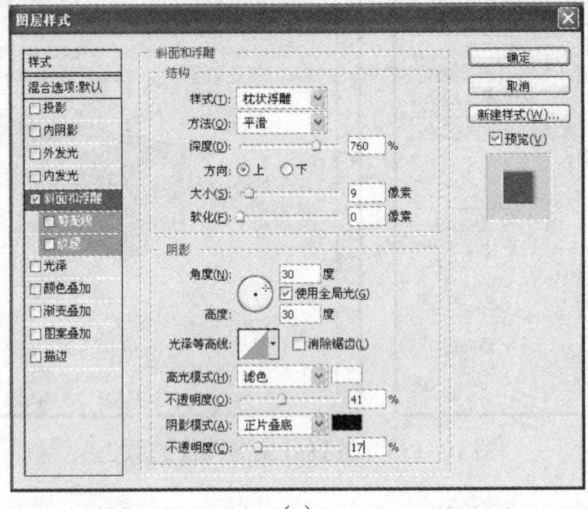

（a）

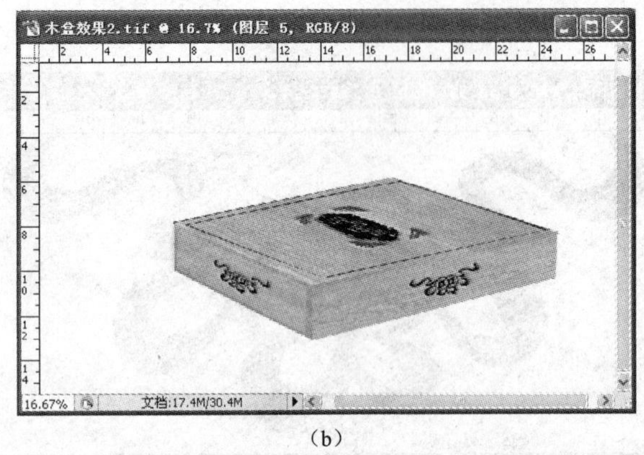

（b）

图 10–137 图层样式的设置以及图案效果

（16）为绘制的木盒制作桌面反光效果，如图 10–138 所示。

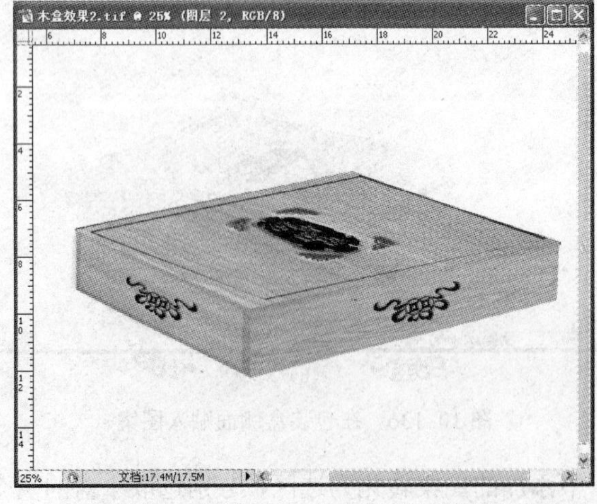

图 10–138 绘制木盒的桌面反光效果

（17）使用同样的方法绘制盒盖打开后的木盒外框效果，如图 10–139 所示。

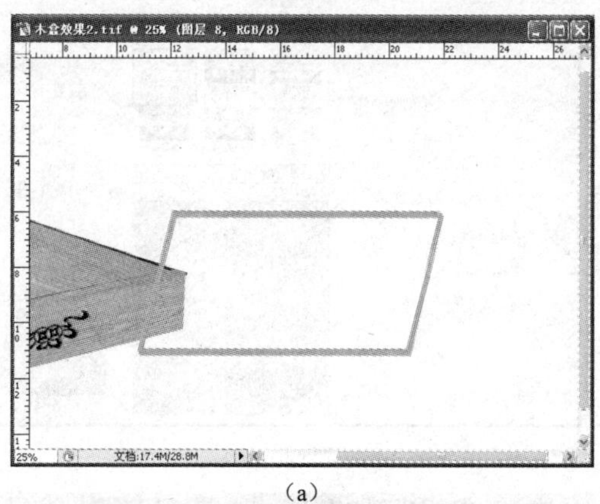

（a）

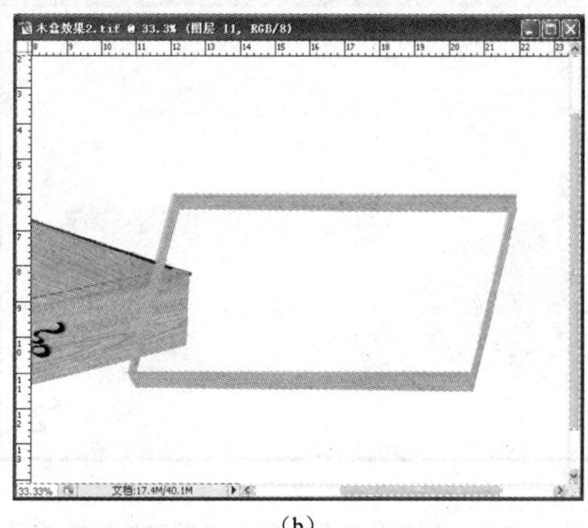

（b）

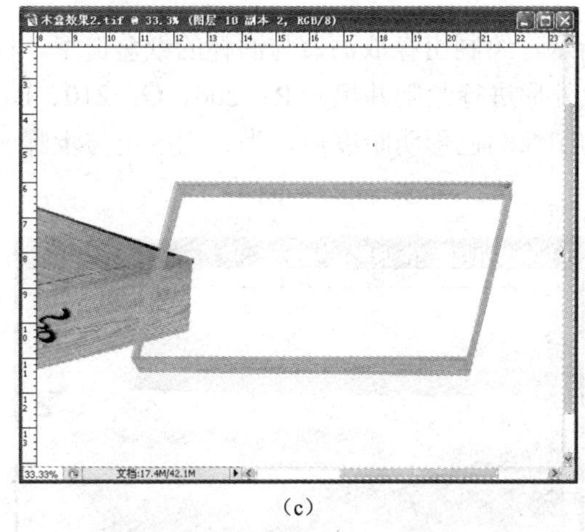

（c）

图 10–139　木盒打开后的框架效果

（18）新建一个图层，将其调整到步骤（17）中绘制的木质框架的下一层。绘制出木盒的底层图像，将其填充为 R：206、G：210、B：207 的颜色。执行“滤镜”→“纹理”→“纹理化”命令，对填充图像应用“纹理化”效果，其参数设置以及图像效果如图 10–140 所示。

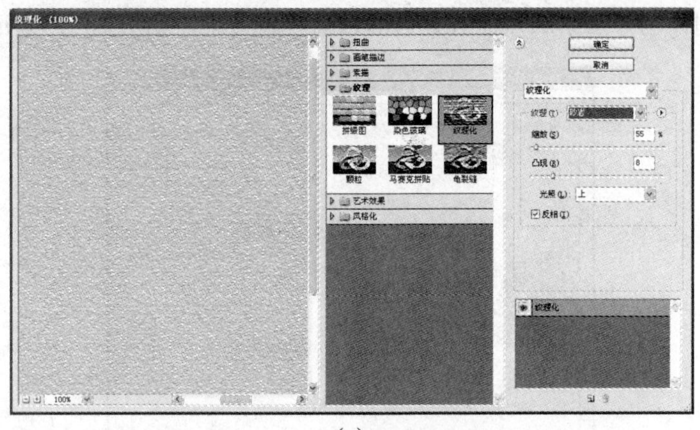

（a）

（b）

图 10–140　纹理化参数设置以及图形的纹理效果

（19）如图 10–141 所示，绘制出存放酒瓶与酒杯的纸盒造型。根据不同的色彩层次，分别对各个层次面上的图像外形进行绘制并填充 R：206、G：210、B：207 的颜色，使用“曲线”命令调整不同面中的图像的色彩明暗度后，为它们应用与步骤（18）操作中设置相同的“纹理化”效果即可。

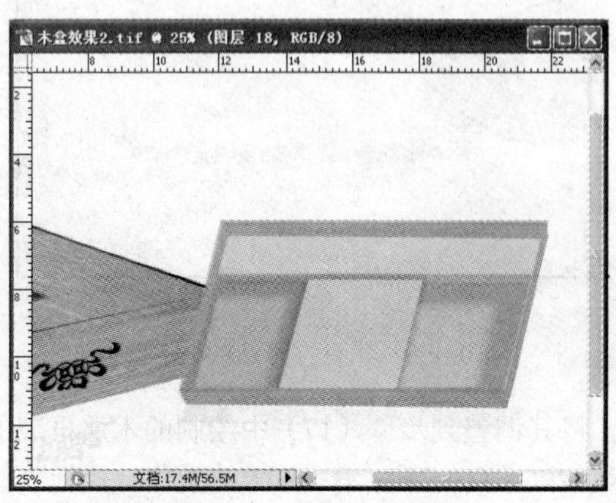

图 10–141　木盒内的纸盒造型

（20）打开“酒杯 1.tif”和“酒瓶 1.tif”文件，将其放置到绘制好的纸盒内，调整酒瓶的图层顺序，如图 10–142 所示。

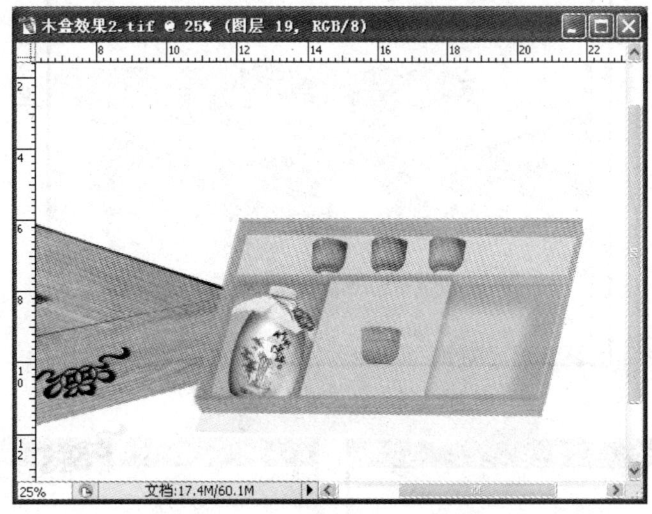

图 10–142　在纸盒中贴入酒瓶和酒杯图像

（21）新建一个图层，将前景色设置为黑色，使用画笔工具设置适当的笔刷大小和不透明度后，在纸盒中的适当位置上进行涂抹，表现出放入酒瓶和酒杯后木盒内的明暗效果，如图 10–143 所示。

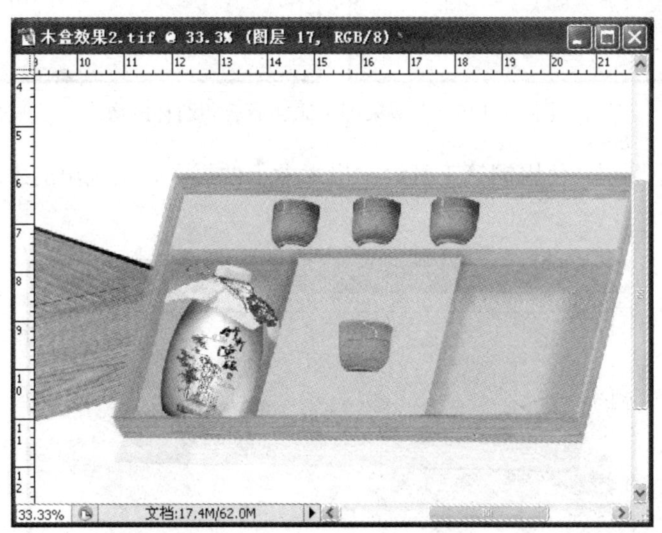

图 10–143　绘制画面中的阴影效果

（22）新建一个图层，如图 10–144 所示，使用画笔工具设置适当的笔刷大小和不透明度后，在选区内进行涂抹，以创建放置酒杯的纸盒挖空造型。

（23）打开“酒瓶 2.tif”和“酒杯 2.tif”文件，将其复制到图 10–145 所示的位置，并绘制出各自的桌面反光效果。

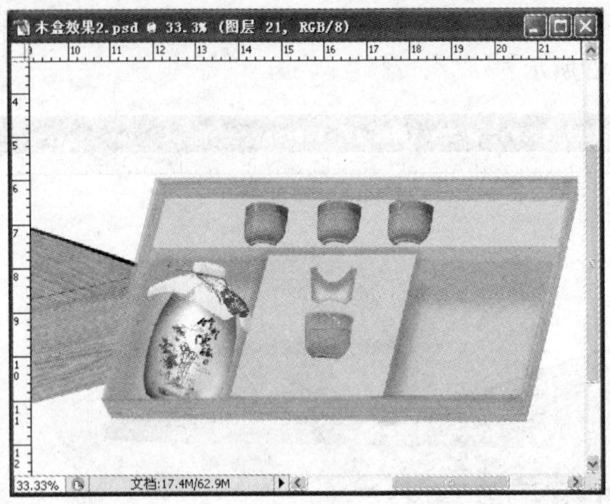

图 10–144　放置酒杯的挖空造型

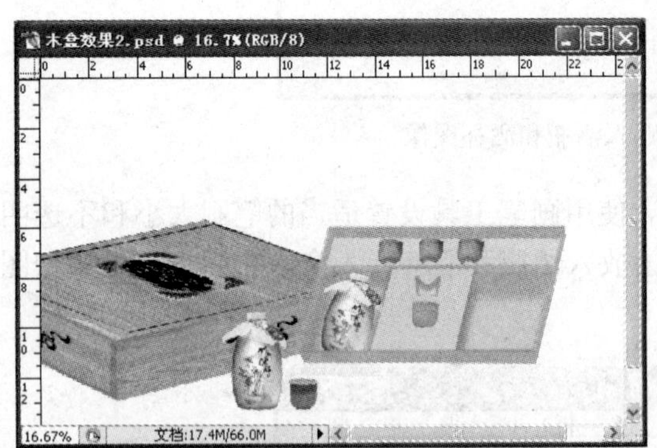

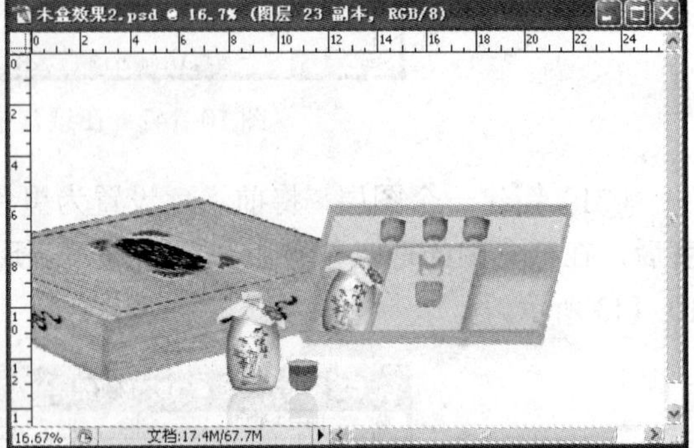

图 10–145　在效果图中添加酒瓶和酒杯图像

（24）新建一个图层，使用钢笔工具绘制出木盒上的绳子，绘制出的木盒上的绳子的效果如图 10–146 所示。

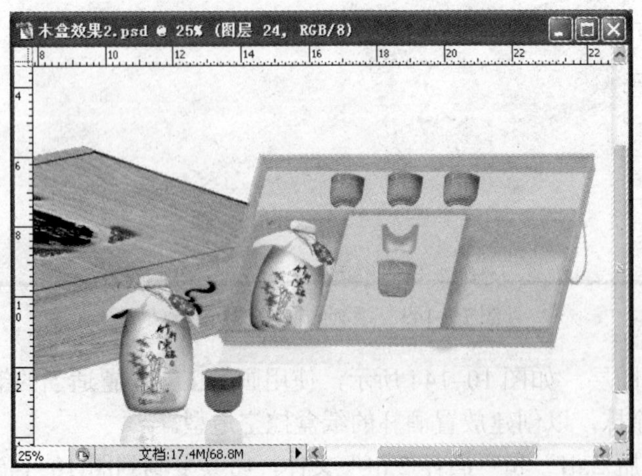

图 10–146　绘制木盒中的绳子效果

（25）打开“背景图像 1.tif”文件，将其复制到效果图文件中，对其应用由上到下逐渐虚化的蒙版效果，调整图层的不透明度为 90%，如图 10–147 所示。

（a）

（b）

图 10–147　添加背景图像

（26）打开“背景图像 2.tif”文件，将其复制到效果图文件中，如图 10–148 所示，调整其位置和大小。

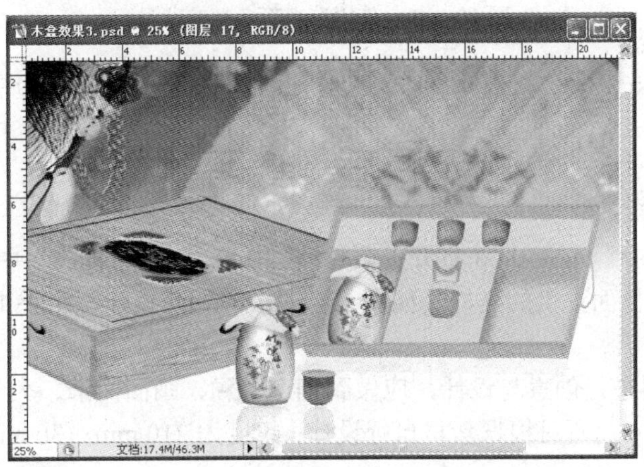

图 10–148　添加背景装饰性图像

（27）选择背景图层，对其应用渐变颜色填充，渐变颜色设置为 0%R：255、G：217、B：0，100%白色。填充效果如图 10–149 所示。

（a）

（b）

图 10–149　使用渐变颜色填充背景

（28）木盒包装效果图绘制完成后，对文件进行保存。效果如图 10–121 所示。

课 后 练 习

1. 手提袋设计。用 Photoshop 打开“素材/第 10 章/练习/手提袋”中的素材“视觉魅力”“素材 1”，按照素材里面提供的样板（如图 10–150 所示），设计一个手提袋。

有关要求：

根据提供的材料进行创意与设计，应做到创意新颖、画面简洁、大气，有视觉冲击力，版式规范，制作精细；色彩可根据素材自行设计；尺度为 210 mm×130 mm；分辨率为 72 dpi。

图 10–150　第 10 章课后练习的样板 1

2. 容器设计。用 Photoshop 打开“素材/第 10 章/练习/容器”中的样板（如图 10–151 所示），设计一个容器。

有关要求：

根据提供的材料进行创意与设计，应做到创意新颖、画面简洁、大气，有视觉冲击力，版式规范，制作精细；色彩可自行设计；尺度为 140 mm×210 mm；分辨率为 72 dpi。

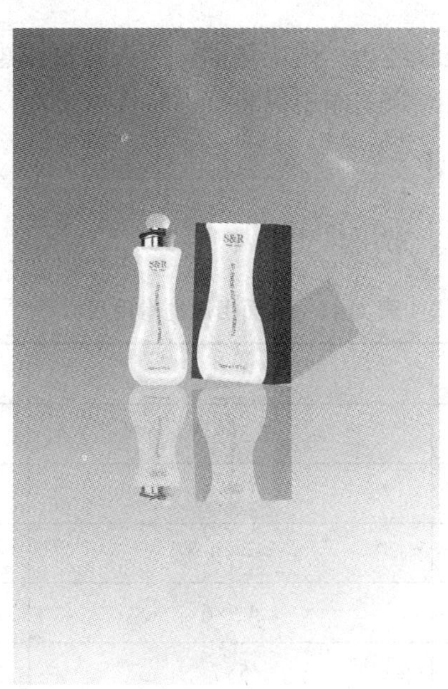

图 10–151　第 10 章课后练习的样板 2

第 11 章　平面相册的设计与制作

要点、难点分析

要点：

① 平面相册的基本知识

② 平面相册的制作

难度：★★★

技能目标

① 掌握平面相册的基本知识

② 掌握平面相册的制作方法

11.1　平面相册的基本知识

平面相册主要用于记录成长经历、婚庆场面、个人写真或重要时刻，在拥有相片的基础上，进行一定的设计，并使用一定的印刷包装技术装订成册，以供纪念。

11.1.1　相册的基本尺寸

按照影楼制作的平面相册，常用尺寸见表 11–1。

表 11–1　平面相册的常用尺寸

影楼尺寸	英寸	厘米
3 寸=2R	2.5×3.5	6.4×9.0
5 寸=3R	3.5×5	8.9×12.7
6 寸=4R	4×6	10.2×15.2
6 寸=4D	4.5×6	11.4×15.2
7 寸=5R	5×7	12.7×17.8
8 寸=6R	6×8	15.2×20.3
10 寸=7R	7×10	17.8×25.4
12 寸	8×12	20.3×30.5
18 寸	12×18	30.5×45.7

11.1.2　平面相册的分类

1. 按制工艺分

目前平面相册按制作工艺来分，可分为两大类：传统手工相册和一体成型相册。

传统手工相册分为三类：

（1）非全满版相册；

（2）全满版相册；

（3）全满版跨页无中缝相册。

一体成型相册大致可以分为三类：

（1）普通一体成型相册；

（2）圣经相册；

（3）水晶封面圣经相册。

还有一种“假圣经相册”，是用圣经册的底册手工制作的。

传统手工相册的特点如下：

照片先覆膜，再用物理的方法（就是用胶粘）使照片固定在相册的页面上，相册的页边缘会有金色或银色的金属包边。

（1）非全满版相册，就是大相册放小照片。例如，“18 寸相册一本，18 寸蚕丝照片一张，18 寸油画照片一张，18 寸水晶照片一张，18 寸皮雕照片一张，18 寸美工设计组合 16 张”指在这本相册中有四张是满版的照片，其余 16 张是小照片的组合。

（2）全满版相册，就是相册内所放照片都是满版的，没有小照片。

（3）全满版跨页无中缝相册，就是相册内照片是无缝跨页的。例如，一本 18 寸的相册的尺寸是 18 英寸×12 英寸，那么一个对开页就是 18 英寸×24 英寸，这种相册放的就是 24 英寸的照片，粘在两页上，形成一个对开页，中间是无缝的。

一体成型相册是近年来相册制作的技术的革新，其为流水线制作，经过紫外线液体油性覆膜、过胶、压平、压痕、压整、裁切、磨边、烫金、装皮全套生产线十数道工序，经过十数台大机器，制作出的完美的顶级相册。

简单地说，就是用化学的方法，将本是两种不同的物质（照片和相册页），合成一种新物质，这种新物质就是“带有图像的相册页”，照片和相册页融为一体，永不分离。

一体成型相册与传统手工相册有本质的区别。传统手工相册是物理的形态，就是将照片用胶粘在相册页上。除了“永不分离”这个明显特点外，一体成型相册还有个特点，那就是使用淋膜技术，普通手工相册的照片是要覆膜的。膜是类塑料材质，有亮膜、细膜、皮纹、油画、激光等纹理。用手摸照片表面，能明显感到“膜”的存在，覆膜后的照片能达到防水、防潮、防划伤的效果，但这对照片的色彩有一定程度的影响。

一体成型相册采用先进的“紫外线液体油性覆膜”的“淋膜技术”，在照片表面用专门的机器均匀喷洒液体膜后，一体成型相册的照片色泽鲜亮，像在照片表面过了一层油似的。用手触摸时根本感觉不到膜的存在。

2. 按相册的封面分

1）水晶相册

所谓水晶相册，实际上就是用一块水晶板来做相册的封面，而这块水晶板并不是真正的水晶材料，因为这么大、这么薄的一块真水晶板，其制作和材料成本是高昂的，最重要的是易碎，因此，市面上所说的水晶板，其实 100%就是一块有机玻璃板或亚克力板。水晶板的原材料一面有印刷图案，另一面有一层保护贴纸，使用的时候把照片贴在有印刷图案的一面，然后压贴在相册上，最后撕掉正面的保护贴纸，光彩照人的水晶相册就呈现在人们面前了。注意，由于这种水晶相册表面并不是真水晶，所以硬度非常低，极容易出现划痕。

2）皮面相册

所谓皮面相册，其封面和封低是用皮革包裹起来的，由于皮革的材料、颜色和花纹众多，且加工方式也多，例如压花纹、烫花纹、印花纹等，所以其在款式上能不断推陈出新，其最大的特点是耐脏耐损。

3）布面相册

这类相册最大的优点就是手感极好，将其拿在手上，一种温馨的幸福感油然而生，它真是温馨浪漫的工艺品和装饰品的完美结合。其最大的缺点就是不耐脏，洗又不能洗，有人尝试手工干洗，但实际效果还是不理想。因此不要挑选那些颜色鲜艳或浅色的布面相册。深色、有花纹的布面相册才是首选。

4）塑料面相册（也叫“仿水晶”相册）

这种相册最大的优点就是颜色鲜艳、护理容易、成本低。因为塑料面本身就可以有不同的颜色，而且还可以印、烫、喷不同的图案，且表面有点小划痕也不容易看出来。其缺点就是看上去比较平，没有立体感。

3. 按相册内页分

1）一体成型相册内页

这种相册内页的制作比较复杂，成本高，造价昂贵，多为婚纱影楼用来给结婚的新人使用，必须依靠设备才能完成。

2）白卡内页

这种内页直接由白卡纸经裁切机裁切得到的，没有任何包边处理。手工制作时，照片必须贴齐白卡纸边才漂亮，因此，其对手工要求比较高，但制作完成后，效果非常好，有点类似一体成型相册。

由于没有任何包边，如果做大相册，边角很容易损坏，因此，这类白卡内页多用于小型相册，mini 相册（掌中宝）基本全部采用白卡内页。

3）包边内页

这种内页就是在白卡内页的基础上通过机器设备给页面边缘包上一层锡纸，这样能有效避免边缘因长期翻动而出现的发毛现象，并可以起到防潮作用，避免页面受潮变形。其还有一个实用的功能，就是在手工贴照片的时候，如果背后有双面胶的照片贴歪了，还可以揭下照片而不会伤害白卡纸基。此种方式常见于尺寸在 5 英寸×7 英寸以下的相册。

4）包角内页

相册大的话，最先坏的部分一定是角，因此着重保护角是第一要务。包角内页的目的就是重点保护角。所以，每页均会由两个金属角包住，让页角坚不可摧，为了安全，人们对金属角进行了圆角处理。此种方式常见于尺寸在 5 英寸×7 英寸以上的相册。

11.2　平面相册案例

在制作平面相册时，会频繁地用到蒙版和画笔的知识。蒙版主要用来抠取主体人物和产生多张图片的融合效果，画笔主要用来点缀画面。

下面讲解平面相册的制作方法。以下所介绍的实例是以婚纱相册为主，读者若有兴趣可以自己制作个人写真等类型的相册。

11.2.1　平面相册实例一

制作步骤如下：

（1）抠取婚纱人物。

① 新建一个空白的文件，在弹出的对话框中进参数设置，如图 11–1 所示。宽度为 6 英寸，高度为 4 英寸，分辨率为 300 像素，模式为 CMYK 颜色。

图 11–1 “新建”对话框

② 打开本章素材一，执行菜单栏中的“滤镜”→“纹理”→“马赛克拼贴”命令，设置拼贴大小为 12，缝隙宽度为 3，加亮缝隙为 9，然后将素材拖入新建的“平面相册一”文件中，调整其尺寸与新建文件一致。完成效果如图 11–2 所示。

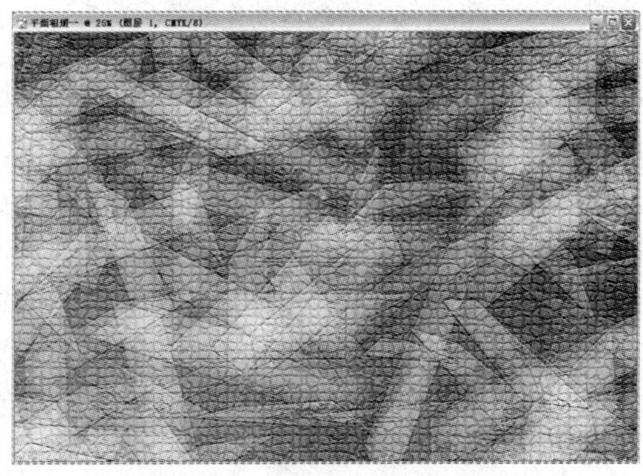

图 11–2　完成效果

③ 打开一张新娘的婚纱图片，如图 11–3 所示，将其中的人物抠取出来。前面讲过几种抠取人物的方法，因为图片比较复杂，在这里选用通道进行抠图。打开“通道”面板，查找明暗对比较为明显的通道，在此图中选“蓝”通道，按住 Ctrl 键单击“蓝”通道载入选区，如图 11–4 所示。

图 11–3 本章素材二

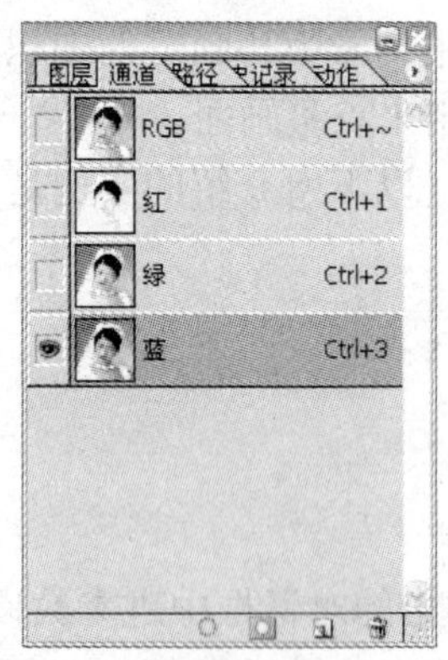

图 11–4 使用通道构建选区

④ 执行菜单栏中的“窗口”→“色板”命令，在“色板”面板中选择红色，将工具箱中的前景色设置为红色。新建“图层 1”，并将图层的混合模式设置为“滤色”模式，然后填充前景色，如图 11–5 所示。

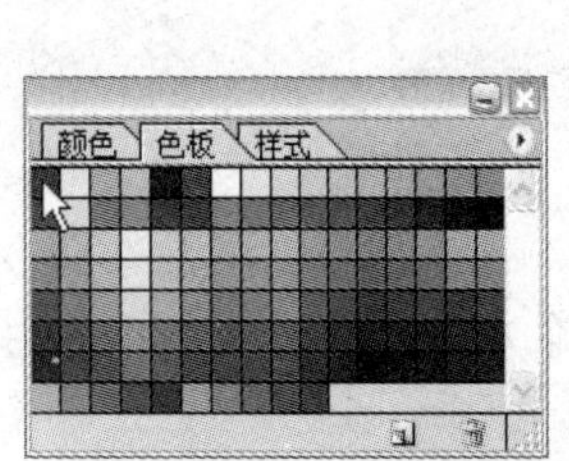

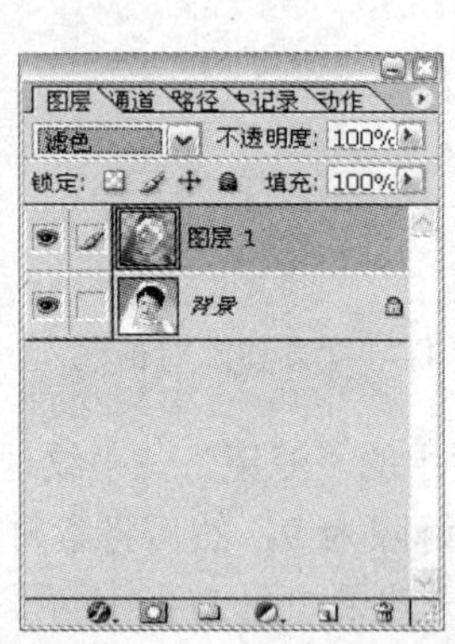

图 11–5 给选区填充红色

⑤ 使用相同的方法，分别建立“图层 2”和“图层 3”，并将图层混合模式都设置为“滤色”模式，然后为“图层 2”填充绿色，为“图层 3”填充蓝色，如图 11–6 所示。

⑥ 连续两次按“Ctrl+E”组合键，将“图层 3”和“图层 2”向下合并到“图层 1”中，然后按“Ctrl+D”组合键取消选区，如图 11–7 所示。

⑦ 将“背景”层复制为“背景副本”层，然后将“背景”层设置为当前层，并为其填充深蓝色（C=100，M=99，Y=8，K=2）。将“背景副本”层设置为当前层，然后单击“图层”面板底部的“添加蒙板”按钮，为“背景副本”层添加图层蒙板，如图 11–8 所示。

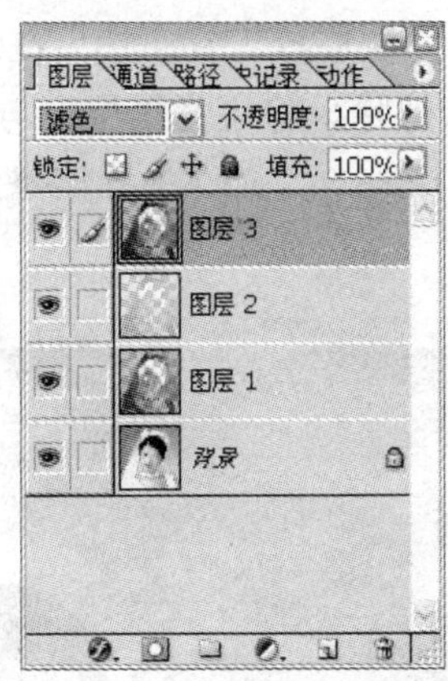

图 11–6　添加图层

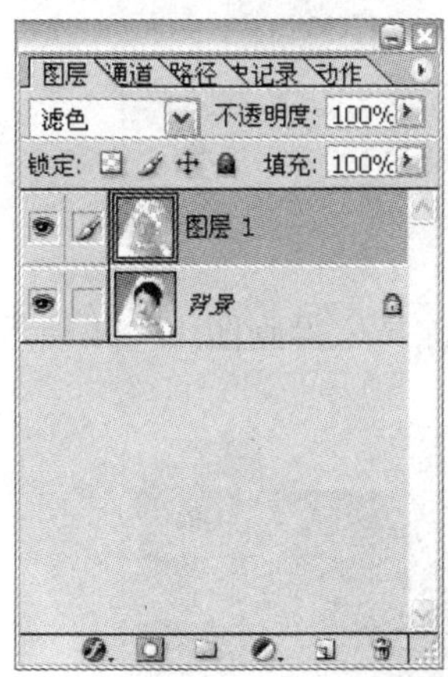

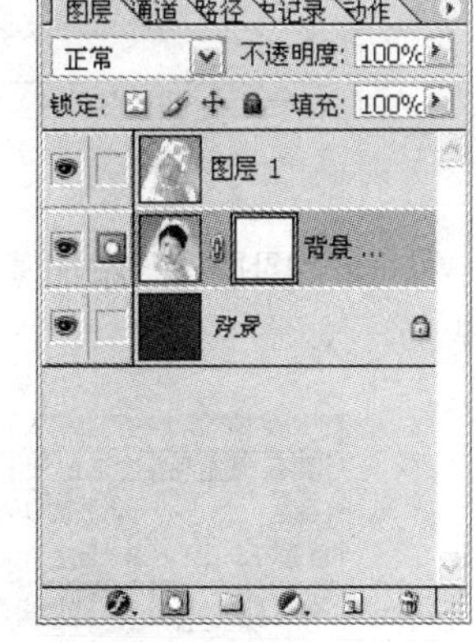

图 11–7　合并图层　　图 11–8　添加图层蒙版

⑧ 按 D 键将前景色和背景色设置为黑色和白色，然后利用工具箱中的画笔工具对蒙板进行编辑，在编辑过程中可通过 X 键互换前景色和背景色，以便修改编辑蒙版，如图 11–9 所示。

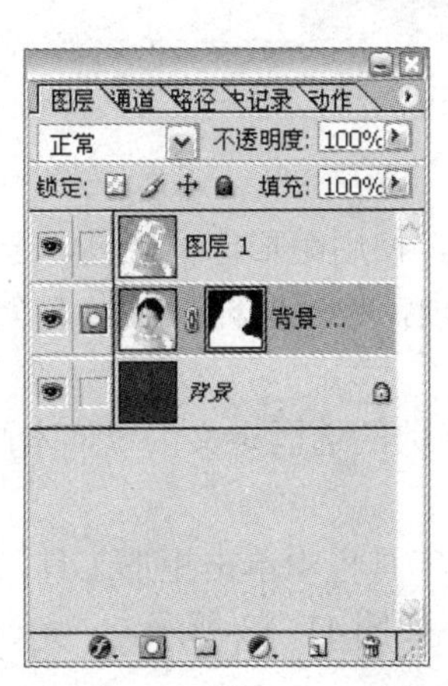

图 11–9　使用画笔涂抹蒙版

⑨ 将“图层 1”设置为当前层，单击工具箱中的橡皮擦工具，然后在属性栏中设置画笔参数：主直径为 86，硬度为 50%。沿婚纱边缘进行擦除。将“背景层”与“图层 1”链接，然后单击工具箱中的移动按钮，将其移动到“平面相册一”文件中并调整到合适的位置，效果如图 11–10 所示。

图 11–10　移动图层

⑩ 给“图层 2”添加蒙版，然后使用黑色的笔刷进行适当的涂抹，得到图 11–11 所示的效果。

图 11–11　添加蒙版并进行编辑

（2）制作胶卷相框。

① 新建一个 100×80 的文件，然后新建一个图层，使用矩形选框工具，选取一个比文件稍小的选区，执行“选择”→“修改”→“平滑”选项，设置取样半径为 5 个像素值，将其填充为黑色。效果如图 11–12 所示。

② 执行“编辑”→“定义画笔预设”命令，将当前的选区定义为“样本画笔 1”，然后关闭文件。

③ 在“平面相册一”文件中，新建一个图层，在工具栏中单击矩形工具，在属性栏中单击“填充像素”，设置前景色为灰色，绘制一个矩形，如图 11–13 所示。

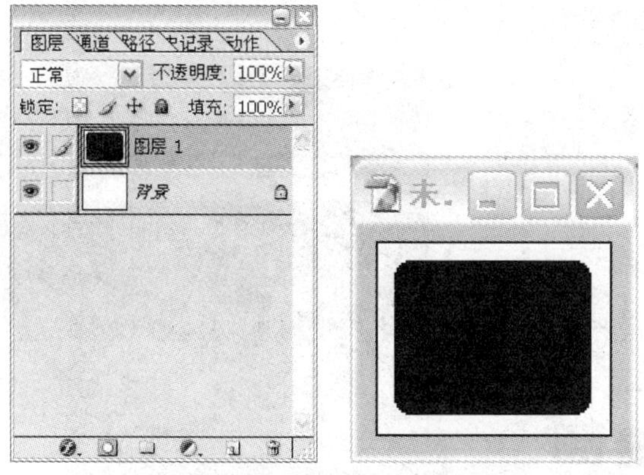

图 11–12　绘制选区并填充颜色

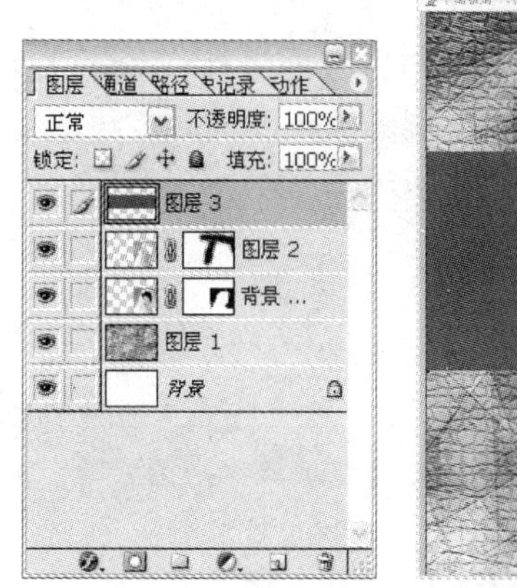

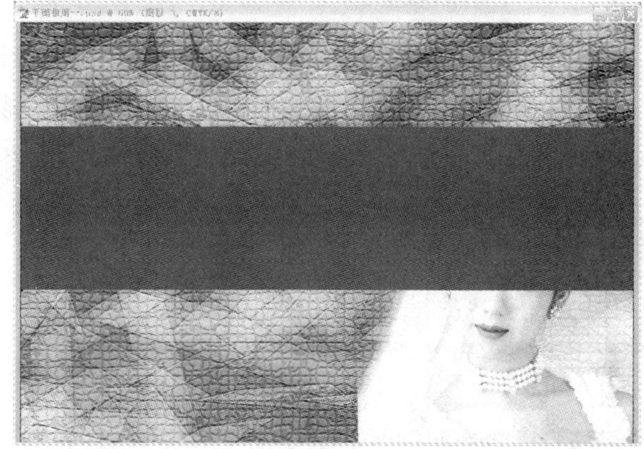

图 11–13　使用矩形工具绘制矩形（1）

④ 再新建一个图层，设置前景色为黑色，在刚才的矩形中再绘制一个矩形，如图 11–14 所示。

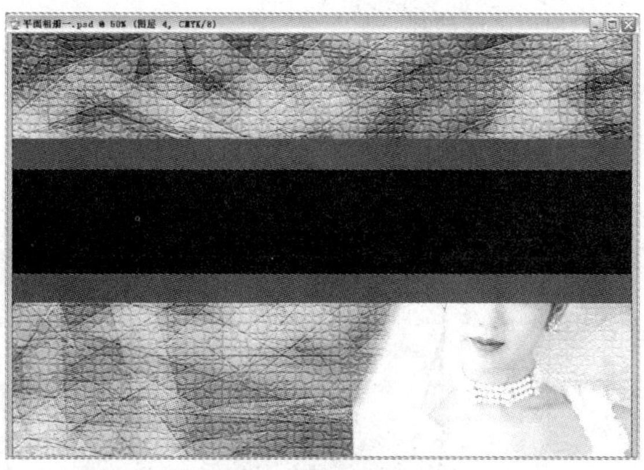

图 11–14　使用矩形工具绘制矩形（2）

⑤ 新建一个图层。选择画笔工具，按 F5 键调出画笔属性，选中刚刚定义好的画笔，设置好间距和画笔大小，如图 11–15 所示。设置前景色为白色，按住 Shift 键，在画布上拉出一条矩形方框，如图 11–16 所示。

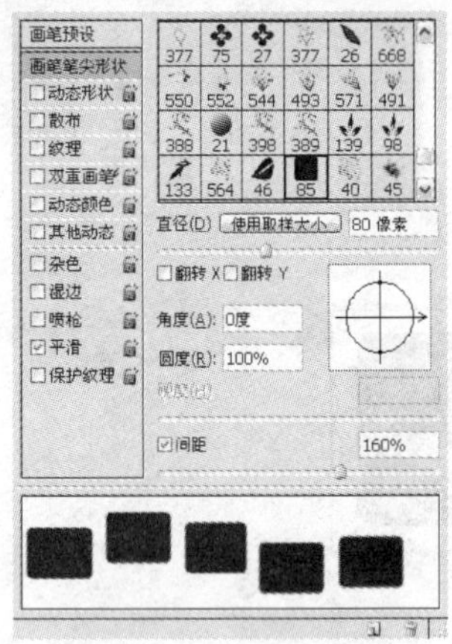

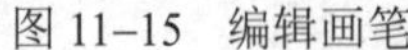

图 11–15　编辑画笔

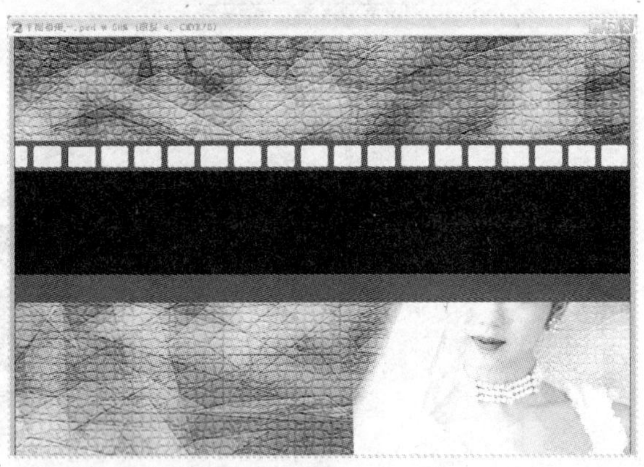

图 11–16　使用画笔绘制

⑥ 选择移动工具，并按住 Alt 键，对刚刚绘制出来的白色方框进行移动，可以复制当前白色方框所在的图层。接下来，新建一个图层，并调整笔刷的大小和间距，再次绘制一条白色的方框。效果如图 11–17 所示。此时的图层如图 11–18 所示。

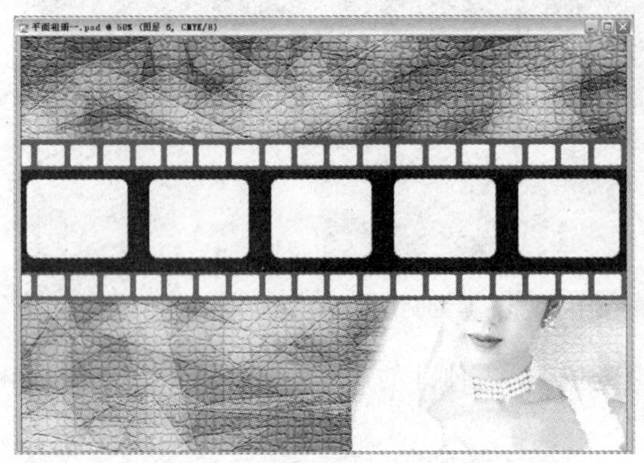

图 11–17　使用画笔绘制图形

图 11–18　图层面板

⑦ 将胶卷所在的“图层 3”～“图层 6”进行合并，如图 11–19 所示。使用魔术棒工具，选择白色的方块，然后按下 Delete 键进行删除，如图 11–20 所示。

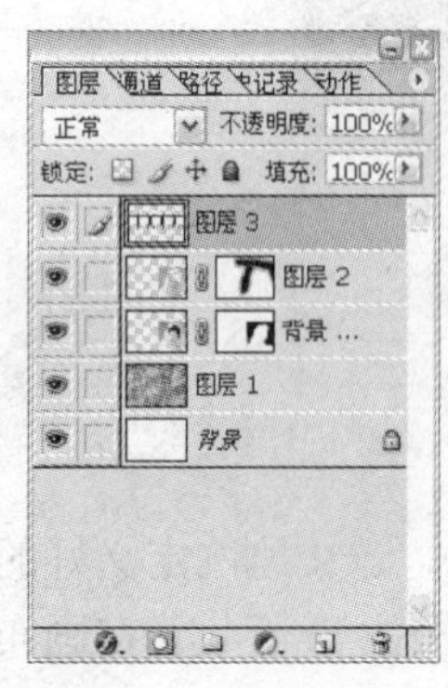

图 11–19　合并图层

图 11–20　删除选区

⑧ 双击“图层 3”，给“胶卷”图层添加阴影样式，并复制 2 个“胶卷”图层，如图 11–21 所示。

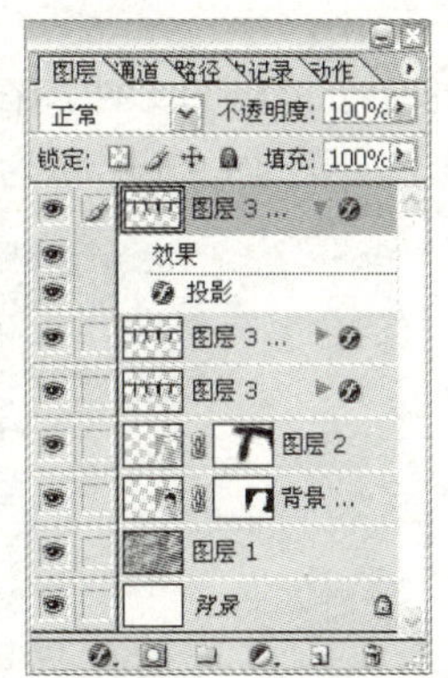

图 11–21　给图层添加样式

⑨ 此时可以将其他素材加进来，调整大小以适应胶卷中方框的大小。完成之后进行图层的合并与大小的调整，效果如图 11–22 所示。

图 11–22　编辑胶卷相框

⑩ 在工具箱中选择文字工具，在画布上输入文字，最终效果如图 11–23 所示。

图 11–23　最终效果

11.2.2　平面相册实例二

制作步骤如下：

（1）新建一个空白的文件，在弹出的对话框中设置参数，如图 11–24 所示。设置宽度为 6 英寸，高度为 4 英寸，分辨率为 300 像素。

图 11–24　“新建”对话框

（2）选择前景色为黄色，背景色为白色，在工具箱中选择渐变工具，拉出图 11–25 所示的渐变。复制背景图层，执行“滤镜”→“像素化”→“彩色半调”命令，弹出图 11–26 所示的对话框，设置为默认值。得到如图 11–27 所示的效果。

图 11–25　使用渐变工具绘制图形

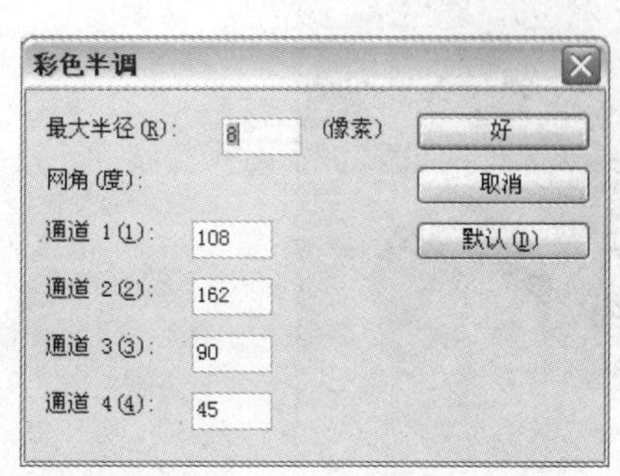

图 11–26　“彩色半调”对话框

图 11–27　应用彩色半调的效果

（3）执行“滤镜”→“模糊”→“径向模糊”命令，弹出图 11–28 所示的对话框，设置数量为 70，“模糊方法”为“旋转”，并将背景副本层的混合模式改为“排除”，得到图 11–29 所示的效果。

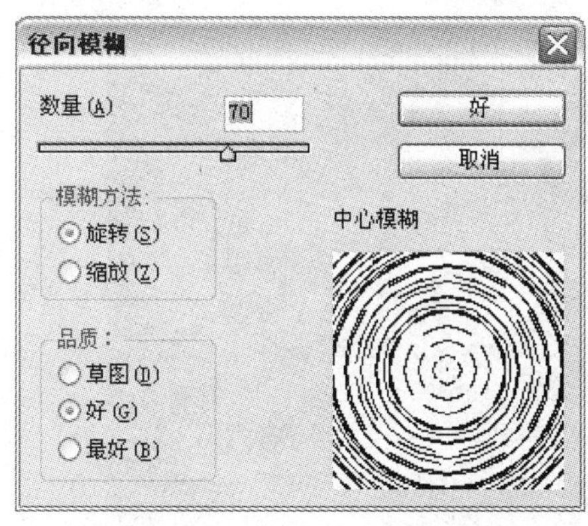

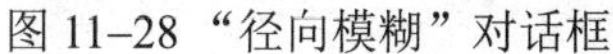
图 11–28 “径向模糊”对话框

图 11–29　更改图层混合模式的效果

（4）新建“图层 1”，设置前景色为蓝色，在工具箱中选择渐变工具，拉出图 11–30 的所示渐变。将“图层 1”的混合模式改为“差值”，得到图 11–31 所示的效果。

图 11–30　使用渐变工具绘制图形

图 11–31　更改图层混合模式的效果

（5）将图 11–32 所示的素材三拉入文件中，执行“编辑”→“自由变换”命令，调整大小和方向，如图 11–33 所示。

图 11–32　本章素材三

图 11–33　调整素材的大小和方向

（6）给当前图层添加图层蒙版，然后使用黑白画笔对蒙版进行涂抹，图层蒙版如图 11–34 所示，得到图 11–35 所示的效果。在选择画笔的时候，可以选择边缘柔和的画笔，在涂抹的过程中，注意随时改变画笔的不透明度，以呈现不透明的效果。

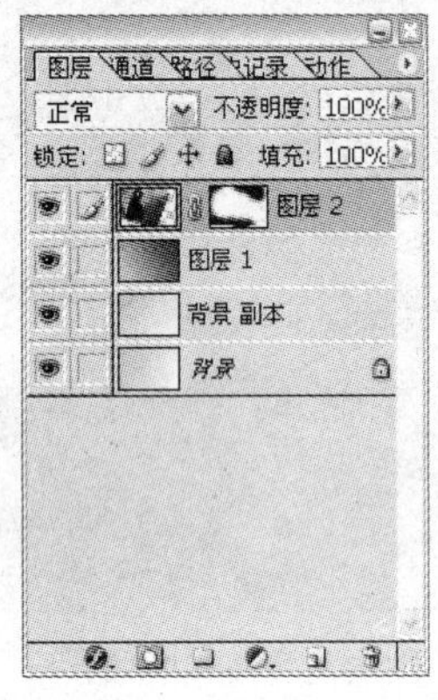

图 11–34　添加并编辑蒙版

图 11–35　编辑蒙版后的效果

（7）用同样的方法，拉入图 11–36 所示的素材，将其调整至合适的位置，然后添加图层蒙版，得到图 11–37 所示的效果。

图 11–36　本章素材四

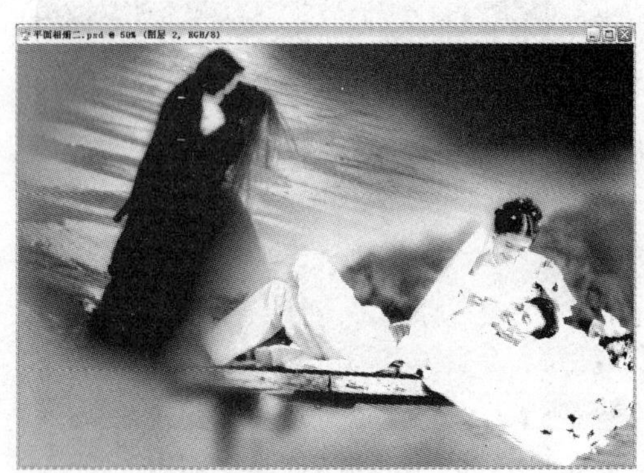

图 11–37　编辑图层

（8）给画面上增加一些修饰。选择文字工具，在画布上写上文字，如图 11–38 所示。选择当前文字图层，点击鼠标右键，栅格化图层，如图 11–39 所示。

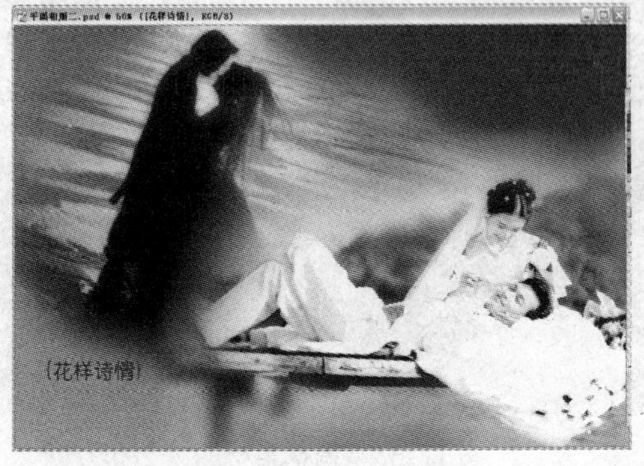

图 11–38　输入文字

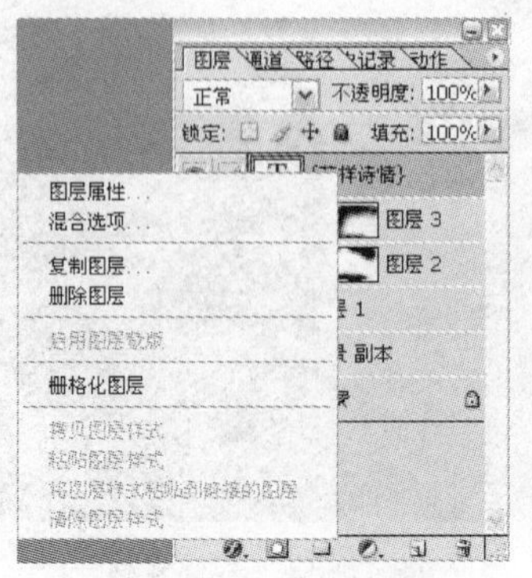

图 11–39　栅格化图层

（9）按住 Ctrl 键，并单击当前图层，此时会形成一个包围在文字外的选区，使用渐变工具，选择合适的颜色，拉一条渐变出来，给文字添加颜色，如图 11–40 所示。双击文字所在图层，给图层添加“发光”和“内发光”样式，如图 11–41 所示。如果效果不明显，可以对此图层进行复制。

图 11–40　编辑文字图层

图 11–41　给文字图层添加样式

（10）继续为画面添加文字。新建三个图层，在工具箱中选择画笔工具，选择图 11–42 所示的画笔，在不同的图层点击进行修饰。对这些图层调整不透明度，并添加“发光”样式。完成后的最终效果如图 11–43 所示。

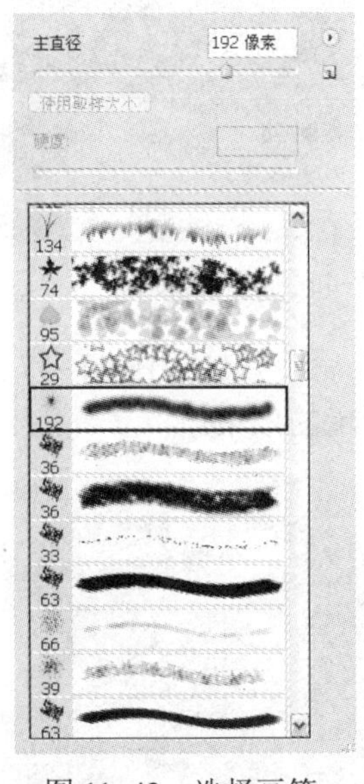

图 11–42　选择画笔

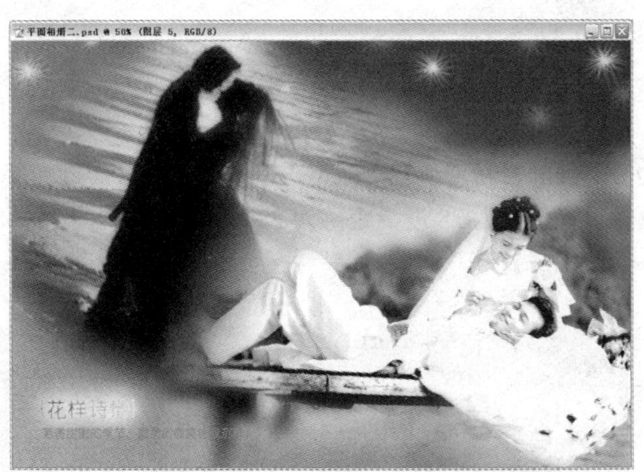

图 11–43　使用画笔绘制图形并进行编辑

（11）因为要打印输入，因此最终执行“图像”→“模式”→“CMYK 颜色”命令，将图像转换为 CMYK 模式。注意，如果一开始就使用 CMYK 模式，在更改图层的混合模式的时候可能得不到这样的效果。最终效果如图 11–44 所示。

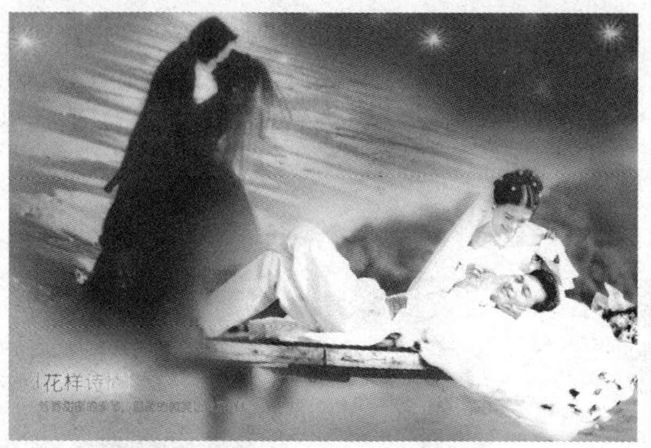

图 11–44　最终效果

11.2.3　平面相册实例三

制作步骤如下：

（1）新建一个空白的文件，在弹出的对话框中设置参数，如图 11–45 所示。设置宽度为 6 英寸，高度为 4 英寸，分辨率为 300 像素。导入图 11–46 所示的素材。

图 11–45 “新建”对话框

图 11–46　本章素材四

（2）对绿叶素材层执行“滤镜”→“模糊”→“动感模糊”命令，弹出图 11–47 所示的对话框，设置角度为 28 度，距离为 283 像素，得到图 11–48 所示的效果。

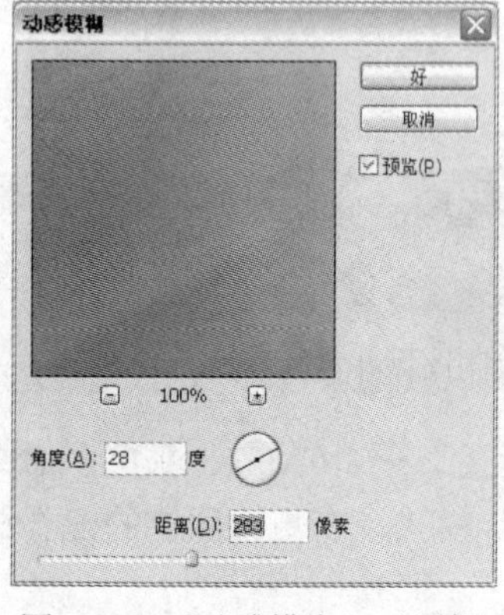

图 11–47 “动感模糊”对话框

图 11–48　动感模糊效果

（3）导入图 11–49 所示的素材五，给图层添加图层蒙版，如图 11–50 所示。使用画笔工具，选择画笔颜色为黑色，在蒙版上涂抹，得到图 11–51 所示的效果。

图 11–49　本章素材五

图 11–50　添加并编辑图层蒙版

（4）在工具箱中选择画笔工具，单击“点按可打开‘画笔预设’选取器”的下拉小三角形，在弹出的对话框中点击右边的小三角图标，弹出图 11–52 所示的菜单。

图 11–51　编辑蒙版后的效果

图 11–52　画笔选项菜单

（5）在图 11–52 所示的菜单中，选择“载入画笔”，然后将文件夹中的“spring.abr”文件载入，此时在画笔形状中就有刚刚载入的画笔样式，如图 11–53 所示。选择合适的画笔，编辑其形状和大小，在新建的图层上面绘制图 11–54 所示的图形，并给此图层添加发光样式。

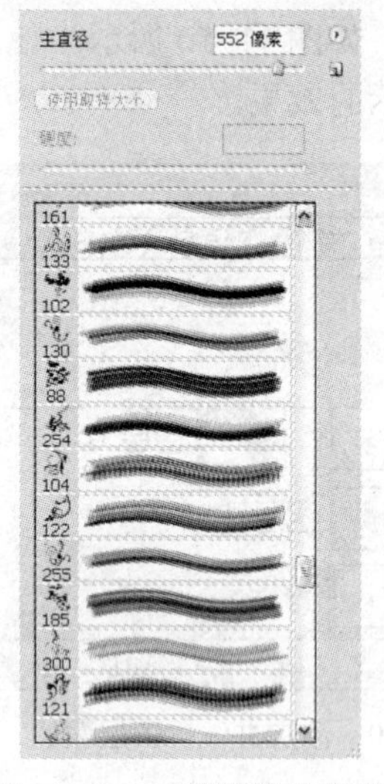

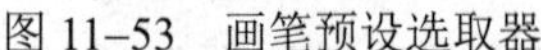

图 11–53　画笔预设选取器

图 11–54　使用画笔绘制图形

（6）同样的原理，在不同的图层选择不同的画笔样式进行绘制，效果如图 11–55 所示。之后导入图 11–56 所示的素材。

图 11–55　使用不同的画笔样式绘制图形

图 11–56　三幅素材之一

（7）对导入的素材进行自由变换，改变其大小与位置，并可以适当添加蒙版，效果如图 11–57 所示。

图 11–57　添加素材并编辑

（8）选择多边形工具，在工具选项栏中设置图 11–58 所示的参数，新建一个图层，在画面上绘制星型，并适当调整不透明度，效果如图 11–59 所示。

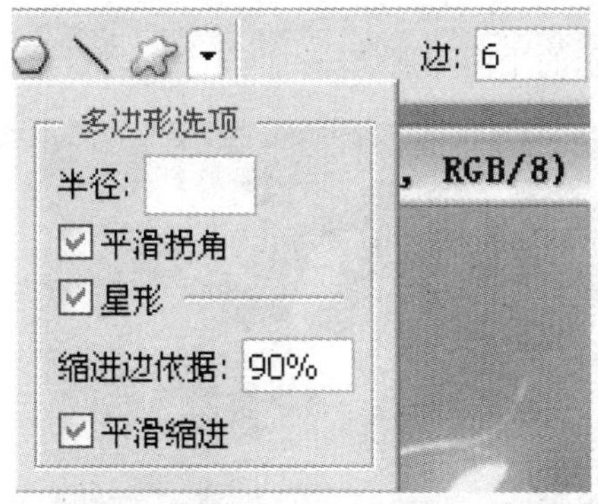

图 11–58 “多边形选项”的参数设置

图 11–59 使用多边形工具绘制图形

（9）选择钢笔工具，在图中绘制图 11–60 所示的路径，然后在路径面板选择“使用画笔描边路径”，如图 11–61 所示。选择画笔工具，在路径形成的线条上进行点缀，如图 11–62 所示。

图 11–60 使用钢笔工具绘制路径

图 11–61 “路径”面板

（10）使用文字工具对画面进行点缀，最终效果如图 11–63 所示。

图 11–62 使用画笔绘制图形

图 11–63 最终效果

实 训 演 练

根据图 11–64 所给的素材，制作出图 11–65 所示的平面相册。

图 11–64　实训演练的素材

图 11–65　最终效果

课 后 练 习

根据图 11–66 所示的素材，制作出图 11–67 所示效果的平面相册。

图 11–66　第 11 章课后练习的素材

图 11–67　最终效果

制作思路：

（1）云彩的制作：使用钢笔工具绘制波浪形的路径，然后转变为选区，在选区内使用白色画笔进行涂抹。对于底部的云彩，在使用钢笔工具抠取出来之后，可以使用特殊的画笔进行描边。

（2）亮点和星星的绘制：可以使用画笔或者自定义形状工具内的特殊形状绘制。

（3）文字的绘制：使用文字工具写上文字之后，将其栅格化，并针对文字建立选区，然后填充渐变色。

（4）使用通道将人物素材中的人物抠取出来，并调整色相/饱和度。

第 12 章　网页静态页面设计与制作

要点、难点分析

要点：

① 静态页面的基本知识

② 静态页面设计案例

③ 网页界面切割、将文件存储成网页格式的操作

难点：

网页制作

难度：★★★★

技能目标

① 了解静态页面的基本知识

② 掌握静态页面制作的操作方法

③ 掌握网页界面切割、将文件存储成网页格式的操作方法

随着计算机的普及和计算机网络的发展，人们获得信息的渠道除了电视、报纸、杂志等传统的媒体外，从网络上获得更大量的信息已经成为很多人获得信息的又一渠道。网页作为网络信息的载体、新的传媒方式，被很多人所熟悉、接受和运用。怎样设计网页才使得网页既可传递信息，又美观，同时还能提升网站的形象，提高网站的访问量，这成为需要思索的问题。

12.1　静态页面的基础知识

1. 静态页面

静态页面设计不包含在服务器端运行的任何脚本，其内容形式固定不变。静态网页设计就是利用静态网页中所包含的元素，对网页进行美化处理，力求使网页界面美观舒适，为网页所承载的内容提供一个良好的展示环境，以达到最好的展示效果。

静态网页在公共网站、政府网站中的使用最为广泛。

2. 网页界面的组成部分

（1）Logo 标记：Logo 标记是站点特色和内涵的集中体现，人们看到 Logo 就可联想起相应站点。Logo 的设计创意来自网站的名称、内容。一个成功的 Logo 标记可以提升企业形象、提高站点的知名度，同样有些一网站不设计 Logo 标记。

（2）导航条：其给访问者在各网页间导航，具有交互性。

（3）横幅（banner）：其可以是动态的或静态的，起着广告宣传作用。横幅的设计首要目的是吸引浏览者的目光，引起浏览者浏览网页的欲望，其次就是展示信息。因而横幅的设计无论从构图到色彩，从表现形式到文字的运用，都需要一定的技巧。

（4）文字：文字包括链接文字和信息文字。文字是网页的重要组成部分，是信息的重要载体，正确地设置文字字体、字号、颜色，不仅关系到网页的美观，还对阅览及信息的表达有直接的影响。

（5）图形图像：网页中图形图像的运用除了传递信息外，还能提高网页的阅读性，增强网页的美感。图形图像可运用到背景、按钮等网页元素中。

3. 网页的几种布局形式

（1）“同”字形布局：网页布局呈“同”字形，是一些大型网站所喜欢的类型，上面是网站的标题以及横幅广告条，接下来就是网站的主要内容，左右分列两小条内容，中间是主要部分，最下面是网站的基本信息、联系方式、版权声明等。

（2）“厂”字形布局：网页上面是标题及广告横幅，接下来左（右）侧是一窄列导航链接，右（左）侧是很宽的正文，下面可以有一些网站的辅助信息。

（3）“工”字形布局：“工”字形布局与“厂”字形布局类似，上面是标题及广告横幅，下面是左右等宽的正文区，最下面是网站的一些基本信息、联系方式和版权声明等。

12.2　静态页面设计案例

1. 网站首页设计（效果如图 12–1 所示）

图 12–1　网页首页设计效果

操作过程如下：

（1）新建 Photoshop 图像文件，参数设置如图 12–2 所示。

（2）在页面设计中将有很多图层产生，为了快速找到每个对象所在的图层，除了将图层重命名外，有个很重要的工作就是给图层分组，然后根据图层对象在网页中的位置，将系列的图层放到相应组中。在图层面板点击“创建新组”按钮，给新组命名为“top”，在页面设计中，将所有网页头部所用图层全部放置在该组中。将在“top”组下的新图层重命名为“bg”，在图像窗口中用矩形选框工具绘制出一个矩形，将前景色设置为 R：235，G：255，B：204，H：84°，S：20%，B：100%，按“Alt + Delete”组合键给选区着前景色。

（3）新建图层，将其重命名为“line1”，将前景色设置为 R：152，G：203，B：0，H：75°，S：100%，B：80%，选择矩形选框工具，在图像窗口顶部创建一个细长的矩形选区，按“Alt + Delete”组合键给选区着前景色。效果如图 12–3 所示。

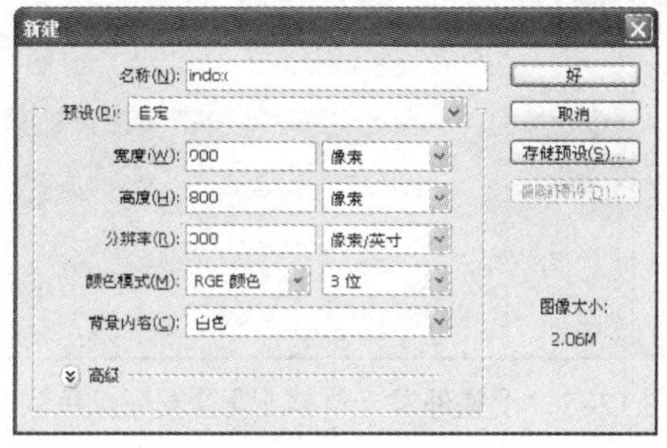

图 12–2　新建文件

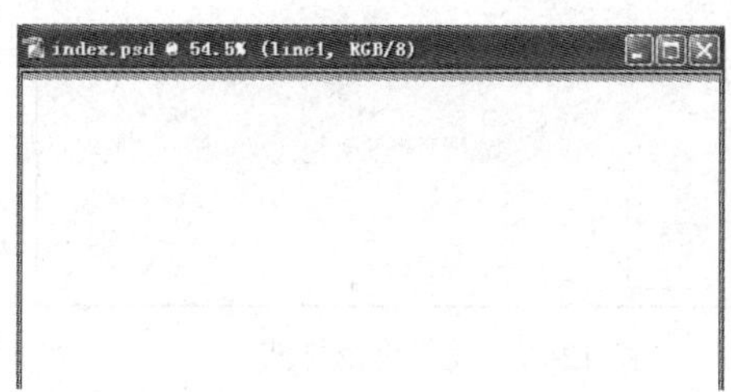

图 12–3　执行步骤（2）、（3）后的效果

（4）新增图层，将其重命名为“line2”，在图层“line2”中，运用椭圆选框工具绘制出一个椭圆，同时点击椭圆选框工具选项栏的“从选区减去”按钮，在刚才绘制的椭圆内绘制第二个椭圆，如图 12–4 所示。按“Alt + Delete”组合键给选区着前景色，移动图层“line2”中的圆圈到网页上部。按“Ctrl+J”组合键复制图层“line2”，产生“line2 副本”图层。在“line2 副本”图层中，按“Ctrl+T”组合键将椭圆圆圈对象进行该变，并移动对象到网页的上部。在图层面板中调整图层“line2”和“line2 副本”的不透明度为 32%。效果如图 12–5 所示。

提示：该步骤完成的是网页上两个弧度的图像，能熟练使用钢笔工具时，这两个弧度完全可以用钢笔工具绘制出路径，再在“路径”面板中点击“将路径作为选区载入”按钮，将路径形成选区，然后给选区着色。

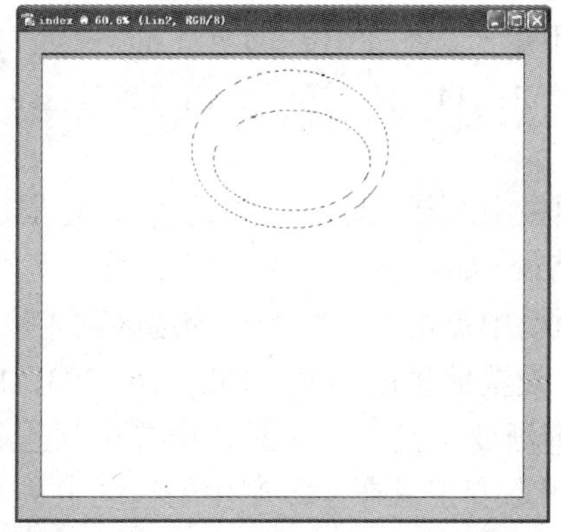

图 12–4　两个椭圆选区产生的效果

图 12–5　执行步骤（4）后的效果

（5）选择文本工具，设置文字字体、字号和颜色，这里将字体选择为“华康少女文字”，字号为 12，颜色为“#ff0000”，在字符面板中设置 为 120%， 为 20。在图像窗口中输入“E 派”，按“Ctrl+T”组合键调整文本相对水平的角度，并用移动工具移动文本到合适的位置，再为文本图层添加图 12–6、图 12–7 所示的图层样式，设置后的效果如图 12–8 所示。

提示：这里使用的字体并不是 Windows 自带的字体，用户可使用其他字体取代，同样也可安装字体库，增加新的字体。

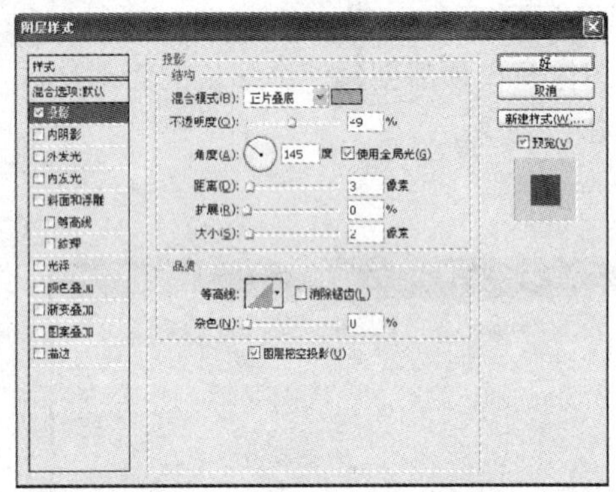

图 12–6　设置投影样式

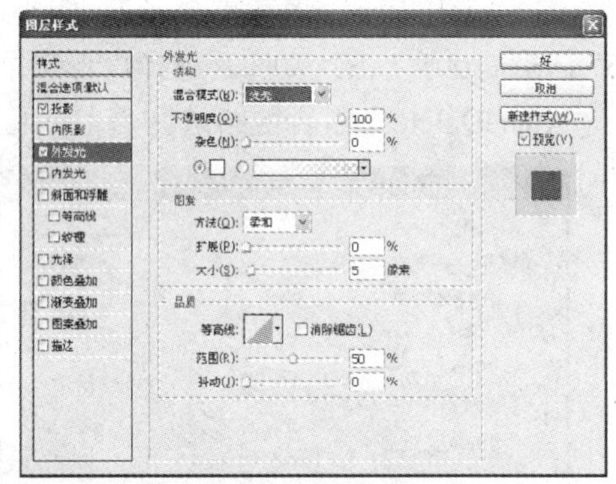

图 12–7　设置外发光样式（设置发光颜色为白色）

（6）选择文本工具，设置文字字体、字号和颜色，这里将字体选择为“经典综艺体简”，字号为 8，颜色为“#0000ff”，在“字符”面板中设置字符样式为“仿粗体”。在图像窗口中输入文本“网上冲印店”，用并用移动工具移动文本到合适的位置。效果如图 12–9 所示。

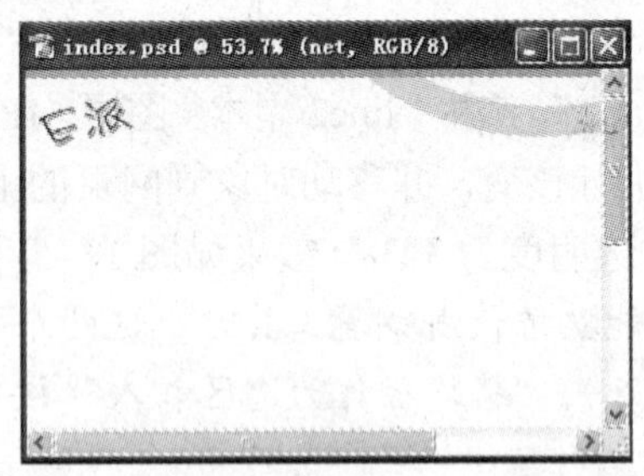

图 12–8　完成步骤（5）后的效果

图 12–9　Logo 标记的最终效果

（7）新增图层“line3”，在“line3”图层中，用矩形选框工具在网页 Logo 标记下绘制出细长条矩形区域，设置前景色为 R：72，G：187，B：34，H：105°，S：82%，B：73%，用前景色填充该区域。

（8）新增图层“icon”，用圆形矩形工具在选项栏中选择“路径”按钮 ，将半径设为 8px，在网页 Logo 标记旁绘制出一个椭圆矩形闭合路径（如： ），用直接选择工具 调整路径（如： ），打开“路径”面板，在面板中点击“将路径作为选区载入”按钮，这时刚才绘制的路径将转换为选区（如： ）。设置前景色为 R：152，G：203，B：0，H：75°，S：100%，B：80%，背景色为白色，选择渐变工具，在工具栏中选择颜色渐变模式为“前景到背景”，渐变模式为“对称渐变”，用渐变工具在刚才产生的选区中从下往上拖动鼠标，给该区域填充渐变颜色。按“Ctrl+T”组合键对该区域进行调整。效果如图 12–10

所示。

（9）按住 Alt 键，用鼠标左键点击步骤（8）中产生的图像，当鼠标出现黑白重叠的双箭头时拖动图像，即产生一个该图像的副本，同时图层面板中出现“icon 副本”图层。用同样的方法复制出 6 个这样的图像，排列好这些图像，得到图 12–11 所示的效果。这时可以看到图层面板如图 12–12 所示。选择“icon 副本 6”图层，执行“图层”→“向下合并”命令，将“icon 副本 6”与“icon 副本 5”图层合并，同样的方法依次将上一图层与下一图层合并，最后将所有的 icon 图层合并成一层，如图 12–13 所示。

图 12–10　执行步骤（7）步骤（8）得到的效果

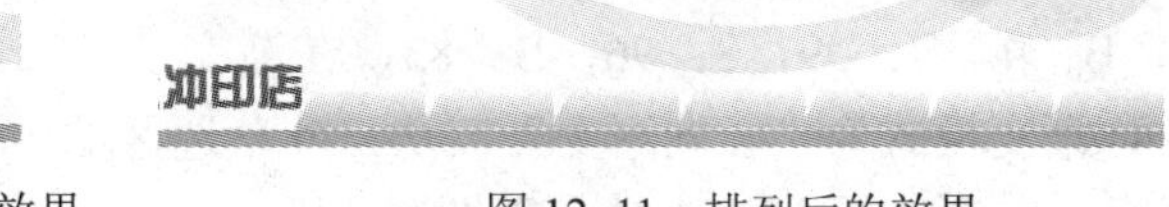

图 12–11　排列后的效果

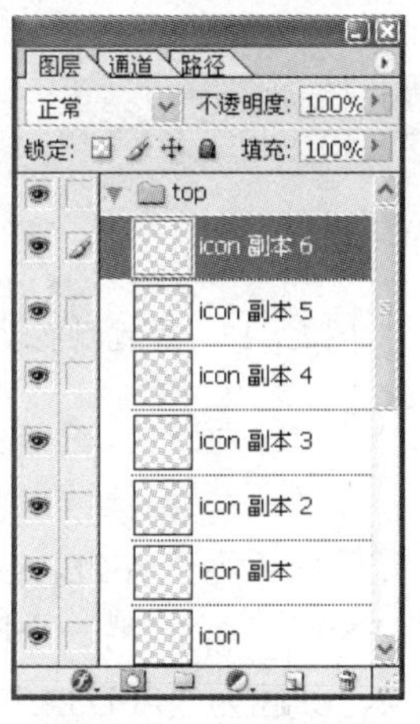

图 12–12　图层合并前

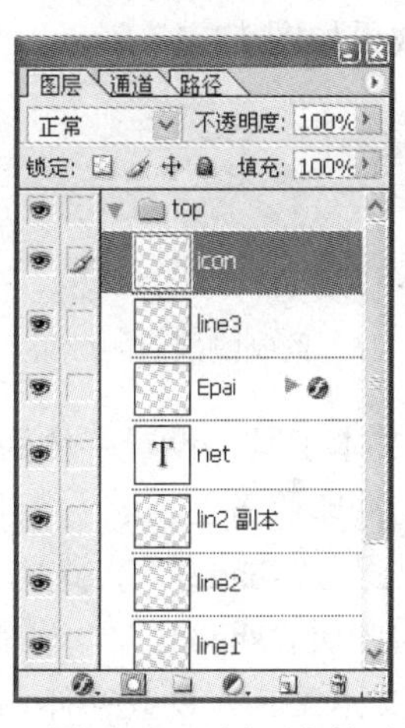

图 12–13　图层合并后

（10）选择文本工具，设置字体为“隶书”，颜色为“#000000”，字号为 4，分别在按钮图像上输入“首页”“我的相册”“网上冲印”“数码商城”“数码资讯”“共享相册”“E 派社区”，并用移动工具调整文本位置。这样一个网页的导航就完成了，效果如图 12–14 所示。

（11）新增一个组，将其命名为“top–left”，在“top–left”组中新增图层“bg”，在“bg”图层中，用选框工具绘制出一个矩形选区，将前景色设置为 R：152，G：203，B：0，H：75°，S：100%，B：80%，将背景色设置为 R：226，G：238，B：138，H：67，S：42，B：93。选择渐变工具，在工具栏中选择颜色渐变模式为“前景到背景”，渐变模式为“线性渐变”，用渐变工具在矩形选区中从上往下拖动鼠标给该区域填充渐变颜色。效果如图 12–15 所示。

图 12–14　添加、调整文本后的效果

图 12–15　渐变填充后的效果

（12）新增一个图层，将其命名为“bfl”，选择形状工具，在选项栏中点击“填充像素”按钮，选择“形状”为蝴蝶 形状: ，设置前景色为 R：187，G：220，B：66，H：73，S：70，B：86。用设置好的形状工具在上一步完成的矩形图像上绘制大小、位置不同的蝴蝶图案。将“bfl”图层的不透明度设置为 42%，效果如图 12–16 所示。

（13）新增一个图层，将其命名为“leaf”，选择形状工具，设置与步骤（12）相同，只将“形状”选择为三叶草 形状: ，用该工具在矩形区域上部绘制出一颗三叶草。按 Ctrl 键点击图层面板中的“leaf”图层，在图像窗口便显示三叶草图形选区。选择渐变工具，设置前景色为 R：250，G：230，B：80，H：53，S：68，B：98，将背景色设置为 R：212，G：142，B：9，H：39，S：96，B：83，在渐变工具选项栏中设置颜色渐变模式为“前景到背景”，渐变模式为“径向渐变”，从三叶草选区的中心往边缘拉动鼠标，给选区填充径向渐变颜色，取消选择。复制“leaf”图层，用自由变换命令调整三叶草的大小和相对水平线的角度，调整后的效果如图 12–17 所示。

图 12–16 绘制蝴蝶后的效果

图 12–17 最后调整效果

（14）选择文本工具，设置字体为“楷体”，字号为 9，颜色为白色，在矩形区域上输入文本“快速网上冲印服务”。

（15）新增图层“shade1”，选择圆角矩形工具，设置前景色为“#E2EE89”，绘制圆角矩形图案。新增图层“shade2”，将前景色设置为“#E2EE89”，绘制另一个圆角矩形图案。

（16）选择文本工具，设置字体为“楷体”，字号为 4，颜色为“#FD3A57”，在圆角矩形区域输入文本“把您的快乐分享到世界每一角落”。

图 12–18 调整后的效果

（17）选择文本工具，设置字体为“楷体”，字号为 4，颜色为“#0666DD”，在矩形图像的右下角输入“客服电话：800 810 1234”，调整步骤（14）～步骤（17）制作的对象，调整后的效果如图 12–18 所示。

（18）新增图层，将其命名为“pics1”，选择圆角矩形工具，设置前景色为白色，用该工具在矩形方框左下角部位绘制圆角矩形图形。给“pics1”图层添加投影图层样式，样式设置对话框如图 12–19 所示。

（19）新增图层，将其命名为“pics2”，参考步骤（18），在刚绘制的圆角矩形旁，绘制另一个圆角矩形。添加参数设置相同的投影图层样式。调整两个圆角矩形的大小和位置，调整后的效果如图 12–20 所示。

（20）新增图层“pics3”，选择圆角矩形工具，设置前景色为“#EBEBEB”，在矩形方框下面绘制圆角矩形图形。

（21）用文本工具，将字体设置为“楷体”，字号为 5，设置文字颜色为黑色，输入文本“柯达皇家相纸”。再次使用文本工具，将文字颜色设为“#FC5655”，输入文本“0.8 元/张”。

效果如图 12–21 所示。

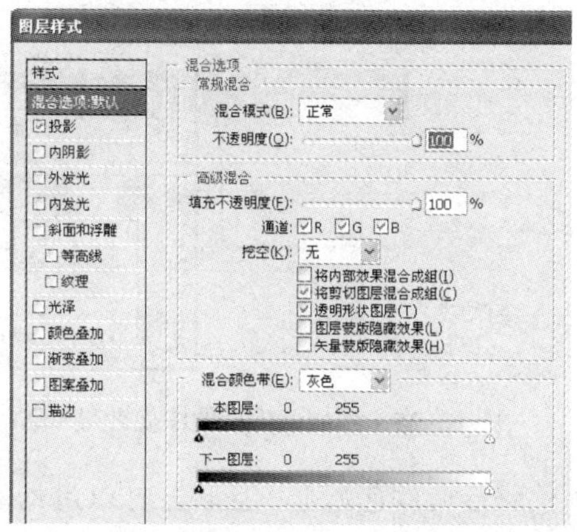

图 12–19 投影图层样式设置

图 12–20　调整圆角矩形后的效果

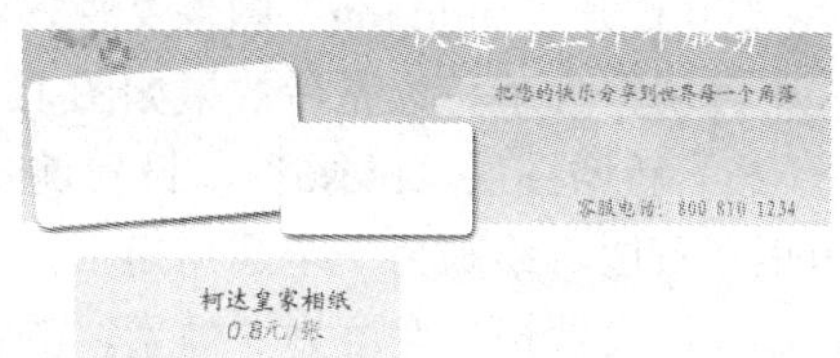

图 12–21　文本设置后的效果

（22）新增图层“pics4”，激活该图层，同时按住 Ctrl 键点击“pics3”图层，显示选区后，将前景色设置为“#FC5655”，用前景色对该区域进行填充。注意，红色的圆角矩形在图层“pics4”上。效果如图 12–22 所示。

（23）激活图层“pics4”，点击图层面板下的“添加矢量蒙版”按钮 ，给图层添加蒙版。在蒙版上添加图 12–23 所示的选区，给选区填充黑色，产生蒙版效果，效果如图 12–24 所示。

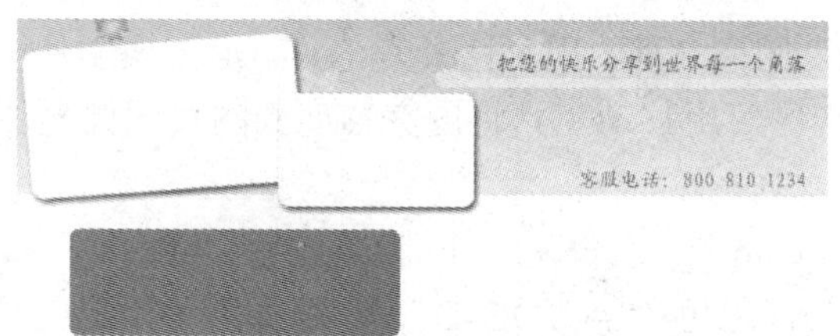

图 12–22　填充后的效果

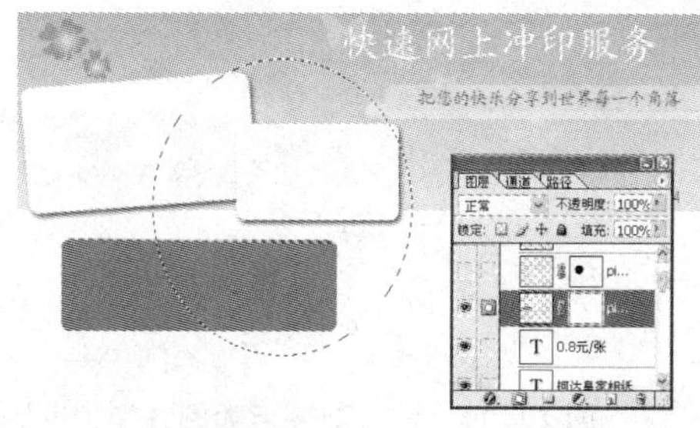

图 12–23　添加选区

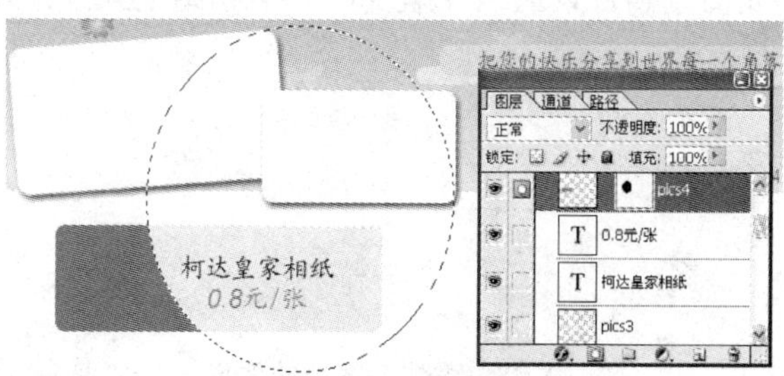

图 12–24　添加蒙版后的图像效果

（24）用步骤（22）、（23）的方法，在图层“pics4”上新建图层“pics5”，绘制圆角矩形，填充颜色为“#F3FE0E”，添加蒙版后的效果如图 12–25 所示。

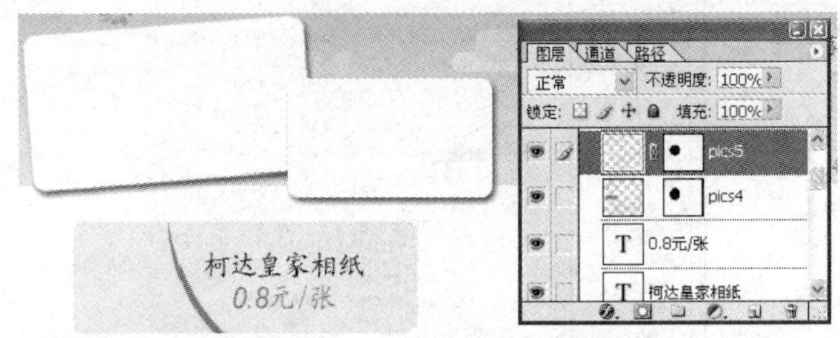

图 12–25　添加蒙版后的图像效果

提示：图 12–25 中添加蒙版后的红色弧形小区域，可以用钢笔工具绘制出闭合路径，再将路径作为选区载入，对选区进行颜色填充。

（25）打开“child.jpg”图像文件，将图像中的“小孩”图片用移动工具移动到网页图像文件中。调整大小和位置后效果如图 12–26 所示。

（26）新增图层“pics6”，设置前景色为“#9ACC04”，用圆角矩形工具在刚才绘制的圆角矩形右边，绘制另一个圆角矩形，其大小与左边的矩形大小相当。执行“编辑”→“描边”命令，设置描边宽度为 5 像素，颜色为“#F3FE0E”。填充后效果如图 12–27 所示。

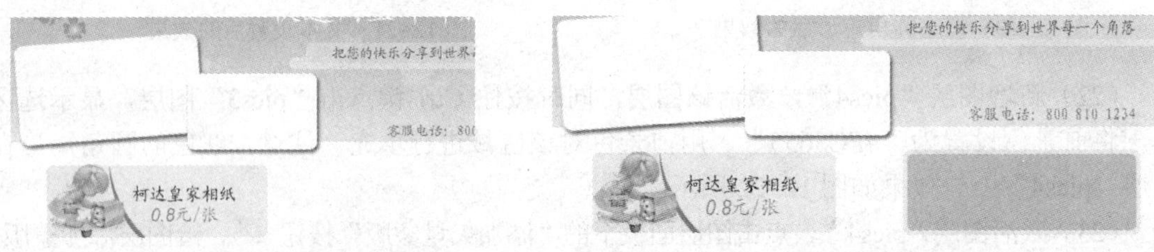

图 12–26　图像调整后的效果　　　　图 12–27　描边后的效果

（27）打开“egg.jpg”图像文件，用磁性套索工具，沿图像文件中的“小鸡和鸡蛋”图案绘制出选区，产生闭合选区后用移动工具将图案移动到网页图像文件，添加文本。最后效果如图 12–28 所示。

（28）创建新组“center”，在该组下添加图层“flash”，设置前景色为淡黄色（“#E1EE89”），背景色为淡绿色（“#C1DE4D”）。选择圆角矩形工具，拖动鼠标绘制一个圆角矩形的路径，然后按“Ctrl+Enter”组合键将路径转换为选区，接着利用渐变工具从上到下填充前景到背景的线性渐变，效果如图 12–29 所示。

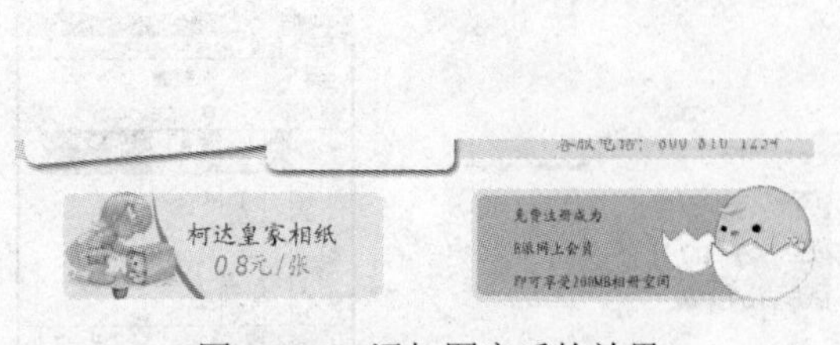

图 12–28　添加图案后的效果

图 12–29　填充渐变后的圆角矩形

（29）创建新组“vip”，在该组下添加图层“bg”，在网页界面右边绘制渐变填充的矩形方框，其方法与颜色设置同步骤（28）。效果如图 12–30 所示。

（30）在矩形方框中添加灰色线框，同时在顶部绘制圆角矩形路径，将路径转换为选区后，按网页导航按钮的填充颜色和填充方式对其填充，并在圆角矩形上输入文本“| 用户登录”，文本颜色设置为绿色（“#48BB22”），设置后的效果如图 12–31 所示。

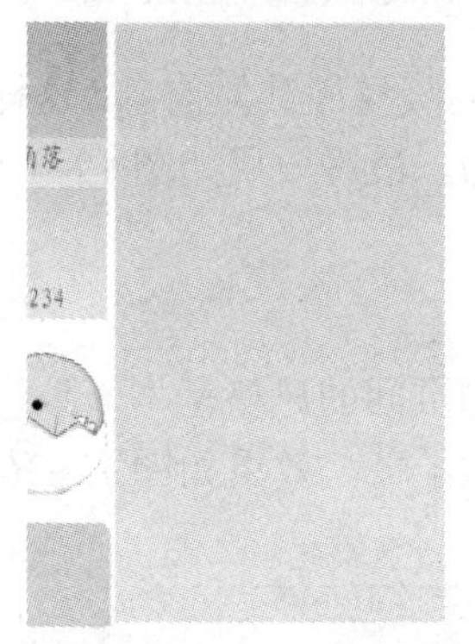

图 12–30　矩形方框填充后的效果

图 12–31　线框与文本设置后的效果

（31）添加新的图层，在新的图层中绘制前景色为白色的两个矩形，并在上一个白色矩形中制作登录的模拟界面，在下一个矩形中放置实时帮助信息。进行相应的设置后，效果如图 12–32 所示。

（32）绘制第三个白色矩形，并在其上绘制小的淡绿色（“#DBEB7D”）矩形，绘制灰色线条作为表格的形式边线，在其上输入文本“尺寸、价格、优惠价格”，文本颜色可设置为红色（“#EB0705”）。效果如图 12–33 所示。

（33）在第三个白色矩形下方绘制灰色线框，绘制线框时可用矩形工具绘制出路径，按“Ctrl+Enter”组合键将路径转换为选区，执行“编辑”→“描边”命令给选区描 1 像素灰色（“#EBEBEB”）的变边线。在线框中绘制淡绿色（“#DBEB7D”）矩形，输入黑色文本“配送方式与支付方式”。效果如图 12–34 所示。

图 12–32　登录界面设计

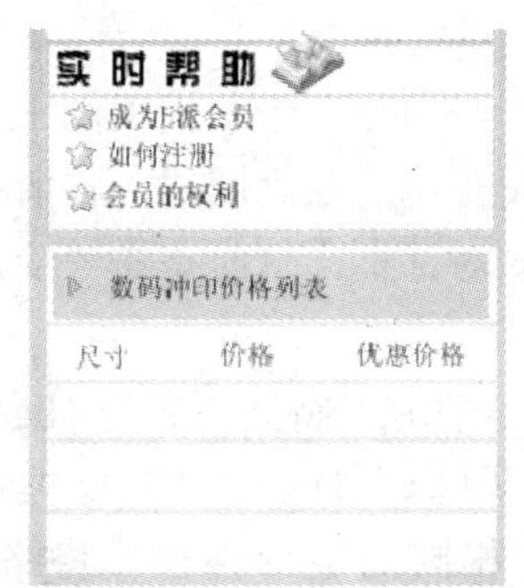

图 12–33　第三个白色矩形

图 12–34　配送框的设置

（34）创建新组“btm”，将显示网页底部信息的图层全部放在该组中，用矩形工具绘制颜色为“#9ACC04”的矩形，在用文本工具设置文字字体为“宋体”，字号为 3，颜色为白色，输入文本信息。增加一层，在输入后的文本信息间用直线工具绘制白色的短线。效果如图 12–35 所示。

关于我们 | 隐私条例 | 服务承诺 | 友情链接 | 联系我们 | 帮助中心 | 加入我们

图 12–35　矩形颜色与文本添加、直线绘制后的效果

（35）最后在刚绘制后的绿色矩形条下添加网页的版权等其他信息，这样一张网页的主页就基本完成了，最后可针对自己的设计作修改和修饰。最终效果如图 12–1 所示。

2. 网页子页设计

这是一个商务网站，商务网站的特点之一就是网页间的风格基本一致，因而可以在主页设计的基础上适当作些修改，设计出“网上冲印”的子页。效果如图 12–36 所示。

图 12–36　最终设计效果

操作步骤如下：

（1）打开开始设计的主页 Photoshop 文件，将该文件另存为“internet.psd”，作为子页。接下来的设计就可以在这个基础上进行修饰。

（2）打开“图层”面板中的“top–left”组，根据图 12–37 所示，删除该组中不需要的图层，同时将文字层栅格化使其变成普通的像素图层，将所有图层合并。注意，使用蒙版的图层被合并时会出现图 12–38 所示的对话框，这时点击“应用”。移动对象到网页的底部，效果如图 12–39 所示。

（3）在“top–left”组中新增一个图层，将其命名为“bg”，用矩形工具绘制一个矩形路径，将路径转换为选区后，给选区填充灰色（“#D7D7D7”）。再新增一个图层，将其命名为“line”，在该图层中用矩形工具绘制一个相同的矩形路径，将路径转换为选区。将前景色设置为“#FEE600”，将背景色设置为“#FFFF88”，选择渐变工具给选区，添加从前景色到背景色的

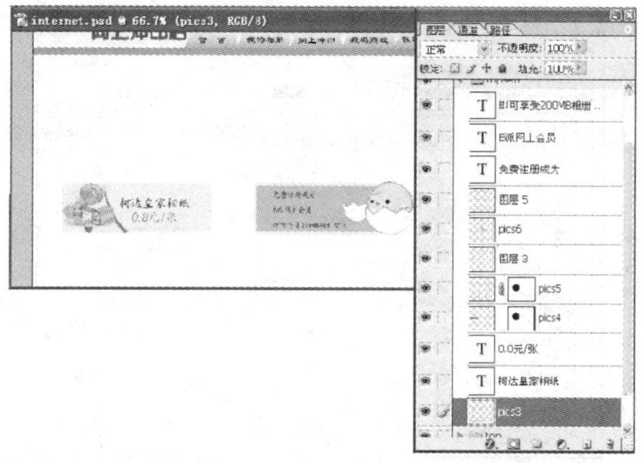

图 12–37　“top–left”组中保留的图层

图 12–38　合并使用蒙版图层时出现的对话框

图 12–39　移动对象后的效果

线性渐变，添加渐变时从左上角拖动鼠标到右下角，调整图层“line”中的矩形的倾斜度，产生的效果如图 12–40 所示。

（4）在矩形图案上输入文本，对文本进行设置后的效果如图 12–41 所示。其中文本“足不……送达！”字体设置为“经典综艺体简”，字号为 8，文字颜色为“#0757EC”；文本“柯达皇家……冲印服务”，字体设置为“楷体”，字号为 5，颜色为黑色；文本“快速操作……这里开始”，字体设置为“经典综艺体简”，字号为 4，文字颜色为“#FE1F1D”。

图 12–40　调整图层倾斜度产生的效果

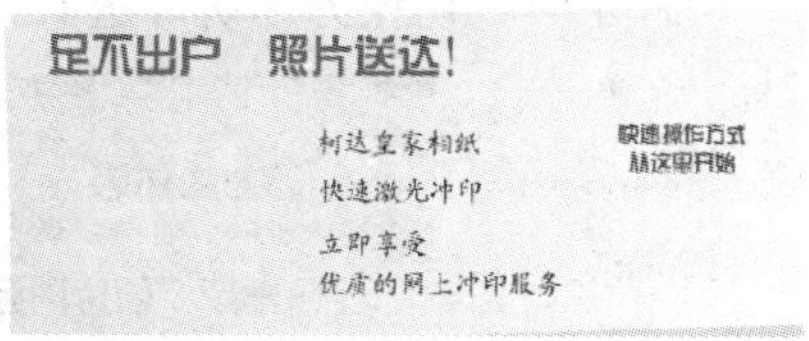

图 12–41　对文本进行设置后的效果

（5）添加图层，打开图像文件，将该图像用移动工具拖动到正在编辑的网页图像文件中，调整大小并将其旋转适当的角度，给图案描宽度为 6 像素的白色边框，最后给图层添加投影图层样式，样式参数设置如图 12–42 所示，效果如图 12–43 所示。

（6）经过前面的练习，完成图 12–44 所示的效果应该没问题。其中边线的颜色为绿色（“#9ACC04”），文本颜色为黑色，文本“网上冲印三部曲”后的小图案颜色从左往右分别为“#FE06F8”“#FE0E3D”“#9ACC04”。小箭头的颜色也为“#9ACC04”。

（7）对编辑好的页面进行最后的调整和修饰，效果如图 12–36 所示。

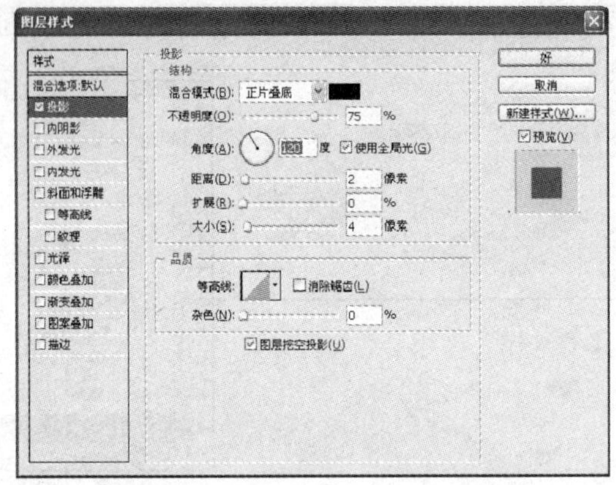

图 12–42　投影图层样式参数设置

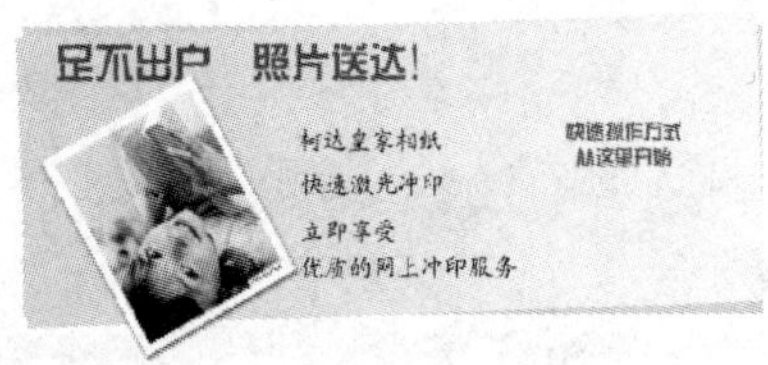

图 12–43　添加图层样式后的效果

图 12–44　效果图

3. 将完成好的网页界面分割并存储成网页格式

将完成好的网页界面分割成多个较小的切片，每一个切片在存储时会被存储成为独立的文件。这样在用户访问该网页文件时，访问速度可以得到很大的提高。

操作步骤为：

（1）选择切片工具，在工具栏选项里将“样式”设置为“正常”，然后用切片工具在完成好的网页界面上创建切片（最好打开标尺，拉出参考线作参照），如果要改变切片的大小，可以将“切片工具”切换为“切片选取工具”。分割完成后的效果如图 12–45 所示。

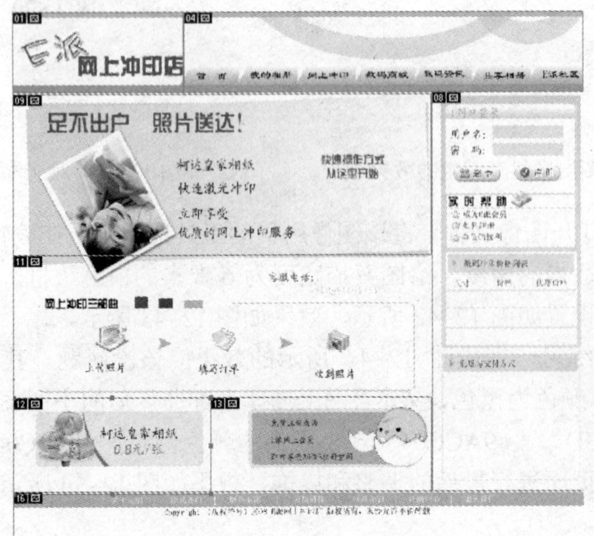

图 12–45　分割后的效果

（2）执行“文件”→“存储为 Web 所有格式”命令，弹出对话框，选择“四联优化方式”。根据实际情况调整优化参数，并兼顾图像的质量和大小，如图 12–46 所示。

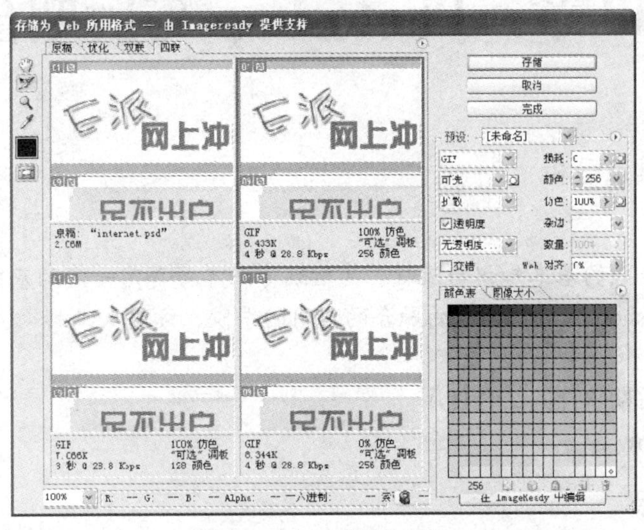

图 12–46　四联优化图像

（3）优化完成后单击“存储”按钮，在弹出的对话框中命名文件，格式选择默认的“HTML 格式”，然后单击“保存”按钮。这样网页就完成了，最后可以在网页制作软件中对其进行加工。

课 后 练 习

在 Photoshop 中打开一张手的图像，设计一个创意导航，效果如图 12–47 所示。

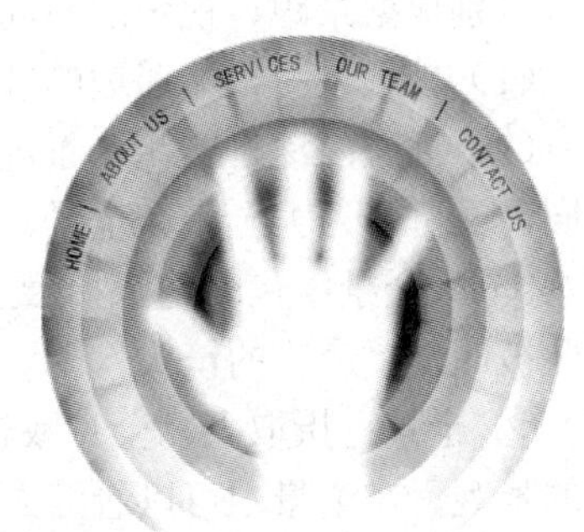

图 12–47　第 12 章课后练习图

本练习的制作思路：打开一张手的图像，用 Photoshop 把“手”从图片中抠出，创建一个新的图层，使用椭圆选区工具画一个圆形，将新的图层放到“手”图层下面并进行填充。复制该圆形图层，按比例进行放大，并放到第一个圆形的下面，填充为不同的颜色。重复以上动作，并填充为不同颜色，将各个图层合并为一层。选择“手”图层，按“Ctrl+L”组合键打开“色阶”对话框，对“手”图层进行调整。双击该层打开样式表，选中“外发光”进行设置。用钢笔工具绘制路径，用文本工具沿路径输入文本。使用自定义图形工具，选择“拼贴 3”创建图形，复制并旋转图形。合并全部的形状图层，将图层模式设置为“滤色”。给新创建的形状图形添加“径向模糊”滤镜效果，给渐变圆形添加“光照效果”滤镜效果。

第13章　Photoshop与后期合成

要点、难点分析

要点：

① 掌握后期合成的基本知识与流程，为后继专业学习奠定一定的基础

② 掌握 Photoshop 与后期合成的融合的使用的手段、方法及工具

难点：

Photoshop 与后期软件的结合使用

难度：★★★★

技能目标

① 熟悉 Photoshop 的对应工具

② 掌握 Photoshop 与后期合成软件结合使用的方法

13.1　后期合成的基本知识

1. 景别

景别根据景距、视角的不同，一般分为如下类别：

（1）极远景：极端遥远的镜头景观，人物小如蚂蚁。

（2）远景：深远的镜头景观，人物在画面中只占有很小的位置。广义的远景基于景距的不同，又可分为大全景、全景、小全景（一说为“半远景”）三个层次。

① 大全景：包含整个拍摄主体及周遭大环境的画面，通常用来作影视作品的环境介绍，因此被叫作“最广的镜头”。

② 全景：摄取人物全身或较小场景全貌的影视画面，相当于话剧、歌舞剧场“舞台框”内的景观。在全景中可以看清人物动作和其所处的环境。

③ 小全景：演员“顶天立地”，处于比全景小得多，又保持相对完整的规格。

（3）中景：俗称“七分像”，指摄取人物小腿以上部分的镜头，或用来拍摄与此相当的场景的镜头，是表演性场面的常用景别。

（4）半身景：俗称“半身像”，指从腰部到头的景致，也称为“中近景”。

（5）近景：指摄取胸部以上的影视画面，有时也用于表现景物的某一局部。

（6）特写：指摄影、摄像机在很近距离内摄取对象，通常以人体肩部以上的头像为取景参照，突出强调人体的某个局部，或相应的物件细节、景物细节等。

（7）大特写：又称“细部特写”，指突出头像的局部，或身体、物体的某一细部，如眉毛、眼睛、枪栓、扳机等。

2. 摄影、摄像机的运动（拍摄方式）

（1）推：即推拍、推镜头，指被摄体不动，由拍摄机器作向前的运动拍摄，取景范围由大变小，分为快推、慢推、猛推，其与变焦距推拍存在本质的区别。

（2）拉：被摄体不动，由拍摄机器作向后的拉摄运动，取景范围由小变大，也可分为慢拉、快拉、猛拉。

（3）摇：指摄影、摄像机位置不动，机身依托于三脚架上的底盘作上下、左右、旋转等运动，使观众如同站在原地环顾、打量周围的人或事物。

（4）移：又称移动拍摄，从广义说，运动拍摄的各种方式都为移动拍摄，但在通常的意义上，移动拍摄专指把摄影、摄像机安放在运载工具上，沿水平面在移动中拍摄对象。移拍与摇拍结合可以形成摇移拍摄方式。

（5）跟：指跟踪拍摄。跟移是一种，还有跟摇、跟推、跟拉、跟升、跟降等，即将跟摄与拉、摇、移、升、降等 20 多种拍摄方法结合在一起，同时进行。总之，跟拍的手法灵活多样，它使观众的眼睛始终盯牢于被跟摄的人体、物体。

（6）升：上升摄影、摄像。

（7）降：下降摄影、摄像。

（8）俯：俯拍，常用于宏观地展现环境、场合的整体面貌。

（9）仰：仰拍，常带有高大、庄严的意味。

（10）甩：甩镜头，也即扫摇镜头，指从一个被摄体甩向另一个被摄体，表现急剧的变化，其作为场景变换的手段时不露剪辑的痕迹。

（11）悬：悬空拍摄，有时还包括空中拍摄，它有广阔的表现力。

（12）空：亦称空镜头、景物镜头，指没有剧中角色（不管是人还是相关动物）的纯景物镜头。

（13）切：转换镜头的统称。任何一个镜头的剪接，都是一次“切”。

（14）综：指综合拍摄，又称综合镜头。它是将推、拉、摇、移、跟、升、降、俯、仰、旋、甩、悬、空等拍摄方法中的几种结合在一个镜头里进行拍摄。

（15）短：指短镜头。对于电影一般指 30 秒（每秒 24 格）、约合胶片 15 米以下的镜头；对于电视指 30 秒（每秒 25 帧）、约合 750 帧以下的连续画面。

（16）长：指长镜头，在 30 秒以上的连续画面。

对于长、短镜头的区分，世界上尚无公认的“尺度”，上述标准系一般而言。世界上有希区柯克《绳索》中耗时 10 分钟、长到一本（指一个铁盒装的拷贝）的长镜头，也有短到只有两格、描绘火光炮影的战争片短镜头。

（17）反打：指摄影机、摄像机在拍摄二人场景时的异向拍摄，例如拍摄男、女二人对坐交谈，先从一边拍男，再从另一边拍女（近景、特写、半身均可），最后交叉剪辑构成一个完整的片段。

（18）变焦拍摄：摄影、摄像机不动，通过镜头焦距的变化，使远方的人或物清晰可见，或使近景从清晰到虚化。

（19）主观拍摄：又称主观镜头，即表现剧中人的主观视线、视觉的镜头，常有可视化的心理描写的作用。

3. 影视的画面处理技巧

（1）淡入：又称渐显，指下一段戏的第一个镜头光度由零度逐渐增至正常的强度，有如舞台的“幕启”。

（2）淡出：又称渐隐，指上一段戏的最后一个镜头由正常的光度，逐渐变暗到零度，有如舞台的“幕落”。

（3）化：又称“溶”，指前一个画面刚刚消失，第二个画面又同时涌现，二者是在“溶”的状态下，完成画面内容的更替。其用途为：① 用于时间转换；② 表现梦幻、想象、回忆；③ 表现景物的变幻莫测，令人目不暇接；④ 自然承接转场，使叙述顺畅、光滑。“化”的过程通常为三秒钟左右。

（4）叠：又称“叠印”，指前后画面各自并不消失，都有部分“留存”在银幕或荧屏上。它通过分割画面，表现人物的联系、推动情节的发展等。

（5）划：又称“划入划出”，它不同于“化”“叠”，而是以线条或几何图形，如圆、菱、帘、三角、多角等，改变画面内容的一种技巧。如用“圆”的方式又称“圈入圈出”；用“帘”的方式又称“帘入帘出”，即像卷帘子一样，使镜头内容发生变化。

（6）入画：指角色进入拍摄机器的取景画幅中，可经由上、下、左、右等多个方向。

（7）出画：指角色原在镜头中，由上、下、左、右等方向离开拍摄画面。

（8）定格：指将电影胶片的某一格、电视画面的某一帧，通过技术手段，增加若干格、帧相同的胶片或画面，以达到影像处于静止状态的目的。通常，电影、电视画面的各段都是以定格开始，由静变动，最后以定格结束，由动变静。

（9）倒正画面：以银幕或荧屏的横向中心线为轴心，经过 180° 的翻转，使原来的画面由倒到正，或由正到倒。

（10）翻转画面：以银幕或荧屏的竖向中心线为轴线，使画面经过 180° 的翻转而消失，引出下一个镜头。其一般表现新与旧、穷与富、喜与悲、今与昔的强烈对比。

（11）起幅：指摄影、摄像机开拍的第一个画面。

（12）落幅：指摄影、摄像机停机前的最后一个画面。

（13）闪回：影视中表现人物内心活动的一种手法，即突然以很短暂的画面插入某一场景，用以表现人物此时此刻的心理活动和感情起伏，手法极其简洁明快。“闪回”的内容一般为过去出现的场景或已经发生的事情。用于表现人物对未来或即将发生的事情的想象和预感，则称为“前闪”，它同“闪回”统称为“闪念”。

13.2 印度尼西亚鹰航空公司标志定版 5 秒动画的制作

印度尼西亚鹰航空公司标志定版分镜如图 13–1 所示。

（1）先从印度尼西亚鹰航空公司网站下载一张 logo 图像文件，如图 13–2 所示。

（2）打开 Photoshop 软件，新建尺寸为 720×576 像素，分辨率为 75 的文件，将图 13–2 导入 Photoshop 软件，取名为“背景”，如图 13–3 所示。

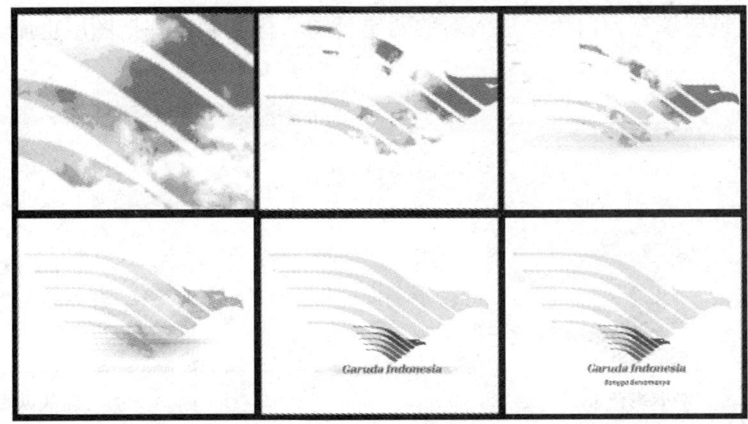

图 13–1　印度尼西亚鹰航空公司标志定版分镜

图 13–2　logo 图像文件

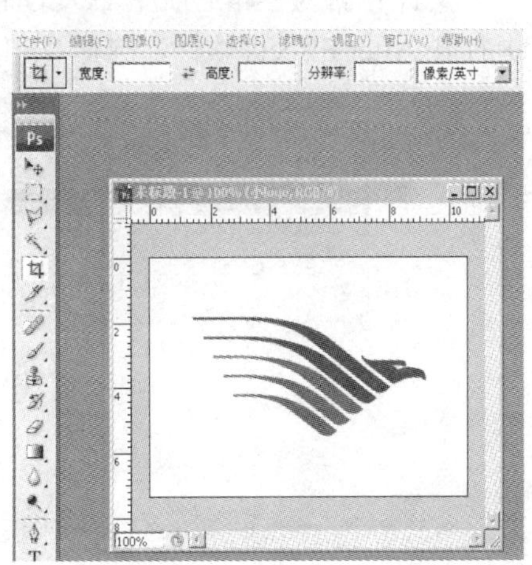

图 13–3　将 Logo 其导入 Photoshop 软件

（3）根据后期需要，用魔棒工具选出 logo，然后点鼠标右键，选择拷贝图层，如图 13–4 所示。

（4）按住 Ctrl 键点击“图层 1”的缩略图，再次载入 logo 选区，将其填充为灰色，如图 13–5 所示。

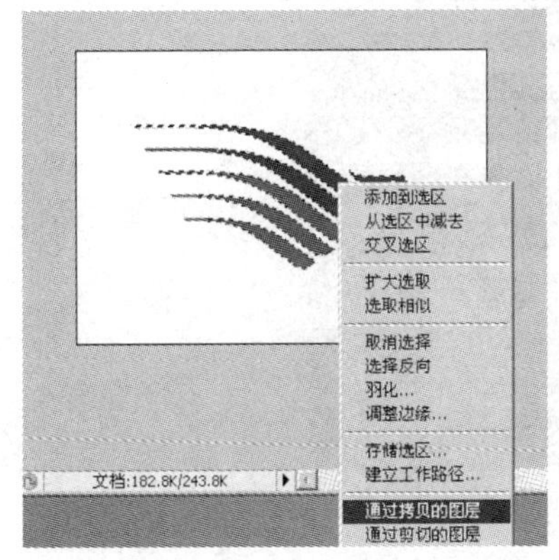

图 13–4　选择拷贝图层

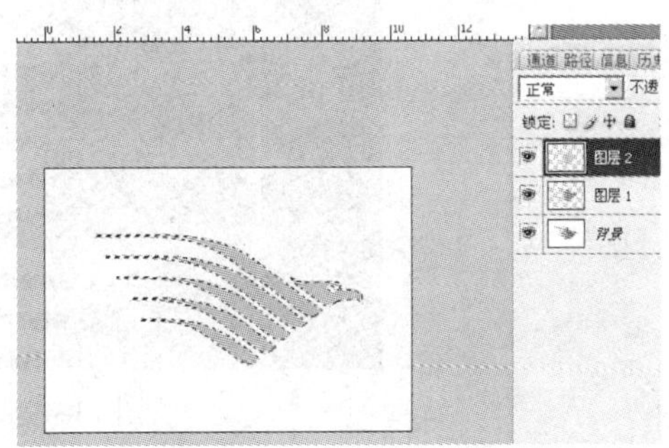

图 13–5　将选区填充为灰色

（5）适当缩小彩色 logo，如图 13–6 所示。

（6）把原背景层填充为白色，加入新的两层公司名称文字，并把图层重命名，如图 13–7 所示。

图 13–6　缩小彩色 logo

图 13–7　加入新的两层

（7）将文件存储为“印尼航空 LOGO 带文字.psd”文件格式。

（8）打开 After Effects 软件，选择“File”→“Import”→“File”命令，如图 13–8 所示。

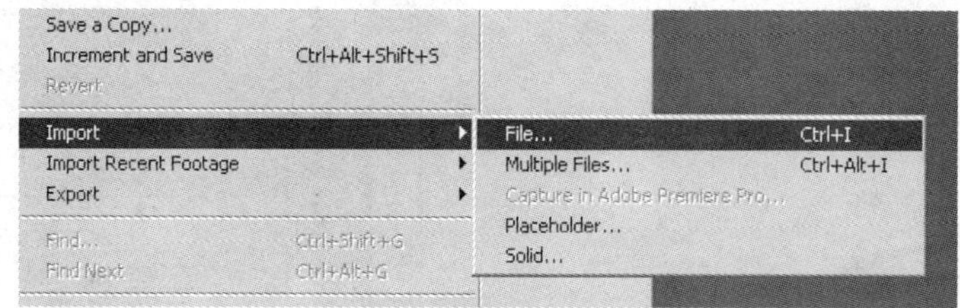

图 13–8　导入 After Effects 软件

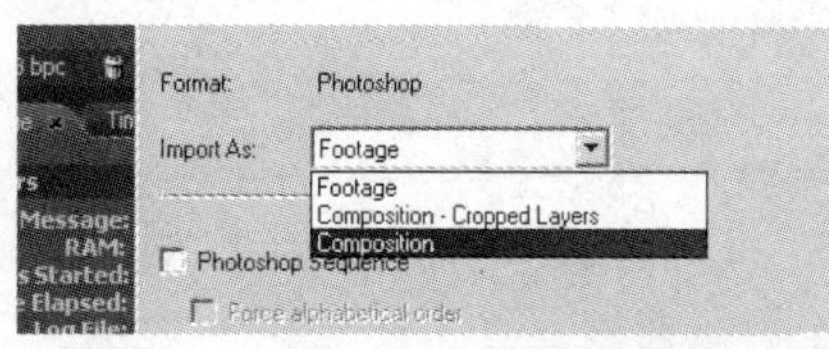

图 13-9　打开 Logo

（9）打开“印尼航空 LOGO 带文字.psd”输入选项，选择“Composition”，如图 13–9 所示。

（10）选择“印尼航空 Logo 带文字.comp”，按“Ctrl+K”组合键，在“Duration”项中将时间设为 5 秒，如图 13–10 所示。

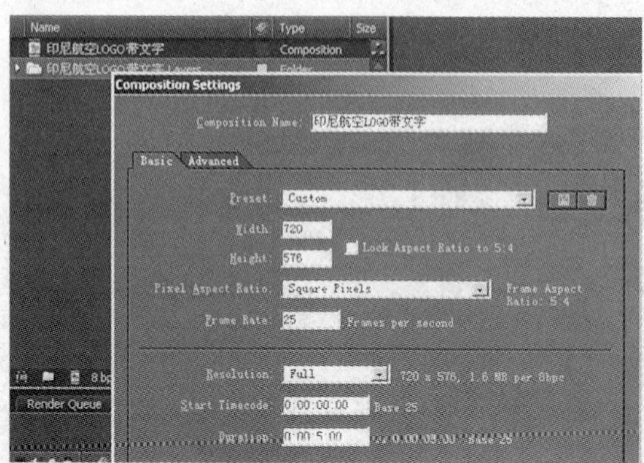

图 13–10　设置时间

（11）双击 comp，可以看到图层都如 Photoshop 中一样存在于 After Effects 中，如图 13–11 所示。

#	Layer Name	Mode	T	TrkMat	Parent
1	上文字	Normal			None
2	下文字	Normal		None	None
3	小logo	Normal		None	None
4	大logo	Normal		None	None
5	背景	Normal		None	None

图 13–11　查看图层

（12）再次执行“File”→“Import”→“File”命令，导入视频素材“云.wmv”，如图 13–12 所示。

（13）将“云.wmv”拖至大 logo 层下，并在“Track Matte”选项中选择“Alpha Matte‘大 logo’”，如图 13–13 所示。

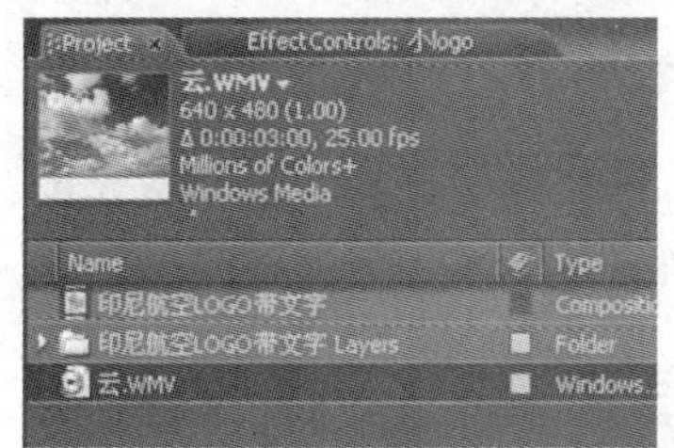

图 13–12　导入视频素材

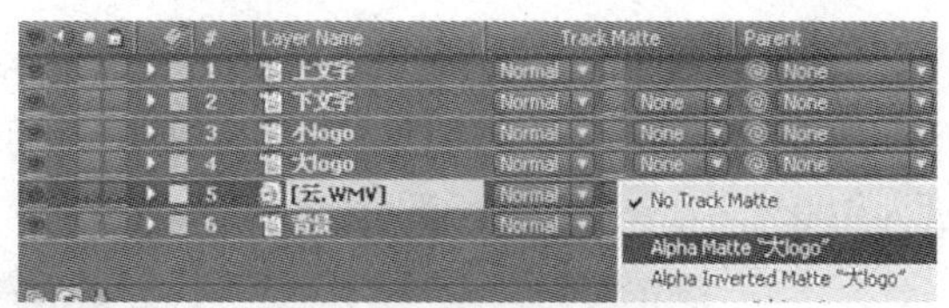

图 13–13　调整顺序

（14）将“云.wmv”适当放大，并加入 levels 调节至鲜艳，如图 13–14 所示。

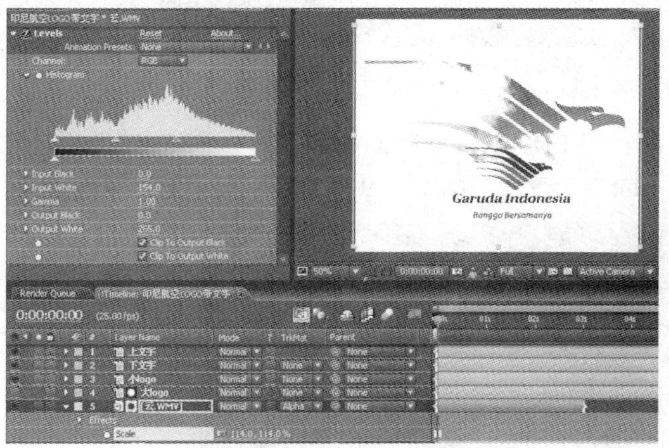

图 13–14　加入 levels 调节

（15）在按住 Ctrl 键的同时选择“大 logo”和“云层”，执行“Layer”→“Pre–compose”命令，如图 13–15 所示。

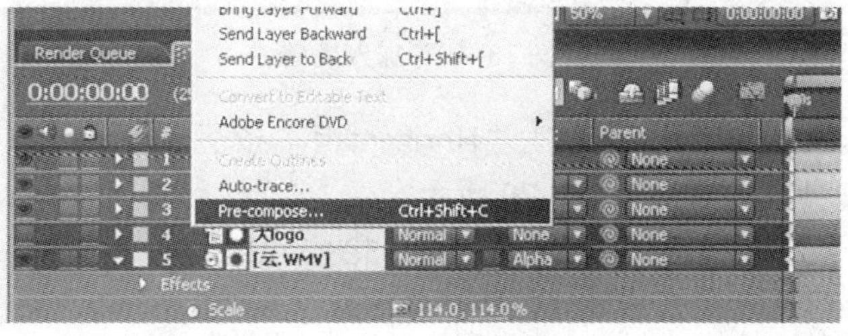

图 13–15　加入预合成

（16）将合成的 comp 命名为“大 logo 加云彩”，如图 13–16 所示。

（17）按 S 键，打开放缩属性，按下动画记录码表，在“scale”属性上将第 0 秒放大到 350%，1 秒时设为 100%，如图 13–17 所示。

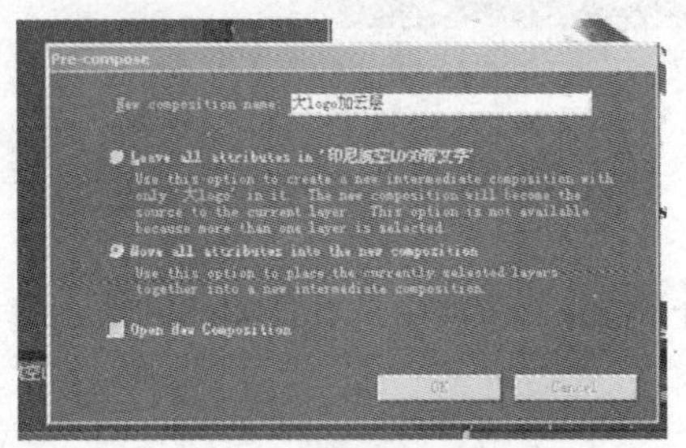

图 13–16　为合成的 comp 命名

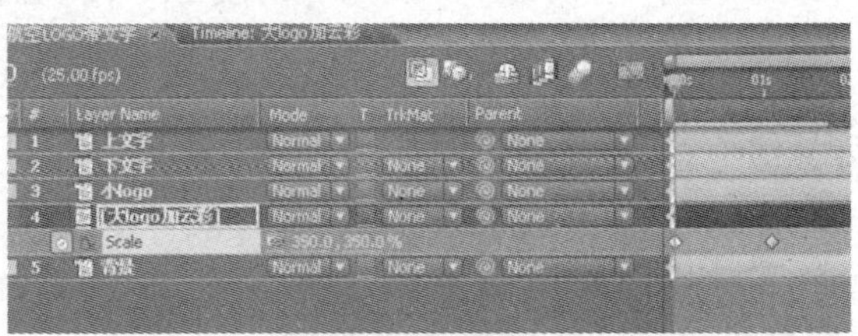

图 13–17　适当放大

（18）进入“大 logo 加云彩”comp，按“Ctrl+D”组合键复制一层“大 logo”并将其显示打开，按 T 键，打开透明属性，按下动画记录码表，在 1 秒时设“Opacity”为 0%，在 2 秒时设为 100%，如图 3–18 所示。

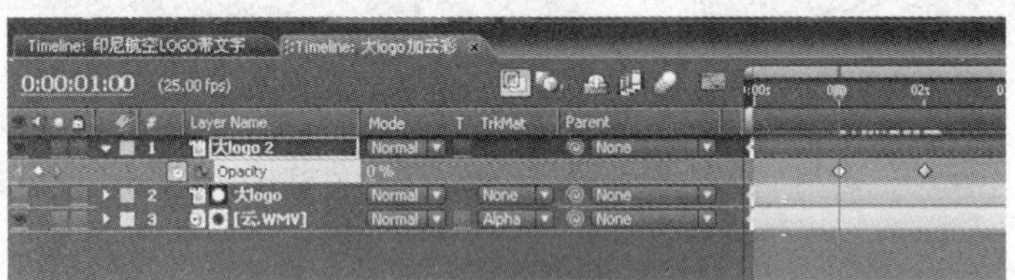

图 13–18　复制一层

（19）回到“印尼航空 LOGO 带文字.comp”，对“小 logo”层执行“Effect”→“Blur& Sharpen”→“Fast Blur”命令，如图 13–19 所示。

图 13–19　加入模糊

（20）将“Blur Dimensions”项设为“Horizontal”，按下 Blurrines 动画记录码表，将第 1 秒设为 550，将第 2 秒设为 0，如图 3–20 所示。

（21）将“小 logo”层的出点设在 1 秒处，如图 3–21 所示。

（22）给上文字层加入发光特效（执行“Effects”→“Trapcode”→“Shine”命令），如图 13–22 所示。

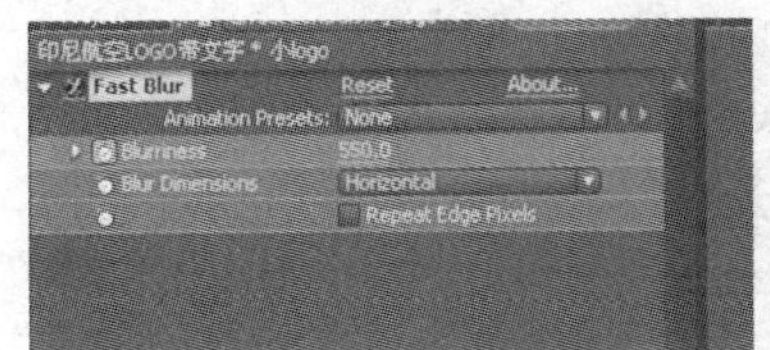

图 13–20　设置时间

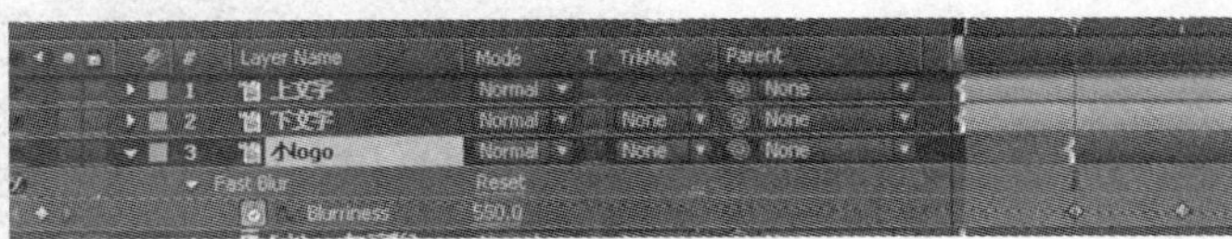

图 13–21　设置出点

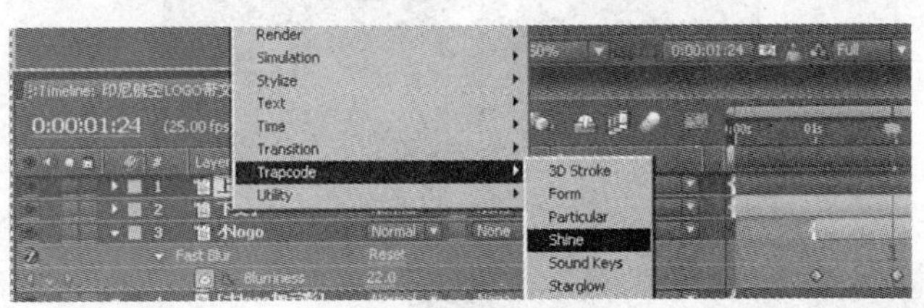

图 13–22　加入发光特效

（23）将叠加模式“Transfer Mode”设为“Add”，在第 2 秒按下动画记录码表，将发光源“Source Point”设为“212.0，442.0”（在字的左边），如图 13–23 所示。

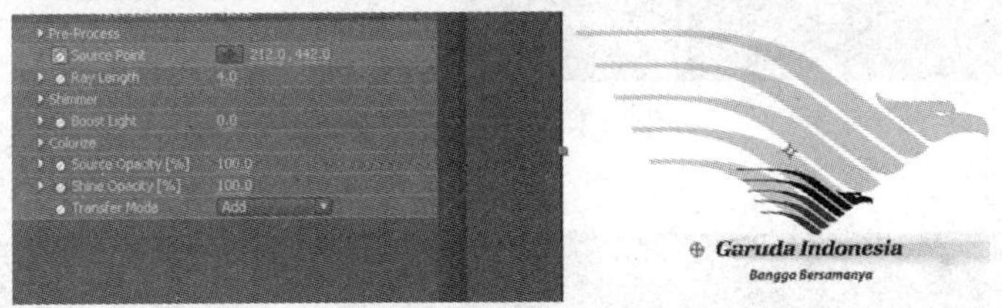

图 13–23　更改叠加模式

（24）在第 3 秒，将发光源“Source Point”设为“572.0，442.0”（在字的右边），如图 13–24 所示。

图 13–24　移动发光源

（25）展开“Shine”选项，将“Colorize”选为单色“one color”并设为红色，如图 13–25 所示。

（26）在 2 秒 22 时将“Ray Length”记录动画设为 4，在 3 秒 06 时设为 0，使光线有个消失的过程，如图 13–26 所示。

（27）对上文字层按 T 键，将透明属性打开，按下动画记录码表，在 1 秒 15 分时设为 0%，在 2 秒时设为 100%，让上文字层有淡入特效，如图 13–27 所示。

（28）对下文字层按 T 键，将透明属性打开，按下动画记录码表，在 2 秒 15 分时设为 0%，在 3 秒时设为 100%，让下文字层有淡入特效，如图 13–28 所示。

（29）按“Ctrl+M”组合键输出 avi 视频，完成动画制作，如图 13–29 所示。

图 13–25　设置颜色

图 13–26　记录动画

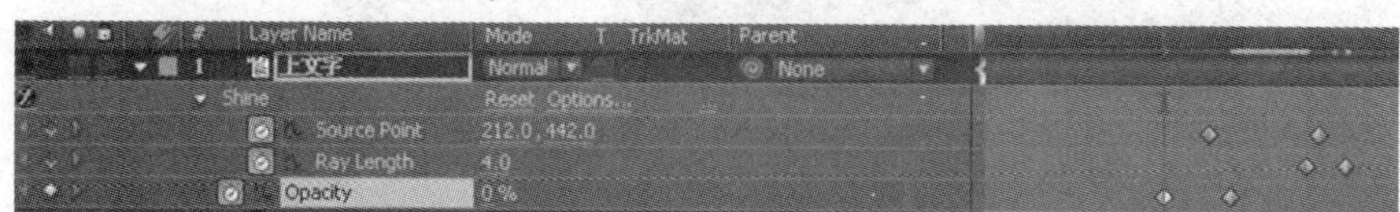

图 13–27　为上文字层设置特效

图 13–28　为下文字层设置特效

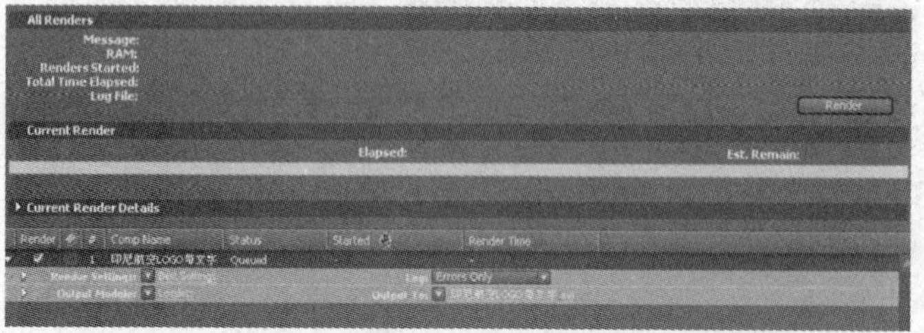

图 13–29　视频输出

13.3　可爱儿童插画动画制作

儿童插画动画分镜如图 13–30 所示。

图 13–30　儿童插画动画分镜

（1）选择一张儿童插画图片，将其导入 Photoshop，如图 13–31 所示。

图 13–31　将图片导入 Photoshop

（2）使用选区和填充工具，将路、草地、树分层，并重命名，如图 13–32 所示。

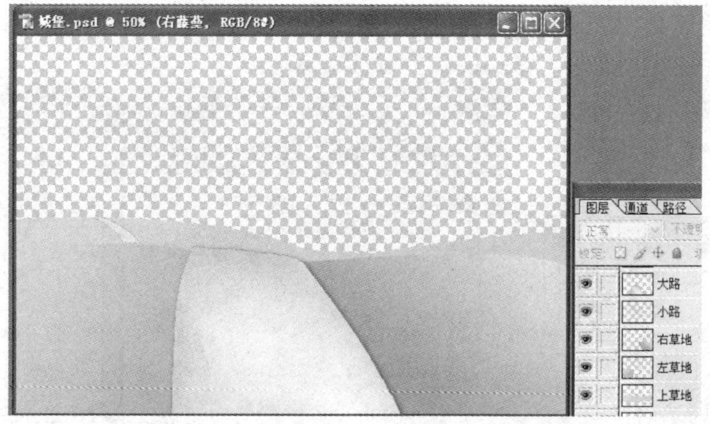

图 13–32　分层文件

（3）使用选区工具、克隆图章、填充工具、将树、房子、天空分层，并重命名，如图 13–33 所示。

图 13–33　分层其他文件

（4）使用套索工具，将“羽化”设为 15，在新的空层中画出各种白云并将其填充为白色，重复画出 4 个白云，如图 13–34 所示。

图 13–34　画出白云

（5）选择画笔工具，点击画笔选项右边的黑三角，载入下载的精灵笔刷，如图 13–35 所示。

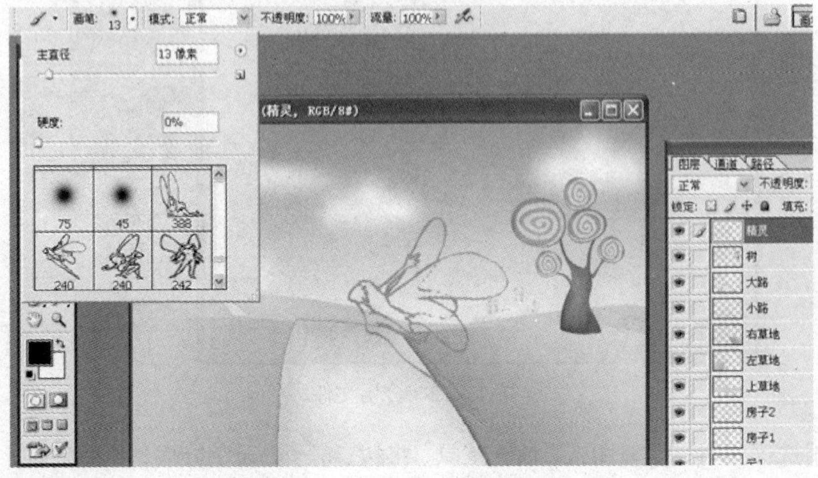

图 13–35　载入精灵笔刷

（6）同步骤（5），加入小汽车、城堡、藤蔓元素，并存盘为“儿童插画动画.psd”，如图 13–36 所示。

图 13–36　存盘文件

（7）打开 After Effects 软件，执行“File”→“Import”→“File”命令，打开“儿童插画动画.psd”，输入选项选择“Composition”，如图 13–37 所示。

图 13–37　输入 After Effects

（8）选择“左藤蔓”图层，在 1 秒时画一个圆形的 Mask 遮住它，在“Mask Shape”中按下动画记录码表，并设羽化值为 60，如图 13–38 所示。

（9）使“左藤蔓”图层在 0 秒时将圆形的 Mask 移到画面左下角，做好左藤蔓的渐变出现动画，如图 13–39 所示。

图 13–38　记录动画

图 13–39　设置动画

（10）按“左藤蔓”图层的设置方式设置右藤蔓的渐变出现动画，如图 13–40 所示。

图 13–40　设置右藤蔓动画

（11）为“云 1”～“云 5”图层在 0 秒和 5 秒设置移动动画，如图 13–41 所示。

图 13–41　设置移动动画

（12）使“小汽车”图层在第 1 秒时位于右边画面外，在第 5 秒移动到画面中间，如图 13–42 所示。

图 13–42　设置移动动画结束

（13）在“精灵”图层按 P 键和“Shift+S”组合键把图中的位置和旋转调出，在 1 秒 15 分时按下动画记录码表把精灵移到画面右下角外，如图 13–43 所示。

图 13–43　记录精灵动画

（14）在 3 秒时，把精灵移置画面中间，并将精灵旋转到水平方向，如图 13–44 所示。

图 13–44　完成精灵移动动画

（15）在 5 秒时，把精灵移置左边，让其飞出画面，并给将精灵一定旋转，如图 13–45 所示。

图 13–45　设置精灵旋转动画

（16）执行“Layer”→“New”→“Solid”命令，新建一黑色固态层，如图 13–46 所示。

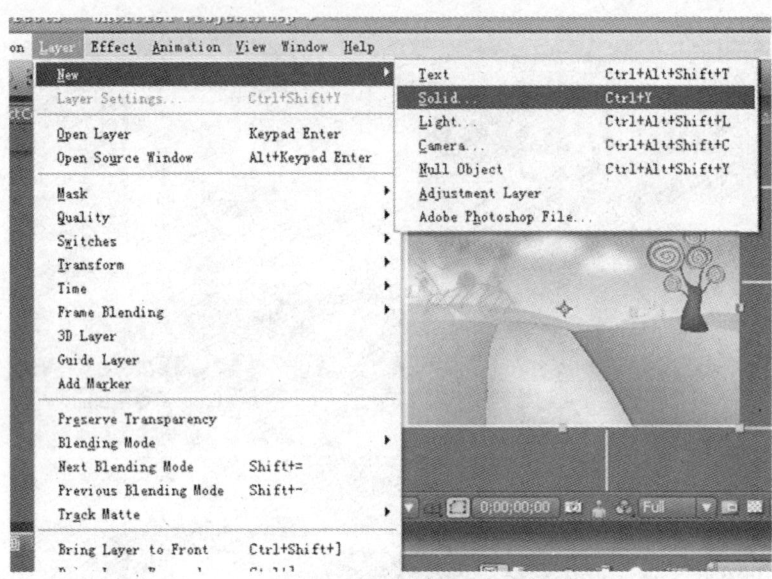

图 13–46　新建一黑色固态层

（17）加入“Vector Paint”（注：After Effects 为直接点笔刷工具）特效命令将“Radius”设为 45，将“Playback Mode”设为“Animate Strokes”，将“Playback Speed”设为 5，并在画面中涂抹书写动画，如图 13–47 所示。

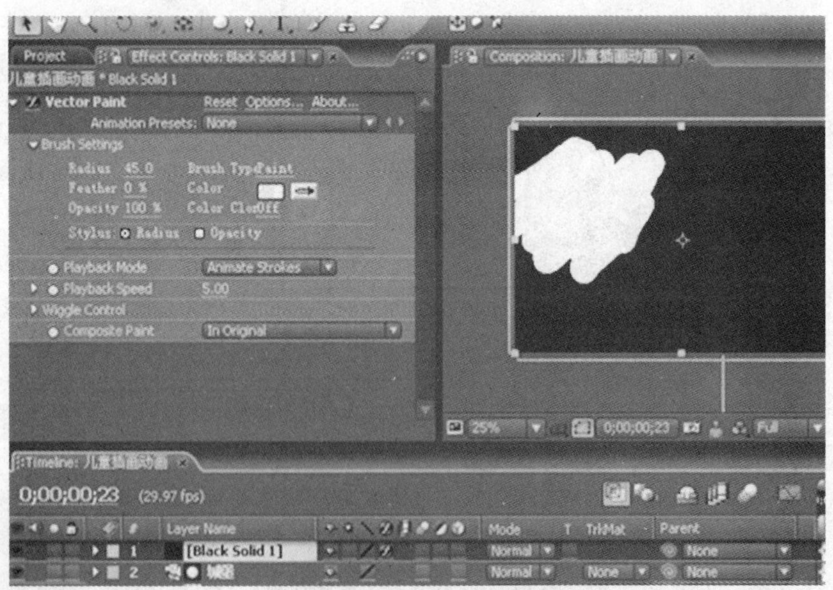

图 13–47　加入写动画

（18）将城堡层的“Trkmate”模式选为“Lumamatte”亮度蒙版，出现擦出动画，如图 13–48 所示。

（19）按“Ctrl+M”组合键输出 avi 视频，完成动画制作，如图 13–49 所示。

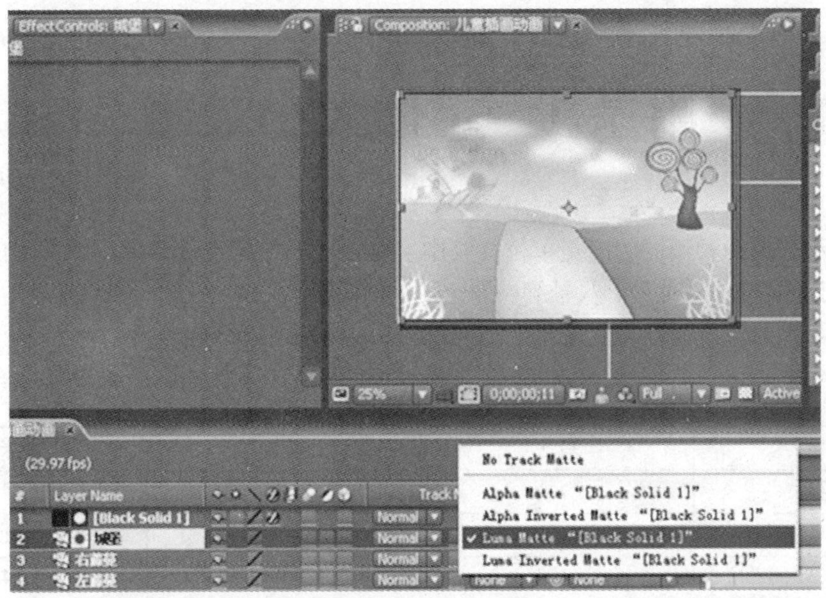

图 13–48　设置亮度蒙版

图 13–49　渲染输出动画

课 后 练 习

从网上下载自己所在学校或者院系的标志，结合本章的学习内容，运用 Photoshop 及相关软件制作一个片头。

附录 1　字体大小对照

字体大小采用两种不同的度量单位，其中一种以“号”为度量单位，如常用的初号、小初、一号、小一、……、七号、八号等；另一种以国际上通用的“磅”（28.35 磅等于 1 厘米）为度量单位。“号”“磅”与“毫米”之间的对应关系见附表 1。

附表 1　对应关系

字号	写法	磅数	毫米数
小七号	7–	5.31	1.86
七号	7	6.10	2.13
小六号	6–	7.08	2.48
六号	6	7.94	2.78
小五号	5–	8.94	3.13
五号	5	10.6	3.72
小四号	4–	12.0	4.22
四号	4	14.2	4.96
三号	3	15.9	5.56
小二号	2–	18.1	6.35
二号	2	21.1	7.39
小一号	1–	24.1	8.43
一号	1	27.6	9.67
小初号	0–	31.6	11.0
初号	0	36.3	12.7
小特号	10–	48.2	14.8
特号	10	48.3	16.9
特大号	11	56.2	19.7
63 磅	63	63	22.2
72 磅	72	72	25.3
84 磅	84	84	29.6
96 磅	96	96	33.8

不难发现，用“磅”为度量单位与用“号”为度量单位相比，不但设置的字体大小范围更宽，而且更灵活。例如：要将汉字字体（边长）大小设置为 13.5 毫米，只需将字号设置为 47.5 磅即可。

字号能根据需要随意设定，且操作十分很简单。具体方法是：将需设定字号的文字选中后，把光标移入“格式”工具栏的“字号”下拉列表框内，选中（或删除）原有的字号，键入所需的字号（如 300），然后按回车键即可。

用后一种方法设定的字号范围为：1～1638 磅。用打印（显示）的方块汉字，其边长最小为 0.35 毫米，最大可达 57.78 厘米。此外，字号允许在小数点后第一位上加个“5”。

字号（号数）的对照关系如附图 1 所示。

初号　123　ABC

小初　123　ABC

一号　123　ABC

小一　123　ABC

二号　123　ABC

小二 123　ABC

三号　123　ABC

小三 123　ABC

四号　123　ABC

小四 123　ABC

五号　123　ABC

小五 123　ABC

六号　123　ABC

小六 123　ABC

七号　123　ABC

小七 123　ABC

附图 1　字号（号数）的对照关系

附录 2　常用字体对照

长城长宋体	1234567890	hnansoftedu. com
长城黑宋体	1234567890	hnansoftedu. com
长城新魏碑体	1234567890	hnansoftedu. com
方正彩云体	1234567890	hnansoftedu.com
方正彩云体	1234567890	hnansoftedu.com
方正琥珀体	1234567890	hnansoftedu.com
方正华隶体	1234567890	hnansoftedu.com
方正黄草体	1234567890	hnansoftedu.com
方正隶变体	1234567890	hnansoftedu.com
方正隶二体	1234567890	hnansoftedu.com
方正流行体	1234567890	hnansoftedu.com
方正胖头鱼体	1234567890	hnansoftedu.com
方正启体	1234567890	hnansoftedu.com
方正瘦金书体	1234567890	hnansoftedu.com
方正舒体	1234567890	hnansoftedu.com
方正细等线体	1234567890	hnansoftedu.com
方正细倩体	1234567890	hnansoftedu.com
方正细珊瑚体	1234567890	hnansoftedu.com
方正姚体	1234567890	hnansoftedu.com
方正硬笔行书体	1234567890	hnansoftedu.com
方正稚艺体	1234567890	hnansoftedu.com
方正中倩体	1234567890	hnansoftedu.com

方正综艺体	1234567890	hnansoftedu.com
仿宋	1234567890	hnansoftedu.com
汉鼎简长宋	1234567890	hnansoftedu.com
汉鼎简黑变	1234567890	hnansoftedu.com
汉鼎简特粗黑	1234567890	hnansoftedu.com
汉鼎简特宋	1234567890	hnansoftedu.com
汉仪报宋简	1234567890	hnansoftedu.com
汉仪彩云体	1234567890	hnansoftedu.com
汉仪长美黑	1234567890	hnansoftedu.com
汉仪长宋	1234567890	hnansoftedu.com
汉仪长艺体	1234567890	hnansoftedu.com
汉仪超粗黑	1234567890	hnansoftedu.com
汉仪超粗宋	1234567890	hnansoftedu.com
汉仪陈频破体	1234567890	hnansoftedu.com
汉仪粗黑	1234567890	hnansoftedu.com
汉仪粗宋	1234567890	hnansoftedu.com
汉仪粗圆	1234567890	hnansoftedu.com
汉仪大黑	1234567890	hnansoftedu.com
汉仪大隶书	1234567890	hnansoftedu.com
汉仪大宋	1234567890	hnansoftedu.com
汉仪黛玉体	1234567890	hnansoftedu.com
汉仪蝶语体	1234567890	hnansoftedu.com
汉仪方叠体	1234567890	hnansoftedu.com
汉仪仿宋	1234567890	hnansoftedu.com
汉仪橄榄体	1234567890	hnansoftedu.com
汉仪哈哈体	1234567890	hnansoftedu.com
汉仪海韵体	1234567890	hnansoftedu.com
汉仪黑咪体	1234567890	hnansoftedu.com
汉仪琥珀体	1234567890	hnansoftedu.com
汉仪火柴体	1234567890	hnansoftedu.com
汉仪报宋	1234567890	hnansoftedu.com
汉仪楷体	1234567890	hnansoftedu.com
汉仪菱心体	1234567890	hnansoftedu.com
汉仪南宫体	1234567890	hnansoftedu.com
汉仪咪咪体	1234567890	hnansoftedu.com
汉仪清韵体	1234567890	hnansoftedu.com
汉仪神工体	1234567890	hnansoftedu.com
汉仪书魂体	1234567890	hnansoftedu.com
汉仪书宋二	1234567890	hnansoftedu.com

汉仪书宋一	1234567890	hnansoftedu.com
汉仪舒同体	1234567890	hnansoftedu.com
汉仪双线体	1234567890	hnansoftedu.com
汉仪水滴体	1234567890	hnansoftedu.com
汉仪太极体	1234567890	hnansoftedu.com
汉仪娃娃篆	1234567890	hnansoftedu.com
汉仪魏碑	1234567890	hnansoftedu.com
汉仪丫丫体	1234567890	hnansoftedu.com
汉真广标	1234567890	hnansoftedu.com
黑体	1234567890	hnansoftedu. com
华康少女文字	1234567890	hnansoftedu.com
华文彩云	1234567890	hnansoftedu.com
华文仿宋	1234567890	hnansoftedu.com
华文琥珀	1234567890	hnansoftedu.com
华文楷体	1234567890	hnansoftedu.com
华文隶书	1234567890	hnansoftedu.com
华文宋体	1234567890	hnansoftedu.com
华文细黑	1234567890	hnansoftedu.com
华文新魏	1234567890	hnansoftedu.com
华文行楷	1234567890	hnansoftedu.com
华文中宋	1234567890	hnansoftedu.com
经典标宋	1234567890	hnansoftedu.com
经典长宋	1234567890	hnansoftedu.com
经典超圆	1234567890	hnansoftedu. com
经典粗黑	1234567890	hnansoftedu.com
经典等线	1234567890	hnansoftedu.com
经典叠圆体	1234567890	hnansoftedu.com
经典仿宋	1234567890	hnansoftedu.com
经典黑体	1234567890	hnansoftedu.com
经典楷体	1234567890	hnansoftedu.com
经典空叠圆	1234567890	hnansoftedu.com
经典空趣体	1234567890	hnansoftedu.com

经典隶变	1234567890	hnansoftedu.com
经典隶书	1234567890	hnansoftedu.com
经典美黑	1234567890	hnansoftedu.com
经典平黑	1234567890	hnansoftedu.com
经典趣体	1234567890	hnansoftedu.cor
经典舒同体	1234567890	hnansoftedu.com
经典宋体	1234567890	hnansoftedu.com
经典特黑	1234567890	hnansoftedu.com
经典特宋	1234567890	hnansoftedu.com
经典细隶书	1234567890	hnansoftedu.com
经典细宋	1234567890	hnansoftedu.com
经典细圆	1234567890	hnansoftedu.com
经典行书	1234567890	hnansoftedu.com
经典圆体	1234567890	hnansoftedu.com
经典中圆	1234567890	hnansoftedu.com
经典综艺体	1234567890	hnansoftedu.com
楷体	1234567890	hnansoftedu.com
隶书	1234567890	hnansoftedu.com
宋体	1234567890	hnansoftedu.com
微软简标宋	1234567890	hnansoftedu.com
微软简粗黑	1234567890	hnansoftedu.com
微软简楷体	1234567890	hnansoftedu.com
微软简老宋	1234567890	hnansoftedu.com
微软简隶书	1234567890	hnansoftedu.com
微软简综艺	1234567890	hnansoftedu.com
文鼎齿轮体	1234567890	hnansoftedu.com
文鼎中特广告体	1234567890	hnansoftedu.com
新宋体	1234567890	hnansoftedu.com
幼圆	1234567890	hnansoftedu.com